C. Thomsen · H.-E. Gumlich

Ein Jahr für die
Physik

Newton, Feynman und andere

WISSENSCHAFT &
TECHNIK VERLAG

Die Deutsche Bibliothek - CIP - Einheitsaufnahme

Thomsen, Christian:
Ein Jahr für die Physik : Newton, Feynman und andere /
C. Thomsen ; H.-E. Gumlich. - 1. Aufl. - Berlin :
Wiss.- und-Technik-Verl. Gross, 1995
 ISBN 3-928943-94-4
NE: Gumlich, Hans-Eckhart:

1. Auflage Oktober 1995
© 1995 Wissenschaft und Technik Verlag Dr. Jürgen Groß,
10969 Berlin, Sebastianstr. 84

Printed in Germany
ISBN 3-928943-94-4

Vorwort

Dieses Lehrbuch ist für Studierende gedacht, die in einem einjährigen Kurs einen Kanon der Physik durcharbeiten, der möglichst breit sein soll. Viele Ingenieurfachbereiche an Universitäten und Fachhochschulen sowie medizinische Fakultäten verlangen dies. Sicher ist es nicht möglich, die gesamte Physik in einem Jahr zu erfassen. Die Kenntnisse grundlegender Zusammenhänge und deren Anwendungen lassen sich aber auch in eingeschränktem zeitlichen Rahmen vermitteln.

Den Anspruch, dabei zu helfen, erhebt das vorliegende Lehrbuch. Es soll den Studierenden dazu führen, die Grundprinzipien der Physik zu verstehen, deren Anwendungen später in andere Fachgebiete übertragen werden sollen. Es soll aber auch ein Gefühl für die Grenzen vermitteln, innerhalb derer unsere physikalischen Gesetze gelten. Der verfügbare zeitliche Rahmen macht es dabei notwendig, daß an vielen Stellen auf Vollständigkeit verzichtet wird, wobei die Straffung auch dazu dienen soll, daß der Blick auf die wichtigen Aspekte nicht verbaut wird.

Die mathematischen Darstellungen des Buches erfordern keine Fähigkeit, die über den Wissenstand des Abiturs hinausgehen. Da die Autoren aus langjähriger Erfahrung aber wissen, daß viele Studierende zu Beginn des Studiums Schwierigkeiten mit der Anwendung der Mathematik haben, haben sie sich besonders um nachvollziehbare mathematische Darstellungen bemüht.

Dieses Lehrbuch behandelt die klassische Physik mit Newton und der Gravitation, mit Schwingungen, Wellenausbreitung, der speziellen Relativitätstheorie, der Elektrizitätslehre, der Optik und der Thermodynamik. Die moderne Physik ist unterteilt in Atomphysik, Kernphysik und Festkörperphysik, wobei letztere bis zum aktuellen Thema der Hochtemperatur-Supraleitung reicht.

Feynman erscheint im Titel nicht etwa, weil seine berühmten Diagramme diskutiert würden, sondern weil das von ihm beschriebene Gummibandrad in das Kapitel "Thermodynamik" aufgenommen wurde. Darüber hinaus wollen die Autoren mit dieser Namensnennung auch sagen, daß sie mit diesem Buch im Feynmanschen Sinne den Studierenden etwas von der Bewunderung der physikalischen Grundlagen vermitteln wollen. Feynman war durch seinen lockeren Lehrstil in unvergleichlicher Weise in der Lage, Studierenden die Physik spannend und transparent nahezubringen und ihnen den durch Unverständnis geprägten, hinderlichen Respekt vor Formeln zu nehmen.

iv

Die Autoren danken für ihre intensive und zeitopfernde Mitarbeit bei der Herstellung der Bilder, der Überarbeitung des Textes und der Überprüfung der Gleichungen insbesondere den Herren Ingo Loa, Henrik Siegle und Udo Pohl. Die Kapitel der modernen Physik sind aus dem Vorlesungsskript der Autoren am Institut für Festkörperphysik der TU Berlin entstanden, das seinerseits auf wesentlichen Beiträgen der Herren Jörg Dreyhsig, Holger Hoffmann, Alfons Kelnberger, Rainer Kolzau, Thomas Kreitler, Udo Pohl, Jörg Schulz, Hans Stutenbecker und Georges Vamvouras basierte.

Frau Birtel danken wir für die vorzügliche Umsetzung des Textes in LaTeX und das professionelle Layout, Frau Kasper, Frau Marquart und Frau Schefter für das Eingeben in den Computer. Wir wünschen den Studierenden viel Freude und Erkenntnisse beim Durcharbeiten dieses Buches.

Prof. Dr. Hans-Eckhart Gumlich und Prof. Dr. Christian Thomsen sind in Lehre und Forschung im Fachbereich Physik der Technischen Universität Berlin tätig. Das Forschungsgebiet von Hans-Eckhart Gumlich liegt im Bereich der optischen Eigenschaften von Halbleitern mit dem Schwerpunkt "Verdünnte magnetische Systeme", das Gebiet von Christian Thomsen ist die optische Spektroskopie an Halbleitern und an Supraleitern.

Inhaltsverzeichnis

Teil 1: Klassische Mechanik und Relativitätstheorie **1**

1 Zum Aufwärmen **1**
1.1 Koordinatensysteme 2
1.2 Elementare Bewegungen 4
1.3 Drehbewegungen 7

2 Newtons Axiome und die Gravitation **8**
2.1 Erstes Newtonsches Axiom 9
2.2 Zweites Newtonsches Axiom 9
2.3 Drittes Newtonsches Axiom 11
2.4 Anwendungen der Axiome 11
2.5 Gravitation 14

3 Arbeit, Energie und Erhaltungssätze **17**
3.1 Arbeit 17
3.2 Felder 26
3.3 Drehungen starrer Körper 27
3.4 Erhaltungssätze 31

4 Schwingungen in der Physik **32**
4.1 Ungedämpfte harmonische Schwingungen 33
4.2 Gedämpfte Schwingungen 44
4.3 Erzwungene Schwingungen 49
4.4 Resonanzen bei erzwungenen Schwingungen 52
4.5 Überlagerte Schwingungen 54
4.6 Fourieranalyse 55

5 Wellenphänomene **56**
5.1 Wellenausbreitung 56
5.2 Wellengleichung 60
5.3 Interferenzen und Gruppengeschwindigkeit 63

6 Spezielle Relativitätstheorie **66**
6.1 Addition von Geschwindigkeiten 66
6.2 Michelson-Morley-Experiment 68
6.3 Einsteinsche Postulate 70

6.4 Zeit, Länge, Masse und Energie werden "relativ" 72

6.5 Das Myonen-Experiment 79

Teil 2: Elektrizitätslehre   **80**

7 Elektrostatik   **80**

7.1 Coulombgesetz 81

7.2 Elektrisches Feld 85

7.3 Gaußscher Satz 87

7.4 Arbeit, Potential, Spannung und Energie 89

7.5 Elektrische Felder und Materie 95

7.6 Kondensator und Millikanversuch 98

8 Statische magnetische Felder und Ströme   **103**

8.1 Magnetische Dipole und magnetisches Feld 104

8.2 Materie im Magnetfeld 105

8.3 Dipole in magnetischen Feldern 107

8.4 Konstante Ströme und ihre Magnetfelder 109

8.5 Elektrische Ströme 115

8.6 Ladungen in elektrischen und magnetischen Feldern 118

9 Elektromagnetismus und Anwendungen   **122**

9.1 Induktionsgesetz 122

9.2 Maxwellgleichungen 124

9.3 Generator und Transformator 128

Teil 3: Optik   **130**

10 Optik   **130**

10.1 Licht als elektromagnetische Welle 131

10.2 Reflexions- und Brechungsgesetz 133

10.3 Linsen und optische Abbildungen 140

10.4 Optische Instrumente 146

11 Beugungsphänomene   **150**

11.1 Fraunhoferbeugung am Spalt 151

11.2 Beugung am Gitter 154

Teil 4: Thermodynamik   **157**

12 Druck und Volumen in einem Gas   **157**
   12.1 Kinetische Gastheorie 158
   12.2 Boyle-Mariotte-Gesetz 161
   12.3 Adiabatische Druckänderung 162

13 Zustandsgleichung idealer Gase   **163**
   13.1 Definition der Temperatur 164
   13.2 Gleichverteilungssatz und innere Energie 166
   13.3 Zustandsgleichung idealer Gase 167

14 Verteilungsfunktionen   **168**
   14.1 Barometrische Höhenformel 168
   14.2 Boltzmanngesetz und Maxwellsche Geschwindigkeitsverteilung 171

15 Hauptsätze der Thermodynamik   **176**
   15.1 Erster Hauptsatz der Thermodynamik 176
   15.2 Zweiter Hauptsatz der Thermodynamik 178
   15.3 Ein reversibler Kreisprozeß (Carnotprozeß) 180
   15.4 Wirkungsgrad einer Carnotmaschine 183
   15.5 Thermodynamische Temperaturskala 185

16 Entropie   **186**
   16.1 Thermodynamische Definition der Entropie 186
   16.2 Statistische Herleitung der Entropie 189

17 Thermodynamischen Zustandsänderungen   **191**
   17.1 Thermodynamische Zustandsänderungen idealer Gase 192
   17.2 Wärmekapazität 194
   17.3 Berechnung von C_v und C_p 196
   17.4 Adiabatische Zustandsänderungen 198

18 Reale Gase   **200**
   18.1 Herleitung der Van-der-Waals-Gleichung 201
   18.2 Zustands- oder Phasendiagramm von realen Gasen 205
   18.3 Verflüssigung von Gasen 210

Teil 5: Atomphysik   **216**

19 Einführung   **217**
   19.1 Historische Entwicklung der Atommodelle 217
   19.2 Emissions- und Absorptionsprozesse 219
   19.3 Quantelung 220

20 Entstehung elektromagnetischer Wellen   **222**
   20.1 Verschiedene Strahlungstypen 222
   20.2 Temperaturstrahlung des schwarzen Strahlers 224
   20.3 Plancks Quantenhypothese 225
   20.4 Bohrsches Atommodell 227
   20.5 Bremsstrahlung und Synchrotronstrahlung 232

21 Grundlegende Versuche der Atomphysik   **233**
   21.1 Franck-Hertz-Versuch 233
   21.2 Spektrallampen 236
   21.3 Photoeffekt 236

22 Moderne Anwendungen der Atomphysik   **240**
   22.1 Röntgenstrahlen 240
   22.2 Funktionsweise und Aufbau eines Lasers 245
   22.3 Anwendungen des Lasers 249

23 Quantenmechanische Beschreibung   **251**
   23.1 Kritik am Bohrschen Atommodell 252
   23.2 Grundlagen der Quantenmechanik 253
   23.3 Heisenbergsche Unschärferelation 256
   23.4 Schrödinger-Gleichung 257
   23.5 Quantenzahlen und Pauli-Prinzip 262
   23.6 Erfolge der Quantenmechanik 265

Teil 6: Kernphysik   **266**

24 Der Atomkern   **266**
   24.1 Bestandteile des Kerns 266
   24.2 Ordnungszahl Z und Massenzahl A 266
   24.3 Isotope 267
   24.4 Schalenmodell und Tröpfchenmodell 268
   24.5 Kernkräfte 270
   24.6 Kernpotential 271
   24.7 Massendefekt und Bindungsenergie 273

24.8 Stabilität, Proton/Neutron-Verhältnis 278

25 Kernumwandlungen **279**
25.1 Energetik der Kernreaktionen 279
25.2 Kernspaltung und Kernfusion 281
25.3 Radioaktive Strahlung 283
25.4 Radioaktives Zerfallsgesetz 289

26 Wirkung der Kernstrahlung **292**
26.1 Wechselwirkungen der einzelnen Strahlungsarten mit Materie 292
26.2 Strahlungseinheiten 294
26.3 Gefährlichkeit der Strahlung für den Menschen 296
26.4 Abschirmmaßnahmen 298
26.5 Nachweismethoden 299
26.6 Strahlenschäden 304

27 Technische Anwendung der Kernphysik **305**
27.1 Kernspaltung zur Energieerzeugung 305
27.2 Kernfusion 310
27.3 Anwendung radioaktiver Stoffe 311

28 Elementarteilchen **313**
28.1 Fundamentale Wechselwirkungen 314
28.2 Standardmodell der Elementarteilchen 315

Teil 7: Festkörperphysik **318**

29 Festkörper **318**
29.1 Ionenbindung 319
29.2 Kovalente oder homöopolare Bindung 320
29.3 Metallische Bindung 320
29.4 Kristalltypen 321
29.5 Röntgenstrukturanalyse 323

30 Vom Atom zum Festkörper **324**
30.1 Über das Zustandekommen der Energiebänder 324
30.2 Vereinfachte Darstellung des Bändermodells 326

31 Der Halbleiter   **328**
31.1 Donatoren und Akzeptoren in Halbleitern 328
31.2 p-n Übergang 330

32 Einige Halbleiterbauelemente   **333**
32.1 Halbleiterdiode 334
32.2 Solarzelle 335
32.3 Bipolarer Transistor 336
32.4 Feldeffekt-Transistor (FET) 339

33 Magnetismus in Festkörpern   **340**
33.1 Grundgrößen des magnetischen Feldes 340
33.2 Atomarer Ursprung des Magnetismus 342
33.3 Diamagnetismus 343
33.4 Paramagnetismus 344
33.5 Ferromagnetismus 345

34 Supraleitung   **347**
34.1 Ideale Leitfähigkeit 347
34.2 Meißner-Ochsenfeld-Effekt 350
34.3 BCS-Theorie zur Deutung der Supraleitung 352
34.4 Hoch-Temperatur Supraleiter (HTSL) 354

A Naturkonstanten   **356**

B Abgeleitete SI Einheiten   **357**

C SI Vorsilben für Größenordnungen   **357**

D Periodensystem der Elemente   **358**

Index   **360**

Teil 1: Klassische Mechanik und Relativitäts-theorie

Die Physik gehört zu den exakten Naturwissenschaften, deren Bestreben es ist, Gesetze der Natur aufzustellen, die möglichst allgemein sind. Sie sollen in bestimmten Situationen Vorhersagen über den Ausgang von Ereignissen treffen oder über deren Ursprung Erkenntnisse gewinnen. Eine der großen Fragestellungen der heutigen Physik ist die nach dem Ursprung des Universums. Man versucht, aufgrund der heute beobachtbaren Galaxien, Elementarteilchen und einer im Weltall vorhandenen Mikrowellenstrahlung Theorien abzuleiten, die es uns ermöglichen, weit in die Vergangenheit unseres Universums zurückzublicken. Viele Forscher sind heute der Ansicht, daß die Welt mit dem sogenannten Urknall entstand. Bedenkt man, daß dieser schon Milliarden Jahre zurückliegt, so erkennt man, daß die Physik außerordentlich weitreichende Aussagen trifft. Sie unterliegt strengen, in mathematische Formeln gepackten Gesetzen, von denen wir versuchen wollen, einige zu verstehen.

Ein häufig angewandtes Prinzip in der Physik ist die Beschreibung eines Problems mit einer idealisierten Darstellung, die sich exakt fassen läßt. So nimmt man z.B. bei der Berechnung von Planetenbahnen an, daß Planeten Kugeln sind. Will man aber etwas genauer wissen, z.B. die Größe der Erdanziehung an verschiedenen Punkten auf der Erdoberfläche, muß man erstens einbeziehen, daß die Erde rotiert und zweitens, daß sie im Vergleich zu einer Kugel an den Polen etwas abgeflacht ist. Durch die Berücksichtigung von mehr und mehr Gegebenheiten, Einflüssen oder Korrekturen ist man in der Lage, mehr und mehr Details zu erfassen; der Preis ist allerdings ein immer komplizierter werdender Formalismus, und die Physik muß sich bei komplexen Systemen oft geschlagen geben. Das Wetter z.B. scheint prinzipiell einfach vorhersagbar zu sein, tatsächlich gelingt es aber heute selbst mit modernster Technik nicht, ein zuverlässiges Wetterbild für mehr als ein paar Tage im voraus zu entwerfen, weil zu viele Einflüsse berücksichtigt werden müssen und kleinste Ursachen oft größte Wirkungen haben.

1 Zum Aufwärmen

Wir wollen uns zunächst mit idealisierten Massen beschäftigen und überlegen, wie man Bewegungen im Raum und in der Zeit mathematisch fassen kann. Dazu brauchen wir erstens eine Möglichkeit, die Angabe über den Ort

eines Gegenstands so zu formulieren, daß er bezüglich eines von uns gewählten Referenzsystems mathematisch darstellbar ist. Zweitens brauchen wir
eine entsprechende Möglichkeit, den Bewegungszustand eines Körpers zu
beschreiben und zwar am besten in Form zeitabhängiger Angaben seines
Ortes. Letztlich müssen wir angeben können, ob sich ein Körper zusätzlich
zu seiner Bewegung etwa um eine eigene Achse dreht.

1.1   Koordinatensysteme

Die erste grobe Vereinfachung [*simplification*], die wir machen, ist, daß wir
einen beliebigen [*arbitrary*] Gegenstand einer Masse m einfach als Massenpunkt [*point mass*] betrachten. [Wichtige Fachbegriffe sind im Text im An-
schluß an die deutsche Formulierung in eckigen Klammern, im *Singular* bzw.
Infinitiv wiedergegeben.] Das heißt, der Gegenstand hat in dieser idealisierten Form keine Ausdehnung, er kann damit z.B. nicht rotieren [*to rotate*].
Der Vorteil [*advantage*] ist aber, daß uns die Details eines Gegenstandes jetzt
egal sein können. Was genau der Begriff "Masse" bedeutet, dazu kommen
wir später.

Zur Beschreibung des Ortes eines Massenpunktes werden *Koordina-*
tensysteme [*coordinate system*] herangezogen. Es gibt viele verschiedene
Möglichkeiten, solche Koordinatensysteme anzusetzen; was man in der Praxis macht, ist im wesentlichen Vereinbarungssache. Unpraktisch ist z.B. das
in Abb. 1.1 gezeigte System, da durch die krummen Achsen mit ungleichen

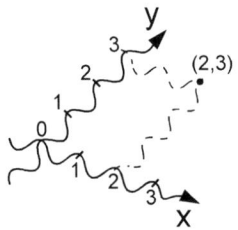

Abbildung 1.1: *Wellenlinige Koordinatenachsen sind denkbar, aber in den*
meisten Fällen unpraktisch.

Unterteilungen Darstellungen schnell sehr unübersichtlich werden. Für viele
Zwecke besser geeignet sind die *kartesischen Koordinaten* [*cartesian coordi-*
nates] in zwei oder drei Dimensionen, wie sie in Abb. 1.2 dargestellt sind.
In Problemstellungen, die eine kreisförmige, zylindrische oder kugelförmi-
ge Geometrie haben, ist es ungleich praktischer, in *Polarkoordinaten* [*polar*

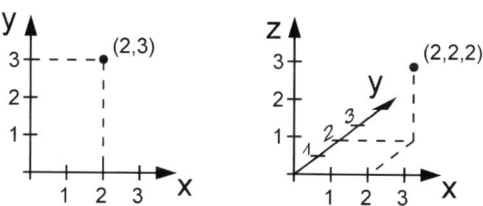

Abbildung 1.2: *Kartesische Koordinaten in zwei (links) und drei Dimensionen. Vereinbarungsgemäß werden die Achsen mit x und y bzw. x, y und z bezeichnet.*

coordinates], *Zylinderkoordinaten* [*cylindrical coordinates*] oder *Kugelkoordinaten* [*spherical coordinates*] zu arbeiten. Dies ist in Abb. 1.3 dargestellt. Offensichtlich wird in Polarkoordinaten ein Kreis um den Ursprung mit der

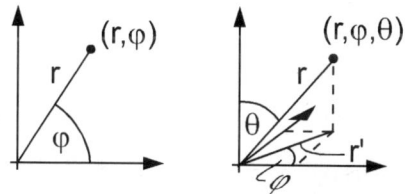

Abbildung 1.3: *Polarkoordinaten (links) und Kugel- oder sphärische Koordinaten zur Darstellung in zwei beziehungsweise drei Dimensionen.*

simplen Angabe $r = const.$ und $0 \le \varphi < 2\pi$ angegeben. Ein Kreis in kartesischen Koordinaten auszudrücken, ist hingegen gar nicht so leicht. Man muß x und y so variieren, daß der Abstand [*distance*] zum Ursprung [*origin*] konstant bleibt. Andererseits lassen sich gerade Linien in kartesischen Koordinaten z.B. durch $x = const.$ oder $x = y$ darstellen, während man in Polarkoordinaten gleichzeitig den Abstand zum Ursprung und den Winkel φ verändern muß. Natürlich ist die Lösung einer physikalischen Problemstellung unabhängig von dem Koordinatensystem, mit dem wir sie beschreiben. Wir machen uns lediglich durch eine geschickte Wahl das Leben leichter.

Da die Darstellungen physikalisch äquivalent sind, muß es Beziehungen geben, die es einem erlauben, von der einen in die andere umzurechnen. Sind x, y, r und φ wie in Abb. 1.2 und 1.3 (jeweils links) gegeben, so gilt zwischen ihnen, wie man leicht aus den Abbildungen ersehen kann,

$$x = r\cos\varphi \quad \text{und} \quad y = r\sin\varphi \tag{1.1}$$

oder umgekehrt,

$$\frac{y}{x} = \tan\varphi, \quad \text{d.h.} \quad \varphi = \arctan\frac{y}{x} \tag{1.2}$$

und

$$x^2 + y^2 = r^2 \left(\cos^2\varphi + \sin^2\varphi\right), \quad \text{d.h.} \quad r = \pm\sqrt{x^2 + y^2}\ .$$

Da r der Abstand zum Ursprung ist, muß er immer positiv sein und wir haben

$$r = +\sqrt{x^2 + y^2}\ . \tag{1.3}$$

Für Kugel- oder sphärische Koordinaten gilt entsprechend Abb. 1.3 (rechts) zunächst, daß die Projektion auf die äquatoriale Ebene eine Koordinate (r', φ) ergibt, die dann nach (1.1) in x und y zerlegt werden kann

$$x = r'\cos\varphi \quad \text{und} \quad y = r'\sin\varphi\ .$$

Hierbei ist r' gegeben durch

$$r' = r\sin\theta\ ,$$

so daß wir eingesetzt folgende Beziehungen erhalten

$$x = r\sin\theta\cos\varphi, \quad y = r\sin\theta\sin\varphi \text{ und } z = r\cos\theta\ . \tag{1.4}$$

Die Winkel θ und φ werden *Polarwinkel [polar angle]* und *Azimutalwinkel [azimuthal angle]* genannt und überstreichen die Bereiche $0 \leq \theta < \pi$ und $0 \leq \varphi < 2\pi$. Umgekehrt gilt für die Umwandlung von kartesischen in Kugelkoordinaten

$$r = \sqrt{x^2 + y^2 + z^2}, \quad \varphi = \arctan\frac{y}{x} \quad \text{und} \quad \theta = \arctan\frac{\sqrt{x^2 + y^2}}{z}\ , \tag{1.5}$$

wie man sich anhand Abb. 1.3 überlegen kann.

1.2   Elementare Bewegungen

Die Bewegung eines Massenpunktes im Raum fassen wir als die zeitliche Änderung seines Ortes, also seiner Koordinaten auf. Den Ort in einem Koordinatensystem gibt man häufig durch den *Ortsvektor* $\mathbf{r}$ an. Dieser besitzt neben einer Länge auch eine Richtung. Er weist vom Ursprung des Koordinatensystems zu einer durch seine Koordinaten [z.B. (x, y, z) in kartesischen Koordinaten oder (r, φ, θ) in Kugelkoordinaten] festgelegten Stelle im Koordinatensystem. Wir deuten Vektoren im gedruckten Text dadurch an, daß wir sie fett darstellen; mit der Hand schreiben wir einen Halbpfeil über den Buchstaben, der einen Vektor darstellen soll: . Ist also der Ort eines Massenpunktes mit der Zeit veränderlich, stellt man die Abhängigkeit durch folgende Schreibweise dar

$$\boldsymbol{r}(t) = (x(t), y(t), z(t)) \quad \text{oder} \quad \boldsymbol{r}(t) = (r(t), \varphi(t), \theta(t)) \ .$$

Man merke sich den Unterschied zwischen r, dem Abstand zum Ursprung und $\boldsymbol{r}$, dem Ortsvektor, der eine Richtung und eine Länge hat.

Zeitliche Änderungen im Ortsvektor werden dadurch beschrieben, daß man die Ortsvektoren zu verschiedenen aber nicht zu weit voneinander entfernten Zeiten voneinander abzieht und durch die Zeitdifferenz dividiert

$$\frac{d\boldsymbol{r}}{dt} = \frac{\boldsymbol{r}\,(t + \Delta t) - \boldsymbol{r}(t)}{\Delta t} = \dot{\boldsymbol{r}} \quad \text{für} \quad \Delta t \to 0 \ . \tag{1.6}$$

Man nennt diesen Ausdruck die erste Ableitung von $\boldsymbol{r}$ nach t [*the first derivative of r with respect to t*] und bezeichnet ihn entweder als Quotient von $d\boldsymbol{r}$ und dt oder als $\dot{\boldsymbol{r}}$. Gesprochen werden diese Ausdrücke als "deh err nach deh teh" [*dii ahr dii tii*] bzw. als "err Punkt" [*ahr dot*]. Die Schreibweise mit dem Punkt bezieht sich ausschließlich auf Änderungen mit der Zeit; der Ausdruck in Quotientenform ist allgemein für Ableitungen auch nach anderen Variablen gültig.

Die Änderung des Ortsvektors mit der Zeit wird als *Geschwindigkeitsvektor* [*velocity*] bezeichnet

$$\boxed{\boldsymbol{v} = \frac{d\boldsymbol{r}}{dt}} \tag{1.7}$$

und hat die Einheit [*unit*] $[\boldsymbol{v}] = \text{m/s}$. Die eckigen Klammern um $\boldsymbol{v}$ bedeuten "Einheit von $\boldsymbol{v}$" oder "Dimension von $\boldsymbol{v}$". Dadurch, daß sowohl $\boldsymbol{r}$ als auch $\boldsymbol{v}$ Vektoren [*vector*] sind, erfaßt $\boldsymbol{v}$ sowohl Änderung des Ortes bezüglich des Abstands von einem Ursprung als auch bezüglich der Richtung bei gleichem Abstand. Man kann dies sehen, indem man $\boldsymbol{r}$ schreibt als

$$\boldsymbol{r}(t) = r(t)\hat{\boldsymbol{r}}(t) \ . \tag{1.8}$$

Dabei ist $r(t)$ der Abstand vom Ursprung, $\hat{\boldsymbol{r}}(t)$, mit einem Hütchen [*hat*] drauf, der Richtungsvektor mit Einheitslänge [*unit vector in the direction of r*], d.h. $|\hat{\boldsymbol{r}}(t)| = 1$. (Die senkrechten Striche um eine Größe heißen "Länge von", oder "Betrag von" [*magnitude of*].)

Bildet man die zeitliche Ableitung von (1.8)

$$\boldsymbol{v} = \frac{d\boldsymbol{r}}{dt} = \frac{d}{dt}\left[r(t)\hat{\boldsymbol{r}}(t)\right] \ ,$$

ergibt sich nach der Produktregel [*product rule*]

$$v = \frac{dr}{dt}\hat{r}(t) + r(t)\frac{d\hat{r}}{dt}$$
$$v = v\hat{r}(t) + r(t)\frac{d\hat{r}}{dt} \ . \tag{1.9}$$

Der erste, radiale Term ist null, wenn sich der Abstand zum Ursprung nicht ändert, z.B. bei Kreisbewegungen; der zweite, tangentiale Term verschwindet, wenn die Richtung zum Ursprung konstant bleibt, da jeweils die Ableitung einer konstanten Größe nach (1.6) null ist. Diese Zusammenhänge sind in Abb. 1.4 wiedergegeben. [Man beachte, daß im Englischen der Betrag $|v|$ mit *speed* bezeichnet wird, während der Vektor v *velocity* heißt.]

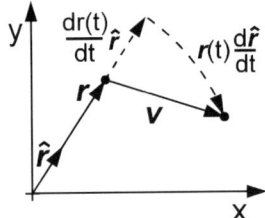

Abbildung 1.4: *Die zeitliche Änderung eines Ortsvektors r ist nach (1.9) aus einer radialen und einer tangentialen Komponente zusammengesetzt und heißt Geschwindigkeit v.*

Ändert sich die Geschwindigkeit mit der Zeit, spricht man von *Beschleunigung* [*accelleration*].

$$\frac{dv}{dt} = \frac{v(t+\Delta t) - v(t)}{\Delta t} = \dot{v} = \ddot{r} \qquad \text{für} \quad \Delta t \to 0 \ . \tag{1.10}$$

Die Beschleunigung erhält nach dem englischen Wort die Bezeichnung a und ist die zweite Ableitung des Ortes nach der Zeit

$$a = \frac{dv}{dt} = \frac{d^2 r}{dt^2} = \ddot{r} \ . \tag{1.11}$$

Die Einheit der Beschleunigung ist $[a] = \text{m/s}^2$. Der Beschleunigungsvektor ist wie der Geschwindigskeitsvektor in seine Komponenten zerlegbar, die ebenfalls wieder zeitabhängig sein können.

1.3   Drehbewegungen

Eine häufig auftretende Form der Bewegung ist die Drehung um einen Punkt
oder um eine Achse. Zur Beschreibung von Drehbewegungen benutzt man
einige besondere Begriffe, die im folgenden vorgestellt werden. Bei einer
Kreisbewegung ist lediglich der zweite Term in (1.9) von null verschieden
und r zeitlich konstant

$$\frac{d\boldsymbol{r}}{dt} = r\frac{d\hat{\boldsymbol{r}}}{dt} \quad \text{(Kreisbewegung)} ,$$

und wir wollen die Änderung des Einheitsvektors mit dem Winkel φ beschreiben, den der Vektor mit einer Referenzachse hat (Abb. 1.5).

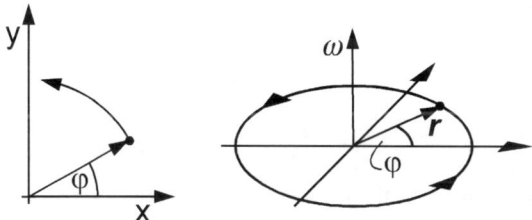

Abbildung 1.5: *Bei einer Kreisbewegung in zwei Dimensionen rotiert der
Ortsvektor mit konstanter Länge um einen festen Punkt; seine Lage wird
durch den Winkel φ angegeben (links). Der Vektor, der in drei Dimensionen
die Drehbewegung repräsentiert, steht senkrecht auf der Ebene, in der die
Bewegung stattfindet. Der Drehsinn ist dabei durch die rechte-Hand-Regel
gegeben (rechts).*

Damit ist für eine Kreisbewegung

$$|\boldsymbol{v}| = r\frac{d\varphi}{dt} \quad ; \quad \text{(Kreisbewegung)} \tag{1.12}$$

die zeitliche Änderung des Winkels assoziiert man mit einer Größe ω, die
man als *Winkelgeschwindigkeit [angular velocity]* bezeichnet und die so definiert ist

$$\boxed{\omega = \frac{d\varphi}{dt}} \quad ; \quad [\omega] = \text{rad/s} \qquad \text{oder auch einfach } 1/\text{s} . \tag{1.13}$$

Einer Drehung um 360° entsprechen 2π rad. [Beim Eintippen von Winkeln
in den Taschenrechner aufpassen, daß er entsprechend eingestellt ist!] Der

Betrag der Geschwindigkeit eines Massenpunktes auf einer Kreisbewegung
ist mit ω ausgedrückt

$$v = \omega r \quad \text{(Kreisbewegung)} \, . \tag{1.14}$$

Es ergibt sich noch die Frage, wie man den *Drehsinn* [*sense of rotation*]
festlegt, denn links herum ist nicht dasselbe wie rechts herum. Man hat sich
international darauf geeinigt, die Schraubenbewegung der rechten Hand zu-
grundezulegen (wohl weil die meisten Menschen Rechtshänder sind). Man
verfährt wie folgt: Zeigt ein Vektor ω in die Richtung des Daumens, so geben die restlichen Finger der rechten Hand die Drehbewegung an (Abb. 1.5).
Der Drehvektor ω steht also senkrecht auf der Fläche, in der die Drehung
stattfindet. Will man (1.14) vektoriell ausdrücken, so benutzt man das *Vektorprodukt* [*vector product*], auch *Kreuzprodukt* [*cross product*] genannt, das
so heißt, weil das Resultat wieder ein Vektor ist. Es schreibt sich

$$\boxed{v = \omega \times r \, ,} \tag{1.15}$$

wird "omega kreuz err" [*omega cross ahr*] gesprochen und bedeutet, daß v
auf der von ω und r aufgespannten Drehebene senkrecht steht. Der Drehsinn
wird wieder durch die rechte Hand angegeben (vereinbarungsgemäß). Zeigt
ω in Daumenrichtung und r in Zeigefingerrichtung, dann zeigt v in Richtung
des Mittelfingers, wobei man die Finger möglichst so spreizt, daß je 90°
zwischen ihnen liegen. Betragsmäßig ist $|\omega \times r| = \omega r \sin \alpha$, wobei α der
Winkel zwischen ω und r ist. Im Falle der Kreisbewegung ist $\alpha = 90°$, und
es folgt (1.14) aus (1.15). Man beachte, daß $r \times \omega = - \omega \times r$ ist, daß also eine
Vertauschung von Vektoren im Vektorprodukt mit einer *Vorzeichenumkehr*
[*sign reversal*] einhergeht. (Nicht so im Skalarprodukt!) Bis hierher haben
wir noch keine richtige Physik gemacht, sondern lediglich einige Begriffe
eingeführt, die es uns erlauben werden, die Bewegungen von Massenpunkten
in mathematische Formeln zu fassen.

2 Newtons Axiome und die Gravitation

Jetzt kommen wir zum ersten Kontakt mit der Physik. **Newtons**[1] Axiome besagen, nach welchen Gesetzen sich Massenpunkte im Raum bewegen. Sein erstes Axiom hört sich vielleicht sehr leicht oder eigentlich von
selbst verständlich an, aber gerade in solchen selbstverständlichen oder all-
gemeingültigen Aussagen liegen wichtige Prinzipien.

---

[1]Newton, Sir Isaac, engl. Physiker, Mathematiker und Astronom, *4.1.1643 Woolst-
horpe bei Grantham (Lincolnshire), †31.3.1727 Kensington

2.1   Erstes Newtonsches Axiom

Das erste Newtonsche Axiom lautet:

Ein Körper verharrt im Zustand der Ruhe oder der gleichförmig gradlinigen Bewegung, falls keine äußeren Kräfte auf ihn wirken.

Es wird auch *Trägheitsgesetz [law of inertia]* genannt. Mathematisch können wir das ausdrücken als

$$\boxed{v = const. \, , \quad \text{wenn} \quad F = 0 \, ,} \tag{2.1}$$

wobei die *Kräfte [force]* nach dem englischen Begriff mit F bezeichnet werden und Vektorcharakter haben. Nach (1.11) bedeutet das für die Beschleunigung, daß sie null sein muß, da sie die Änderung (Ableitung) einer konstanten Größe darstellt

$$a = \frac{dv}{dt} = \frac{d}{dt}(const.) = 0 \, , \quad \text{wenn} \quad F = 0 \, .$$

Wirkt also keine Kraft auf einen Körper, bewegt er sich nicht, oder, falls er schon in Bewegung ist, bewegt er sich, ohne schneller oder langsamer zu werden, geradeaus weiter. Andersherum formuliert: Um eine Bewegungsänderung zu bewirken, müssen wir irgendeine Kraft auf einen Körper ausüben. Dem Konzept der Kraft kommt hiermit eine ganz wesentliche und wichtige Bedeutung zu. Es stellt sich nun die Frage, wie sich die Bewegung ändert, wenn es eine Kraft gibt. Darauf gibt das 2. Newtonsche Axiom Antwort.

2.2   Zweites Newtonsches Axiom

Das zweite Newtonsche Axiom ist dasjenige, das wir am meisten gebrauchen werden; hier wird es richtig spannend:

Die zeitliche Änderung des Impulses eines Körpers ist proportional zur äußeren Kraft, die auf den Körper wirkt.

Dazu müssen wir sagen, wie der *Impuls [momentum]* definiert ist. Er wird mit p bezeichnet und ist ebenfalls ein Vektor

$$\boxed{p = mv \, .} \tag{2.2}$$

Der Impuls eines Massenpunktes hat also die gleiche Richtung wie dessen Geschwindigkeit und ist betragsmäßig gleich dem Produkt aus Masse und

Geschwindigkeit. Die Einheit ist $[p] = $ kg m/s. Dann müssen wir noch sagen, was proportional [*proportional*] bedeutet: Es soll heißen, daß es eine
lineare Beziehung gibt, daß also bei Verdopplung einer Variablen [*variable*] die Funktion [*function*] sich auch verdoppelt und daß beim Wert null
für die Variable die Funktion ebenfalls null ist. Beispiel ist die Menge Al-
kohol im Blut, die sich verdoppelt, wenn man doppelt so viel Bier trinkt.
Nicht proportional ist hingegen die Geschwindigkeit eines Wagens zu dessen
Bremsweg: Eine verdoppelte Geschwindigkeit hat den vierfachen Bremsweg
zur Folge. Proportionalität wird mit dem Zeichen "$\propto$" ausgedrückt; es sieht
so aus wie ein alpha (α), ist aber eher ein abgeschnittenes unendlich (∞)
[Proportionalität wird im Deutschen häufig mit "$\sim$" bezeichnet.] Will man
von der Proportionalität zur Gleichheit, d.h. zu einer Gleichung [*equation*],
muß man eine *Proportionalitätskonstante* [*constant of proportionality*] zuhilfe nehmen, die die verschiedenen Einheiten ineinander umrechnet und die
auch absolute Zahlenwerte festsetzt.

Kehren wir zu Newtons zweitem Axiom zurück. Es besagt also

$$\frac{d\boldsymbol{p}}{dt} \sim \boldsymbol{F} \ . \tag{2.3}$$

Die Proportionalitätskonstante ist in diesem Fall 1, d.h.

$$\boxed{\frac{d\boldsymbol{p}}{dt} = \boldsymbol{F}} \ . \tag{2.4}$$

Ist ferner die Masse zeitlich konstant, was oft der Fall ist, gilt, da $d\boldsymbol{p}/dt = d(m\boldsymbol{v})/dt = md\boldsymbol{v}/dt$

$$\boldsymbol{F} = m\boldsymbol{a} \ , \quad \text{falls } m \text{ zeitlich konstant.} \tag{2.5}$$

Beispiele, bei denen m nicht konstant ist, sind eine aufsteigende Rakete, die durch die Verbrennung von Treibstoff kontinuierlich leichter wird,
oder Fälle von sehr hohen Geschwindigkeiten, bei denen aufgrund der *Relativitätstheorie* [*theory of relativity*] die Massen bis ins Unendliche zu-
nehmen können. Dazu später mehr. Kraft schließlich hat die Einheiten
$[\boldsymbol{F}] = $ kg m/s^2, was zu Ehren Newtons N = Newton genannt wird. Es
ist 1 kg m/s^2 = 1 N. Ein Newton entspricht der Kraft, die eine 100 g Tafel
Schokolade auf der Erdoberfläche als Gewichtskraft ausübt.

Das 2. Axiom sagt uns also, daß wir, wenn wir die Kräfte, die an einer Masse angreifen, kennen, deren resultierende Bewegung über die Impulsänderung berechnen können. Das ist eine außerordentlich weitreichende

Aussage, die wir in vielen Problemen der Physik anwenden können. Wir brauchen lediglich die Kräfte hinzuschreiben, welche nach (2.4) identisch mit der Impulsänderung, in vielen Fällen sogar identisch mit dem Produkt aus Masse und Beschleunigung sind.

2.3 Drittes Newtonsches Axiom

Es gibt in diesem Zusammenhang noch ein drittes Gesetz von Newton, das da lautet:

> *Bei der Wechselwirkung zweier Körper 1 und 2 ist die Kraft F_{21}, die Körper 1 auf Körper 2 ausübt, gleich groß und entgegengesetzt gerichtet wie die Kraft F_{12} von Körper 2 auf Körper 1.*

Mathematisch formuliert heißt das

$$\boxed{F_{21} = -F_{12}}\tag{2.6}$$

und wird in Latein so ausgedrückt:

$$actio = reactio.$$

Typisches Beispiel für dieses Gesetz sind zwei Boote, die mit einer Leine verbunden sind. Eine Person in einem Boot versucht, mit der Leine das andere Boot zu sich heranzuziehen. Es bewegen sich aber immer beide Boote auf den gemeinsamen Mittelpunkt zu.

Ähnlich wichtig ist das *Superpositionsprinzip [principle of superposition]*: Dieses Prinzip erweist sich als ausgesprochen nützlich, und wir müssen es dann zuhilfe nehmen, wenn gleichzeitig mehrere Kräfte an einen Massenpunkt angreifen. Dann soll gelten, daß mehrere Kräfte auf einen Massenpunkt sich immer in ihrer Wirkung zu einer Gesamtkraft addieren. Umgekehrt gilt, daß sich beliebige Kräfte immer in ihre Komponenten zerlegen lassen. Das nutzt man aus, um z.B. vertikale und horizontale Anteile einer Kraft voneinander zu trennen.

2.4 Anwendungen der Axiome

Wozu haben wir die Axiome vorgestellt? Unsere ursprüngliche Aufgabe war es, die Bewegung eines Massenpunktes vorherzusagen [*to predict*] oder zu beschreiben [*to describe*], wenn die auf ihn wirkenden Kräfte bekannt sind. Nehmen wir die Schwerkraft [*gravity*] als Beispiel einer Kraft, die aufgrund der Gravitationsbeschleunigung g an der Erdoberfläche [*surface of the earth*] an einer Masse m angreift. In Abb. 2.1 haben wir ein kartesisches Koordinatensystem so gelegt, daß die z-Richtung nach oben zeigt.

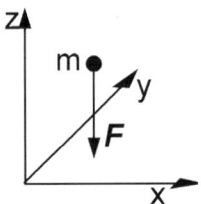

Abbildung 2.1: *Auf eine Masse m wirkt im Gravitationsfeld nur eine Kraft entlang der z-Achse.*

Dann gibt es keine Kräfte in x- und y-Richtung. Damit gilt nach dem 1. Newtonschen Axiom, daß die Masse in diesen Richtungen in Ruhe oder in gleichförmig geradliniger Bewegung bleibt, d.h. $v_x = const.$ und $v_y = const.$ Für die z-Richtung gilt hingegen

$$F_z = -mg \ ,$$

wobei die Vektorschreibweise jetzt weggelassen wurde, da nur die z-Komponente der Gravitationbeschleunigung von null verschieden ist. Das 2. Newtonsche Axiom sagt uns

$$ma = F_z \ , \quad \text{da } m \text{ konstant}$$

und da die Beschleunigung die zweite Ableitung der Ortskomponente z ist, gilt

$$m\ddot{z} = -mg \ .$$

Die Massen kürzen sich [*to cancel*], und uns bleibt nur noch

$$\ddot{z} = -g \ .$$

Das ist die *Bewegungsgleichung* [*equation of motion*], in der die physikalische Problematik steckt. Der nächste Schritt, die Berechnung des Ortes in Abhängigkeit der Zeit, ist mehr mathematischer Natur und erfordert je nach Aufgabenstellung einfachere oder tiefere mathematische Kenntnisse. Im vorliegenden Fall erhalten wir $z(t)$ durch zweimalige Integration [*integration*]. Schreiben wir $\ddot{z} = dv/dt$ und integrieren von t_0 nach t

$$\int_{t_0}^{t} \frac{dv}{dt} dt = - \int_{t_0}^{t} g \, dt$$

$$\int_{t_0}^{t} dv = -g(t - t_0) \ ,$$

so erhalten wir

$$v(t) - v(t_0) = -g(t - t_0) \ ,$$

wobei die Größen $v(t_0)$ und t_0 durch die sogenannten *Anfangsbedingungen* [*initial conditions*] gegeben sind. Sagen wir also, daß v zur Zeit $t = t_0 = 0$ selbst null sein soll, erhalten wir

$$v(t = 0) = 0$$

und damit

$$v(t) = -gt \ ,$$

d.h. die Geschwindigkeit einer Masse m im Gravitationsfeld, die anfänglich in Ruhe war, ist proportional zur Zeit; sie steigt linear mit der Zeit an. Den eigentlichen Ort z erhält man durch eine weitere Integration von $v = dz/dt$

$$\int_{0}^{t} \frac{dz}{dt} dt = -\int_{0}^{t} g \ t \ dt$$

$$z(t) - z_0 = -\frac{1}{2}gt^2$$

$$z(t) = z_0 - \frac{1}{2}gt^2 \ .$$

Der Ortsvektor ist hiermit für alle Zeiten gegeben; die z-Komponente nimmt quadratisch mit der Zeit ab, d.h. die Masse fällt aus einer Position z_0 nach unten. Man sieht, daß ebenfalls das Vorzeichen stimmt: Wir hatten die positive z-Richtung nach oben gewählt, damit war F_z negativ, und $z(t)$ nimmt von z_0 aus gesehen mit der Zeit immer größere negative Werte an. Hätten wir unser Koordinatensystem mit der z-Richtung nach unten gelegt, stünde in $z(t)$ jetzt ein Pluszeichen.

Bemerkenswert an diesem einfachen Beispiel ist, daß die Masse in dem Problem gar keine Rolle spielt, was unserem täglichen Erfahrungsschatz zu widersprechen scheint. Das liegt aber daran, daß unsere Erfahrung sich in Räumen mit Luft, mit unserer Atmosphäre abspielt und die Luftreibung bei größer werdender Geschwindigkeit ebenfalls eine Kraft auf Körper ausübt, die wir nicht mit in Betracht gezogen haben. In einer evakuierten Röhre fallen tatsächlich eine Daunenfeder und eine Bleikugel gleich schnell!

2.5   Gravitation

In unserem Beispiel haben wir die Gravitationskraft angewendet, ohne zu sagen, was sie eigentlich ist. Das *Gravitationsgesetz [law of gravity]*, das ebenfalls von Newton stammt, besagt, daß jede Masse m_1 im Universum jede andere Masse m_2 wiederum im gesamten Universum mit einer Kraft anzieht, die den beiden Massen proportional und dem Abstandsquadrat umgekehrt proportional [*inversely proportional*] ist, also

$$F \propto \frac{m_1 m_2}{r^2} \hat{r} \, ,$$

wobei die Richtung der Kraft entlang des Verbindungsvektors der beiden Massen zeigt. Die Richtung ist also durch den Vektor $\hat{r}$ gegeben, dessen Betrag (Länge) $|r| = 1$ ist. Die Proportionalitätskonstante ist die berühmte Gravitationskonstante G, die die Stärke der Kraft bestimmt, so daß

$$\boxed{F = -G \frac{m_1 m_2}{r^2} \hat{r}} \tag{2.7}$$

das Gravitationsgesetz darstellt. Der Zahlenwert der Gravitationskonstanten ist $G = 6,6710^{-11}$ N m^2/kg^2.

Das Gravitationsgesetz ist außerordentlich bedeutsam für die gesamte Kosmologie; alle Galaxien, Sterne, Planeten und Monde bewegen sich nach diesem Gesetz. Man kann umgekehrt aufgrund der Bewegung von Himmelskörpern auf anderswo vorhandene Massen schließen. So wurde z.B. der Planet Pluto entdeckt. Eines der größten zum gegenwärtigen Zeitpunkt ungelösten Probleme ist das der *dunklen Materie [dark matter]* im Weltall. Aufgrund des Gravitationsgesetzes weiß man, daß uns nur etwa 10% der gesamten Masse im Universum durch sichtbare Sterne bekannt ist. Wo aber der Rest ist, darüber zerbrechen sich viele kluge Leute ihren Kopf.

Das Gravitationsgesetz ist auch auf der Erde bedeutsam: Die Massenanziehung ist der Grund dafür, daß alle Gegenstände auf die Erde "fallen" und nicht einfach schweben. Der Mond wiederum, der durch seine Massenanziehung der Ozeane uns Ebbe und Flut beschert, wird von der Masse "Erde" auf seiner Bahn gehalten. Und wie steht es um Massen aus unserem täglichen Leben? Ziehen sie sich ebenfalls an? Dazu gibt es das berühmte **Cavendish**[2]experiment, bei dem eine Hantel an ihrem Mittelpunkt aufgehängt ist und eine zweite in ihre Nähe gebracht wird (Abb. 2.2). Mittels

[2]Cavendish, Henry, engl. Chemiker und Physiker, *Nizza 10.10.1731, †London 24.2.1810

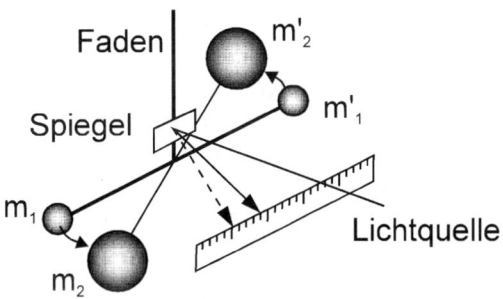

Abbildung 2.2: *Im berühmten Cavendishexperiment zieht eine Hantel eine zweite, an einem Faden aufgehängte Hantel an und verursacht so deren Drehung. Die Drehung und damit die Anziehung wird über einen Spiegel, der am selben Faden angebracht ist, sichtbar gemacht.*

einer sehr empfindlichen Meßapparatur kann die Anziehung der beiden Kugeln im Labor nachgewiesen werden. Wie klein diese Kraft ist, kann man für das Beispiel zweier Kugeln ausrechnen, die je 1 kg Masse haben sollen und die 10 cm voneinander entfernt seien. Dann ist nach (2.7)

$$|\boldsymbol{F}| = \frac{6{,}67 \cdot 10^{-11} \cdot 1 \cdot 1}{(0{,}1)^2} \frac{\text{N m}^2 \text{ kg kg}}{\text{kg}^2 \text{ m}^2}$$

$$= 6{,}67 \cdot 10^{-9} \text{ N} .$$

Um nach (2.7) eine größere Kraft zu erzeugen, brauchen wir große Massen. Auf der Erdoberfläche gilt für eine Masse m

$$|\boldsymbol{F}| = \frac{G m_E}{r_E^2} m = mg , \qquad (2.8)$$

mit m_E und r_E der Masse der Erde und dem Erdradius. Setzen wir ein ($m_E = 6 \cdot 10^{24}$ kg, $r_E = 6400$ km), erhalten wir betragsmäßig

$$g = \frac{G m_E}{r_E^2} \qquad (2.9)$$

$$g = \frac{6{,}67 \cdot 10^{-11} \ 6 \cdot 10^{24}}{(6{,}4)^2 (10^6)^2} \frac{\text{N m}^2 \text{ kg}}{\text{kg}^2 \text{ m}^2}$$

$$g \approx 9{,}8 \ \frac{\text{m}}{\text{s}^2} .$$

Das ist der Betrag der Beschleunigung, die ein Körper aufgrund des Gravitationsgesetzes auf der Erdoberfläche erfährt. Die Beschleunigung ist zum Erdmittelpunkt gerichtet. Die Kraft ist entsprechend (2.8) $\boldsymbol{F} = m\boldsymbol{g}$ und wird *Schwerkraft [gravity]* genannt. Es ist klar, daß g nur in der Nähe der Erdoberfläche obigen Zahlenwert (genauer $g = 9{,}81$ m/s^2) hat. Für immer größer werdende Höhen muß g nach (2.7) immer kleiner werden.

Rechnen wir noch als weiteres Beispiel die Schwerkraft auf dem Mond aus! Mit $m_M = 7{,}4 \cdot 10^{22}$ kg und $r_M = 1{,}74 \cdot 10^6$ m erhalten wir auf der Mondoberfläche

$$g_M = \frac{6{,}67 \cdot 10^{-11} \; 7{,}4 \cdot 10^{22}}{1{,}74^2 (10^6)^2} \; \frac{\text{m}}{\text{s}^2}$$

$$g_M \approx 1{,}6 \; \frac{\text{m}}{\text{s}^2} \; ,$$

was ca. 6,1mal weniger ist als auf der Erdoberfläche. Der Grund für die kleinere Schwerkraft ist also nicht nur die kleinere Masse, sondern auch der entsprechend kleinere Radius. Wäre die Dichte der Mondmaterie bei gleicher Masse achtmal größer als sie es ist, wäre der Radius des Mondes nur halb so groß und die Schwerkraft an seiner Oberfläche wieder viermal größer, d.h. ca. 6,5 m/s^2 und damit ca. 2/3 so groß wie auf der Erde.

Fragen wir nach der Schwerkraft auf der Sonnenoberfläche ($m_S = 2 \cdot 10^{30}$ kg, $r_S = 7 \cdot 10^5$ km), finden wir schnell heraus, daß

$$g_S = \frac{6{,}67 \cdot 10^{-11} \; 2 \cdot 10^{30}}{7^2 (10^8)^2} \; \frac{\text{m}}{\text{s}^2}$$

$$= 272 \; \frac{\text{m}}{\text{s}^2} \; ,$$

d.h. eine Tafel Schokolade würde, wenn sie nicht schmilzt, auf der Sonnenoberfläche

$$F = 0{,}1 \text{ kg} \cdot 272 \; \frac{\text{m}}{\text{s}^2} \approx 27 \text{ N}$$

und damit 27mal mehr als auf der Erde wiegen.

Auf der Oberfläche eines Neutronensterns ist die Situation drastisch anders. Ein Neutronenstern kann - je nach Anfangsmasse des Sterns - am Ende einer Entwicklung stehen, bei dem der Stern seine Brennvoräte allmählich verbraucht hat und in sich zusammenstürzt. Ein solcher, nur aus Neutronen bestehende Stern, hat eine Masse, die etwa der unserer Sonne entspricht aber nur noch einen Radius von $r \approx 10$km. Dann wäre die Gravitationsbeschleunigung g_N auf der Sternoberfläche

$$g_N \approx 1{,}3 \cdot 10^{12} \; \frac{\text{m}}{\text{s}^2}$$

und die Tafel Schokolade würde $1,3 \cdot 10^{11}$ N wiegen. Das entspricht immerhin mehr als 1 Milliarde Tonnen auf der Erde.

3 Arbeit, Energie und Erhaltungssätze

Unter den Begriffen *Arbeit* [*work*] und *Energie* [*energy*] versteht man in der Physik ganz konkrete Größen mit Einheiten und Rechenvorschriften, mit denen sie abzuleiten sind. Die Bedeutung [*meaning*] lehnt sich natürlich an den umgangssprachlichen Gebrauch [*colloquial usage*] an, man sollte sich jedoch immer die konkreten Definitionen vergegenwärtigen [*to be aware of*], wenn man die Begriffe benutzt.

3.1 Arbeit

Die Definition der *Arbeit* [*work*] lautet: Wird ein Körper unter Einwirkung einer konstanten Kraft $\boldsymbol{F}$ um einen Weg $\boldsymbol{s}$ verschoben, wird dabei die Arbeit W verrichtet.

$$W = \boldsymbol{F} \cdot \boldsymbol{s}$$

Die Einheit der Arbeit ist $[W] = \text{N m} = \text{J}$, das den Physiker **Joule**[3] ehrt. Der Punkt zwischen den beiden letzten Vektoren $\boldsymbol{F}$ und $\boldsymbol{s}$ bedeutet dabei das *Skalarprodukt* [*scalar product*], das so heißt, weil das Resultat, die Arbeit, ein Skalar ist. Ein Skalar ist eine Größe, die nur einen Betrag aber keine Richtung hat, z.B. die Masse oder die Länge eines Vektors. Man mache sich noch einmal den Unterschied zum *Vektorprodukt* klar, dessen Resultat ein Vektor war (Abschnitt 1.3). Es gibt also zwei verschiedene Möglichkeiten, zwei Vektoren miteinander zu multiplizieren: mit einem Punkt, dann kommt ein Skalar heraus, oder mit einem Kreuz, dann ergibt sich ein Vektor. Wir müssen uns immer ganz im Klaren darüber sein, welche Multiplikation wir meinen.

Entsprechend diesem inhaltlichen Unterschied gibt es auch zwei unterschiedliche Rechenvorschriften, wie die Multiplikation ausgeführt werden soll. Das Kreuzprodukt war in Abschnitt 1.3 definiert worden; für das Skalarprodukt gilt, daß das Resultat gleich dem Produkt der Beträge (Längen) der beiden Vektoren ist, mal dem *Kosinus* des Winkels zwischen ihnen. Beim Kreuzprodukt war es der *Sinus* (Abb. 3.1).

---

[3]Joule, James Prescott, engl. Physiker, *Salford (bei Manchester) 24.12.1818, †Sale (bei London) 11.10.1889

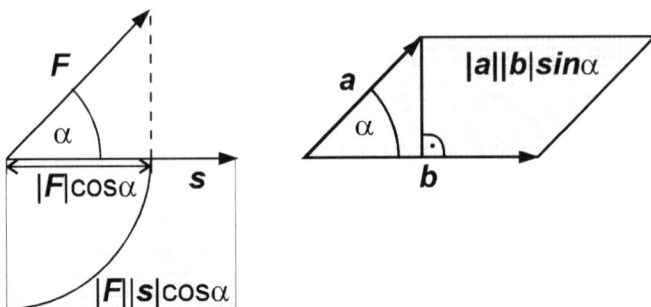

Abbildung 3.1: *Beim Skalarprodukt (links) ist das Resultat proportional zum Kosinus des eingeschlossenen Winkels (veranschaulicht durch die graue Fläche), beim Kreuzprodukt proportional zum Sinus.*

$$W = \boldsymbol{F} \cdot \boldsymbol{s} = |\boldsymbol{F}|\,|\boldsymbol{s}| \cos \alpha \qquad \text{Skalarprodukt} \qquad (3.1)$$

$$\boldsymbol{v} = \boldsymbol{\omega} \times \boldsymbol{r} \qquad \text{Vektorprodukt} \qquad (3.2)$$

$$|\boldsymbol{r}| = |\boldsymbol{\omega}|\,|\boldsymbol{r}| \sin \alpha$$

Das Skalarprodukt wird also maximal, wenn die beiden Vektoren parallel sind, das Vektorprodukt ist hingegen am größten, wenn die Vektoren senkrecht zueinander stehen.

Zurück zur Arbeit. *Beispiel*: Welche Arbeit muß geleistet werden, um einen Stein der Masse m gegen die Schwerkraft auf die Höhe h zu heben (Abb. 3.2)?

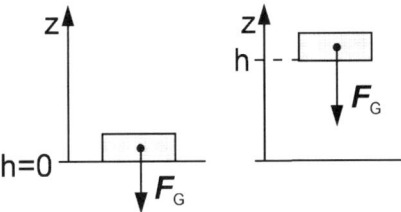

Abbildung 3.2: *Die Arbeit, die benötigt wird, um einen Stein von $h = 0$ auf die Höhe h zu heben, ergibt sich bei konstanter Gewichtskraft F_G aus (3.1).*

Aus (3.1) ergibt sich, daß die erforderliche Kraft so groß wie die Schwerkraft $F_G = -mg$ sein muß, aber nach oben gerichtet. Mit $s = h$ und $\alpha = 0°$

$$
\begin{aligned}
W &= \boldsymbol{F} \cdot \boldsymbol{s} \\
&= F\, s \cos \alpha \\
&= mgh \\
W &= mgh \ .
\end{aligned}
$$

Da Kraft und Weg jeweils parallel zu z sind aber entgegengesetzt gerichtet waren, mußten wir nur die z-Komponente berücksichtigen und konnten die Vektorschreibweise weglassen.

Ist die Kraft längs eines Weges nicht konstant, muß man den Weg in Stücke zerlegen, entlang derer die Kraft konstant ist. Die Gesamtarbeit W_{ges} ist dann die Summe der einzelnen Arbeiten W_i

$$
W_{ges} = \sum_i W_i \ . \tag{3.3}
$$

Als *Beispiel* nehmen wir den einfachen Fall, daß man von zwei gleichen Ziegelsteinen erst einen von $h = 0$ nach h heben soll und dann beide von h nach $2h$ heben soll. Was ist die Gesamtarbeit (Abb. 3.3)?

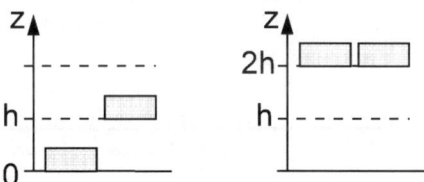

Abbildung 3.3: *Bei der Berechnung der Arbeit muß man hier berücksichtigen, daß die Gewichtskraft zwischen $h = 0$ und h durch die halbe Masse nur halb so groß ist, wie zwischen h und $2h$.*

Nach (3.3) ist

$$
W_{ges} = W_1 + W_2
$$

und $W_1 = mgh$ und $W_2 = 2mgh$, woraus folgt, daß

$$
W_{ges} = 3mgh \ .
$$

Im allgemeinen lassen wir zu, daß sich die Kräfte, für die wir geleistete Arbeiten berechnen wollen, kontinuierlich verändern. Dann müssen die

Wegstücke zu unendlich kleinen Teilwegen werden, und wir kommen zur Integralformulierung der Arbeit über den Zwischenschritt

$$W = \sum_i \Delta W_i = \sum_i \boldsymbol{F}_i(\boldsymbol{s}) \cdot \Delta \boldsymbol{s}_i$$

für endlich viele Teilwege $\Delta \boldsymbol{s}_i$. Im Grenzfall $\Delta \boldsymbol{s}_i \to 0$ führt das zum Arbeitsintegral

$$W = \int_{P_1}^{P_2} \boldsymbol{F}(\boldsymbol{s}) \cdot d\boldsymbol{s} \ , \qquad (3.4)$$

wobei wir von P_1 nach P_2 entlang des Weges integriert haben. Wir können Integrale also als Summen betrachten, bei denen das differentielle Element (hier der Wegabschnitt $d\boldsymbol{s}$) unendlich klein wird.

Das Integral läßt sich für konkrete Formen von $\boldsymbol{F}(\boldsymbol{s})$ nach den Regeln der Integralrechnung analytisch lösen oder eben numerisch, wenn man mathematisch mit der Integration überfordert ist. Man beachte, daß der Übergang zum Differentiellen keinen Einfluß auf die Vektoreigenschaft der beiden Größen hat: Nach wie vor haben wir ein Skalarprodukt als Vorschrift zur Berechnung der Arbeit. Das Integral hat uns lediglich die Mühe abgenommen, bei sich kontinuierlich veränderten Kräften unendlich viele "kleine" Arbeiten auszurechnen und dann zu addieren. Anders ausgedrückt, zwischen (3.3) und (3.4) besteht kein Unterschied im physikalischen Inhalt.

Machen wir ein *Beispiel*, in dem (3.4) Anwendung findet! Wie groß ist die Arbeit, die in das Spannen einer Feder gesteckt werden muß, die von ihrer Ruhelage $x = 0$ bis $x = x_1$ gespannt werden soll (Abb. 3.4)?

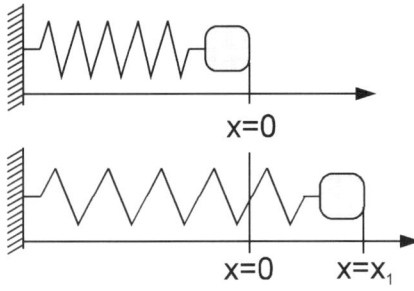

Abbildung 3.4: *Eine Feder wird aus ihrer Ruheposition nach x_1 ausgedehnt. Die hierzu erforderliche Arbeit wird nach (3.4) berechnet.*

Es gilt (3.4)

$$W = \int_{x=0}^{x_1} F(x)\, dx \ .$$

Die Kraft einer Feder [*spring*] ist nach dem **Hooke**[4]schen Gesetz $F = -kx$ mit der Federkonstanten k, und wir können die Vektorschreibweise jetzt weglassen, da wieder alles parallel zueinander ist; die erforderliche Kraft zum Spannen der Feder ist also $+kx$ und damit

$$W = \int_{x=0}^{x_1} kx\, dx$$
$$= \frac{1}{2}k\ x^2 \Big|_{x=0}^{x_1}$$
$$= \frac{1}{2}k\ x_1^2 \ .$$

Der Tatsache, daß die Feder mit jedem bißchen mehr Auslenkung etwas stärker wirkt, sich die Federkraft also kontinuierlich verändert, ist durch das Integral Rechnung getragen. Die Arbeit, eine Feder bis x_1 auszulenken, nimmt also quadratisch mit größer werdendem x_1 zu.

Als letztes *Beispiel* betrachten wir den etwas komplizierteren Fall, nämlich daß sich zwar F nicht kontinuierlich verändert, daß aber F und s nicht parallel sind. Welche Arbeit bringt der Motor einer Schiffsschaukel auf, der das "Schiff" der Masse m reibungsfrei aus der Gleichgewichtslage von unten genau nach oben dreht (Abb. 3.5)? Der Abstand von der Achse zur Masse sei r. Nach dem, was wir bislang wissen, müssen wir über den Halbkreis integrieren, da sich der Winkel α zwischen der Schwerkraft und den Wegstückchen kontinuierlich ändert. Genauer gesagt, ist

$$W = \int_{unten}^{oben} F \cdot s = \int_{0}^{\pi} m\, g\, r\, d\varphi\, \cos\alpha \ ,$$

mit $F = -F_G = mg$, wobei wir ausgenutzt haben, daß ein kleines Kreisbogenstückchen gerade der Radius mal der Winkeländerung ist ($ds = r\, d\varphi$). Bringen wir α in einen Bezug zu φ ($\alpha = \pi/2 - \varphi$), sieht unser Integral so

---

[4]Hooke, Robert, engl. Physiker und Naturforscher, *Freshwater (Insel Wight) 18.7.1635, †London 3.3.1703

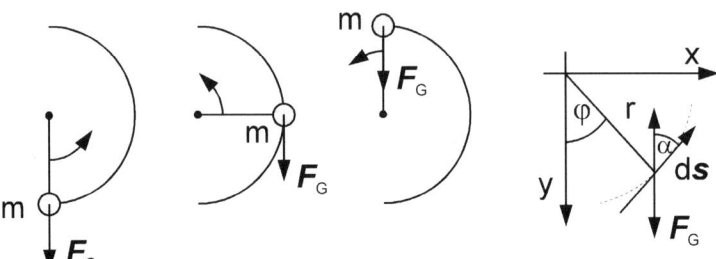

Abbildung 3.5: *Bei der Berechnung der Arbeit, die ein Schiffsschaukel-motor verrichten muß, um die Schiffsschaukel von unten genau nach oben zu bringen, muß man berücksichtigen, daß sich der Winkel zwischen der Schwerkraft und dem zurückgelegten Weg ständig ändert.*

aus

$$W = mgr \int\limits_0^\pi \cos\left(\frac{\pi}{2} - \varphi\right)\, d\varphi \; .$$

Dieses Integral können wir durch den trigonometrischen Bezug $\cos(\pi/2 - x) = \sin x$ in eine einfach zu integrierende Form bringen

$$W = mgr \int\limits_0^\pi \sin \varphi \, d\varphi$$

$$= (-)mgr \cos\varphi\big|_0^\pi$$

$$W = 2mgr \; .$$

Dies ist das Ergebnis; wiederum hat uns die Integration das Problem mit dem sich kontinuierlich ändernden Winkel abgenommen. Erstaunlich ist daran außerdem, daß es dasselbe Ergebnis ist, als hätten wir gefragt, wieviel Arbeit benötigt wird, um die Schiffsschaukel senkrecht auf die Höhe $2r$ zu heben. Die Arbeit, die gegen die Gravitationskraft verrichtet wird, scheint also unabhängig vom zurückgelegten Weg zu sein. Doch dazu später mehr.

Wir können uns jetzt gut die allgemeine Auswertung eines Arbeitsintegrals vorstellen, bei der sich sowohl die Kraft, als auch die Richtung zwischen Kraft und Weg kontinuierlich ändert. Während das Ausrechnen schnell sehr schwierig werden kann, ist das physikalische Prinzip immer dasselbe. Der

Ausdruck [*expression*]

$$W_{12} = \int_1^2 \boldsymbol{F}(\boldsymbol{s}) \cdot d\boldsymbol{s}$$

wird auch als *Linienintegral* [*line integral*] der Kraft entlang des Weges vom Punkt 1 zum Punkt 2 bezeichnet. Integrale dieser Art finden häufige Verwendung in der Physik. Es lohnt sich also, sie im Detail zu verstehen, das heißt zu wissen, was sie sagen wollen, bzw. wie man sie auswerten würde.

Die an einem abgeschlossenen System verrichtete Arbeit wird in irgendeiner Form gespeichert. Diese gespeicherte Arbeit heißt *Energie* [*energy*]. Da die gespeicherte Arbeit wieder freigesetzt werden kann, ist Energie die Fähigkeit, Arbeit zu verrichten. Man vereinbart daher die Vorzeichen bei der Arbeit so, daß an einem System geleistete Arbeit dessen Energie vergrößert. Simples Beispiel dieses Konzeptes ist die hochgehobene Masse m. Läßt man sie los, fällt sie wieder herunter. Mit dem Hochheben hat man an ihr Arbeit verrichtet, sie speichert im hochgehobenen Zustand sogenannte *potentielle Energie* [*potential energy*]. Diese potentielle Energie kann durch Herunterfallen in Bewegungsenergie umgesetzt werden.

Die Verwendung des Begriffs potentielle Energie ist nur erlaubt, wenn die Kraft ausschließlich ortsabhängig ist (also z.B. nicht geschwindigkeitsabhängig, wie beim Luftwiderstand). Dann ist die verrichtete Arbeit W ebenfalls ausschließlich ortsabhängig. Das ist der Fall, wenn nur Anfangs- und Endort bei der Berechnung der Arbeit eine Rolle spielen und nicht der Weg, entlang dessen man integriert hat. Kräfte, die diese Eigenschaft haben, werden *konservativ* [*conservative*] genannt. Das hat nichts mit politischen Einstellungen zu tun, es ist lediglich ein Name für die beschriebene Eigenschaft. Die Gravitationskraft ist, wie wir aus den vorangegangenen Beispielen bereits vermuten können, eine konservative Kraft. Eine weitere wichtige konservative Kraft ist die elektrostatische Anziehung, die wir später behandeln werden.

Die Arbeit gegen eine konservative Kraft führt also zur Speicherung in Form von *potentieller Energie*. Der Name ist vielleicht etwas irreführend; man kann ihn sich dadurch merken, daß ein Körper die Möglichkeit hat, Arbeit zu leisten, wenn er potentielle Energie besitzt. Es gilt demnach für die Änderung in der potentiellen Energie E_{pot}

$$\Delta E_{pot} = - \int_1^2 \boldsymbol{F} \cdot d\boldsymbol{s} \; ; \qquad (3.5)$$

das Minuszeichen drückt aus, daß wir die Arbeit *gegen* eine Kraft F verrichten. Für den Fall der Masse m, die von $h = 0$ auf die Höhe h gehoben wird ($F = -mg$), erhöht sich die potentielle Energie damit um $E_{pot} = +mgh$.

Wird die Kraft hingegen ausschließlich zur Änderung der Geschwindigkeit verwendet, so ist die gespeicherte Energie eine Funktion der Geschwindigkeit. Sie heißt Bewegungsenergie *kinetische Energie* [*kinetic energy*]. Beispiel ist, daß F lediglich eine Masse m beschleunigen soll; keine anderen Kräfte seien anwesend. Dann ist

$$E_{kin} = \int_1^2 F \cdot ds \qquad (3.6)$$

$$= \int_1^2 ma \cdot ds \ .$$

Mit

$$a = \frac{dv}{dt}$$

und dem zurückgelegten Wegstück

$$ds = dv \ dt$$

$$E_{kin} = m \int_1^2 \frac{dv}{dt} \cdot v dt \ .$$

Da die Beschleunigung nach dem zweiten Newtonschen Axiom parallel zur Kraft ist, lassen wir wieder die Vektorschreibweise weg und erhalten

$$E_{kin} = m \int_1^2 \frac{1}{2} \frac{d(v^2)}{dt} dt \ ,$$

da $d(v^2)/dt = 2vdv/dt$ (Kettenregel [*chain rule*]) ist. Dann ist

$$E_{kin} = \frac{m}{2} v^2 \Big|_1^2$$

$$= \frac{m}{2} \left(v_2^2 - v_1^2 \right), \quad \text{oder mit} \quad v_1 = 0 \quad \text{und} \quad v_2 = v$$

$$\boxed{E_{kin} = \frac{1}{2}mv^2 \ .} \qquad (3.7)$$

Die kinetische Energie nimmt also quadratisch mit der Geschwindigkeit zu. Mit dem oben definierten Impuls (2.2) können wir auch schreiben

$$E_{kin} = \frac{p^2}{2m} \ .$$

Einer weiteren Form der Energiespeicherung begegnen wir mit der Wärmeenergie, die z.B. auftritt, wenn gegen eine Reibungskraft Arbeit geleistet wird, also etwa beim Bremsen. Wie wir in der Thermodynamik lernen werden, läßt sich diese Energie aber nicht wieder zu 100% in kinetische Energie zurückwandeln.

Bei technischen Anwendungen spielt oft nicht nur die geleistete Arbeit eine Rolle, sondern auch die Zeit, in der die Arbeit verrichtet wird. Wir führen den Begriff der *Leistung [power]* ein. Sie entspricht einer geleisteten Arbeit pro Zeiteinheit, ist ein Skalar und wird nach dem englischen Ausdruck mit P bezeichnet.

$$P = \frac{W}{t} \tag{3.8}$$

Die Einheiten sind $[P] = $ N m/s $= $ J/s $= $ W nach **Watt**[5]. Für eine sich kontinuierlich ändernde Kraft gibt es einen entsprechenden differentiellen Ausdruck

$$\boxed{P(t) = \frac{dW}{dt}}$$

$$\begin{aligned} P(t) &= \boldsymbol{F}(t) \cdot \frac{d\boldsymbol{s}}{dt} \\ &= \boldsymbol{F}(t) \cdot \boldsymbol{v} \ , \end{aligned} \tag{3.9}$$

der die momentane Leistung angibt, wenn mit einer Kraft $\boldsymbol{F}$ und einer Geschwindigkeit $\boldsymbol{v}$ Arbeit verrichtet wird. Die gesamte verrichtete Arbeit ergibt sich wieder aus dem Integral über die Leistung

$$\begin{aligned} W &= \int \frac{dW}{dt} dt \\ &= \int P(t) dt \\ &= \int \boldsymbol{F}(t) \cdot \boldsymbol{v} dt \ . \end{aligned}$$

---

[5]Watt, James, engl. Ingenieur, *Greenock-on-Clyde (Schottland) 19.1.1736, †Heathfield bei Birmingham 19.8.1819

3.2   Felder

Es gibt noch einen Begriff, den wir zu unserer Erleichterung einführen wollen und zwar ist es der des *Feldes* [*field*]. Ein Feld gibt uns die Möglichkeit, räumlich variierende Vektoren anzugeben. Für jeden Punkt eines Feldes muß demnach eine Richtung und ein Betrag angegeben sein. Ein Beispiel ist das Gravitationsfeld, das angibt, daß die Gravitationskraft immer in Richtung der sie verursachenden Masse zeigt und betragsmäßig mit dem Quadrat des Abstandes abnimmt (Abb. 3.6). Ein anders Beispiel ist das elektrische Feld,

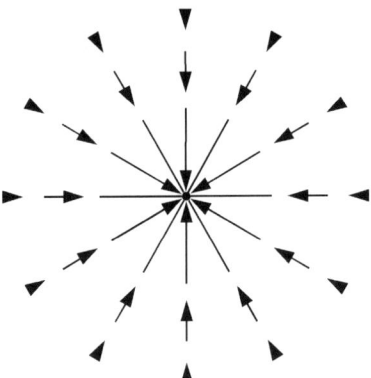

Abbildung 3.6: *Das Gravitationsfeld gibt in jedem Punkt Richtung und Betrag der Gravitationskraft an.*

das die Kraftwirkung zwischen Ladungen beschreibt und zu dem wir später noch mehr sagen werden. Beschreibt das Feld eine konservative Kraft, ist es ein konservatives Kraftfeld. Für konservative Kraftfelder gelten folgende Besonderheiten, die wir uns später zunutze machen werden.

   Die Arbeit, die gegen ein *konservatives Kraftfeld* verrichtet wird, ist unabhängig vom eingeschlagenen Weg und damit ausschließlich von Anfangs- und Endpunkt bestimmt. Es gilt damit nach (3.5)

$$W = \int_{1}^{2} \boldsymbol{F} \cdot d\boldsymbol{s} = E_{pot,2} - E_{pot,1} \qquad \text{für konservative Kraftfelder.} \qquad (3.10)$$

Das ist eine enorme Vereinfachung, die wir für konservative Kraftfelder erhalten. Anstatt die möglicherweise komplizierten Integrale ausrechnen zu müssen, ist die geleistete Arbeit einfach der Unterschied in den potentiellen

Energien. Damit verstehen wir sofort das Beispiel der Schiffsschaukel: $E_{pot,1}$ sei der Ausgangspunkt und sei gleich null gewählt, $E_{pot,2}$ ist dann $mg2r$ und die geleistete Arbeit eben $W = 2mgr$, wie im Beispiel hergeleitet, aber ohne Integral und ohne Sinus.

Es folgt die äquivalente Aussage, daß die Arbeit entlang eines geschlossenen Weges in einem konversativen Kraftfeld null ist. Geschlossener Weg bedeutet gleicher Anfangs- und Endpunkt, was nach (3.5) gleiche potentielle Energie und nach (3.10) keine Arbeit zur Folge hat. Anders gesagt, gibt ein konservatives Feld eine geleistete Arbeit wieder zurück, wenn man den umgekehrten Weg einschlägt. Daher der Begriff "konservativ" (= bewahrend). Mathematisch schreiben wir das als

$$\boxed{\oint \boldsymbol{F} \cdot d\boldsymbol{s} = 0} \qquad \text{für ein konservatives Kraftfeld ,} \qquad (3.11)$$

wobei der Kringel um das Integral einen geschlossenen Weg bezeichnet. Ein nicht konservatives Kraftfeld ist z.B. eines, das Reibungskräfte mitberücksichtigt. Dann hängt die geleistete Arbeit natürlich vom eingeschlagenen Weg ab, und auf dem "Rückweg" erhält man nicht alle Arbeit zurück, da ein Teil in Wärme umgewandelt wurde.

Es sei noch einmal betont, daß diese Besonderheit, einschließlich des Begriffs "potentielle Energie" überhaupt nur für konservative Kräfte oder Kraftfelder existieren.

3.3 Drehungen starrer Körper

Um Drehungen [*rotation*] um den Schwerpunkt [*center of gravity*] zu beschreiben, müssen wir die Näherung eines einzelnen Massepunktes verlassen. Ein starrer Körper sei aus Massenpunkten zusammengesetzt, die sich relativ zueinander nicht bewegen. Wenn die Drehachse in einem Koordinatensystem feststeht, bildet man Analogien zu den Ausdrücken Geschwindigkeit, Kraft, Masse, Impuls und Energie, die wir für lineare Bewegungen bereits kennengelernt haben.

An die Stelle der Geschwindigkeit tritt die Winkelgeschwindigkeit(1.14)

$$\omega = \frac{v}{r} \; .$$

Die Kraft, die auf eine Drehachse wirkt, ist gleich dem Produkt aus der die Masse angreifenden Kraft und dem Abstand des Ansatzpunktes zur Drehachse. Diese Größe wird *Drehmoment* [*torque*] genannt und üblicherweise mit M bezeichnet. Die Richtung von M ist wie die von ω senkrecht zum Abstandsvektor und zur angreifenden Kraft, wird also aus dem Vektorprodukt von r und F berechnet (3.2) (Abb. 3.7)

$$\boxed{M = r \times F}$$

$$\left|\vec{M}\right| = |r| \cdot |F| \sin \alpha \ , \tag{3.12}$$

wobei α der Winkel zwischen r und F ist. Die Einheit des Drehmoments ist $[M] = \mathrm{N\ m} = \mathrm{kg\ m^2/s^2}$.

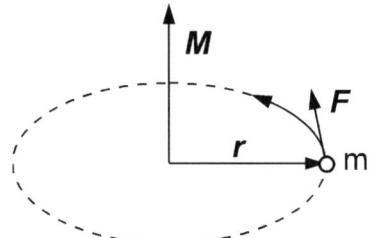

Abbildung 3.7: *Das Drehmoment M steht senkrecht auf der Kraft und dem Abstandsvektor zur Drehachse.*

So wie die Masse nach dem 2. Newtonschen Axiom für eine gegebene Kraft angibt, wie groß die resultierende Beschleunigung ist ($F = ma$), beschreibt das *Massenträgheitsmoment [moment of inertia]* die Winkelbeschleunigung, die aufgrund eines bestimmten Drehmoments auftritt. Das Trägheitsmoment gibt sozusagen an, wieviel Masse sich wie weit von der Drehachse befindet.

$$M = J\frac{d\omega}{dt} \ , \tag{3.13}$$

Im konkreten Beispiel einer Punktmasse, die im Abstand r um eine Drehachse rotiert (Abb. 3.7), läßt sich (3.13) im Fall eines rechten Winkels zwischen r und F schreiben als

$$rm\frac{dv}{dt} = J\frac{d\omega}{dt}$$
$$r^2 m\frac{d\omega}{dt} = J\frac{d\omega}{dt} \ .$$

Dabei haben wir die Beziehung (1.14) ausgenutzt und erhalten

$$J = mr^2 \tag{3.14}$$

als Trägheitsmoment für einen um eine Achse rotierenden Massenpunkt. Für einen allgemeinen starren Körper muß man über alle kleinen Massenelemente dm und deren Abstandsquadrat integrieren.

$$J = \iiint r^2 \, dm \tag{3.15}$$

Für viele starre Körper findet man das Trägheitsmoment tabelliert, so daß man sich nicht mit dem Integral quälen muß. Man beachte, daß das Trägheitsmoment im allgemeinen von der Drehachse abhängt, da der Abstand der Massenelemente zur Drehachse eingeht. Als Beispiel sei die Kugel mit Radius r genannt, deren Trägheitmoment für eine Achse durch ihren Schwerpunkt $2/5Mr^2$ ist, während es für eine Achse, die den Kugelmantel tangiert $7/2Mr^2$ beträgt. $[J] = \mathrm{kg\, m^2}$ ist die Einheit des Trägheitsmoment. Ferner benötigen wir den *Drehimpuls* [*angular momentum*], der proportional dem Impuls und dem Abstandsvektor ist und wieder auf beiden senkrecht steht

$$\boxed{L = r \times p}\,. \tag{3.16}$$

Stehen r und p ebenfalls aufeinander senkrecht, kann man mit $p = mv$ vereinfachen auf

$$L = rmv$$
$$L = mr^2\omega\,,$$

eine Bezeichnung, die auch vektoriell gilt

$$L = mr^2\omega\,. \tag{3.17}$$

Die Einheit des Drehimpulses ist $[L] = \mathrm{kg\, m^2/s}$.

Das 2. Newtonsche Gesetz bei Drehbewegungen können wir aus der Ableitung von L herleiten

$$\frac{d}{dt}L = \frac{d}{dt}(r \times p)$$
$$= \frac{dr}{dt} \times mv + r \times \frac{dp}{dt}$$
$$= r \times F$$

$$\boxed{\frac{d}{dt}L = M} \tag{3.18}$$

Der erste Term nach Anwendung der Produktregel auf das Vektorprodukt verschwindet, weil das Vektorprodukt paralleler Vektoren nach (3.2) null ist. In Worten heißt (3.18): Die zeitliche Änderung des Drehimpulses ist gleich der Summe der angreifenden Drehmomente.

Die geleistete Arbeit ist analog zur linearen Arbeit (3.1) definiert als Drehmoment mal gedrehter Winkel $\Delta\varphi$

$$\Delta W = \boldsymbol{M} \cdot \boldsymbol{\Delta\varphi} \, , \qquad (3.19)$$

wobei der Vektor $\boldsymbol{\Delta\varphi}$ wie immer senkrecht auf der Ebene steht, in der gedreht wird. In (3.19) steht also wie in (3.1) ein Skalarprodukt.

Die kinetische Energie heißt bei Drehbewegungen *Rotationsenergie* [*rotational energy*], und wir können den Ausdruck hierfür für die einfache Punktmasse im Abstand r zur Drehachse herleiten. Deren kinetische Energie ist

$$\begin{aligned}
E_{kin} &= \frac{1}{2}mv^2 \\
&= \frac{1}{2}m\omega^2 r^2 \\
&= \frac{1}{2}J\omega^2 \, ,
\end{aligned}$$

wobei wir (3.14) eingesetzt haben. Allgemein gilt

$$\boxed{E_{rot} = \frac{1}{2}J\omega^2 \, ,} \qquad (3.20)$$

wobei J das Trägheitsmoment des betrachteten rotierenden Körpers ist. Nützlich ist ferner die Einführung des Begriffs *Zentripetalkraft* $\boldsymbol{F_{ZP}}$ [*centripetal force*], die die Kraft angibt, die auf einen Körper wirkt, der sich mit konstanter Winkelgeschwindigkeit auf einer Kreisbahn bewegt.

$$\begin{aligned}
\boldsymbol{F}_{ZP} &= m\frac{d\boldsymbol{v}}{dt} = m\frac{d(\boldsymbol{\omega} \times \boldsymbol{r})}{dt} \\
&= m\frac{d\boldsymbol{\omega}}{dt} \times \boldsymbol{r} + m\boldsymbol{\omega} \times \frac{d\boldsymbol{r}}{dt} \\
&= m\boldsymbol{\omega} \times \boldsymbol{v} = m\boldsymbol{\omega} \times (\boldsymbol{\omega} \times \boldsymbol{r}) \, ,
\end{aligned}$$

da ja nach unseren Annahmen $d\omega/dt = 0$. Betragsmäßig ist

$$\boxed{|\boldsymbol{F}_{ZP}| = m\omega^2 r = \frac{mv^2}{r} \, .} \qquad (3.21)$$

3.4 Erhaltungssätze

Die Erhaltungssätze spielen in der Physik eine ganz zentrale Rolle. Sie eignen sich nicht nur zur bequemen Lösung vieler Aufgaben, sie spiegeln vielmehr ganz bestimmte Invarianzen in den Naturgesetzen wider. So sind zum Beispiel die Aussagen, daß der Gesamtimpuls eines Systems erhalten bleibt und daß die Bewegungsgesetze überall gleich sind (räumliche Invarianz), völlig äquivalente Aussagen. Oder es ist der Erhaltungssatz der Energie äquivalent damit, daß die Bewegungsgesetze zu verschiedenen Zeiten immer gleich aussehen (zeitliche Invarianz). Wir beschränken uns hier auf die Feststellung der Erhaltungssätze; wer mehr wissen möchte, dem sei die Lektüre von **R. P. Feynman**[6] "The Charakter of Physical Law" empfohlen. Die für die Mechanik wichtigen Erhaltungssätze sind:

In einem geschlossenen System bleibt erhalten:

- *die Gesamtenergie*

- *der Gesamtimpuls*

- *der Gesamtdrehimpuls.*

Am *Beispiel* eines hochgeworfenen Körpers erläutern wir den Energieerhaltungssatz. Wie hoch steigt ein mit $v=10$ m/s hochgeworfener Körper der Masse m? Am Anfang ist alle Energie kinetischer Natur

$$E_{unten} = E_{kin} = \frac{1}{2}mv^2 \ .$$

Am höchsten Punkt ist die gesamte Energie potentielle Energie

$$E_{oben} = E_{pot} = mgh \ .$$

Da die Gesamtenergie erhalten bleiben muß, gilt

$$
\begin{aligned}
E_{unten} &= E_{oben} \\
\frac{1}{2}mv^2 &= mgh \\
h &= \frac{v^2}{2g} \\
&= \frac{100 \text{ m}^2 \text{ s}^2}{2 \cdot 9,81 \text{ s}^2 \text{ m}} \approx 5,1 \text{ m} \ .
\end{aligned}
$$

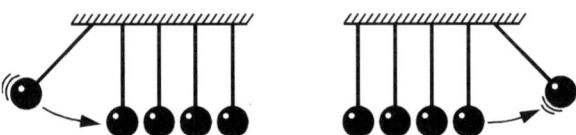

Abbildung 3.8: *Zum Impulserhaltungssatz*

Als zweites *Beispiel* dienen die fünf nebeneinander aufgehängten Pendel in Abb. 3.8, die sich im Gleichgewichtszustand gerade berühren. Jeder weiß, daß beim Auslenken und Loslassen von ein, zwei, drei oder mehr Kugeln *immer* gleichviel auf der anderen Seite abgelöst werden. Warum lösen sich aber nicht auch einmal mehr mit geringerer Geschwindigkeit ab? Die Energie könnte ja z.B. erhalten werden, wenn von links eine Kugel mit v_{links} auftrifft und sich rechts zwei mit der Geschwindigkeit $v_{rechts} = 1/\sqrt{2}v_{links}$ ablösen. Man überprüfe das durch Berechnung von $E_{kin,links}$ und $E_{kin,rechts}$. Des Rätsels Lösung ist, daß dann der Impuls nicht mehr erhalten wäre:

$$p_{links} = mv_{links} \quad \text{und} \quad p_{rechts} = 2 \cdot mv_{rechts} = \sqrt{2}\, p_{links}$$

Der Impuls hätte also zugenommen. Die gleichzeitige Anwendung des Impuls- und des Energieerhaltungssatzes findet in vielen Stoßproblemen der Mechanik und auch in der Kernteilchenphysik Anwendung.

4 Schwingungen in der Physik

Eine Vielzahl physikalischer Phänomene spielt sich in periodisch wiederkehrenden Schritten ab. Ein einfaches Beispiel ist ein Kind auf einer Schaukel; nachdem es von seinen Eltern angestoßen wurde, pendelt es hin und her, wird allmählich langsamer und kommt schließlich zur Ruhe, wenn es nicht weiter angestoßen wird. Wichtig in der Elektrotechnik sind elektrische Schwingkreise, die ein sogenanntes Resonanzverhalten aufweisen: In Resonanz kann ein bestimmter Sender empfangen werden und von einem Verstärker verstärkt werden. Oder die Saiten eines Klaviers, die durch die Klavierhämmer angeregt schwingen und im menschlichen Ohr ein angenehmes Empfinden auslösen. Schwingungsphänomene sind sehr vielfältig und nehmen einen ausgesprochen wichtigen Raum in unserer Welt ein. Wir wollen uns im folgenden mit ihnen näher befassen.

---

[6]Feynman, Richard Phillips, amerikan. Physiker, *New York 11.5.1918, †Los Angeles 15.02.1988, Nobelpreis für Physik 1969

4.1   Ungedämpfte harmonische Schwingungen

Zunächst wollen wir das Schwingungsproblem etwas konkretisieren und in eine mathematische Form bringen, die wir dann lösen können. Dazu müssen wir sagen, was wir unter lösen [*to solve*] verstehen wollen. Betrachten wir zum Beispiel eine Masse [*mass*] m, die an einer Feder [*spring*] befestigt ist, die wiederum an der Wand angebracht ist (Abb. 4.1). Befindet sich das Sy-

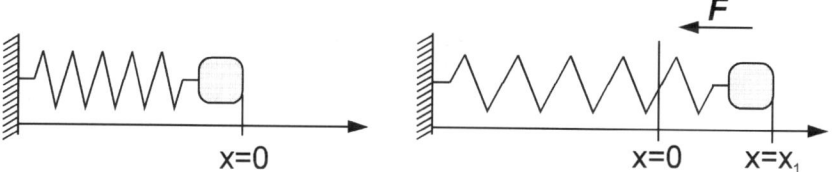

Abbildung 4.1: *Ein Masse-Feder-System im Ruhezustand (links) und im ausgedehnten Zustand (rechts)*

stem in Ruhe, das heißt im Gleichgewicht [*equilibrium*], so ist die Feder nicht gespannt, und die Lage der Masse wollen wir mit x_0 bezeichnen. *Gleichge-wichtszustand* [*state of equilibrium*] bedeutet, daß auch nach beliebig langer Zeit die Masse immer noch an derselben Stelle x_0 sitzt. Rechts in Abb. 4.1 ist eine ausgelenkte Masse dargestellt. Die Feder übt eine rücktreibende Kraft [*restoring force*] auf die Masse aus, die sich in einer Position x befin-det. Die Abbildung stellt eine Momentaufnahme dar; je nachdem, ob m sich noch nach rechts bewegt oder ob m bereits wieder auf dem Weg zurück in Richtung x_0 ist, würde m einen kleinen Moment später ein bißchen weiter rechts oder ein bißchen weiter links sein. Fliegt m gerade zurück, wissen wir aus Erfahrung, daß es im ungedämpften Fall über x_0 hinausschießen wird und die Feder dann nach links ausgedehnt sein wird. In jedem Fall wird die ganze Zeit über auf die Masse m eine Kraft ausgeübt (außer genau in dem Moment, wo sich m in x_0 befindet), die nach den Newtonschen Axiomen eine Impulsänderung bewirkt.

Wie groß ist diese Kraft? Nach dem Hookeschen Gesetz [*Hooke's law*] ist die Kraft einer Feder proportional zur Auslenkung von der Gleich-gewichtsposition x_0 mit einer Konstanten k, die charakteristisch für je-de Feder ist und auch Kraftkonstante [*force constant*] genannt wird, also $F = -k(x - x_0)$. Starke Federn haben große k, schwache kleine. Die Ein-heit von k ist $[k] = \text{N/m} = \text{kg/s}^2$. Um uns die Sache etwas leichter zu ma-chen, erkennen wir an, daß es eigentlich egal ist, wie groß x_0 ist; es kommt ja nur auf Abweichungen [*deviation*] von x_0 an und nicht auf den Absolutwert [*absolute value*]. Setzen wir also $x_0 = 0$. Dann ist

$$F = -kx \; , \qquad\qquad (4.1)$$

wobei das Minuszeichen angibt, daß die Kraft der Feder entgegengesetzt der Ausdehnungsrichtung ist. Eine Feder zieht also entgegen der Richtung, in die man sie auslenken möchte, und sie zieht um so stärker, je weiter man sie ausdehnt.

Das 2. Newtonsche Axiom sagt uns dann, daß die Impulsänderung eines Körpers dp/dt gleich der Summe der angreifenden Kräfte ist, daß also

$$\frac{dp}{dt} = F \; . \qquad\qquad (4.2)$$

In unserem Beispiel des Masse-Feder Systems kennen wir F aus (4.1) und setzen es in (4.2) ein.

$$\frac{dp}{dt} = -kx \; .$$

Für Aufgaben, bei denen die Masse nicht zeitlich veränderlich ist, also im nichtrelativistischen Bereich, in dem wir uns hier auf der Erde meistens befinden, kann man die Ableitung des Impulses $p = mv$ auch so schreiben

$$m\frac{dv}{dt} = -kx \; ,$$

und da v die Änderung (Ableitung) des Ortes mit der Zeit ist, gilt ebenfalls

$$m\ddot{x} = -kx$$

oder

$$\ddot{x} + \frac{k}{m}x = 0 \; . \qquad\qquad (4.3)$$

Dies ist die *Bewegungsgleichung* [*equation of motion*], deren Herleitung [*derivation*] ein physikalisches Verständnis der Problematik, die man gerade bearbeitet, voraussetzt. Anders gesagt, ist physikalisch gesehen die Aufgabe des schwingenden Masse-Feder-Systems mit der Aufstellung der Bewegungsgleichung gelöst. Was wir jetzt noch machen müssen, ist die *mathematische Lösung* dieser Bewegungsgleichung zu suchen. Die Lösung soll der Art sein, daß sie uns zu jedem beliebigen Zeitpunkt in der Vergangenheit oder in der Zukunft die Position der Masse m sagen kann, wenn wir nur angeben, wie sich die Masse zu einem bestimmten Zeitpunkt bewegt. Eine besondere Situation haben wir bereits gelöst. Wenn die Masse zur Zeit t_0 in Ruhe und in der Gleichgewichtsposition $x_0 = 0$ ist, wird die Lösung sein, daß sie zu allen Zeiten vorher und nachher in der Ruheposition ist. Das war leicht. Wie verhält es sich aber, wenn die Masse zur Zeit t_0 zwar in Ruhe war, dies aber in einer ausgelenkten Position $x_0 \neq 0$? Oder wie, wenn die Masse zwar in der Gleichgewichtsposition war, aber eine endliche Geschwindigkeit $v_0 \neq 0$ hatte? Dazu müssen wir die Bewegungsgleichung lösen, die in unserem Beispiel durch (4.3) gegeben ist.

Die allermeisten Schwingungsaufgaben bestehen darin, eine i) Bewegungsgleichung aufzustellen, ii) sie zu lösen und iii) daraus dann die allgemeine Lösung für eine konkrete Ausgangssituation zu bestimmen. Oft genügt es, Schritte i) und ii) durchzuführen; wir wollen an einen konkreten Fall alle drei Schritte nachvollziehen und uns dann ebenfalls mit i) und ii) begnügen.

Erst wollen wir uns aber ein anderes Schwingungsproblem ansehen: In Abb. 4.2 ist ein Pendel der Länge l gezeichnet, das im Gravitationsfeld der Erde hin- und herschwingt. Wir wollen versuchen, hier die Bewegungsgleichung aufzustellen. Im Gleichgewichtszustand ist der Winkel $\varphi = 0$. Für

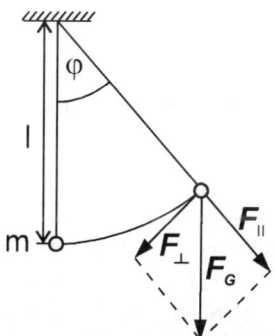

Abbildung 4.2: *Eine Masse aufgehängt an einem Faden der Länge l im Gravitationsfeld der Erde*

von null verschiedene φ wirkt eine rücktreibende Kraft auf die Masse. Wie groß ist diese Kraft? Die Gewichtskraft wirkt auch beim ausgelenkten Pendel genau senkrecht nach unten. Bezüglich des Fadens ist die angreifende Kraft zerlegbar in eine Komponente, die in Fadenrichtung gerichtet ist und eine, die senkrecht dazu wirkt. Im Grenzfall $\varphi = 90°$ wirkt überhaupt keine Kraft mehr in Fadenrichtung, die Gewichtskraft ist gänzlich senkrecht zum Faden; dieser wäre dann auch nicht mehr gespannt. Rücktreibende Kraft ist also $F_\perp$, wobei der Index $\perp$ senkrecht zum Faden bedeutet. Wie groß ist $F_\perp$? Offensichtlich hängt es vom Auslenkwinkel φ ab. Genauer läßt sie sich durch eine trigonometrische Funktion ausdrücken und zwar ist

$$\frac{F_\perp}{F_G} = \sin\varphi \; ,$$

wobei wir nur den Betrag der Kraft $\boldsymbol{F}_G$ hingeschrieben haben, da man bekanntlich durch einen Vektor nicht dividieren darf. Die zum Faden parallele Komponente, für die wir uns eigentlich nicht interessieren, wäre dann

$$\frac{F_\parallel}{F_G} = \cos\varphi \; ,$$

und wir benutzen sie nur, um zu überprüfen, ob die trigonometrische Summe der beiden Komponenten wieder die gesamte Gewichtskraft ergibt.

$$\sqrt{F_\parallel^2 + F_\perp^2} = \sqrt{F_G^2 \left(\cos^2\varphi + \sin^2\varphi\right)} = F_G \; .$$

Hätte dies nicht geklappt, wäre unsere Zerlegung falsch gewesen.

Nach dem 2. Newtonschen Axiom ist dann

$$m\frac{dv}{dt} = -mg\sin\varphi$$

oder

$$\ddot{x} = -g\sin\varphi \; .$$

Wir lassen die Vektorschreibweise jetzt weg, da wir die Kraftkomponente so gewählt haben, daß sie parallel der Auslenkungsrichtung des Pendels ist. Jetzt haben wir noch das Problem, daß wir einmal x und einmal φ als Variable haben, die natürlich nicht unabhängig voneinander sind. Es ist die Bogenlänge $l\varphi$ die Länge des Weges, den die Masse zurücklegt und damit

$$x = l\varphi \; .$$

Eingesetzt ergibt dies

$$l\ddot{\varphi} = -g\sin\varphi$$

oder

$$l\ddot{\varphi} + g\sin\varphi = 0 \; . \tag{4.4}$$

Dies ist bereits die Bewegungsgleichung für das einfache Pendel, die es zu lösen gilt. Die Lösung von (4.4) ist aber bereits mathematisch so schwierig, daß wir es hier nicht schaffen, sie herzuleiten. Stattdessen machen wir einen Schritt, den man oft vollzieht, wenn ein Problem zu schwierig ist: man versucht es näherungsweise zu lösen und muß aber dann angeben, wann die Näherung gut ist und wann nicht.

Wir überlegen uns, daß für kleine Winkel der Sinus ungefähr gleich seinem Argument ist

$$\sin(x) \approx x \qquad \text{für kleine } x \; .$$

Dann können wir die Bewegungsgleichung (4.4) vereinfacht schreiben als

$$\ddot{\varphi} + \frac{g}{l}\varphi = 0 \qquad\qquad (4.5)$$

und siehe da, diese Gleichung sieht genauso aus wie die Bewegungsgleichung für das Masse-Feder-Pendel (4.3): Die zweite Ableitung einer Variablen und die Variable selbst, verziert mit einem problemspezifischen Faktor (k/m, g/l) addieren sich zu null. Gleiche Gleichung hat gleiche Lösung zu Folge, wir müssen also nur eine der beiden Gleichungen wirklich lösen, die andere können wir dann elegant übernehmen.

Zwei Bemerkungen: Die eigentliche Bewegungsgleichung ist (4.4). (4.5) ist eine Näherung, die für kleine Auslenkungen gut ist und die sich einfach lösen läßt. Zweitens ist in der Bewegungsgleichung bereits nicht mehr die Masse des Objekts enthalten, das hin und herschwingt. Die Lösung wird also auch nicht von der schwingenden Masse abhängen können. Auch wenn einem dies zuerst intuitiv nicht richtig erscheint, ist es korrekt. Man beobachte z.B., daß ein Vater und sein Kind auf zwei nebeneinander hängenden, gleichlangen Schaukeln [*swing*] gleichschnell schaukeln.

Es gibt noch viele Systeme, für die sich eine Bewegungsgleichung vom Typ (4.3) ableiten lassen. Es sei hier der elektrische Schwingkreis erwähnt, dessen Grundlagen erst in den Kapiteln 7 und 9 besprochen werden. Zur Aufstellung der Bewegungsgleichung benötigen wir lediglich, daß die Spannung, wie sie in Abb. 4.3 gezeigt ist, für den Kondensator und die Spule gleich ist. Die Spannung [*voltage*] U an einem Kondensator [*capacitor*] ist durch $U = Q/C$ gegeben (7.28), wobei Q die Ladungsmenge [*charge*] und C die Kapazität [*capacity*] des Kondensators ist. An einer Spule [*coil*] ist die Spannung $U = -L dI/dt$, wobei L die Induktivität [*inductance*] einer Spule ist und dI/dt die Änderung mit der Zeit eines Stromes [*current*], der durch die Spule hindurchfließt (9.4). Werden die Spule und der Kondensator parallel, d.h. zu einem Schwingkreis [*resonant circuit*] geschaltet, herrscht also die gleiche Spannung an den beiden Polen (Abb. 4.3).

$$\frac{Q}{C} = -L\frac{dI}{dt} \; ,$$

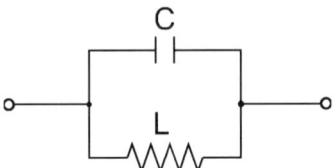

Abbildung 4.3: *Elektrischer Schwingkreis mit einem Kondensator C und einer Spule L. Der Schwingkreis führt zur formal gleichen Bewegungsgleichung wie das Masse-Feder-System.*

und da Strom gleich der Ladung, die pro Zeiteinheit [*per unit time*] fließt, ist, haben wir

$$\frac{Q}{C} = -L\frac{d^2Q}{dt^2}$$

oder

$$\ddot{Q} + \frac{1}{LC}Q = 0 \ , \tag{4.6}$$

also wiederum den selben Gleichungstyp. Soviel zur Physik, die sich anscheinend in vielen durchaus recht verschiedenen Problemstellungen auf eine Gleichung vom Typ (4.3) reduzieren läßt.

Jetzt zur Lösung [*solution*]. Was erwarten wir von der Lösung? Wie gesagt, sollte sie für jeden Zeitpunkt angeben können, welchen Wert eine zeitabhängige Größe haben sollte (bei gegebenen Voraussetzungen) oder, welches Zeitverhalten das zu beschreibende System hat (bei unbestimmten Voraussetzungen). Die Lösung wird also die Gestalt einer Funktion haben, die von der Zeit abhängt; käme die Zeit nicht vor, könnte sie keine Zeitabhängigkeit beschreiben. Welche Funktion hat also die Eigenschaft, daß sie, wenn man sie zweimal ableitet, wieder sich selbst ergibt (bis auf ein paar Faktoren, um die wir uns gleich kümmern werden). Um diesen Punkt zu verdeutlichen, probieren wir einmal die Funktion $x(t) = t^3$, eine kubisch mit der Zeit zunehmende Funktion, die sicher falsch sein wird. Um zu sehen, was passiert, setzen wir sie einmal in die Bewegungsgleichung (4.3) ein.

$$\frac{d^2x}{dt^2} + \frac{k}{m}x = 0$$

$$\frac{d^2}{dt^2}(t^3) + \frac{k}{m}t^3 = 0$$

$$\frac{d}{dt}(3t^2) + \frac{k}{m}t^3 = 0$$

$$6t + \frac{k}{m}t^3 = 0$$

oder

$$\frac{m}{k} = -\frac{1}{6}t^2 \; ,$$

was wir also nur erfüllen könnten, wenn das Verhältnis aus m und k eine ganz komische (quadratische) Zeitabhängigkeit hätte und überdies negativ wäre. In unserem Problem sind m und k aber konstant und positiv, $x(t) = t^3$ ist also keine Lösung der Bewegungsgleichung.

Welche Funktion würde der Sache vielleicht besser gerecht werden? Offensichtlich müßte es eine periodische Funktion sein, z.B. der Sinus oder der Kosinus. Ein Lösungsansatz ist

$$x(t) = x_0 \sin(\omega t + \alpha) \; , \qquad (4.7)$$

wobei x_0 die *Amplitude [amplitude]*, also der Maximalanschlag der Funktion ist und α der sogenannte *Phasenwinkel [phase]*, der die Auslenkung bei der Zeit $t = 0$ bestimmt; ω ist die sogenannte *Kreisfrequenz [angular frequency]*, die mit der *Frequenz [frequency]* zusammenhängt: $\omega = 2\pi\nu$, wobei $[\nu] = 1/\text{s}$ $= \text{Hz}$ (**Hertz**[7]) ist und $[\omega] = \text{rad/s}$. Dauert eine Schwingung also $T = 5\text{s}$, ist die Frequenz $\nu = 1/T = 0,2$ Hz und die Kreisfrequenz $\omega = 2\pi\nu \approx 1,26$ rad/s. Es ist also zur Zeit $t = 0$

$$x(t = 0) = x_0 \sin \alpha \; .$$

Eingesetzt in die Bewegungsgleichung

$$\frac{d^2 x}{dt^2} + \frac{k}{m}x = 0 \qquad (4.8)$$

erhält man

$$\frac{d^2}{dt^2}\left[x_0 \sin\left(\omega t + \alpha\right)\right] + \frac{k}{m}\left[x_0 \sin\left(\omega t + \alpha\right)\right] = 0$$

oder

$$\omega \frac{d}{dt}\left[\cos\left(\omega t + \alpha\right)\right] + \frac{k}{m}\sin\left(\omega t + \alpha\right) = 0,$$

da x_0 nicht von der Zeit abhängt. Mit der nächsten Ableitung ergibt sich

$$-\omega^2 \sin\left(\omega t + \alpha\right) + \frac{k}{m}\sin\left(\omega t + \alpha\right) = 0,$$

---

[7]Hertz, Heinrich Rudolf, Physiker, *Hamburg 22.2.1857, †Bonn 1.1.1894

was immer dann erfüllt ist, wenn die Koeffizienten der beiden Sinusfunktionen dem Betrage nach gleich aber von entgegengesetzten Vorzeichen sind.
Ist der Sinus selber gleich null (z.B. für α und $t = 0$), braucht man die
Bedingung nicht, aber für alle anderen Zeiten schon. Das heißt, wir haben
hergeleitet, daß (4.7) eine Lösung für (4.8) ist, aber nur im Falle, daß von
den unendlich vielen möglichen Werten von ω in (4.7) einer herausgegriffen
wird, der eine bestimmte Bedingung erfüllt. Wir nennen ihn ω_0

$$\omega_0^2 = \frac{k}{m} \ . \tag{4.9}$$

Dann gilt die Lösung für alle Zeiten! Auf das Masse-Feder-Problem angewendet heißt das: Die Auslenkung x eines Masse-Feder-Systems ist proportional
der Sinusfunktion (4.8), wobei deren Frequenz durch (4.9) gegeben ist. Die
Frequenz, mit der die Masse, die an einer Feder angebracht ist, schwingt,
ist

$$\boxed{\omega_0 = \sqrt{\tfrac{k}{m}} \ .} \tag{4.10}$$

Verdoppelt man die Masse, muß die Frequenz also um den Faktor $\sqrt{2} \approx 1,4$
sinken. Hätten wir den Kosinus als Lösung geraten, hätten wir ebenfalls
(4.9) als Bedingung für die Lösung erhalten.

Es gibt noch eine Funktion, die uns eine Lösung gegeben hätte, die wir
hier vorstellen wollen und zwar ist das

$$x(t) = x_0 e^{i(\omega t + \alpha)} \ , \tag{4.11}$$

wobei $i = \sqrt{-1}$ ist, also eine sogenannte *imaginäre Zahl* [*imaginary number*].
Zunächst einmal überprüfen wir, ob es wirklich eine Lösung ist. Einsetzen
in (4.8) und kürzen mit x_0 ergibt

$$\frac{d^2}{dt^2} \left[e^{i(\omega t + \alpha)} \right] + \frac{k}{m} e^{i(\omega t + \alpha)} = 0$$

$$i\omega \frac{d}{dt} \left[e^{i(\omega t + \alpha)} \right] + \frac{k}{m} e^{i(\omega t + \alpha)} = 0$$

Man rufe sich in Erinnerung, daß die Ableitung einer e-Funktion die e-
Funktion selbst ist, und die innere Ableitung von $i(\omega t + \alpha)$, gerade $i\omega$ ist!

$$i^2 \omega^2 e^{i(\omega t + \alpha)} + \frac{k}{m} e^{i(\omega t + \alpha)} = 0$$

Da $i^2 = -1$ folgt mit dem gleichen Argument wie oben, daß

$$\omega_0^2 = \frac{k}{m}$$

sein muß, damit die Gleichung für alle t und α erfüllt ist. Der Ansatz (4.11) ist also ebenfalls eine Lösung.

Beispiel: Ein Stickstoffmolekül [*nitrogen molecule*] führe eine Streckschwingung [*stretching vibration*] in Richtung der Verbindungslinien der beiden N-Atome aus. Denkt man sich die beiden Atome über eine Feder mit der Kraftkonstanten $k = 2000$ kg/s^2 verbunden, kann man aus (4.10) die Schwingfrequenz errechnen. Die Masse eines N-Atoms beträgt $14 \cdot 1,67 \cdot 10^{-27}$ kg.

$$\omega_0 = \sqrt{\frac{2000 \text{ kg}}{\text{s}^2 \; 14 \cdot 1,67 \cdot 10^{-27} \text{ kg}}}$$

$$\approx 300 \text{ THz} \quad \text{oder} \quad 3 \cdot 10^{14} \text{ Hz} ,$$

was man experimentell in der Tat messen kann. Die "atomare Feder" ist also ganz schön kräftig, wenn man bedenkt, daß eine große Feder gleicher Stärke immerhin ein Gewicht von 50 kg mit einer Frequenz von $\nu = \omega_0/2\pi = 1$ Hz schwingen lassen würde.

Um die Erinnerung an die komplexen Zahlen [*complex numbers*] etwas aufzufrischen, fassen wir hier die wichtigsten Regeln zusammen, die man beim Umgang mit ihnen berücksichtigen muß. Eine komplexe Zahl besteht aus zwei Teilen, *Realteil* [*real part*] und *Imaginärteil* [*imaginary part*] genannt. Sei die komplexe Zahl, die wir mit einem Hütchen [*hat*] bezeichnen wollen, z.B. $\hat{z} = x + iy$, sind der Realteil und der Imaginärteil

$$Re\{\hat{z}\} = x \quad \text{und} \quad Im\{\hat{z}\} = y.$$

Man addiert zwei komplexe Zahlen, indem man die Realteile und die Imaginärteile getrennt addiert und so einen neuen Real- und Imaginärteil erhält.

$$\hat{z} = \hat{z}_1 + \hat{z}_2 = x_1 + iy_1 + x_2 + iy_2 = x_1 + x_2 + i(y_1 + y_2),$$

so daß

$$Re\{\hat{z}\} = x_1 + x_2 \quad \text{und} \quad Im\{\hat{z}\} = y_1 + y_2 .$$

Man multipliziert zwei komplexe Zahlen so:

$$\hat{z} = \hat{z}_1 \cdot \hat{z}_2 = (x_1 + iy_1)(x_2 + iy_2) = x_1 x_2 - y_1 y_2 + i(x_1 y_2 + x_2 y_1) ,$$

so daß

$$Re\{\hat{z}\} = x_1 x_2 - y_1 y_2 \quad \text{und} \quad Im\{\hat{z}\} = x_1 y_2 + x_2 y_1 \ .$$

Besonders interessant für uns ist folgender Zusammenhang, der von **de Moivre**[8] aufgestellt wurde und der für die komplexe e-Funktion gilt

$$e^{ix} = \cos x + i \sin x \ ,$$

daß also $Re\{e^{ix}\} = \cos x$ und $Im\{e^{ix}\} = \sin x$ ist. Bezüglich unseres Masse-Feder-Problems können wir also sagen, daß sowohl e^{ix} als auch der Realteil und der Imaginärteil separate Lösungen der Bewegungsgleichung sind. Der Grund, weshalb wir die scheinbar kompliziertere Lösung (4.11) einführen, ist, daß bei den kommenden Problem die e-Funktion die wesentlich einfachere Lösung darstellt.

Am besten ist es vielleicht, sich folgende graphische Darstellung der komplexen Zahlen zu merken: In einem rechtwinkligen Koordinatensystem stellt die komplexe Zahl $\hat{z}$ einen Punkt dar. Die x-Koordinate ist der Realteil von $\hat{z}$, die y-Koordinate der Imaginärteil (Abb. 4.4), so daß die komplexe Zahl

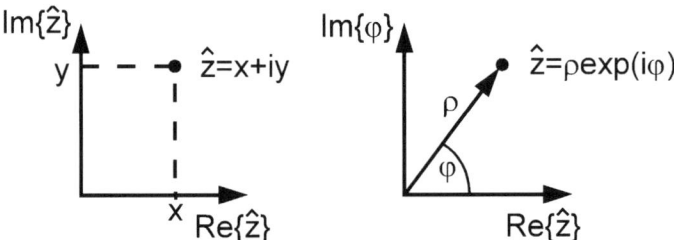

Abbildung 4.4: *Eine komplexe Zahl $\hat{z}$ in einem kartesischen Koordinatensystem mit ihrem Realteil und ihrem Imaginärteil. Rechts ist dieselbe Zahl in Polarkoordinaten dargestellt.*

ähnlich wie ein Vektor dargestellt ist (allerdings ohne eine Richtungsangabe zu beinhalten). Wir wissen bereits, daß wir kartesische Koordinaten auch in Polarkoordinaten umrechnen können. Praktisch heißt das, daß wie in Abb. 4.4 gezeigt, ein Punkt $\hat{z}$ auch mit dem Abstand ρ zum Ursprung und dem Winkel φ gegenüber der x-Achse angegeben werden kann. Die Umrechnungsfaktoren [*conversion factors*] sind

$$\rho = \sqrt{x^2 + y^2} \quad \text{und} \quad \tan \varphi = \frac{y}{x} \tag{4.12}$$

---

[8]de Moivre, Abraham, frz. Mathematiker, *Vitry-le-Francois 26.5.1667, †London, 27.11.1754

und umgekehrt,

$$x = \rho \cos \varphi \quad \text{und} \quad y = \rho \sin \varphi \; .$$

Damit sind die Ausdrücke $\hat{z} = x + iy$ und $\hat{z} = \rho e^{i\varphi}$ mit $i = \sqrt{-1}$ äquivalent. Der Grund, daß die Begriffe "real" und "imaginär" benutzt werden, ist historischer Natur. Man konnte sich in diesem Zusammenhang eben unter der Wurzel einer negativen Zahl nichts Reales vorstellen. Für uns ist die komplexe e-Funktion einfach eine nützliche Alternative zu den trigonometrischen Funktionen, und es reicht, wenn wir uns an obige Rechenvorschriften für die komplexen Zahlen halten.

Kommen wir noch einmal auf das Masse-Feder-Problem zurück. Wir wollen einmal der Übung halber konkrete *Anfangsbedingungen* [*initial conditions*] einflechten. Diese seien: Zur Zeit $t = 0$ sei die Masse um den Betrag A ausgelenkt und habe die Geschwindigkeit $v(t = 0) = 0$. Unsere Sinuslösung (4.7) muß also noch diese zwei weiteren Bedingungen erfüllen:

$$x(t = 0) = A$$
$$x_0 \sin \alpha = A \tag{4.13}$$

und

$$\left. \frac{dx}{dt} \right|_{t=0} = 0$$
$$x_0 \omega_0 \cos \alpha = 0 \; . \tag{4.14}$$

Aus (4.14) folgt, daß $\alpha = \pi/2$ sein muß, denn x_0 oder $\omega_0 = 0$ ergibt nicht mehr unsere schwingende Masse. Damit ergibt (4.13) sofort, daß $x_0 = A$ sein muß, und die vollständige Lösung mit Anfangsbedingungen heißt

$$x(t) = A \sin(\omega_0 t + \frac{\pi}{2})$$

oder

$$x(t) = A \cos(\omega_0 t) \; .$$

Mit der Lösung (4.7) und der damit verknüpften Bedingung (4.9) für die Schwingfrequenz haben wir auch die beiden anderen Schwingungsprobleme (4.5) und (4.6) gelöst und zwar durch Vergleichen der Bewegungsgleichungen mit der des Masse-Feder-System (4.8). Für das Pendel erhalten wir

$$\omega_0 = \sqrt{\frac{g}{l}} \; , \tag{4.15}$$

was uns bestätigt, daß die Masse keine Rolle bei dieser Art Pendel spielt. Wäre dasselbe Pendel jedoch an einen längeren Faden, oder im Gravitationsfeld des Mondes aufgehängt, wäre die Frequenz kleiner. Für den elektrischen Schwingkreis erhalten wir

$$\omega_0 = \frac{1}{\sqrt{LC}} \ . \tag{4.16}$$

Elektrische Schwingkreise sind zum Beispiel in Radios oder Funktelefonen eingebaut, und mit einem veränderlichen L oder C kann man die Sendefrequenz verstellen.

Wir fassen das Lösungsschema noch einmal zusammen:

i) Bewegungsgleichung aufstellen (hier steckt die Physik)

ii) Lösung von i) suchen (hier steckt die Mathematik) und

iii) Anfangsbedingungen einsetzen (hier steckt Detailarbeit).

4.2 Gedämpfte Schwingungen

In tatsächlich vorkommenden Schwingungsprozessen hat man natürlich immer auftretende *Reibungskräfte* [*frictional force*]. Die Frage ist, wie ändern sich z.B. Frequenz oder Amplitude einer Schwingung, wenn man Reibungskräfte mit einbeziehт? Wir behandeln das Problem einfach damit, daß wir die Reibungskraft als zusätzliche Kraft in die Bewegungsgleichung aufnehmen. Beispiel sei ein Masse-Feder-System, bei dem sich die Masse in einem Ölbad bewege (Abb. 4.5).

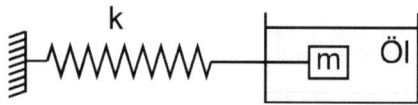

Abbildung 4.5: *Die Schwingung einer Masse m an einer Feder mit der Federkonstante k werde im Ölbad gedämpft.*

Die Reibungskräfte sind häufig proportional zur Geschwindigkeit eines Teilchens (auch **Stokes**[9]sche Reibung genannt), d.h. $F_R \sim v$. Wir nennen die Proportionalitätskonstante r:

$$F_R = -r\dot{x} \ ,$$

[9]Stokes, Sir George Gabriel, brit. Physiker und Mathematiker, *Skreen (Irland) 18.8.1819, †Cambridge 1.2.1903

wobei die Kraft der Bewegungsrichtung entgegenwirkt (Minuszeichen!), also die Geschwindigkeit reduziert. Die Stärke der Reibung wird durch r gegeben, mit $[r] = \text{kg/s}$. Aus dem 2. Newtonschen Axiom (4.2) wird dann

$$-kx - r\dot{x} = m\ddot{x}$$

oder, nach Umstellung

$$\ddot{x} + \frac{r}{m}\dot{x} + \frac{k}{m}x = 0 \ . \tag{4.17}$$

Wir führen jetzt folgende Abkürzungen ein, um uns die Schreibarbeit ein wenig zu erleichtern:

$$\beta = \frac{r}{2m} \quad \text{und} \quad \omega_0^2 = \frac{k}{m} \ , \tag{4.18}$$

wobei β dann Einheiten von $[\beta] = 1/\text{s}$ hat, und wir weiterhin unsere Lösung ω_0 aus dem ungedämpften Fall verwenden, um das Verhältnis von k zu m zu bezeichnen. Dann ist

$$\ddot{x} + 2\beta\dot{x} + \omega_0^2 x = 0 \tag{4.19}$$

wieder unsere Bewegungsgleichung.

Jetzt kommt der zweite Schritt. Was mag die Lösung dieser Gleichung sein? Würden wir hier lediglich Sinus oder Kosinus versuchen, hätten wir kein Glück, da in dem Ausdruck eine erste Ableitung vorkommt. Jetzt zeigt es sich, daß die e-Funktion mit komplexem Argument nützlich ist. Nehmen wir also an, die Lösung sei

$$\hat{x}(t) = x_0 e^{i(\omega t + \alpha)} \ , \tag{4.20}$$

und setzen dies in (4.19) ein. Dann erhalten wir

$$x_0 e^{i(\omega t + \alpha)} \left[-\omega^2 + i2\beta\omega + \omega_0^2\right] = 0 \ .$$

Damit die Gleichung für alle x_0, ω und α erfüllt ist, muß der Ausdruck in Klammern null sein

$$\omega^2 - i2\beta\omega - \omega_0^2 = 0 \ ,$$

woraus wir eine Bedingung für ω erhalten:

$$\omega_{1,2} = i\beta \pm \sqrt{\omega_0^2 - \beta^2} \ . \tag{4.21}$$

Wenn wir die Parameter α und x_0 einmal ignorieren (d.h. $\alpha = 0$ und $x_0 = 1$), da sie durch die Anfangsbedingungen spezifiziert werden und wir hier nur an der allgemeinen Lösung interessiert sind, erhalten wir durch Einsetzen von (4.21) in (4.20)

$$\hat{x}(t) = \exp\left[i\left(i\beta \pm \sqrt{\omega_0^2 - \beta^2}\right)t\right] = e^{-\beta t}\exp\left(\pm i\sqrt{\omega_0^2 - \beta^2}\,t\right) \ .$$

Von der komplexen e-Funktion wissen wir, daß sie sich in Sinus und Kosinus zerlegen läßt

$$\hat{x}(t) = e^{-\beta t}\left[\cos\left(\pm\sqrt{\omega_0^2 - \beta^2}\,t\right) + i\sin\left(\pm\sqrt{\omega_0^2 - \beta^2}\,t\right)\right] \ .$$

Als Lösung nehmen wir jetzt nur den Realteil und erhalten

$$Re\{\hat{x}(t)\} = x(t) = e^{-\beta t}\cos\left(\sqrt{\omega_0^2 - \beta^2}\,t\right) \ ; \qquad (4.22)$$

da $\cos(-x) = \cos(x)$ ist, brauchen wir die beiden Vorzeichen nicht mehr zu unterscheiden. Als kleine mathematische Übung überzeuge man sich durch Einsetzen von (4.22) in (4.19) von der Richtigkeit der Lösung! Ferner ist natürlich auch der Imaginärteil eine Lösung

$$Im\{\hat{x}(t)\} = x(t) = e^{-\beta t}\sin\left(\pm\sqrt{\omega_0^2 - \beta^2}\,t\right) \ .$$

Um beliebige Anfangsbedingungen zu erlauben, müssen wir x_0 und die Phase α wieder zulassen, also z.B.

$$x(t) = x_0 e^{-\beta t}\cos\left(\sqrt{\omega_0^2 - \beta^2}\,t + \alpha\right) \qquad (4.23)$$

Es sei allgemein angemerkt, daß Differentialgleichungen 2. Ordnung [*differential equation of second order*] wie (4.19) eine darstellt (d.h. eine zweite Ableitung ist vorhanden), als vollständige Lösung immer zwei linear unabhängige Lösungen haben, d.h. zwei Lösungen, die nicht durch Multiplikation mit einer Konstanten auseinander hervorgehen. Dies ist hier durch die beiden Vorzeichen der Wurzel gegeben.

Was bedeuten jetzt diese Lösungen? Betrachten wir zunächst einmal den Grenzfall, daß β in (4.22) sehr klein gegenüber ω_0 wird; dann reduziert sich das Argument des Kosinus auf $\omega_0 t$, das Ergebnis der ungedämpften

Schwingung. Ferner ist die e-Funktion (mit reellem Argument) wenig ab-
schwächend. Der Parameter β ist also eine Abklingrate; genauer gesagt,
fällt die Amplitude der Schwingung (4.22) nach der Zeit $t = 1/\beta$ auf den
Bruchteil $1/e$ ($\approx 37\%$) der Anfangsamplitude ab. Was passiert, wenn wir β
sukzessive größer machen? Offensichtlich wird die Frequenz, mit der unser
gedämpftes System schwingt, kleiner als die des ungedämpften. Gleichzeitig
nimmt die Amplitude mit der Zeit immer stärker ab. Das Masse-Feder-
System schwingt also immer langsamer und hört immer früher auf, überhaupt zu schwingen. Schließlich wird die Schwingfrequenz null und zwar
bei

$$\omega_0^2 = \beta^2 \; .$$

Jetzt benötigen wir außer (4.21), d.h. $\omega = i\beta$, noch eine zweite, linear
unabhängige Lösung von (4.19), um die geforderte vollständige Lösung zu
erhalten. Man möge durch Einsetzen in (4.19) verifizieren, daß sie lautet

$$x(t) = x_2 t e^{-\beta t} \; .$$

Die vollständige Lösung im Fall $\omega_0^2 = \beta^2$ is also

$$x(t) = x_1 e^{-\beta t} + x_2 t e^{-\beta t}$$
$$x(t) = (x_1 + x_2 t)\, e^{-\beta t} \qquad \text{für} \quad \omega_0^2 = \beta^2 \; . \tag{4.24}$$

Wir müssen jetzt die Koeffizienten x_1 und x_2 beibehalten, da sie unterschiedlich sein können, und von den Koeffizienten in (4.23) verschieden sein
können.

Hier wird die ausgelenkte Masse langsam in die Gleichgewichtsposition
zurückgefahren, ohne über sie hinauszuschießen und zu schwingen. Für noch
größere β (sprich noch größere Reibung) finden ebenfalls keine Schwingungen mehr statt; die Masse kriecht lediglich noch langsamer in die Gleichgewichtslage zurück. Die Lösung im Kriechfall ist wieder durch zwei Wurzeln
mit verschiedenen Vorzeichen gegeben.

$$x(t) = x_3 e^{-(\beta + \sqrt{\beta^2 - \omega_0^2})t} + x_4 e^{-(\beta - \sqrt{\beta^2 - \omega_0^2})t} \; . \tag{4.25}$$

Falls also ω_0^2 klein gegenüber β^2 ist, klingt zwar der erste Term recht schnell
ab, der zweite stellt sich jedoch als recht langlebig heraus. Am schnellsten
fällt eine Auslenkung also im Fall $\omega_0 = \beta$ ab, und das ist der sogenannte *aperiodische Grenzfall* [*critically damped case, aperiodic limit*], den man
z.B. bei analogen Meßinstrumenten gerne hat: Sie sollen möglichst schnell
wieder in ihre Ruhelage zurückfinden, ohne über die Null hinauszupendeln.

Die Lösung zu der Diffentialgleichung (4.19) ist ein Beispiel dafür, daß die verschiedenen Fälle für β^2 und ω^2 zu doch – auch qualitativ – recht unterschiedlichen Ergebnissen führen können und eine gute mathematische Grundlage bei der Auswertung nie schaden kann.

Fassen wir die gedämpften Schwingungen noch einmal zusammen.

i) $\omega_0^2 > \beta^2$: Es findet eine mit $e^{-\beta t}$ gedämpfte Schwingung um die Gleichgewichtslage mit der Kreisfrequenz $\omega = \sqrt{\omega_0^2 - \beta^2}$ statt, wobei ω_0 die ungedämpfte Schwingungsfrequenz ist. Bei einer Dämpfung ist die Frequenz also immer kleiner als im ungedämpften Fall.

ii) $\omega_0^2 = \beta^2$ wird der aperiodische Grenzfall genannt; die Auslenkung geht hier schnellstmöglich wieder auf null zurück.

iii) $\omega_0^2 < \beta^2$: der Kriechfall, bei dem die Auslenkung auf die Gleichgewichtslage zurückführt, ohne über sie hinauszuschießen.

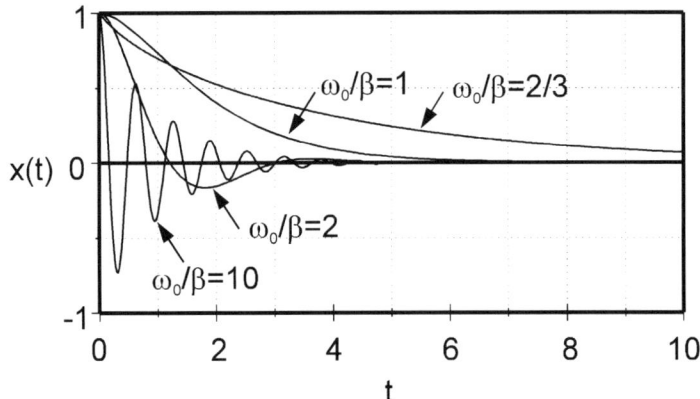

Abbildung 4.6: *Gedämpfte harmonische Schwingung mit $\omega_0/\beta = 10$ und 2, der aperiodische Grenzfall mit $\omega_0/\beta = 1$ und der Fall sehr großer Dämpfung $\omega_0/\beta = 2/3$ und 1/3. Die Kurven sind für die Anfangsbedingungen $x(t = 0) = 1$ und $\dot{x}(t = 0) = 0$ berechnet. Siehe Text.*

Für die, die noch einmal die Bestimmung der Konstanten x_i ($i = 0, 1, 2, 3, 4$) in (4.22) – (4.24) üben möchten, haben wir als Nachtrag die folgenden Anfangsbedingungen einmal durchgerechnet. Zur Zeit $t = 0$ sei die Auslenkung $x(t = 0) = A$, und das ausgelenkte Objekt befinde sich in Ruhe, d.h. $\dot{x}(t = 0) = 0$. Das hört sich recht einfach an, ist aber doch nicht ganz unkompliziert, wenn man es wirklich durchführt. Wir empfehlen, es einen Abend lang zu probieren, bis es ganz klar geworden ist. Die Verfahrensweise ist wie gehabt: erst die Lösung $x(t = 0)$ gleich A setzen, dann die Ableitung gleich null setzen und aus diesen beiden Gleichungen die Konstanten bestimmen und zwar separat für die drei Fälle $\omega_0^2 > \beta^2$, $\omega_0^2 = \beta^2$ und $\omega_0^2 < \beta^2$. Zur Kontrolle geben wir hier das Ergebnis an und haben in Abb. 4.6 die Lösungen für $\omega_0/\beta = 10$, $\omega_0/\beta = 2$, $\omega_0/\beta = 1$, $\omega_0/\beta = 2/3$ und $\omega_0/\beta = 1/3$, jeweils für t im Intervall $[0,10]$ gezeichnet.

Für die gedämpfte Schwingung gilt $\omega_0^2 > \beta^2$

$$x(t) = \frac{A}{\cos\alpha} e^{-\beta t} \cos\left(\sqrt{\omega_0^2 - \beta^2}\ t + \alpha\right) \tag{4.26}$$

$$\text{mit} \quad \tan\alpha = \frac{-1}{\sqrt{\omega_0^2/\beta^2 - 1}}\ .$$

Für den aperiodischen Grenzfall ergibt sich mit $\omega_0^2 = \beta^2$:

$$x(t) = A\left(1 + \beta t\right) e^{-\beta t}\ . \tag{4.27}$$

Für den Kriechfall erhalten wir $\omega_0^2 < \beta^2$:

$$x(t) = \frac{A}{2} e^{-\beta t} \left[\left(1 - \frac{1}{D}\right) e^{-\beta Dt} + \left(1 + \frac{1}{D}\right) e^{+\beta Dt}\right] \tag{4.28}$$

mit der Abkürzung $D = \sqrt{1 - \omega_0^2/\beta^2}$.

Diese x erfüllen für die entsprechenden Fälle für ω_0 und β die geforderten Anfangsbedingungen $x(t = 0)$ und $\dot{x}(t = 0)$.

4.3 Erzwungene Schwingungen

Ein häufig auftretendes und etwas anspruchsvolleres Problem ist das der erzwungenen Schwingung [*forced oscillator*]. Die Frage ist also, was passiert, wenn man ein schwingungsfähiges System kontinuierlich anregt. Triviales Beispiel ist der Vater, der sein Kind auf der Schaukel immer weiter anstößt. Die Erfahrung sagt uns, daß das Kind sich überschlagen und herunterfallen wird, wenn man nicht rechtzeitig aufhört oder wenigstens sehr viel schwächer anregt. Man spricht in so einem Fall von *Resonanz* [*resonance*], die im technischen Bereich äußerst wichtig ist. Die bereits genannten elektrischen Schwingkreise sind z.B. mit der Sendefrequenz, die sie empfangen sollen in Resonanz. Es gibt auch mechanische Resonanzen, die sich verhängnisvoll auswirken können, wie z.B. eine Hängebrücke in den USA, die aufgrund eines Sturmes in Resonanz geriet und zusammenbrach.

Wie sieht also der erste Schritt aus? Nach Newtons zweitem Axiom ist die Summe aller angreifenden Kräfte gleich der Impulsänderung des Teilchens. Damit erhalten wir

$$m\ddot{x} + r\dot{x} + kx = F_E \ . \tag{4.29}$$

Die Erregerkraft ist F_E, und wir wollen annehmen, daß sie harmonisch ist, daß wir also schreiben können

$$F_E = F_0 \cos \omega_E t \ ,$$

wobei F_0 die Amplitude der Kraft ist. Wie üblich, teilen wir durch m und kürzen mit $a_0 = F_0/m$ ab.

$$\ddot{x} + 2\beta\dot{x} + \omega_0^2 x = a_0 \cos \omega_E t \ . \tag{4.30}$$

Die Parameter β und ω_0 sind wie im (4.18) vorigen Abschnitt die Dämpfungsrate und die ungedämpfte Eigenfrequenz. Mit (4.30) steht die Bewegungsgleichung, und wir müssen uns nur noch ein wenig den Kopf zerbrechen, hierzu eine Lösung zu finden.

Zunächst einmal addieren wir zu der anregenden Kraft einen Imaginärteil mit der gleichen Amplitude und nehmen x komplex an, mit der Absicht, nachher von der Lösung nur den Realteil zu nehmen. Damit ist

$$\ddot{x} + 2\beta\dot{x} + \omega_0^2 x = a_0 \left(\cos \omega_E t + i \sin \omega_E t \right) \ ,$$

was wir, wie wir sehen werden, leichter lösen können. Die Kraft drücken wir jetzt mit der komplexen e-Funktion aus

$$\ddot{x} + 2\beta\dot{x} + \omega_0^2 x = a_0 e^{i\omega_E t} \ .$$

Der Punkt ist jetzt, daß wir für diese komplexe Gleichung eine komplexe Lösung der Form

$$\hat{x} = \hat{X}_0 e^{i(\omega_E t + \alpha)} \tag{4.31}$$

annehmen können und sehen können, was herauskommt, wenn wir sie in (4.30) einsetzen:

$$\left(-\omega_E^2 + 2i\beta\omega_E + \omega_0^2 \right) \hat{X}_0 e^{i(\omega_E t + \alpha)} = a_0 e^{i(\omega_E t + \alpha)} \ . \tag{4.32}$$

Daraus folgt nachstehende Bedingung für $\hat{X}_0$, damit (4.32) für alle ω_E und α gültig ist

$$\hat{X}_0 = \frac{a_0}{\omega_0^2 - \omega_E^2 + 2i\beta\omega_E} \ .$$

Wir müssen jetzt nur noch den Betrag der Auslenkungsamplitude finden, also in der Darstellung $\hat{z} = \rho \exp(i\varphi)$ suchen wir ρ; wir wissen aber, daß $\rho = \sqrt{z_1^2 + z_2^2}$, wenn $\hat{z} = z_1 + iz_2$. Um diese Rechnung ein wenig übersichtlicher zu gestalten, nennen wir

$$a = \omega_0^2 - \omega_E^2 \quad \text{und} \quad b = 2\beta\omega_E .$$

Ferner definieren wir ein $\hat{X}_0'$, so daß

$$\hat{X}_0' = a_0^{-1}\hat{X}_0 , \quad \text{d.h.} \quad \hat{X}_0' = \frac{1}{a + ib} .$$

Dann ist

$$z_1 = Re\{\hat{X}_0'\} = Re\left\{\frac{a - ib}{a - ib} \cdot \frac{1}{a + ib}\right\}$$

$$z_1 = Re\left\{\frac{a - ib}{a^2 + b^2}\right\} = \frac{a}{a^2 + b^2}$$

und

$$z_2 = Im\{\hat{X}_0'\} = \frac{-b}{a^2 + b^2} .$$

Um den Real- bzw. Imaginärteil von $\hat{X}_0'$ zu erhalten, haben wir die komplexe Zahl mit 1 in der Form von $(a - ib)/(a - ib)$ multipliziert. Das ist ein notwendiger und beliebter Trick, da man mit einer komplexen Zahl im Nenner nichts anfangen kann. Der Betrag der Auslenkung ist dann

$$\rho = \sqrt{z_1^2 + z_2^2}$$

$$= \left[\frac{a^2 + b^2}{(a^2 + b^2)^2}\right]^{1/2}$$

$$\rho = \frac{1}{\sqrt{a^2 + b^2}} .$$

Der Betrag der Auslenkung ist dann (mit a, b, $\hat{X}_0'$ wieder eingesetzt)

$$\left|\hat{X}_0\right| = a_0 \left|\hat{X}_0'\right| = a_0\rho = \frac{a_0}{\sqrt{(\omega_0^2 - \omega_E^2)^2 + (2\beta\omega_E)^2}} . \tag{4.33}$$

Dann müssen wir noch α in (4.31), den sogenannten *Nacheilwinkel [phase delay]* bestimmen. Nach den Gesetzen für komplexe Zahlen ist

$$\tan\alpha = \frac{z_2}{z_1} ,$$

das heißt in unserem Fall

$$\tan \alpha = \frac{-2\beta\omega_E}{\omega_0^2 - \omega_E^2} \ . \tag{4.34}$$

Damit ist die Lösung vollständig, und wir können den Realteil unseres Ansatzes (4.31) als Lösung für die eigentliche Bewegungsgleichung (4.30) angegeben.

$$x(t) = Re\{\hat{x}\} = \frac{a_0}{\sqrt{(\omega_0^2 - \omega_E^2)^2 + (2\beta\omega_E)^2}} \cos\left[\omega_E t + \arctan\left(\frac{-2\beta\omega_E}{\omega_0^2 - \omega_E^2}\right)\right] \ .$$

Im folgenden Abschnitt wollen wir den physikalischen Inhalt dieser Lösung diskutieren.

4.4   Resonanzen bei erzwungenen Schwingungen

Als erstes stellen wir fest, daß es im Gegensatz zu nicht erzwungenen Schwingungen keine besonderen Bedingungen für die Frequenz gibt, mit der ein angeregtes System schwingt. Es ist also immer die Erregerfrequenz ω_E selbst, mit der ein angeregtes System schwingt. Dies ist in der Praxis nach einer gewissen Einschwingphase auch so. Zweitens stellen wir fest, daß sowohl die Amplitude, als auch der Winkel α, den wir Nacheilwinkel nannten, von der Erregerfrequenz abhängen. Sind wir z.B. in der Nähe von ω_0 mit der Erregerfrequenz ($\omega_E \approx \omega_0$), dann wird die Auslenkungsamplitude nach (4.33) und mit (4.18)

$$\begin{aligned} a_0\rho(\omega_E \approx \omega_0) &= \frac{a_0}{2\beta\omega_E} \\ &= \frac{F_0}{r\omega_E}. \end{aligned}$$

Das heißt, wenn die Dämpfung r gegen null geht, steigt die Schwingungsamplitude ins Unendliche. Das ist der Fall der sich überschlagenden Kinder auf der Schaukel oder der zerbrechenden Brücke.

Die genaue, maximale Amplitude, d.h. Resonanz ergibt sich bei der Frequenz ω_E, bei der der Nenner in (4.33) am kleinsten ist, also bei

$$\frac{d}{d\omega_E}\left[(\omega_0^2 - \omega_E^2)^2 + (2\beta\omega_E)^2\right] = 0$$

$$-2(\omega_0^2 - \omega_E^2) 2\omega_E + 8\beta^2\omega_E = 0$$

oder

$$\omega_E = \sqrt{\omega_0^2 - 2\beta^2} \; .$$ (4.35)

Das heißt, bei kleinen Dämpfungen (β klein) ist die Resonanzfrequenz tatsächlich in der Nähe von ω_0, der Eigenfrequenz, aber etwas darunter. Für stark gedämpfte Systeme rutscht die Resonanzfrequenz immer weiter nach unten und die Resonanzamplitude wird immer kleiner. In Abb. 4.7 sind einige Resonanzkurven aufgetragen. Wird schließlich $\beta^2 > \omega_0^2/2$, wird ω_E formal imaginär, d.h. das System ist nicht mehr schwingfähig.

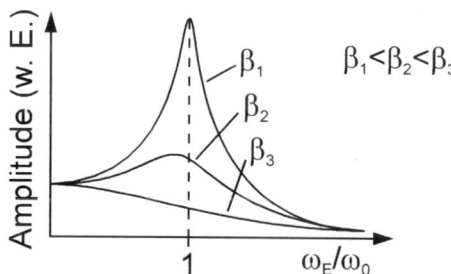

Abbildung 4.7: *Amplitude des angeregten Schwingungsproblems, aufgetragen über der Erregerfrequenz ω_E für verschieden starke Dämpfungen β*

Man bemerke, daß die Resonanzfrequenz ähnlich der Schwingfrequenz im nicht angeregten, gedämpften Fall ist (bis auf einen Faktor 2 beim Dämpfungsterm). Man bemerke ferner, daß im Resonanzfall nach (4.34) und (4.35)

$$\tan \alpha = -\frac{\sqrt{\omega_0^2 - 2\beta^2}}{\beta} \; .$$

Für schwache Dämpfung ($\beta \to 0$) geht $\tan \alpha \to -\infty$, damit ist $\alpha = -\pi/2$. Dies bedeutet, daß die Auslenkung im schwach gedämpften Resonanzfall der Erregung um einen Winkel von $\pi/2$, also 90° hinterher ist. Im stärker gedämpften Fall wird der Nacheilwinkel kleiner, um im Grenzfall $\beta^2 = \omega_0^2/2$ null zu werden. Praktisch heißt das z.B., daß man, um eine Resonanz bei der Kinderschaukel zu erhalten (schwach gedämpftes System), am tiefsten Punkt (Auslenkung = null) am stärksten anschubsen müßte. Der physikalische Grund für diese Phasenverschiebung liegt darin, daß die größte *Leistung* dann übertragen wird, wenn *Geschwindigkeit* und Kraft in Phase miteinander sind.

4.5   Überlagerte Schwingungen

Das Phänomen der Überlagerung [*superposition*] von zwei Schwingungen tritt z.b. beim Stimmen einer Gitarrensaite auf. Für eine Beschreibung dieser Überlagerung addieren wir einfach zwei Schwingungen mit verschiedenen Frequenzen $\omega_1 \neq \omega_2$ und Amplitude a und b

$$x(t) = a \cos \omega_1 t + b \cos \omega_2 t \ .$$

Aus den Formelsammlungen oder über eine Herleitung mittels komplexer e-Funktionen wissen wir, daß man dieses x auch so schreiben kann (im Falle $a = b$)

$$x(t) = 2a \cos \left(\frac{\omega_1 + \omega_2}{2} t \right) \cos \left(\frac{\omega_1 - \omega_2}{2} t \right) \ .$$

In Worten ausgedrückt ist eine Überlagerung zweier Schwingungen das gleiche wie das Produkt zweier Schwingungen mit der Durchschnittsfrequenz und der halben Differenzfrequenz. Letztere ist die *Schwebungsfrequenz* [*beat frequency*], die wir bei der Gitarre hören, wenn sie gestimmt wird, und die zu null wird, wenn zwei Saiten korrekt gespannt sind. In Abb. 4.8 ist eine solche Überlagerung zweier Frequenzen dargestellt. Die Einhüllende ist die Schwebungsfrequenz.

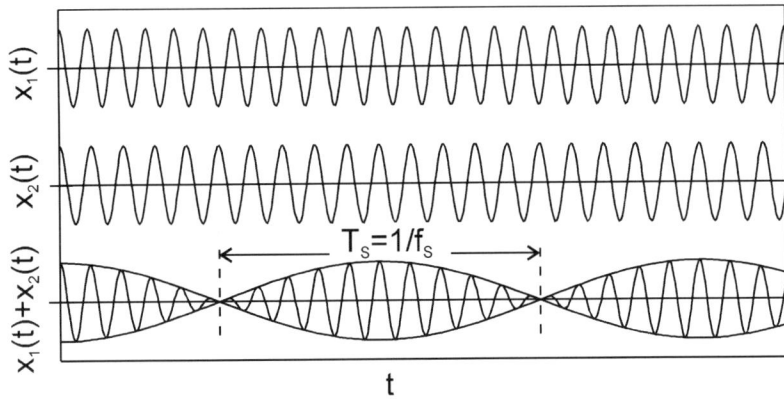

Abbildung 4.8: *Die Überlagerung zweier Frequenzen führt zu einer besonders ausgeprägten Schwebung, wenn ω_2 (Mitte) in der Nähe von ω_1 (oben) ist. T_S ist die Schwebungsperiode.*

4.6 Fourieranalyse

Man mag sich jetzt fragen, ob der im Abschnitt 4.3 gemachte Ansatz einer periodischen, harmonisch anregenden Kraft à la

$$F_E = F_0 \cos \omega_E t$$

nicht vielleicht eine zu spezielle Funktion ist, die bei reellen Problemen nicht vorkommt. Aus diesem Dilemma hilft nun aber ein äußerst wichtiges Theorem des Mathematikers **Fourier**[10]. Er bewies, daß *jede* periodische Funktion sich als Summe aus Kosinus- und Sinusfunktionen unterschiedlicher Frequenz darstellen läßt. Im Falle sich sehr abrupt ändernder Funktionen muß man zwar sehr viele Terme addieren, um eine gute Darstellung zu erhalten, bei kontinuierlichen Funktionen reichen aber weniger aus. Wir sehen den Nutzen dieses Theorems, da es uns erlaubt, durch Überlagerung verschiedener Kosinusfunktionen beliebige, periodische Anregungskräfte darzustellen und mit unserem bisherigen Wissen zu lösen. In Formeln sieht die allgemeine *Fourierreihe* [*Fourier series*] zur Darstellung einer periodischen Funktion $f(t)$ mit der Periode T so aus:

$$f(t) = \frac{a_0}{2} + a_1 \cos \omega t + b_1 \sin \omega t$$
$$+ a_2 \cos 2\omega t + b_2 \sin 2\omega t$$
$$+ a_3 \ldots$$

oder kompakter geschrieben

$$f(t) = \frac{a_0}{2} + \sum_{n=1}^{\infty} (a_n \cos n\omega t + b_n \sin n\omega t) \ . \tag{4.36}$$

Die Koeffizienten a_n, b_n können für jedes n verschieden sein; sie gewichten die auftretenden Frequenzen. In Abb. 4.9 ist eine Rechteckfunktion [*rectangular or square-wave function*] und ihre Fourierdarstellung [*Fourier representation*] für eine verschiedene Anzahl von Termen n dargestellt. Der Vollständigkeit halber sei noch angegeben, wie man für ein konkretes f die Koeffizienten berechnet

$$a_n = \frac{2}{T} \int_0^T f(t) \cos(n\omega t) dt \quad \text{und} \quad b_n = \frac{2}{T} \int_0^T f(t) \sin(n\omega t) dt \ . \tag{4.37}$$

---

[10]Fourier, Jean Baptiste Joseph Baron de, frz. Physiker und Mathematiker, *Auxerre 21.3.1768, †Paris 16.5.1830

Als leichte Übung setze man $f(t) = \cos\omega t$ und berechne einige Koeffizienten nach (4.37); es müßten alle null sein, mit Ausnahme von $a_1 = 1$.

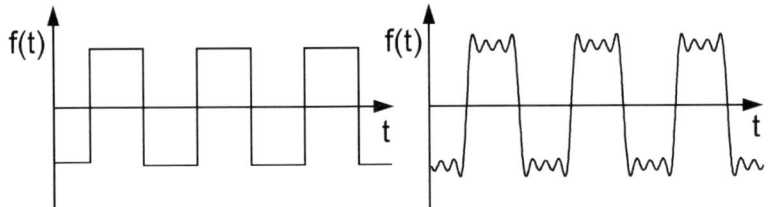

Abbildung 4.9: *Rechtecksfunktion und ihre Fourierdarstellung mit $a_1 = 1$,* $a_3 = -1/3$, $a_5 = 1/5$, $a_7 = 1/7$ *und* $a_2 = a_4 = a_6 = 0$ *(4.36)*

5   Wellenphänomene

Wellen [*wave*] sind ein weiteres, wichtiges physikalisches Phänomen, das überall in technischen Anwendungen zu finden ist, sei es in Form von Radiowellen, Wasserwellen oder von wellenartigen Fortbewegungen in einem Stau. Wir wollen uns hier mit harmonischen Wellen [*harmonic wave*] befassen, die dadurch definiert sind, daß man sie durch Sinus, Kosinus oder komplexe e-Funktionen beschreiben kann.

5.1   Wellenausbreitung

Die Auslenkung u einer Größe, die sich wellenartig ausbreitet, ist z.B.

$$\boxed{u(x,t) = A\cos(kx - \omega t - \alpha)} \qquad (5.1)$$

oder

$$u(x,t) = A\sin(kx - \omega t - \alpha) \ ,$$

was das gleiche ist, nur daß die beiden um 90° zueinander verschoben sind. Ebenfalls ist

$$u(x,t) = Re\left\{e^{i(kx-\omega t-\alpha)}\right\}$$

eine harmonische Welle, eben nur in komplexer Form geschrieben. Das neue für uns an diesen Funktionen ist, daß sie von *zwei* Variablen abhängen, nämlich vom Ort x *und* der Zeit t. Um zu verstehen, was die Funktionen leisten können, sehen wir uns erst einmal an, was passiert, wenn wir an einem festen Ort zu verschiedenen Zeiten die Funktion ansehen. Es ist z.B. am Ort $x = 0$

$$u(0, t) = \cos(-\omega t - \alpha)$$

eine periodische Funktion der Zeit, wie wir sie schon kennen. Wenn wir u zur Zeit $t = 0$ ansehen, stellen wir fest, daß

$$u(x, 0) = \cos(kx - \alpha)$$

ebenfalls periodisch ist, diesmal im Ort. Das heißt, insgesamt haben wir eine Welle, die sich in jedem Punkt sowohl räumlich als auch zeitlich periodisch verhält. Die *Ausbreitungsrichtung* [*propagation direction*] hängt von dem Vorzeichen des Terms ωt ab; für (5.1) muß ein Punkt konstanter Auslenkung bei fortschreitender Zeit auch eine anwachsende Ortskoordinate haben: Die Welle bewegt sich nach rechts im üblichen Koordinatensystem. Eine sich nach links bewegende Welle hat die Form

$$u(x, t) = A \cos(kx + \omega t - \alpha) \ .$$

Die räumliche Periodizität ist durch k gegeben, und zwar ist

$$\boxed{k = \frac{2\pi}{\lambda} \ ;} \tag{5.2}$$

das heißt, wenn man sich räumlich um eine Wellenlänge λ oder deren ganzzahligen Vielfaches weiterbewegt, hat die Funktion wieder denselben Wert. Man nennt k den *Wellenvektor* [*wave vector*]; er gibt die Anzahl der Wellenlängen auf 2π meter an. Seine Einheit ist $[k] = 1/\text{m}$. Die zeitliche Periodizität ist durch

$$\boxed{\omega = \frac{2\pi}{T} \ ,} \tag{5.3}$$

gegeben, wobei ω wieder die Kreisfrequenz und T die Schwingungsdauer ist. Die Kreisfrequenz ω gibt die Anzahl der Schwingungen in 2π Sekunden an. Die Einheit ist $[\omega] = 1/\text{s}$. Nach einer Zeit T hat die Funktion an einem bestimmten Punkt also wieder denselben Wert. In Abb. 5.1 ist eine harmonische Welle über x (zu zwei bestimmten Zeitpunkten) aufgetragen.

Die Geschwindigkeit, mit der sich die Welle im Falle von Abb. 5.1 nach rechts bewegt, nennt man *Phasengeschwindigkeit* [*phase velocity*]. Sie ist mathematisch durch dx/dt gegeben. Dabei ist x ein bestimmter Punkt auf

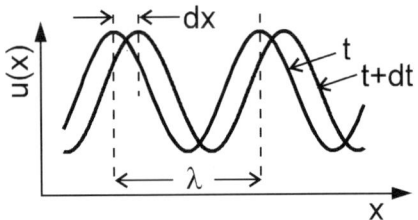

Abbildung 5.1: *Eine harmonische Welle zu zwei verschiedenen Zeitpunkten t und t + dt. Mit der Fortbewegung dieser Welle assoziiert man die Phasengeschwindigkeit.*

der Welle, z.B. ein Maximum. Für diesen Punkt (und jeden anderen festen Punkt) gilt, daß das Argument der Wellenfunktion konstant ist

$$kx - \omega t - \alpha = const.$$
$$\Rightarrow x = \frac{1}{k}\left(const. + \omega t + \alpha\right) ,$$

und die Ableitung (sprich Phasengeschwindigkeit) ist

$$v_{Ph} = \frac{dx}{dt} = \frac{\omega}{k} \tag{5.4}$$

mit den Einheiten $[v_{Ph}] = $ m/s. Die Welle breitet sich also mit der Geschwindigkeit

$$v_{Ph} = \frac{\omega}{k} = \frac{\lambda}{T} = \lambda\nu$$

aus, wobei $\nu = 1/T$ die *Frequenz [frequency]* ist (Achtung, nicht mit ω-Kreisfrequenz verwechseln! $\omega = 2\pi\nu$).

Das hier vorgestellte Konzept läßt sich mit Hilfe von Vektoren leicht verallgemeinern.

$$u(\boldsymbol{x}, t) = A\cos\left(\boldsymbol{k} \cdot \boldsymbol{x} - \omega t - \alpha\right) \tag{5.5}$$

beschreibt eine ebene Welle, die sich in Richtung von $\boldsymbol{k} = k_x\hat{\boldsymbol{x}} + k_y\hat{\boldsymbol{y}} + k_z\hat{\boldsymbol{z}}$ ausbreitet. (Die Hütchen bedeuten hier Einheitsvektoren in einem kartesischen Koordinatensystem.)

Für eine Kugelwelle *[spherical wave]* ersetzt man den Ortsvektor $\boldsymbol{x}$ durch den Abstandsvektor $\boldsymbol{r}$ zum Koordinatenursprung

$$u(\boldsymbol{r}, t) = A\cos(\boldsymbol{k} \cdot \boldsymbol{r} - \omega t - \alpha) .$$

Jetzt haben wir die Ausbreitungsrichtung ins Dreidimensionale verallgemeinert. Wir können auch noch die Amplitude entsprechend erweitern, indem wir den Skalar A durch den Vektor $\boldsymbol{A}$ ersetzen. Dann haben wir eine *vektorielle Welle* [*vector wave*]

$$\boldsymbol{u}(\boldsymbol{x}, t) = \boldsymbol{A} \cos(\boldsymbol{k} \cdot \boldsymbol{x} - \omega t - \alpha) \ . \tag{5.6}$$

Beispiel für eine solche vektorielle Welle ist die elektrische Feldstärke einer sich ausbreitenden Lichtwelle. Auch hier ist der Kosinus dem Sinus oder der komplexen e-Funktion äquivalent.

Für Wellen gibt es ferner im allgemeinen drei verschiedene Polarisationen [*polarisation*], d.h. Auslenkungsrichtungen [*displacement direction*] im Vergleich zur Ausbreitungsrichtung [*propagation direction*]. Bei einem ausgedehnten Seil [*rope*] sind diese beiden Größen senkrecht zueinander; man spricht von *Transversalwellen* [*transverse wave*] (Abb. 5.2). Für eine Ausbreitungsrichtung ($\boldsymbol{k}$) gibt es immer zwei mögliche senkrechte Auslenkungsrichtungen($\boldsymbol{k} \perp \boldsymbol{u}$), die unabhängig voneinander sind. Alle anderen senkrechten Auslenkungen lassen sich als Kombinationen dieser zwei beschreiben. Licht verhält sich z.B. wie eine Transversalwelle.

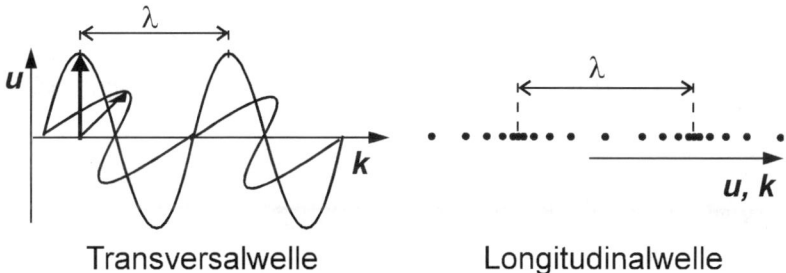

Transversalwelle   Longitudinalwelle

Abbildung 5.2: *Bei transversalen Wellen ist die Auslenkung senkrecht zur Ausbreitungsrichtung, bei longitudinalen parallel dazu.*

Eine weitere Auslenkungsmöglichkeit ist in Richtung der Ausbreitungsrichtung ($\boldsymbol{k} \parallel \boldsymbol{u}$). Dies ist z.B. bei Schallwellen der Fall: Die Kompression, die der Schall lokal in der Luft verursacht, propagiert als Welle durch einen mit Gas (z.B. Luft) gefüllten Raum (Abb. 5.2). Im Vakuum [*vacuum*] propagiert Schall also nicht. Die Wellenbewegung des Schalls funktioniert deshalb, weil eine Druckerhöhung lokale Rückstellkräfte [*restoring force*] erzeugt, diese Rückstellkräfte den Druck wieder erniedrigen und ihn dafür in den vorher verdünnten Bereichen erhöhen. Dieser Typ Welle, bei dem $\boldsymbol{k} \parallel \boldsymbol{u}$, heißt *Longitudinalwelle* [*longitudinal wave*]. Von dem longitudinalen Charakter kann man sich anhand der Bewegung einer Lautsprechermembran [*speaker membrane*] bei tiefen Frequenzen überzeugen.

5.2   Wellengleichung

Ähnlich wie bei den Schwingungsproblemen dieses Kapitels ist der Ausdruck für eine sich ausbreitende Welle die Lösung einer Bewegungsgleichung, die wegen des Charakters ihrer Lösung *Wellengleichung* [*wave equation*] heißt. Wir wollen sie aus der physikalischen Problematik einer Reihe von hintereinandergeschalteten Massen und Federn ableiten (Abb. 5.3).

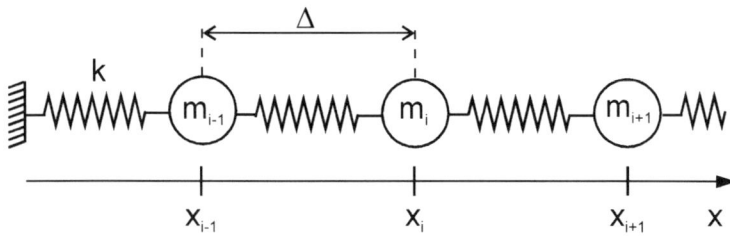

Abbildung 5.3: *Eine Reihe von Federn und Massen dient zur Herleitung der Wellengleichung. Die Positionen x_i seien die Gleichgewichtslagen der Massen, die in x-Richtung ausgelenkt werden sollen. Alle Federkonstanten seien gleich.*

Für die Masse m_i, die ein beliebiges Teil mit Federn aneinandergereihter Massen ist, lassen sich die angreifenden Kräfte so schreiben

$$\frac{d\boldsymbol{p}}{dt} = \boldsymbol{F}_{\text{links}} + \boldsymbol{F}_{\text{rechts}} \; ,$$

also als die Summe der Kräfte, die die linke und die rechte Feder auf m_i ausüben. Federkräfte sind bekanntlich proportional zur Auslenkung (Hookesches Gesetz) und zwar jetzt relativ zu einer sich verändernden Ruhelage x_i. Die Auslenkung relativ zur Ruhelage sei mit u bezeichnet. Die Kräfte sind dann

$$\boldsymbol{F}_{\text{links}} = -k\,(u_i - u_{i-1})$$
$$\boldsymbol{F}_{\text{rechts}} = k\,(u_{i+1} - u_i) \; ,$$

wobei die unterschiedlichen Vorzeichen den verschiedenen Richtungen der Kräfte Rechnung tragen. Die Kraft, die also auf eine Masse ausgeübt wird, hängt davon ab, wir weit die jeweilige Nachbarmasse ausgelenkt ist. Das ist der Kern der Wellengleichung, und so wird die Information über eine eventuelle Auslenkung zum Nachbarn übertragen. Mit $p = mv = m\,du/dt$ gilt also für eine skalare Auslenkung

$$m_i \ddot{u}_i = -k\,(u_i - u_{i-1}) + k\,(u_{i+1} - u_i)\ .$$

Mathematisch gesehen, ist die Differenz der beiden Auslenkungen gleich der Änderung der Auslenkung mit x, denn wenn keine Änderung stattfindet, wenn also zwei benachbarte Massen gleich ausgelenkt werden, ist die relative Kraft zwischen ihnen gleich wie in der Ruhelage. Diese Änderung schreiben wir als Ableitung von u nach x in der Mitte zwischen x_{i-1} und x_i

$$\frac{u_i - u_{i-1}}{x_i - x_{i-1}} = \left.\frac{du}{dx}\right|_{x_{\text{links}}}$$

Dabei ist x_{links} der Mittelpunkt zwischen x_{i-1} und x_i. Dieser Zusammenhang ist in Abb. 5.4 noch einmal verdeutlicht. Entsprechendes gilt rechts von m_i.

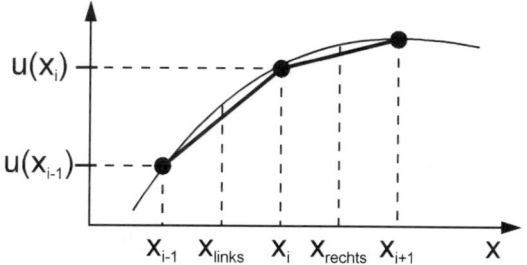

Abbildung 5.4: *Der Quotient aus der Differenz zweier Größen $u(x_i)$ und $u(x_{i-1})$ und dem Abstand $x_i - x_{i-1}$ ergibt die Steigung der Geraden, die die beiden Punkte verbindet. Diese Gerade ist näherungsweise gleich der Ableitung einer sich nicht sehr stark ändernden Funktion, die die beiden Punkte verbindet.*

$$\frac{u_{i+1} - u_i}{x_{i+1} - x_i} = \left.\frac{du}{dx}\right|_{x_{\text{rechts}}}$$

Eingesetzt ergibt sich für die Masse

$$m_i \ddot{u}_i = -k\,(x_i - x_{i-1}) \left.\frac{du}{dx}\right|_{x_{\text{links}}} + k\,(x_{i+1} - x_i) \left.\frac{du}{dx}\right|_{x_{\text{rechts}}}$$

Da der Abstand zwischen den Gleichgewichtslagen gleich ist, können wir auch schreiben $(x_i - x_{i-1} = \Delta = x_{i+1} - x_i)$

$$m_i \ddot{u}_i = k\Delta \left(\left.\frac{du}{dx}\right|_{x_{\text{rechts}}} - \left.\frac{du}{dx}\right|_{x_{\text{links}}} \right) .$$

Mit dem gleichen Argument wie in Abb. 5.3 erläutert, ist die Differenz einer Funktion (also jetzt du/dx) zwischen den Werten rechts und links gleich deren Ableitung (also jetzt der zweiten Ableitung) mal dem Abstand

$$m_i \ddot{u}_i = k\Delta^2 \frac{d^2 u_i}{dx^2} ,$$

was wir mit der Abkürzung $v_{Ph}^2 = k\Delta^2/m$ und der Erkenntnis, daß wir den Index i jetzt auch weglassen können, so schreiben

$$\boxed{\frac{d^2 u}{dt^2} = v_{Ph}^2 \frac{d^2 u}{dx^2} .} \tag{5.7}$$

Das ist die Wellengleichung! Als Bedingung, daß die Lösung für alle Zeiten und Orte x gilt, finden wir, daß

$$v_{Ph}^2 = \frac{\omega^2}{k^2} , \qquad k \text{ -- Wellenvektor}$$

was wir bereits in (5.4) als Ausdruck für die Geschwindigkeit abgeleitet haben. Damit ist die Bezeichnung Phasen- oder Ausbreitungsgeschwindigkeit gerechtfertigt.

Für unser Beispiel ist die Ausbreitungsgeschwindigkeit durch die Parameter k, Δ und m gegeben, die Gleichung gilt aber ganz allgemein. Je nach betrachtetem Problem ergeben sich dann verschiedene Ausdrücke für v. Im Beispiel der Ausbreitung des Lichts ist v eben die Lichtgeschwindigkeit c und $c^2 = (\mu_0 \varepsilon_0)^{-1}$ (zur Bedeutung von μ_0 und ε_0 kommen wir später), für Schall in einem Gas die Schallgeschwindigkeit. Im letzteren Fall ist $v^2 = P/\rho$, wobei P der Druck und ρ die Dichte des Gases sind. Man überzeuge sich durch Einsetzen von (5.1) in (5.7) von der Richtigkeit dieser Lösung für die Wellengleichung! Entsprechend dem Ausdruck (5.6) läßt sich die Wellengleichung ebenfalls für vektorielle Größen und beliebige Ausbreitungsrichtungen verallgemeinern.

5.3 Interferenzen und Gruppengeschwindigkeit

Eine Überlagerung von Wellen gleicher Frequenz führt zu einem Phänomen, das *Interferenz* [*interference*] genannt wird. Abhängig von der relativen Phase addieren oder subtrahieren sich die Amplituden der Welle teilweise oder ganz (Abb. 5.5). Die Bedingung für eine maximale Überlagerung zweier Wel-

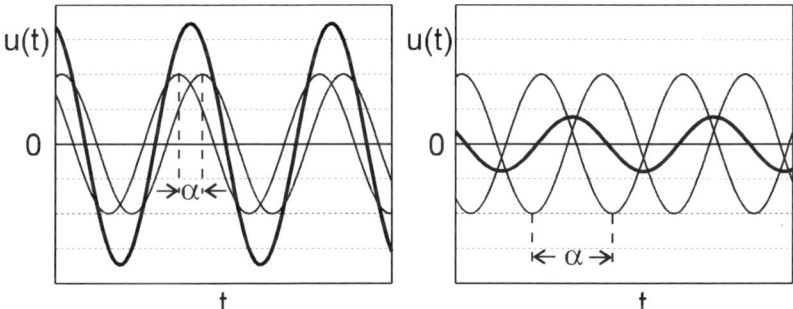

Abbildung 5.5: *In Abhängigkeit von dem relativen Phasenunterschied addieren oder subtrahieren sich Wellenamplituden gleicher Frequenz.*

len ist, daß der *Phasenunterschied* [*phase difference*] oder *Gangunterschied* [*path difference*] Δx entweder null oder ein Vielfaches der Wellenlänge λ ist.

$$\Delta x = \pm n\lambda, \quad n = 0, 1, 2, 3, \ldots \tag{5.8}$$

Die entsprechende Bedingung für ein *Interferenzminimum* [*interference minimum*] ist, daß die Phase zwischen den zwei Wellen immer um $\lambda/2$ oder ungeradzahlige Vielfache davon verschoben ist.

$$\Delta x = \pm(2n + 1)\frac{\lambda}{2}, \quad n = 0, 1, 2, 3, \ldots \tag{5.9}$$

Eine vollständige Auslöschung [*complete extinction*] erhält man bei zwei Wellen gleicher Frequenz dann, wenn zusätzlich die beiden Amplituden gleich sind. Für alle Formen der Interferenz muß ferner erfüllt sein, daß die Wellen *kohärent* [*coherent*] sind. Damit meint man, daß ihr Phasenunterschied zeitlich konstant sein muß; sonst ist eine Überlagerung, die zeitlich andauern soll, nicht möglich; es entstehen lediglich kurzzeitige Fluktuationen in den addierten Wellen.

Gelingt es, zwei Enden einer Saite oder eines Seiles festzuhalten und Schwingungen anzuregen, kann man eine *stehende Welle* [*standing wave*] erzeugen. Dabei muß erfüllt sein

$$n\frac{\lambda}{2} = l \ , \quad n = 1, 2, 3, \ldots \ ; \qquad l: \text{Resonatorlänge}$$

man nennt dies die *Resonatorbedingung* [*resonance condition*]. Man hat dann eine Überlagerung einer nach links und einer nach rechts propagierenden Welle, derart, daß die Schwingungsbäuche und Knoten sich nicht bewegen. Es gibt auch stehende Wellen bei nicht festgehaltenen Seilenden, diese treten dann bei anderen Bedingungen auf. Bei *einem* festgehaltenen Ende ist dies

$$\frac{(2n + 1)\lambda}{4} = l \ , \quad n = 0, 1, 2, 3, \ldots$$

bei *zwei* freien Enden, z.B. für einen freischwingenden Stab ist es

$$\frac{(n + 1)}{2}\lambda = l \ , \quad n = 0, 1, 2, 3, \ldots$$

Ein freies Ende bedeutet immer, daß die Auslenkung dort maximal sein muß, ein festes Ende bedeutet, daß sie dort null ist.

Wir haben bereits gesehen, daß man nach Fourier beliebige Formen einer beliebigen Funktion als Überlagerung von mehreren oder vielen Sinus- oder Kosinusfunktionen aussehen kann (Abschnitt 4.6). Abbildung 4.9 hatte dies für eine Dreiecksfunktion verdeutlicht. Wir fragen jetzt, wie schnell sich so ein Dreieck fortbewegt. Läuft es gleich schnell wie die einzelnen Komponenten? Schneller? Oder langsamer? Sehen wir uns noch einmal die Summe von fünf Sinusfunktionen an, die eine *Wellengruppe* oder ein *Wellenpaket* [*wave packet*] beschreiben (Abb. 5.6).

Bewegen sich alle Teilwellen, aus denen das Wellenpaket zusammen gesetzt ist, mit gleicher Phasengeschwindigkeit, verschiebt sich auch das Wellenpaket selbst mit dieser Geschwindigkeit. Sind jedoch die Phasengeschwindigkeiten für verschiedene Wellenlängen unterschiedlich, ist dies nicht mehr der Fall. Sind z.B. kürzere Wellen langsamer in ihrer Phasengeschwindigkeit, bewegt sich das Wellenpaket insgesamt langsamer. Man definiert hierfür die sogenannte *Gruppengeschwindigkeit* [*group velocity*] v_{Gr}; das Phänomen unterschiedlicher Phasengeschwindigkeiten für unterschiedliche Wellenlängen heißt *Dispersion* [*dispersion*]. Beispiel sei hier die Fortbewegung von Schall in einem festen Körper (Abb. 5.7)

Die Phasengeschwindigkeit ist nach (5.4) $v_{Ph} = \omega/k$, ist also für einen bestimmten k-Punkt (d.h. Wellenlänge) durch die Gerade gegeben, die durch den Punkt (k, ω) und den Ursprung geht, d.h. z.B. $v(k_1) = \omega_1/k_1$.

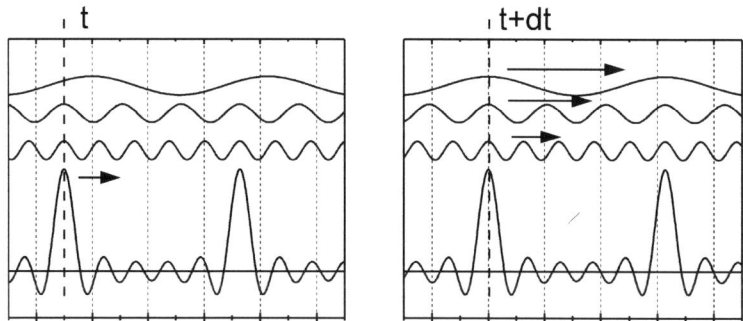

Abbildung 5.6: *Ein Wellenpaket bewegt sich im allgemeinen nicht mit der Phasengeschwindigkeit, sondern mit der sogenannten Gruppengeschwindigkeit vorwärts.*

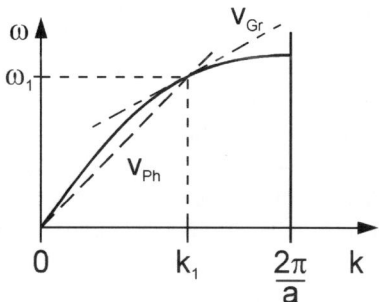

Abbildung 5.7: *Dispersion von Schall in einem Festkörper. Erreicht man den doppelten Abstand der Atome mit der Wellenlänge, propagiert Schall überhaupt nicht mehr ($v_{Gr} = d\omega/dk = 0$ bei $k = \pi/a$).*

Die Gruppengeschwindigkeit hingegen ist durch die Ableitung der Funktion $\omega(k)$ bei dem mittleren k-Wert gegeben.

$$v_{Gr} = \frac{d\omega}{dk}$$

In Abb. 5.7 ist dies also die Steigung der langgestrichenen Tangente, die $\omega(k)$ in k_1 berührt. Hier gilt also offensichtlich

$$v_{Gr} = \frac{d\omega}{dk}\bigg|_{k_1} < \frac{\omega_1}{k_1} = v_{Ph}$$

Man beachte, daß, wenn die Wellenlänge des Schalls so kurz wird, daß $\lambda \approx 2a$, dem inneratomaren Abstand wird, die Gruppengeschwindigkeit zu null wird, daß Schall im Festkörper also nicht mehr vorwärtskommt. Ein anderes Beispiel ist ein Lichtpuls, der im Vakuum mit Lichtgeschwindigkeit propagiert, da die Dispersion im Vakuum null ist. In Medien ist dies nicht mehr der Fall, da dort die Phasengeschwindigkeit von der Wellenlänge abhängt, Licht also Dispersion unterliegen. Der Lichtpuls läuft auseinander. Man präge sich den Unterschied zwischen Phasen- und Gruppengeschwindigkeit ein!

6 Spezielle Relativitätstheorie

Die spezielle Relativitätstheorie [*special theory of relativity*] hat seit ihrer Entdeckung und Formulierung durch **Einstein**[11] 1905 eine besondere Faszination auf die Menschen ausgeübt. Sie ist in ihren Grundannahmen ebenso genial wie einfach, so daß wir sie hier vorstellen wollen. Zwar spielt sie in den allermeisten technischen Anwendungen keine Rolle, aber die Theorie besticht durch ihre konsequente Verarbeitung einfacher Erkenntnisse derart, daß alle, die ein naturwissenschaftlich technisches Studium machen, daran Freude haben sollten. Die Schlußfolgerung, wie das berühmte Zwillingsparadox, sollen so zunächst nachvollziehbar, wenn nicht gar verständlich gemacht werden.

6.1 Addition von Geschwindigkeiten

Der Einstieg in die Problematik erfolgt über die Additivität von Geschwindigkeit, also die Frage, wie groß die Geschwindigkeit eines Tischtennisballs ist, der von zwei Spielern in einem fahrenden Zug hin- und hergeschlagen wird. Zunächst wird man fragen, ob es überhaupt möglich ist, in einem fahrenden Zug Tischtennis zu spielen, oder andersherum gefragt, würde man am Verhalten des Tischtennisballs merken, daß man in einem fahrenden Zug sitzt? Die Antwort ist, daß man bei unbeschleunigten Bewegungen, also einem mit konstanter Geschwindigkeit geradeaus fahrenden Zug, von einer Bewegung nichts merkt. Man erfährt dies z.B., wenn zwei Züge langsam nebeneinander herfahren und man sich nicht sicher ist, ob man sich bewegt oder nicht. Allgemein gilt für gleichförmige Bewegungen, daß man

---

[11]Einstein, Albert, Physiker, *Ulm 14.3.1879, 1921 Nobelpreis für Physik, †Princeton (N. J.) 18.4.1955

grundsätzlich nicht sagen kann, wer sich relativ zu wem bewegt. Daher der Name "Relativitätstheorie".

Man formuliert diese Aussage mit sogenannten Transformationen [*transformation*], die angeben, wie man bei zwei sich relativ zueinander bewegenden Koordinatensystemen von einem zum anderen kommt. Als Beispiel nehmen wir den Tischtennisball, der mit einer Geschwindigkeit von $v_{\text{Ball}} = 10$ m/s geschlagen werde. Der ICE, in dem Tischtennis gespielt werde, fahre mit $v_{\text{Zug}} = 250$ km/s ≈ 70 m/s. Die Spieler im bewegten Koordinatensystem sehen den Ball also mit v_{Ball} hin- und herfliegen. Wie sieht die Sache für einen Beobachter, der auf dem Bahnsteig steht aus, wenn der Zug gerade vorbeifährt? Abgesehen davon, daß er den Ball nur sehr kurze Zeit sehen würde, würde er entweder $v_{\text{gesamt}} = v_{\text{Zug}} + |v_{\text{Ball}}|$ messen, oder $v_{\text{gesamt}} = v_{\text{Zug}} - |v_{\text{Ball}}|$, je nachdem, ob im Moment des Vorbeifahrens der Ball gerade nach vorne geschlagen wurde oder nach hinten. Das ist, was man klassisch unter Addition von Geschwindigkeiten versteht. Will man eine Ortsangabe für den Ball in den beiden Koordinatensystemen Zug und Bahnsteig machen (angedeutet durch den Superskript an der Koordinate), erhält man

$$x^{\text{Zug}} = x_0^{\text{Zug}} + v_{\text{Ball}} \cdot t$$

zur Zeit t, ausgehend von einem willkürlich gewählten Anfangspunkt x_0 im Zug. Dieser ist der Einfachheit halber null. Dann ist

$$x^{\text{Zug}}(t) = v_{\text{Ball}} \cdot t \ .$$

Vom Bahnsteig aus gesehen bewegt sich noch der ganze Zug mit, und daher ist die Koordinate des Balls vom Bahnsteig aus

$$x^{\text{Bahnsteig}}(t) = v_{\text{Ball}} \cdot t + v_{\text{Zug}} \cdot t \ ;$$

v_{Ball} kann negativ oder positiv sein, je nachdem, ob der Ball gerade entgegen oder in Zugrichtung fliegt. Für die Richtungen senkrecht zur Zugrichtung spielt die Zugbewegung keine Rolle. Wir können jetzt die allgemeine Transformation, auch **Galilei**[12]-Transformation genannt, hinschreiben

$$x^{\text{Bahnsteig}}(t) = x^{\text{Zug}}(t) + v_{\text{Zug}} \cdot t \ .$$

Wegen der mühsam zu schreibenden, langen Indizes geht man auf gestrichene und ungestrichene Koordinaten über und hat dann

$$\boxed{x = x' + vt \quad \text{oder} \quad x' = x - vt \ .} \tag{6.1}$$

---

[12]Galilei, Galileo, ital. Mathematiker und Philosoph, *Pisa 15.2.1564, †Arcetri (bei Florenz) 8.1.1642

Es ist also vereinbarungsgemäß das ungestrichene das ruhende und das gestrichene das bewegte System. Ist die Geschwindigkeit in y und z-Richtung null, gilt dort

$$y' = y \quad \text{und} \quad z' = z,$$

ansonsten gelten dort entsprechende Transformationen. Transformationen sind also Beziehungen zwischen Koordinatensystem. Im Falle von Abschnitt 1.1 waren es polare und kartesische Koordinaten, die es zu verbinden galt, hier sind es bewegte und unbewegte Systeme. Für die Zeit gilt, daß sie im bewegten und im unbewegten System gleich ist: $t = t'$. In diesem Sinne ist sie als absolut angesehen worden; dies entspricht auch der urmenschlichen Intuition, und deshalb fällt es uns so schwer, uns davon zu trennen. Wir haben diesen Punkt deshalb so ausführlich erläutert, weil sich die Wirklichkeit um uns herum nicht so verhält, wie wir es beschrieben haben. In Wirklichkeit ist die Galilei-Transformation falsch; nur ist der Fehler, den diese Transformation in unserem täglichen Leben ausmacht, so klein, daß wir ihn nicht bemerken. Man braucht schon ein äußerst ausgeklügeltes Experiment, um den Irrtum in diesen Transformatoren überhaupt festzustellen.

6.2 Michelson-Morley-Experiment

Wenn es sich mit der Additivität der Geschwindigkeit so verhielte, wie oben formuliert, dann ist auch erlaubt zu fragen, wie es denn mit dem Licht steht. Konkret, bewegt sich ein Lichtbündel, das am hinteren Ende eines fahrenden Zuges in Richtung Lokomotive abgeschickt wird, vom Bahnsteig aus gesehen auch mit der Geschwindigkeit $v^{\text{Bahnsteig}} = v_{\text{Zug}} + v_{\text{Licht}}$? Diese Frage müssen wir experimentell beantworten, und sie ist auch historisch in vielen Versuchen angegangen worden. Die Schwierigkeit ist, daß Licht sich so schnell bewegt, daß es für praktische Zwecke immer instantan anzukommen scheint. Man hat in der Vergangenheit versucht, die Relativgeschwindigkeit des Lichtes zur Bewegung der Erde um die Sonne zu messen. Die Erde bewegt sich mit einer mittleren Umlaufgeschwindigkeit von $v_{\text{Erde}} \approx 30$ km/s um die Sonne. In dem berühmten Interferenzversuch von **Michelson**[13] und **Morley**[14] wurde vergeblich versucht, eine Relativgeschwindigkeit von Licht und seinem damals angenommenen Trägermedium Äther nachzuweisen. (Abb. 6.1)

---

[13]Michelson, Albert Abraham, amerikan. Physiker, *Strelno (Posen) 19.12.1852, †Pasadena (Kalif.) 9.5.1931
[14]Morley, Edward Williams, *Newark 29.01.1838, †Hartford, 24.02.1923

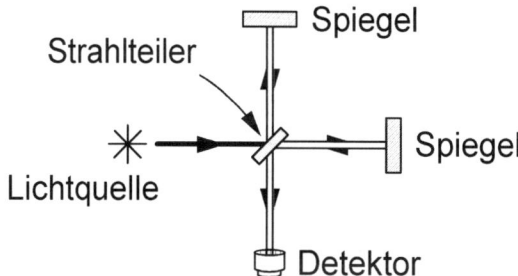

Abbildung 6.1: *Im Interferenzversuch von Michelson und Morley wurde 1881 und 1887 nachgewiesen, daß in Bewegungsrichtung der Erde um die Sonne und senkrecht dazu kein Unterschied in der Lichtgeschwindigkeit existiert.*

Das Ergebnis war, daß Licht unabhängig vom Bewegungszustand seines Beobachters immer die gleiche Geschwindigkeit, nämlich Lichtgeschwindigkeit [*velocity of light*] hat. Das ist zunächst einmal unfaßbar! Auf den Zug übertragen bedeutet das, daß die gemessene Geschwindigkeit des Lichts vom Bahnsteig aus gleich ist, mit der die im fahrenden Zug gemessen wird (Abb. 6.2). Für den Tischtennisball hieße das, daß er 10 m/s Geschwindigkeit hätte und zwar sowohl vom Zug aus gemessen, als auch von der ruhenden Erde aus. Dabei ist die experimentelle Beobachtung im Falle des Lichts absolut sicher und in vielen Experimenten bestätigt worden.

Abbildung 6.2: *Bei der Bestimmung der Geschwindigkeit des Lichtes erhält man den gleichen Wert, egal ob man vom fahrenden Zug aus mißt oder vom ruhenden Bahnsteig.*

6.3　Einsteinsche Postulate

Erst Einstein gelang es, diese scheinbaren Widersprüche aufzuklären. Dazu stellte er folgende Postulate auf:

> *i) Die Lichtgeschwindigkeit ist in allen Bezugssystemen konstant.*
>
> *ii) Durch keine physikalische Messung können wir ein sich gleichförmig, geradlinig bewegendes Koordinatensystem von einem anderen, sich ebenfalls gleichförmig, geradlinig bewegenden unterscheiden.*

Das erste Postulat ist experimentell untermauert, und das zweite haben wir oben anhand der zwei nebeneinander herfahrenden Zügen erläutert.

Die Frage ist jetzt, welches sind die korrekten Transformationen, also die, die es erlauben, unabhängig von der Geschwindigkeit, mit der sich ein Beobachter bewegt, immer die gleiche Lichtgeschwindigkeit zu messen? Dazu überlegen wir, wie wir z.b. eine Längenmessung vornehmen würden und zwar einmal von einen ruhenden und einmal von einen bewegten System aus (Abb. 6.3). Dazu brauchen wir eine Möglichkeit, z.B. Anfangs- oder Endort eines Stabes vom bewegten ins unbewegten System zu transformieren

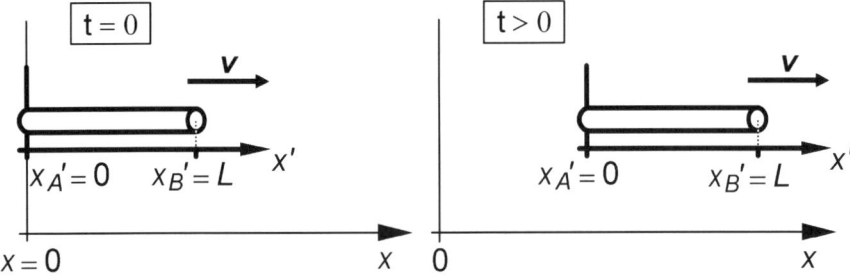

Abbildung 6.3: *Bestimmung der Länge eines Stabes einmal im ruhenden und einmal im sich bewegenden Koordinatensystem*

Versuchen wir es einmal mit einem Koeffizienten γ, der von der Geschwindigkeit abhängen soll, den wir noch bestimmen müssen und der die Galilei-Transformation (6.1) modifizieren soll.

$$x' = \gamma(v)\,(x - vt)$$

Umgekehrt, wenn man von dem bewegten System die Länge eines Stabes in einem ruhenden System messen möchte, würde man dann verlangen, daß

$$x = \gamma(v)\,(x' + vt')\ ,$$

d.h. wir fordern denselben Koeffizienten, da sonst entgegen dem 2. Postulat ein Unterschied bei einer physikalischen Messung auftreten würden.

Die Länge des Stabes in den beiden Systemen ist $x' = ct'$ und $x = ct$, da die Lichtgeschwindigkeit nach dem 1. Postulat vom Bezugssystem unabhängig ist. Setzt man das in unsere neuen Transformationen ein, erhält man

$$ct' = \gamma(v)\,(ct - vt) \quad \text{und} \quad ct = \gamma(v)(ct' + vt)\ .$$

Multipliziert man diese beiden Gleichungen miteinander, ergibt sich

$$c^2 tt' = \gamma^2(v) tt'(c^2 - v^2)\ ,$$

woraus für den Koeffizienten folgt, daß

$$\gamma^2(v) = \frac{c^2}{c^2 v^2} = \frac{1}{1 - \frac{v^2}{c^2}}$$

oder daß

$$\boxed{\gamma(v) = \frac{1}{\sqrt{1 - \frac{v^2}{c^2}}}}\ . \tag{6.2}$$

Wir wollen noch einmal festhalten:
Aus der Aufgabe, die Länge eines Stabes in zwei sich relativ zueinander bewegenden Bezugssystemen zu bestimmen, leiten wir eine Bedingung für den recht willkürlich eingeführten Koeffizienten ab. Damit lautet die Transformation, die sowohl die Konstanz der Lichtgeschwindigkeit in verschiedenen Bezugssystemen enthält als auch ein Unterscheiden dieser Bezugssysteme unmöglich macht,

$$\boxed{x' = \frac{1}{\sqrt{1 - \frac{v^2}{c^2}}}(x - vt)}\ . \tag{6.3}$$

Für y- und z-Richtung gilt, da keine Relativbewegung stattfindet,

$$y' = y \quad \text{und} \quad z' = z\ .$$

Für die Zeit folgt

$$t' = \frac{t - \frac{v}{c^2}x}{\sqrt{1 - \frac{v^2}{c^2}}} \ . \qquad (6.4)$$

Man nennt diese Transformation die **Lorentz**[15]-Transformation . Was ganz besonders auffällt, ist, daß wir um den Preis einer konstanten Lichtgeschwindigkeit einige völlig ungewohnte Dinge einstecken müssen:

Nach (6.4) ist die Zeit nicht mehr absolut! Anders gesagt, ist die Zeit, die vergeht, abhängig davon, wie schnell man sich relativ zu einem anderen System bewegt. Dies war, was viele an der Relativitätstheorie zweifeln ließ, schien es doch dem Gefühl allzusehr zu widersprechen. Es ist jedoch eine notwendige Konsequenz aus den Postulaten.

6.4 Zeit, Länge, Masse und Energie werden "relativ"

Von der Zeit wissen wir also, daß sie entgegen unserem Gefühl keine absolute Bedeutung hat. Dies wirkt sich unter anderem im Verlust des Begriffes *Gleichzeitigkeit [simultaneity]* aus. Betrachten wir noch einmal den fahrenden Zug (Abb. 6.4). Es ist möglich, vom Anfang und Ende des fahrenden

Abbildung 6.4: *Gleichzeitigkeit wird ein relativer Begriff, wenn man in Betracht zieht, daß Lichtsignale vom Anfang und Ende des fahrenden Zuges immer nur einen der Beobachter A oder B gleichzeitig erreichen können.*

Zuges ein Lichtsignal in Richtung des Beobachters B abzuschicken, die dort zur selben Zeit ankommen. B meint also, daß die Lichtblitze gleichzeitig entstanden. Den fahrenden Beobachter A jedoch erreicht das Signal von der Lokomotive wegen der Konstanz und Endlichkeit der Lichtgeschwindigkeit

---

[15]Lorentz, Hendrik Antoon, niederländ. Physiker, *Arnheim 18.7.1853, †Haarlem 4.2.1928

zuerst. Er würde urteilen, daß ein Lichtblitz vor dem anderen abgeschickt wurde. Es folgt, daß Gleichzeitigkeit nur innerhalb eines Bezugssystems beurteilt werden kann. Ansonsten hat dieser Begriff keine Bedeutung mehr.

Was passiert dann mit zwei Uhren, die in zwei relativ zueinander bewegten Systemen laufen? Wir können bereits aus dem Verlust des Begriffes "Gleichzeitigkeit" vermuten, daß Unerwartetes passieren wird. Ein Zeitintervall in einem bewegten System sei $\Delta t' = t'_B - t'_A$. Um das Intervall auf das unbewegte System zu transformieren, brauchen wir die Umkehrung von (6.3) und (6.4). Mit unserer Abkürzung $\gamma = (1 - v^2/c^2)^{-1/2}$ können wir (6.3) nach γx auflösen

$$\gamma x = x' + \gamma v t \ . \tag{6.5}$$

Die ungestrichene Zeit ergibt sich aus (6.4) zu

$$\gamma t = t' + \gamma \frac{v}{c^2} x \ , \tag{6.6}$$

was eingesetzt in (6.5) ergibt

$$\gamma x = x' + v \left(t' + \gamma \frac{v}{c^2} x \right)$$

$$\gamma x \left(1 - \frac{v^2}{c^2} \right) = x' + v t'$$

$$x = \gamma(x' + v t'). \tag{6.7}$$

Dies ist die Umkehrung von (6.3); wir können damit eine Ortskoordinate x' in einem bewegten System auf ein unbewegtes transformieren. Diese wiederum in (6.6) eingesetzt, ergibt die Umkehrtransformation für die Zeit

$$\gamma t = t' \left(1 + \gamma^2 \frac{v^2}{c^2} \right) + \gamma^2 \frac{v}{c^2} x' \ .$$

und da $\gamma^2 = 1 - v^2/c^2$, folgt

$$t = \gamma \left(t' + \frac{v}{c^2} x' \right) \ , \tag{6.8}$$

die Umkehrung der Zeittransformation (6.4). Das Zeitintervall $\Delta t'$ unserer Uhr, die am Ort x'_0 im bewegten System steht, ist dann im unbewegten System

$$\Delta t = t_B - t_A$$
$$= \gamma \left(t'_B + \frac{v}{c^2} x'_0 \right) - \gamma \left(t'_A + \frac{v}{c^2} x'_0 \right)$$
$$= \gamma \left(t'_B - t'_A \right)$$

$$\boxed{\Delta t = \gamma \Delta t' \, .} \qquad\qquad (6.9)$$

Man sagt dazu, daß vom unbewegten System aus gesehen, die Zeit im bewegten langsamer abläuft. Bewegte Uhren sind gegenüber unbewegten Uhren um den Faktor $\gamma = \left(1 - v^2/c^2\right)^{-1/2}$ langsamer! Das Phänomen heißt *Zeitdilatation* [*time dilation*]. Um es noch einmal zu betonen: Das bedeutet nicht, daß bei hohen Geschwindigkeiten die Uhren langsamer laufen, sondern daß tatsächlich die Zeit langsamer vergeht. Man akzeptiere diese Konsequenz aus den Einsteinschen Postulaten!

Hier tritt das auf, was man gemeinhin als Zwillingsparadox bezeichnet. Von einem Zwillingsschwesterpaar geht eine mit einer schnellen Rakete auf eine lange Reise ins Weltall. Nach ihrer Beschleunigung auf nahezu Lichtgeschwindigkeit reise sie z.B. mit einem γ von 5 (d.h. $v = 98\%$c) fünf Jahre in die Galaxie hinaus und, nach einer Phase des Abbremsens und der Umkehr wieder fünf Jahre zurück. Auf der Erde kommt sie also nach ca. 10 Jahren wieder an (die Beschleunigungsphasen seien kurz). Aufgrund der eben beschriebenen Zeitdilatation ist die auf der ruhenden Erde vergangenen Zeitspanne aber nach (6.9) $\Delta t = 5 \cdot 10$ Jahre $= 50$ Jahre. Ist die Raumfahrerin also mit 30 gestartet, ist sie 40 bei der Ankunft, während ihre Zwillingsschwester inzwischen 80 geworden ist! Dies ist die völlig logische Konsequenz aus dem bisher Gesagten. Manchmal wird eingewendet, daß die Beschleunigungsphase genauer berücksichtigt werden müßte und das Zwillingsparadox aufheben würde, aber dieses Argument kann man leicht dadurch entkräften, daß man beide Schwestern auf Reisegeschwindigkeit beschleunigt, eine der beiden jedoch gleich wieder abbremst und zurückbringt. Dann gilt alles was gesagt wurde in gleicher Weise weiter, und das Paradox bleibt bestehen. Eigentlich ist es nur ein scheinbares Paradox, denn es entspricht der Wirklichkeit so wie wir sie heute kennen: Ob ein Zwillingspaar zusammen seinen 80sten Geburtstag feiert hängt unter anderem davon ab, wie schnell sie sich wie lange relativ zueinander bewegen!

Eine weitere erstaunliche Schlußfolgerung ergibt sich für Längenmessungen. Gehen wir noch einmal zu Abb. 6.3 zurück und messen die Länge des Stabes einmal im bewegten System und einmal im ruhenden. Im bewegten System ist die Länge der Unterschied in der Anfangskoordinate und der Endkoordinate zur selben Zeit: $x'_B - x'_A = l_0$. Vom ruhenden System aus gesehen ist die Länge $x_B - x_A = l$ zu einer bestimmten Zeit t im ruhenden System. Den Bezug zwischen ungestrichenem und gestrichenem System liefert uns (6.3)

$$x'_B = \gamma \left(x_B - vt\right) \quad \text{und} \quad x'_A = \gamma \left(x_A - vt\right)$$

$$x'_B - x'_A = \gamma \left(x_B - x_A \right)$$

$$\boxed{l = \gamma^{-1} l_0 \; .}$$ (6.10)

Das bedeutet, daß die Länge eines Objektes vom ruhenden System aus gesehen kürzer erscheint, als es im bewegten ist. Dieses Phänomen heißt *Längenkontraktion [length contraction]*.

Nachdem wir Zeit und Länge behandelt haben, fragen wir jetzt, was mit ihrem Verhältnis, mit der Geschwindigkeit passiert. Die klassische Galileiische Formel (6.1) ist ja nichts mehr wert, weil sie mit der Lichtgeschwindigkeit zu Widersprüchen mit dem Experiment führte. Gefordert ist ein Ausdruck, der angibt, wie schnell sich der Tischtennisball im Zug relativ zum Bahnsteig bewegt, wenn die Zuggeschwindigkeit und die Geschwindigkeit des Balls relativ zum Zug bekannt sind. Allgemein wird gelten, daß die gesuchte Geschwindigkeit vom unbewegten System aus gesehen das Verhältnis des zurückgelegten Weges (vom unbewegten aus gesehen) zur dazu benötigten Zeit ist (ebenfalls vom unbewegten aus). Die gesuchte Größe ist also

$$v^u_{\text{Ball}} = \frac{x}{t} \; ,$$ (6.11)

wobei wir den Anfangspunkt sowohl der zurückgelegten Strecke, als auch des Zeitintervalls willkürlich auf null festgelegt haben. Die Geschwindigkeit des Balls im Zug wird sein

$$v^b_{\text{Ball}} = \frac{x'}{t'} \; ,$$ (6.12)

wobei der hochgestellte Index "u" für "unbewegt", "b" für "bewegt" stehen soll. Der Trick wird sein, die gestrichen Größen aus (6.12) in ungestrichene zu transformieren und in (6.11) einzusetzen. Damit haben wir es fast schon geschafft. Das unbewegte x hat den Bezug (6.7) zum Zug

$$x = \gamma_{\text{Zug}} \left(x' + v_{\text{Zug}} t' \right) \; ;$$

mit dem Index "Zug" bei γ bringen wir zum Ausdruck, daß γ natürlich v_{Zug} enthält (6.2).

Setzen wir x' aus (6.12) ein, erhalten wir

$$x = \gamma_{\text{Zug}} \left(v^b_{\text{Ball}} + v_{\text{Zug}} \right) t' \; .$$

Mit der Zeit verfahren wir entsprechend. Nach der Transformation (6.8) zum System des Zuges gilt

$$t = \gamma_{\text{Zug}} \left(t' + \frac{v_{\text{Zug}}}{c^2} x' \right)$$

und wieder x' aus (6.12) eingesetzt, erhalten wir

$$t = \gamma_{\text{Zug}} \left(1 + \frac{v_{\text{Zug}} v_{\text{Ball}}^{b}}{c^2} \right) t' \ .$$

Die Geschwindigkeit, nach der wir suchen, ergibt sich dann direkt aus (6.11) als

$$v_{\text{Ball}}^{u} = \frac{x}{t} = \frac{v_{\text{Ball}}^{b} + v_{\text{Zug}}}{1 + \frac{v_{\text{Zug}} v_{\text{Ball}}^{b}}{c^2}} \ . \tag{6.13}$$

Der Allgemeinheit halber schreiben wir die Formel noch einmal mit den Indizes 1 und 2 hin

$$v = \frac{v_1 + v_2}{1 + \frac{v_1 v_2}{c^2}} \ , \tag{6.14}$$

wobei v die addierte Geschwindigkeit sein soll. Das ist das berühmte *Einsteinsche Additionstheorem der Geschwindigkeiten* , das das Galileiische ersetzt. Es hat die Eigenschaft, daß die Summe zweier Geschwindigkeiten v_1 und v_2 immer kleiner als $v_1 + v_2$ ist. (Man probiere es aus!) Es beantwortet auch die Frage nach der des Lichts, das vom fahrenden Zug aus nach vorne geschickt wird. Vom unbewegten Beobachter sieht man mit $v_1 = c$ und $v_2 = v_{\text{Zug}}$

$$v^{u} = \frac{c + v_{\text{Zug}}}{1 + \frac{v_{\text{Zug}} c}{c^2}} = c \ !$$

Es kommt immer wieder c heraus, egal wie schnell sich die Bezugssysteme zueinander bewegen. Und das ist eine experimentelle Tatsache, d.h. die Formeln beschreiben die Beobachtungen. Sie stimmen!

Eine weitere Konsequenz ist, daß die Lichtgeschwindigkeit nicht überschritten werden kann. Addieren wir z.B. $v_1 = 0,9c$ und $v_2 = 0,8c$, ergibt sich

$$v = \frac{(0,9 + 0,8)c}{1 + \frac{(0,9 \cdot 0,8)c}{c^2}} = \frac{1,7c}{1,72} = 0,988c.$$

Man kommt also dicht an die Lichtgeschwindigkeit, aber man kommt nicht darüber. Überlichtgeschwindigkeiten sind *Science fiction*.

Kommen wir zu einem weiteren Punkt. Was steckt dahinter, daß wir nicht über Lichtgeschwindigkeit beschleunigen können? Sehen wir nun die Massen an, die, wir vermuten es fast, ebenfalls relativ sind. Wir nutzen wieder den Trick zweier Koordinatentransformationen aus und zwar diesmal wie folgt (Abb. 6.5).

Gegeben seien zwei gleiche Massen m, von denen die eine ruht und die andere mit der Geschwindigkeit v auf die erste zufliegt. Dies gilt natürlich

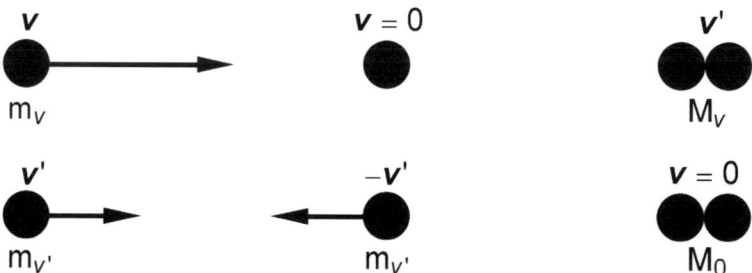

Abbildung 6.5: *Kollision und anschließendes Zusammenkleben einmal vom ruhenden Beobachter (oben) und einmal vom Massenschwerpunkt aus gesehen (unten).*

nur in einem bestimmten Koordinatensystem. In einem anderen, z.B. dem des gemeinsamen Schwerpunktes, sieht es so aus, als ob beide Massen mit gleich großer, aber entgegengesetzter Geschwindigkeit v' aufeinander zufliegen. Wir haben in Abb. 6.5 in weiser Voraussicht einen Index an die Massen geschrieben, der für die jeweilige Geschwindigkeit charakteristisch ist. Es soll ein Stoß zwischen den beiden Massen stattfinden, nach dem beide zusammen weiterfliegen sollen.

Vor und nach dem Stoß bleibt die Gesamtmasse erhalten und wir können für die beiden Bezugssysteme schreiben

$$m_v + m_0 = M_{v'} \qquad \text{und}$$
$$m_{v'} + m_{v'} = M_0 \ . \tag{6.15}$$

Die Masse nach dem Stoß bewegt sich von ruhenden Beobachtern aus gesehen mit v' nach rechts, vom Massenschwerpunkt aus gesehen, bleibt sie liegen. Der Impuls vor und nach dem Stoß bleibt ebenfalls erhalten.

$$m_v v = M_{v'} v' \tag{6.16}$$
$$m_{v'} v' - m_{v'} v' = M_0 \cdot 0 = 0.$$

Setzen wir (6.16) in (6.15) ein, ergibt sich

$$m_v + m_0 = m_v \frac{v}{v'}$$
$$m_v \left(1 - \frac{v}{v'}\right) = -m_0$$
$$m_v = m_0 \frac{v'}{v - v'} \ . \tag{6.17}$$

Demnach ist schon einmal die bewegte Masse nicht gleich der ruhenden
Masse! Das genaue Verhältnis erhalten wir aus der Überlegung, daß sich die
Geschwindigkeit v' der Massen im Schwerpunktsystem und die Relativitäts-
geschwindigkeit des Schwerpunktsystems (ebenfalls v') zur Geschwindigkeit
v im ruhenden System addieren müssen. Nach dem Additionstheorem für
Geschwindigkeiten (6.14) ist das

$$v = \frac{v' + v'}{1 + \left(\frac{v'^2}{c^2}\right)} = \frac{2v'}{1 + \left(\frac{v'^2}{c^2}\right)} \ .$$

Das können wir nach v' auflösen

$$v'^2 - \left(\frac{2c^2 v'}{v}\right) + c^2 = 0$$

$$v' = \frac{c^2}{v}\left(1 - \sqrt{1 - \frac{v^2}{c^2}}\right) \ ,$$

wobei wir aus physikalischen Gründen nur die negative Wurzel beibehalten.
Setzen wir v' in (6.17) ein, kommen wir zu

$$m_v = m_0 \frac{\frac{c^2}{v}\left(1 - \sqrt{1 - \frac{v^2}{c^2}}\right)}{v - \frac{c^2}{v}\left(1 - \sqrt{1 - \frac{v^2}{c^2}}\right)}$$

$$= m_0 \frac{1 - \sqrt{1 - \frac{v^2}{c^2}}}{\frac{v^2}{c^2} - 1 + \sqrt{1 - \frac{v^2}{c^2}}}$$

Multiplizieren wir diesen Ausdruck mit 1 in der Form von
$\left(1 + \sqrt{1 - v^2/c^2}\right) / \left(1 + \sqrt{1 - v^2/c^2}\right)$ vereinfacht er sich, wie man überprüfe, zu

$$\boxed{m_v = \gamma\, m_0 \quad \text{mit} \quad \gamma = \frac{1}{\sqrt{1 - \frac{v^2}{c^2}}} \ .} \tag{6.18}$$

Dies ist die mindestens ebenso wie im Falle der Zeit erstaunliche Tatsache,
daß bewegte Massen eine größere Masse haben als ruhende. Man bezeichnet
daher die Masse bei $v = 0$ als *Ruhemasse* [rest mass] eines Körpers. Nun
sehen wir den Zusammenhang zur Unmöglichkeit der Überschreitung der

Lichtgeschwindigkeit: Bei immer größeren relativen Geschwindigkeiten wird die Masse eines jeden Körpers immer größer! Bei $v = c$ wird die Masse unendlich groß! (Abb. 6.6)

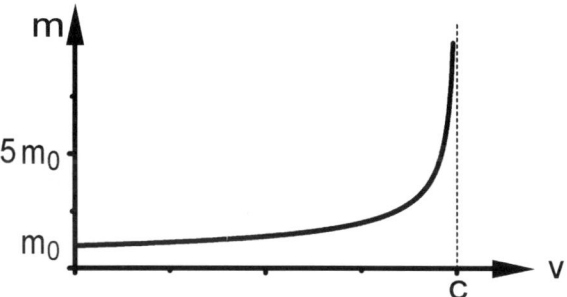

Abbildung 6.6: *Mit immer größer werdender Geschwindigkeit nimmt die Masse eines Körpers so zu, daß die Lichtgeschwindigkeit grundsätzlich nie überschritten werden kann.*

Die letzte Frage, die wir uns nun im Zusammenhang mit der speziellen Relativitätstheorie stellen wollen, ist, woher kommt die zusätzliche Masse? Einstein schloß, daß sie aus der Energie stammt, die man aufwenden muß, um die Masse auf so hohe Geschwindigkeiten zu bringen. Er formulierte die *Masse-Energie-Äquivalenz* [*equivalence of mass and energy*]

$$\Delta E = \Delta m\ c^2\ , \qquad (6.19)$$

die manchmal salopp als $E = mc^2$ geschrieben wird. Wir werden sie später noch gebrauchen. Im unbewegten Zustand ist $m = m_0$ die *Ruhemasse* [*rest mass*], und man bezeichnet $E = m_0 c^2$ auch als *Ruheenergie* [*rest energy*]. Im bewegten Zustand steigt m nach (6.18) an und entsprechend (6.19) auch die Energie. Andersherum formuliert, kann man Massen in Energie verwandeln, was z. B. bei Kernreaktionen experimentell beobachtet wird.

6.5 Das Myonen-Experiment

Wir sehen natürlich, daß für Geschwindigkeiten, denen wir im täglichen Leben begegnen, der Unterschied der Lorentz-, zur gewohnten Galilei-Transformation klein ist. Die Lichtgeschwindigkeit ist $c = 300.000$ km/s $= 3 \times 10^8$ m/s und selbst die recht schnell um die Sonne kreisende Erde bringt es mit $v_{\text{Erde}} \approx 30$ km/s nur auf einen Koeffizienten $\gamma_{\text{Erde}} = 1,0000000005$. So sind die beiden Transformationen voneinander fast ununterscheidbar:

Für kleine Geschwindigkeiten gegenüber der Lichtgeschwindigkeit geht die Lorentz-Transformation in die Galilei-Transformation über.
Richtig spannend wird es also erst bei Geschwindigkeiten nahe der Lichtgeschwindigkeit. Hier können wir Auswirkungen anhand des berühmten Myonen-Experiments von Rossi und Hall, das sie 1941 durchführten, zeigen. Myonen treten auf, wenn kosmische Strahlung in ungefähr 10 km Höhe auf die Erdatmosphäre trifft. Sie bewegen sich dann mit nahezu Lichtgeschwindigkeit auf die Erdoberfläche zu. Ihre Lebensdauer, bevor sie wieder zerfallen, beträgt im Schnitt etwa $2,2\mu s = 2,2 \cdot 10^{-6}$ s. Vergleichen wir jetzt als Beispiel ihre Lebensdauer im eigenen (bewegten) System und von der Erdoberfläche aus, d.h. im unbewegten System.

Wegen des Zerfalls dürfte das durchschnittliche Myon einen Höhenunterschied von lediglich $\Delta h = v_{\text{Myon}} \cdot 2,2\mu s = 660$ m weit kommen, wenn wir den theoretischen Oberwert der Lichtgeschwindigkeit als Geschwindigkeit für diese Myonen annehmen. Tatsächlich finden wir aber noch reichlich Myonen 10 km unter ihrem Entstehungsort, also auf der Erdoberfläche, was sich nun dadurch erklären läßt, daß die Zeit in dem bewegten System (dem Myon) langsamer vergeht als auf der Erdoberfläche. Eine Auswertung der durchgeführten Experimente ergab eine durchschnittliche Myonen-Geschwindigkeit von $v_{\text{Myon}} \approx 99,5\% c$. Damit erhält man

$$\gamma = \frac{1}{\sqrt{1 - (0,995)^2}} \approx 10 \ .$$

Dieser Faktor von 10 erhöht nach (6.9) von der Erde aus gesehen die Lebensdauer so weit, daß das durchschnittliche Myon ein $\Delta h = v_{\text{Myon}}\Delta t' \approx 6,6$ km überwindet, daß also auch auf der Erdoberfläche noch viele Myonen auftreffen. Es ist wichtig, hier zu akzeptieren, daß die Myonen nicht aufgrund irgend eines Tricks länger leben als ihre "eigentliche" Lebensdauer, denn von ihrem eigenen Bezugssystem aus gesehen, leben sie wirklich nur 2,2 μs (im Durchschnitt). Das Myon-Experiment ist der experimentelle Nachweis dafür, daß das Zwillingsparadox eben kein Paradox, sondern lediglich für uns auf den ersten Blick schwer zu begreifende Realität ist.

Teil 2: Elektrizitätslehre

7 Elektrostatik

In der Elektrostatik beschäftigen wir uns erstmals mit einer Kraft, die nichts mit der Gravitation zu tun hat. Sie ist aber wieder genauso fest in unser

tägliches Leben eingebunden. Wir werden sehen, daß wir einige der Erfahrungen und Formalismen, die wir mit der Gravitation gemacht haben,
übernehmen können, daß andere jedoch völlig verschieden sind und neuer, fundamentaler Annahmen zur Beschreibung bedürfen. Fragen wir uns
zunächst nach dem Wesen dieser Kraft.

7.1 Coulombgesetz

So wie bei der Gravitation die Anziehung zwischen Planeten und Sternen,
ja Massen überhaupt, den Anstoß zum Gravitationsgesetz gegeben hat, wollen wir zunächst nach Erfahrungen mit elektrischen Kräften, nach experimentellen Beoachtungen suchen, die uns etwas über die Kräfte sagen. Was
für elektrische Phänomene fallen uns ein? Aus der Natur denken wir vielleicht an den Blitz; den großen, der bei Gewittern auftritt, oder vielleicht
den kleinen, den man spürt, wenn man über bestimmte Teppichböden geht
und dann an Türklinken faßt. Die meisten empfinden das Knistern bei der
Berührung als unangenehm, obwohl keine offensichtlich große Kraftwirkung
damit einhergeht. Das hat damit zu tun, daß unser Nervensystem unter Verwendung von elektrischen Signalen funktioniert, die durch so einen kleinen
Blitz kräftig durcheinander gebracht werden. Unser ganzes Leben beruht
auf diesen elektrischen Phänomenen.

In der Technologie sind elektrische Komponenten inzwischen nicht mehr
wegzudenken; die moderne Zivilisation hat es geschafft, sich elektrische
Phänomene technisch zunutze zu machen wie sonst nichts anderes. Nahezu
alle Geräte funktionieren mit Strom, den wir später noch genauer definieren
werden. Wo aber treten elektrische Kräfte auf, die wir messen, deren Eigenschaften [*property*] wir quantitativ bestimmen können? Eine Beobachtung,
die sicher alle schon gemacht haben, ist, daß einem die Haare zu Berge stehen, wenn sie ganz trocken sind und man einen Pullover [*sweater*] an- oder
ausgezogen hat. Ein entsprechender physikalischer Versuch ist das *Aufladen*
eines Elektrometers. In Abb. 7.1 ist die Wirkungsweise dargestellt. In einem neutralen Zustand, d.h. so, wie man es aus dem Schrank holt, ist das
bewegliche Teil des Elektrometers unausgelenkt. Nimmt man einen Kunststoffstab und reibt ihn mit Wolle oder Katzenfell [*cat fur*] und berührt dann
damit das Elektrometer, schlägt die Stange wild aus. Entfernt man danach
den Stab, bleibt das Elektrometer ausgelenkt. Erst wenn man es mit der
Hand berührt, geht der Ausschlag allmählich wieder auf Null zurück. Wie
kann man sich das erklären?

Offensichtlich wirkt auf den beweglichen Teil des Elektrometers nach

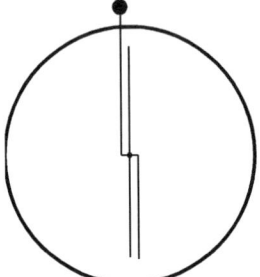 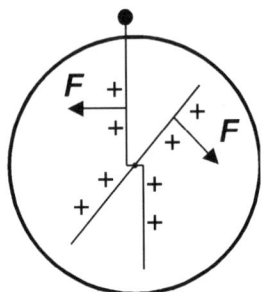

Abbildung 7.1: *In seinem neutralen (links) Zustand wirkt keine Kraft auf die Elektrometernadel. Lädt man das Elektrometer auf, schlägt die Nadel aus.*

der Berührung mit dem Kunststoffstab eine Kraft, und nach Newtons drittem Axiom (2.6) gibt es eine gleich große, entgegengesetzte Kraft, die an dem festen Teil angreift. Wir haben es also geschafft, durch Berührung mit einem Stab eine abstoßende Kraft zwischen dem beweglichen und dem feststehenden Teil des Elektrometers zu erzeugen. Den Prozeß des Übertragens wollen wir *aufladen* [*to charge*] nennen, das Zurückbringen in den Ursprungszustand *entladen* [*to discharge*]. Sowohl das Berühren mit dem Stab als auch der Begriff "laden" legt nahe, daß etwas auf das Elektrometer übertragen wird. Wir nennen es *Ladung* [*charge*] und versuchen, Eigenschaften dieser Ladung zu formulieren.

Halten wir eine Seite Papier und eine Folie aus Plastik nebeneinander, ziehen sie sich gegenseitig an (besonders gut, wenn wir die Folie vorher gerieben haben) und scheinen zusammenzukleben, ohne daß tatsächlich Klebstoff zwischen ihnen wäre. Hier scheint ebenfalls Ladung vorhanden zu sein, aber diesmal ist sie offenbar anziehend.

Halten wir also fest:

- Ladungen können sich gegenseitig anziehen,

- Ladungen können sich gegenseitig abstoßen und

- Ladungen können von einem zum anderen Körper übertragen werden.

Die ersten beiden Eigenschaften legen es nahe, daß es zwei Typen von Ladung gibt, so daß einmal abstoßende und einmal anziehende Wirkungen zwischen ihnen stattfinden können. Der Versuch mit dem Elektrometer zeigt, daß der gleiche Typ Ladung abstoßend wirkt, während zwei verschiedene Typen sich gegenseitig anziehen. Man bezeichnet die beiden Typen

mit "+" und "−", plus und minus, wobei das einfach Vereinbarung ist; man
hätte sie auch mit schwarz und rot, gerade und ungerade oder sauber und
schmutzig bezeichnen können. Es kommt lediglich darauf an, zwei verschiedene Bezeichnungen zu haben.

Die dritte Eigenschaft legt die Frage nahe, ob denn beliebig kleine Mengen an Ladung übertragen werden können, oder ob es eine kleinste Portion
gibt, die man *Elementarladung* [*elementary charge*] nennen könnte. Dazu
hat der Physiker **Millikan**[16] einen berühmten Versuch gemacht, den wir
ein wenig später erklären werden. Ergebnis dieses Versuches ist es, daß es
eine kleinste, elementare Ladung gibt. Sie beträgt $1,602 \cdot 10^{-19}$ C, womit wir
gleich die Einheit der Ladung, das **Coulomb**[17], eingeführt haben. In einer
Ladungsmenge von 1 C befinden sich also $6,242 \cdot 10^{18}$ Elementarladungen.
Die Elementarladung wird manchmal auch mit dem kleinen Buchstaben e
bezeichnet. Ladungen werden im allgemeinen mit q oder Q bezeichnet.

Wie verhält es sich mit der Kraft zwischen zwei Punktladungen? Nach
dem Entdecker des Gesetzes wird die Kraft *Coulombkraft* [*Coulomb force*]
genannt; sie ist den beiden Ladungsmengen proportional und umgekehrt
proportional zum Abstandsquadrat der beiden Ladungen. Es sei $\boldsymbol{F}_2$ die
Kraft, die auf Q_2 aufgrund von Q_1 wirkt. Dann ist

$$\boldsymbol{F}_2 \propto \frac{Q_1 Q_2 \hat{\boldsymbol{r}}_{21}}{r^2} \, . \tag{7.1}$$

Dabei sind Q_1 und Q_2 die beiden Ladungsmengen und r deren Abstand. Der
Einheitsvektor in Verbindungsrichtung zwischen den beiden Ladungen ist
$\hat{\boldsymbol{r}}_{21}$, d.h. $|\hat{\boldsymbol{r}}_{21}| = 1$. Der Ausdruck (7.1) gibt an, daß die Richtung der Kraft
entlang des Verbindungsvektors zwischen den beiden Ladungsmengen zeigt.
Dabei nehmen wir wie bei den Massenpunkten an, daß Ladungsmengen
durch einen Punkt ohne Ausdehnung, aber mit der Gesamtladungsmenge
dargestellt werden können. Die Proportionalität (7.1) besagt, daß es sich um
eine abstoßende Kraft handelt, wenn Q_1 und Q_2 gleiches Vorzeichen haben.
Die jeweils andere Ladung übt eine Kraftwirkung aus, die bei gleichem Vorzeichen von Q_1 und Q_2 nach Abb. 7.2 in entgegensetzte Richtungen zeigen.
Da ferner $\hat{\boldsymbol{r}}_{21} = -\hat{\boldsymbol{r}}_{12}$, ist $\boldsymbol{F}_{21} = -\boldsymbol{F}_{12}$; das dritte Newtonsche Axiom (2.6)
ist also erfüllt. Haben wir es mit verschiedenen Ladungstypen zu tun, kenn-
zeichnen wir dies mit positivem oder negativem Vorzeichen der Ladungen.

---

[16]Millikan, Robert Andrews, amerikan. Physiker, *Morrison 22.3.1868, †19.12.1953 Pa-
sadena, 1923 Nobelpreis
[17]Coulomb, Charles-Augustin de, frz. Ingenieur und Physiker, *Angoulême 14.6.1736,
†Paris 23.8.1806

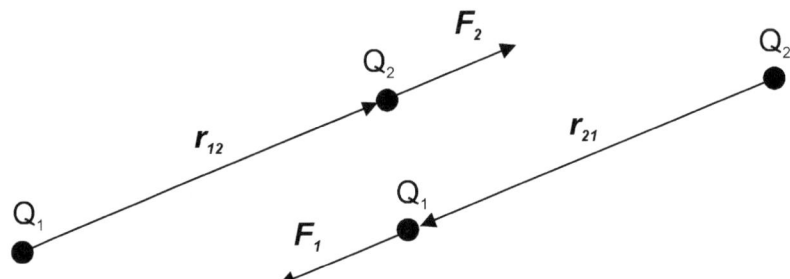

Abbildung 7.2: *Die Kraft, die auf eine Ladung Q_1 durch eine zweite Ladung Q_2 wirkt, ist nach (7.1) entgegengesetzt der Richtung des Verbindungsvektors $\hat{r}_{21}$, wenn beide Ladungen das gleiche Vorzeichen haben (links). Entsprechendes gilt für Q_2.*

Wir erkennen aus Abb. 7.2 und aus (7.1), daß die Kräfte dann andersherum, also *in* Richtung der Verbindungsvektoren gerichtet sind. Verschiedene
Vorzeichen in der Ladung bewirken eine anziehende Kraft!

Zur Vervollständigung [*completion*] von (7.1) fehlt uns noch eine Konstante, die die Stärke festlegt, mit der sich zwei Ladungen von je einem Coulomb Ladungsmenge im Abstand von einem Meter anziehen oder abstoßen.
Die Konstante entspricht der Gravitationskonstante beim Gravitationsgesetz (2.7) und heißt hier $(4\pi\varepsilon_0)^{-1}$. Damit lautet das Coulombgesetz

$$\boxed{F_2 = \frac{1}{4\pi\varepsilon_0}\frac{Q_1 Q_2}{r^2}\hat{r}_{21} \ .}\tag{7.2}$$

Zahlenmäßig ist $(4\pi\varepsilon_0)^{-1} = 8,99 \cdot 10^9$ Nm^2/C^2. Manchmal wird die Konstante ε_0 auch allein angegeben; sie heißt *Dielektrizitätskonstante* [*dielectric
constant*] und hat den Betrag $\varepsilon_0 = 8,85 \cdot 10^{-12}$ $\text{C}^2 \cdot \text{N}^{-1} \cdot \text{m}^{-2}$.

Bemerkenswert am Coulombgesetz ist seine formale Ähnlichkeit zum
Gravitationsgesetz: Im Zähler [*numerator*] sind beide "Kraftverursacher" als
Produkt, im Nenner [*denominator*] steht das Abstandsquadrat. Beide Kräfte
haben gemeinsam, daß sie unendlich weit reichen und daß sich alle Kraftver-
ursacher im gesamten Universum gegenseitig anziehen bzw. abstoßen: Alle
Massen reagieren auf alle anderen Massen und alle Ladungen auf alle ande-
ren Ladungen (soweit letztere nicht lokal neutralisiert sind). Größter Unter-
schied ist, daß es nur einen Typ Masse gibt, während es zwei verschiedene
Ladungen gibt; Gravitation ist immer anziehend, während elektrostatische
Kräfte sowohl abstoßend als auch anziehend sein können! Eine Konsequenz

hieraus ist, daß man Ladungen recht gut mit anderen Ladungen abschirmen kann, während man die Anziehungskraft von Massen, also die Schwerkraft, nicht unterdrücken kann. Es gibt einen wichtigen *Erhaltungssatz* [*conservation law*] für Ladungen: Ladungen können weder erzeugt noch vernichtet werden, sie können lediglich getrennt werden, wobei dann immer gleich viele negative wie positive entstehen.

7.2 Elektrisches Feld

Durch die formale Analogie des Coulombgesetzes zum Gravitationsgesetz können wir einige Konzepte aus früheren Kapiteln recht schnell übernehmen. So führen wir zunächst den Begriff des *elektrischen Feldes* [*electric field*] ein. Wir bezeichnen als elektrisches Feld eine vektorielle Größe, die, wenn sie auf eine "kleine" Ladungsmenge wirkt, eine Kraft entsprechend dem Coulombgesetz ausübt. Das elektrische Feld wird mit E (elektrische Feldstärke bezeichnet. Die Einheit ist $[E]$=V/m. Eine Punktladung Q_1 erzeugt nach (7.2) ein Feld

$$E_1 = \frac{1}{4\pi\varepsilon_0} \frac{Q_1}{r^2} \hat{r}_{21} \qquad (7.3)$$

und eine zweite Ladung Q_2 würde nach (7.2) mit $F_2 = Q_2 E_1$ angezogen. Man verallgemeinert diesen Begriff ohne die Indizes zu

$$F = qE \qquad (7.4)$$

und benutzt häufig ein kleines q statt einem großen Q. Das elektrische Feld einer *Punktladung* [*point charge*] ist also ähnlich dem Gravitationsfeld einer Punktmasse wie in Abb. 7.3 gezeigt. Wegen der zwei möglichen Vorzeichen der Ladung kann das Feld entweder nach innen oder nach außen zeigen. Noch ein Wort zu der "kleinen" Ladungsmenge, auf die ein Feld wirkt. "Klein" heißt, daß sie nicht selber das Feld E nennenswert verändern soll; man bezeichnet so eine Ladung q auch als Test- oder Probeladung.

Zur Darstellung des elektrischen Feldes benutzt man *Feldlinien* [*field line*], die tangential zu den elektrischen Feldvektoren verlaufen und zwar immer in Richtung von den positiven zu den negativen Ladungen. Die Tangente an einer Feldlinie gibt die Richtung des elektrischen Feldes in diesem Punkt wieder und damit die Richtung der Coulombkraft, die wirkte, wenn sich dort eine Testladung befände. Die Dichte der Feldlinien entspricht dem Betrag des elektrischen Feldes, also die Größe der Coulombkraft. Es gibt einige grundsätzliche Regeln über Feldlinien, die man sich merken sollte.

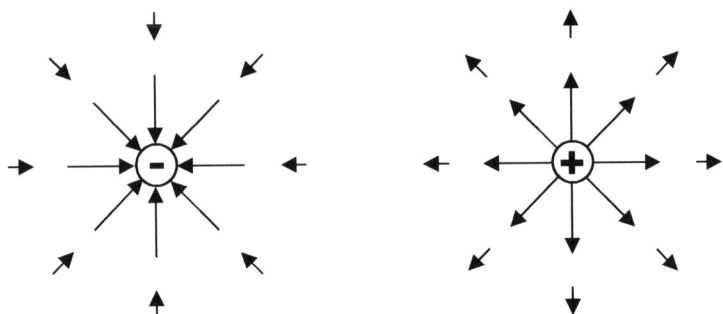

Abbildung 7.3: *Die elektrischen Felder einer Punktladung zeigen entwe-*
der auf die Punkladung oder von ihr weg.

- Feldlinien kreuzen sich nicht.

- Feldlinien beginnen und enden bei Ladungen.

- Laufen Feldlinien parallel, spricht man von homogenen Feldern.

Abbildung 7.4 zeigt einige Ladungsverteilungen und die von ihnen erzeugten
elektrischen Felder.

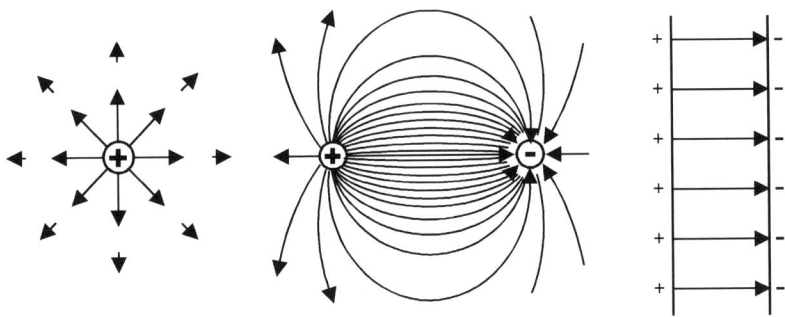

Abbildung 7.4: *Feldlinienverteilung einer Punktladung, zweier Punktla-*
dungen und zweier paralleler, metallischer Platten, die entgegengesetzt gela-
den sind. Die Platten erzeugen im Zwischenraum ein homogenes elektrisches
Feld.

7.3   Gaußscher Satz

Wir führen jetzt den Begriff des *elektrischen Flusses* [*electric flux*] ϕ_{el} ein.
Wie bei einem richtigen Fluß gibt er an, wieviel elektrisches Feld (Wasser) durch eine bestimmte Fläche (unter einer bestimmten Brücke) geht
(durchfließt). Es zählt hierbei nur die Komponente des elektrischen Feldes
senkrecht zur Oberfläche des betrachteten Flächenelements, was wir wieder
mit dem *Skalarprodukt* der $\boldsymbol{E}$-Vektors und der Flächennormalen beschreiben
wollen. Die Flächennormale ist ein Vektor, der auf der betrachteten Fläche
senkrecht steht und von ihr wegzeigt (Abb. 7.5). Wir schreiben also

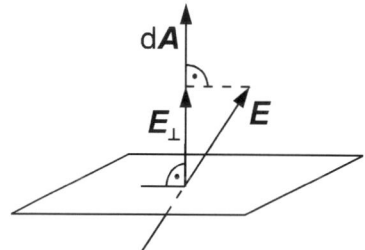

Abbildung 7.5: *Der elektrische Fluß ergibt sich als die senkrechte Komponente von $\boldsymbol{E}$ auf einer Flächeneinheit $d\boldsymbol{A}$ mal dem Betrag dieser Flächeneinheit.*

$$\boxed{\phi_{el} = \int \boldsymbol{E} \cdot d\boldsymbol{A}}$$

$$\phi_{el} = \int |\boldsymbol{E}|\,|d\boldsymbol{A}|\cos\alpha \;, \tag{7.5}$$

wobei wir durch die Verwendung der Integralschreibweise gleich erlaubt haben, daß das Feld von Ort zu Ort verschieden ist und man über beliebig kleine Flächenelemente aufsummieren muß. Die Einheit des elektrischen Flusses
ist $[\phi_{el}] = \mathrm{Vm}$.

Was kann man mit einem Begriff wie dem elektrischen Fluß anfangen?
Als *Beispiel* berechnen wir den Fluß, der durch eine eine Ladung Q *um-
schließende* Kugelfläche mit Q im Kugelzentrum nach außen tritt.

$$\phi_{el} = \oint \boldsymbol{E} \cdot d\boldsymbol{A} \qquad \text{(geschlossene Kugelfläche)} \tag{7.6}$$

Der kleine Kreis bei dem Integral bedeutet, daß die Integrationsfläche geschlossen sein soll. Bei einer Kugelfläche und radialen Feldern ist immer
$E \parallel dA$ (Das E-Feld durchstößt senkrecht die Kugelfläche und ist damit
parallel zum Normalenvektor dA der Fläche.), so daß

$$\phi_{el} = \oint E \, dA$$

$$= \oint Er^2 d\Omega \, ,$$

wobei das Kugelflächenelement als $dA = r^2 d\Omega$ ausgedrückt wurde (entsprechend einem Kreisbogenstück $ds = r d\varphi$) und $d\Omega$ der sogenannte *Raumwinkel* [*solid angle*] ist. Eine volle Integration um den gesamten Raumwinkel
ergibt $\oint d\Omega = 4\pi$ (angegeben in rad). Setzen wir den Betrag von E aus
(7.3) ein, erhalten wir

$$\phi_{el} = \frac{1}{4\pi\varepsilon_0} q \oint \frac{1}{r^2} r^2 d\Omega$$

$$= \frac{q}{\varepsilon_0}. \tag{7.7}$$

Interessanterweise ist das Ergebnis unabhängig vom Radius der gewählten
Kugel. Der Gesamtfluß einer Ladung durch eine eine Ladung Q umschließen-
de Fläche ist immer Q/ε_0. Bei nicht-Kugelflächen sorgt das Skalarprodukt
dafür, daß immer wieder das Ergebnis (7.7) herauskommt. Ferner folgt aus
(7.7), daß, wenn keine Ladung im Inneren einer Fläche ist ($Q = 0$), es keinen Fluß aus dieser Fläche gibt. Es treten dann gleich viele Feldlinien in
die Fläche ein wie sie an anderer Stelle wieder heraustreten. Unterm Strich
verschwindet alles. Es gilt der **Gauß**[18]*sche Satz* [*Gauss' law*]

$$\boxed{\oint E \cdot dA = \frac{Q}{\varepsilon_0} \, .} \tag{7.8}$$

Wir geben ein *Beispiel* für die große Nützlichkeit dieses Satzes. Fragt
man sich nach der Feldverteilung eines unendlich langen, geraden Drahtes, der eine gleichmäßige Ladungsverteilung habe, kann man sich folgendes
überlegen. Der Draht sei mit einer Zylinderfläche umschlossen (Abb. 7.6);
das Skalarprodukt auf den Deckeln des Zylinders verschwindet, da das E-
Feld senkrecht zum Draht nach außen oder innen zeigt (je nach Vorzeichen

---

[18]Gauß, Carl Friedrich, Mathematiker und Astronom, *Braunschweig 30.4.1777,
†Göttingen 23.2.1855

der Ladung auf dem Draht). Die Fläche des Zylinders ist $A = 2\pi r l$ und
(7.8) liefert uns

$$E 2\pi r l = \frac{Q_l}{\varepsilon_0} l$$

wobei wir Q_l, die Ladung pro Längeneinheit l verwendet haben ($Q_l = Q/l$).
Dann ist

$$E = \frac{Q_l}{2\pi\varepsilon_0} \frac{1}{r} \qquad (7.9)$$

das elektrische Feld im Abstand r eines langen Drahtes. Man beachte, wie
einfach das Ergebnis zu erreichen war und daß im Gegensatz zur Punktladung das Feld jetzt nur mit $1/r$ und nicht mit $1/r^2$ mit dem Abstand
abnimmt. Auf ähnliche Weise erhält man, daß im Abstand r zu einer unendlich großen *Fläche* das elektrische Feld gar nicht mehr vom Abstand
abhängt, also konstant bleibt.

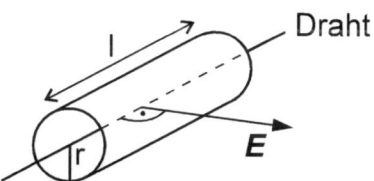

Abbildung 7.6:   *Das E-Feld eines unendlich langen Drahtes kann mit
dem Gaußschen Satz leicht berechnet werden.*

7.4   Arbeit, Potential, Spannung und Energie

Eine weitere Analogie zwischen der Coulombkraft und der Gravitationskraft
besteht darin, daß sie eine *konservative Kraft* ist. Wir erinnern uns, daß der
Ausdruck von der Bedeutung "bewahrend" kam, daß nämlich das Arbeitsintegral längs einen geschlossenen Weges gleich null war (3.11). Wie groß ist
die Arbeit, die gegen eine Coulombkraft verrichtet wird? Nach der allgemein
gültigen Definition der Arbeit (3.4) ist es einfach Kraft mal Weg, also im
Fall elektrischer Kräfte eben Coulombkraft und Weg. Ist die Kraft entlang
des Weges konstant, an dem sie verrichtet wird, gilt die einfache Form

$$W = \boldsymbol{F} \cdot \boldsymbol{s} \,, \qquad (7.10)$$

und wir erinnern uns an die Bedeutung des Skalarprodukts (3.1). Variiert
die Kraft zwischen zwei Punkten P_1 und P_2, etwa bei Entfernung von einer

Punktladung, gilt die Integralform, die wir Arbeitsintegral genannt hatten
(3.4).

$$W = \int_{P_1}^{P_2} \boldsymbol{F}(\boldsymbol{s}) \cdot d\boldsymbol{s}. \tag{7.11}$$

Formal verhalten sich die beiden Kräfte hierin also gleich.

Für konservative Kräfte gilt, daß Integrale nur vom Anfangs- und Endpunkt abhängen, und wir hatten uns dies zunutze gemacht, um einen neuen
Begriff, das *Potential* bzw. die potentielle Energie zu definieren. Man macht
von diesen Begriffen in der Elektrizitätslehre ausführlich Gebrauch.

Doch formulieren wir zunächst einmal die Aussage, daß die Coulombkraft konservativ ist. Nach (3.11) heißt das, daß

$$\oint \boldsymbol{F}(\boldsymbol{s}) \cdot d\boldsymbol{s} = 0 \ , \tag{7.12}$$

was sich nach (7.4) schreiben läßt als

$$q \oint \boldsymbol{E}(\boldsymbol{s}) \cdot d\boldsymbol{s} = 0$$

und, da $q \neq 0$ ist, auch heißt, daß

$$\oint \boldsymbol{E}(\boldsymbol{s}) \cdot d\boldsymbol{s} = 0 \ . \tag{7.13}$$

Das Linienintegral eines elektrischen Feldes für statische Felder längs eines
geschlossenen Wegs ist also null. Damit können wir die potentielle Energie
in einem elektrischen Feld definieren als

$$E_{pot} = - \int_{P_1}^{P_2} \boldsymbol{F}(\boldsymbol{s}) \cdot d\boldsymbol{s}$$

$$= -q \int \boldsymbol{E}(\boldsymbol{s}) \cdot d\boldsymbol{s} \ . \tag{7.14}$$

Hier führen wir eine neue Abkürzung ein, und zwar das Potential φ.

$$\boxed{\varphi(P) = - \int_{P_0}^{P} \boldsymbol{E}(\boldsymbol{s}) \cdot d\boldsymbol{s} \ ,} \tag{7.15}$$

wobei jetzt P_0 ein beliebiger Referenzpunkt sei. Das Potential φ ist für jeden Punkt P eindeutig definiert, da nach (7.13) für geschlossene Wege gilt, daß der Beitrag zum Potential null ist. Die potentielle Energie einer Ladung q im elektrischen Feld ist nach (7.14) und (7.15) das Produkt aus Ladung und elektrischem Potential

$$E_{pot}(P) = q\varphi(P) \ . \tag{7.16}$$

Verschiebt man jetzt die Ladung q im elektrischen Feld entlang eines beliebigen Wegs von einem Punkt P_1 zu einem Punkt P_2, erhält man als Unterschied der potentiellen Energien

$$E_{pot}(P_2) - E_{pot}(P_1) = q\left[\varphi(P_2) - \varphi(P_1)\right] \ .$$

Die Differenz der Potentiale nennt man *Spannung [voltage]* und bezeichnet sie mit dem Buchstaben U.

$$
\boxed{
\begin{aligned}
U(P_2, P_1) &= \varphi(P_2) - \varphi(P_1) \\
U(P_2, P_1) &= \int\limits_{P_1}^{P_2} \boldsymbol{E}(\boldsymbol{s})\cdot
\end{aligned}
}
\tag{7.17}
$$

Das ist ein wichtiger Begriff der Elektrizitätslehre, der seinen Eingang in unser tägliches Leben gefunden hat. Man merke sich: Spannung ist eine Potential*differenz*, d.h. bei einer Batterie bedeutet 1,5 V den Unterschied im elektrischen Potential zwischen den beiden Polen. Für einen Pol alleine ist diese Angabe bedeutungslos. Die Einheit der Spannung ist damit ebenfalls verraten: $[U] = V$; die Bezeichnung ist zu Ehren **Voltas**[19] gewählt worden. Aus (7.16) ersieht man, daß das Volt einer Energie pro Ladungseinheit entspricht, also daß $1\ V = 1\ J/C$. Damit können wir den Kreis zur Arbeit im elektrischen Feld schließen, die ja als Differenz in potentiellen Energien ausgedrückt werden kann, falls wie hier die Kräfte konservativ sind (3.10).

$$W = qU = E_{pot}(P_2) - E_{Pot}(P_1) \tag{7.18}$$

Die elektrische Arbeit ist also Ladung mal der Spannung zwischen den beiden Punkten, zwischen denen die Ladung verschoben wurde.

---

[19]Volta, Alessandro Graf, ital. Physiker, *Como 18.2.1745, †ebd. 5.3.1827

Machen wir ein *Beispiel*: Wie berechnet man das Potential einer Punktladung Q? Nach der Definition (7.15) müssen wir dazu das von ihr ausgehende elektrische Feld E kennen. Das ist aber aus (7.3) bekannt als

$$E = \frac{1}{4\pi\varepsilon_0}\frac{Q}{r^2}\hat{r} \ .$$

Das Potential ist dann nach (7.15)

$$\varphi(P) = -\int\limits_{P_0}^{P} \frac{1}{4\pi\varepsilon_0}\frac{Q}{r^2}\hat{r}\cdot d\boldsymbol{s} \ .$$

Jetzt müssen wir den Bezugspunkt P_0 wählen; man macht das oft so, daß man ihn ins Unendliche legt, dort das Potential null setzt und dann rückwärts zum Punkt P im Abstand r integriert. Das hat den Vorteil, daß jeder andere Bezugspunkt eine Auszeichnung vor den anderen bedeuten würde, die er nicht verdient. Es ist also

$$\varphi(\boldsymbol{r}) = -\int\limits_{\infty}^{\boldsymbol{r}} \frac{1}{4\pi\varepsilon_0}\frac{Q}{r^2}\hat{r}\cdot d\boldsymbol{s}$$

Das Skalarprodukt bedeutet $\hat{r}\cdot d\boldsymbol{s} = r\,ds$, da das Feld der Integrationsrichtung entgegengesetzt ist; da ferner durch die Integrationsrichtung von Unendlich nach r die Richtung nach kleineren r-Werten integriert wird (r wird von der Punktladung aus gemessen), erhalten wir letztlich $ds = dr$ (Abb. 7.7)

$$\varphi(r) = -\frac{Q}{4\pi\varepsilon_0}\int\limits_{\infty}^{r} \frac{1}{r^2}dr$$

$$= \frac{Q}{4\pi\varepsilon_0}\frac{1}{r}. \tag{7.19}$$

Das Potential einer Punktladung steigt also immer stärker an, je dichter man mit einer Testladung an sie herankommt. Man spricht hier auch von *Äquipotentialflächen* [*surface of equal potential*], die Kugeln im Abstand r um die Punktladung herum sind. Feldlinien sind immer senkrecht auf den Äquipotentialflächen (Abb. 7.8).
    Beispiel: Wie groß ist das elektrische Potential auf der Oberfläche des Kerns eines Goldatoms, der einen Radius von $6,6\cdot10^{-15}$ m und eine positive

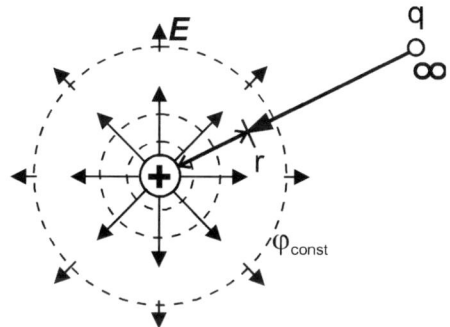

Abbildung 7.7: *Bei der Berechnung des Potentials einer Punktladung geht man von unendlich aus, wo das Potential null gesetzt wird. Von da aus integriert man bis zum Abstand r von der Ladung Q.*

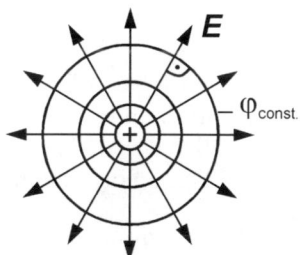

Abbildung 7.8: *Äquipotentialflächen stehen immer senkrecht zu Feldlinien und geben die Flächen an, entlang derer für eine Verschiebung einer Ladung keine Arbeit verrichtet werden muß.*

Ladung von $79\,|e| = 1,26 \cdot 10^{-17}$ C hat, die als Punktladung betrachtet werden soll? Nach (7.19) ist

$$\varphi = \frac{8,99 \cdot 10^9 \text{ N m}^2}{\text{C}^2} \frac{1,26 \cdot 10^{-17} \text{ C}}{6,6 \cdot 10^{-15} \text{ m}}$$
$$= 1,7 \cdot 10^7 \text{ V}$$

mit der gleichen Annahme wie vorher, daß nämlich das Potential im Unendlichen null sein soll.

Dieses Beispiel wirft die Frage auf, ob man denn eine möglicherweise inhomogene Ladungsverteilung im Inneren eines Atomkernes eigentlich als Punktladung darstellen kann und was passiert, wenn man r in (7.19) im-

mer kleiner werden läßt. Offensichtlich steigt das Potential immer mehr an
und wird formal bei $r = 0$ unendlich groß. Man hilft sich aus dieser wenig
sinnvollen Aussage damit, daß man einen kleinsten Radius für eine Ladung
annimmt und sagt, daß ebendiese Ladung auf einer Kugel sitzt und wie eine
Punktladung aussieht.

Letztere Aussage können wir mit dem Gaußschen Satz (7.8) beweisen:
der Fluß durch eine beliebige Fläche um eine Ladung herum ist nur von
der eingeschlossenen Ladung abhängig und nicht von der Verteilung dieser
Ladung.

Die Größe des Radius schätzen wir aus folgender Überlegung ab. Die
elektrische Energie einer Ladung in einem Potential ist nach (7.18) $W = qU$
oder, mit Unendlich als Referenzpunkt, wo das Potential null ist, $W =$
$q\varphi$. Nehmen wir jetzt an, daß die gesamte Energie eines Teilchens, das die
Elementarladung trägt, aus elektrostatischer Energie besteht, können wir
das nach Einsteins Masse-Energie-Äquivalenz (6.19) so schreiben

$$W_{EL} = m_{EL}c^2 \ ,$$

wobei der Index EL für Elementarladung steht. Es ist klar, daß das eine
ziemlich gewagte Anahme ist, aber wir wollen sie einmal machen, um zu
sehen, was dabei herauskommt. Wir können dann nämlich schreiben

$$W_{EL} = q_{EL}\varphi_{EL}$$

oder

$$R_{EL} = \frac{q_{EL}^2}{4\pi\varepsilon_0} \frac{1}{m_{EL}c^2}$$

Mit $m_{EL} = 9,1 \cdot 10^{-31}$ kg, der Masse des Trägers der Elementarladung,
folgt

$$R_{EL} = 2,8 \cdot 10^{-15} \ \text{m}$$

als dem sogenannten klassischen Radius der Elementarladung.

Fassen wir noch einmal zusammen. Aus der Annahme, daß die Ruhemasse der Träger der Elementarladung lediglich aus elektrostatischer Energie besteht und dem Potential einer Kugel, das wir aus dem Gaußschen Satz
kennen, können wir einen Kugelradius abschätzen. Dieser Radius wird auch
klassischer Radius des Elektrons genannt, da dieses der Träger der Elementarladung ist. Experimentell war man bislang noch nicht in der Lage, das
Elektron von einem Punktteilchen zu unterscheiden; unsere Abschätzung ist
also gar nicht einmal so schlecht, da es immerhin einen kleineren Radius als
den eines typischen Kerns vorhersagt ($5 - 10 \cdot 10^{-15}$ m).

7.5 Elektrische Felder und Materie

Im folgenden wollen wir besprechen, was passiert, wenn man elektrische Felder, die wir bisher als im Vakuum befindlich angenommen hatten, Materie aussetzt. Inwieweit merkt es das Feld, daß es Materie durchdringt, inwieweit vermag Materie elektrische Felder zu verändern? Dazu unterteilt man zunächst Materie in zwei Klassen, in Leiter und in Nichtleiter.

- *Leiter* [*conductor*] sind Materialien, die freie Ladungsträger besitzen, die unter dem Einfluß eines äußeren elektrischen Feldes beschleunigt werden können.

- *Nichtleiter* [*non-conductor*] oder *Isolatoren* [*insulator*] sind Materialien,deren Ladungsträger fest an einzelne Atome gebunden sind. Ein äußeres Feld verursacht zwar eine Verschiebung der gebundenen Ladungsträger, aber keine freie Beschleunigung wie beim Leiter.

Was passiert im Inneren eines Leiters, wenn man ihn in ein elektrisches Feld bringt? Nach der Definition des Leiters werden dann die freien Elementarladungen in Richtung des elektrischen Feldes beschleunigt. Diese Beschleunigung führt zu einer Separation von Ladungen, die sich, da sie negativ geladen sind, am positiven Ende des elektrischen Feldes anhäufen. Diese Ladungen erzeugen ein inneres Feld, das dem äußeren entgegengerichtet ist. Der Gleichgewichtszustand wird dann erreicht, wenn inneres und äußeres Feld genau gleich groß und entgegengesetzt sind. Wären sie es nicht, würden weitere Ladungsträger entlang des bestehenden effektiven Feldes fließen (Abb. 7.9). Im Inneren eines Leiters existiert demnach kein

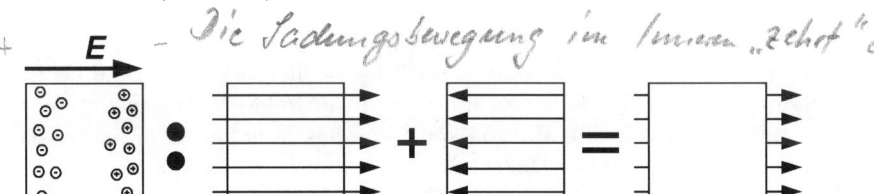

Abbildung 7.9: *Im Inneren eines Leiters kompensieren sich äußeres (bereits vorhandenes) und inneres (erzeugtes) elektrisches Feld gerade zu null.*

elektrisches Feld. Dieses Phänomen heißt *Influenz* [*influence*].

Im Isolator hingegen sind die Ladungsträger definitionsgemäß fest an Atome gebunden. Das äußere elektrische Feld "zieht" zwar an ihnen und verursacht damit eine Verschiebung der Ladungsschwerpunkte, im Gegensatz zum Leiter "fließt" jedoch nichts. Lokal im Bereich eines Atoms hat man jetzt sogenannte (elektrische)*Dipole* [*dipole*], kleine Pärchen aus positiven und negativen Ladungszentren, die in Richtung des äußeren Feldes ausgerichtet sind (Abb. 7.10). Da sie durch das äußere Feld verursacht wur-

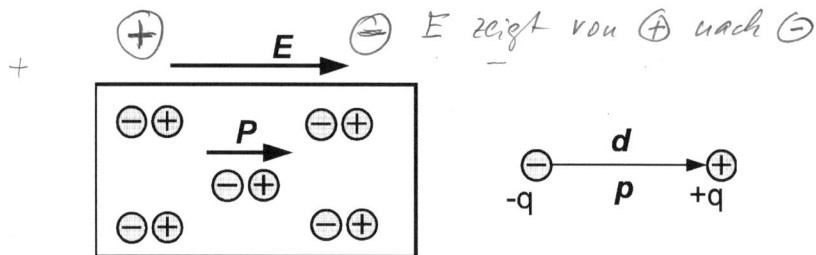

Abbildung 7.10: *Sind die Elektronen wie beim Isolator fest an die Atomrümpfe gebunden, verschiebt sich dennoch der Ladungsschwerpunkt entsprechend der Wirkung des angelegten elektrischen Feldes (links). Man kennzeichnet dies durch die Polarisation **P**, die von einem zum anderen Ladungsschwerpunkt, und zwar parallel zum angelegten Feld, gerichtet ist.*

den, sind durch sie wiederum erzeugte elektrische Felder dem äußeren entgegengerichtet. Für die Dipole führt man das (elektrisches) *Dipolmoment* **p** ein, das vom negativen zum positiven Pol zeigt (also anders herum als das elektrische Feld) und das gleich dem Produkt aus Abstand **d** und Ladung q eines Pols ist (Abb. 7.10).

$$p = qd \qquad\qquad (7.20)$$

Die Größe des Dipolmoments ist eine charakteristische Eigenschaft des betrachteten Isolators; dementsprechend ist das effektive elektrische Feld im Isolator, das sich aus äußerem und durch die Polarisation erzeugtem zusammensetzt, durch eine Materialkonstante beschreibbar. Man nennt diese Konstante ε_r, die *relative Dielektrizitätskonstante* . Es ist immer $\varepsilon_r > 1$, für Vakuum ist $\varepsilon_r = 1$; typische Werte für ε_r sind in Tab. 7.1 wiedergegeben.

Zur Beschreibung der Ladungsverschiebung in einem Material führt man eine neue Größe, die *Verschiebungsdichte* [*electric displacement*] **D** ein. Sie gibt an, wieviel Ladung Q pro Flächeneinheit A durch ein elektrisches Feld verschoben wird. Es ist klar, daß für nicht allzugroße Felder **D** betragsmäßig proportional zu **E** ist.

$$D = \frac{dQ}{dA} \propto E$$

Tabelle 7.1: *Einige Werte für die relative Dielektrizitätskonstante ε_r bei Zimmertemperatur*

Material	material	ε_r
Vakuum	vacuum	1
Luft	air	1,000576
Glas	glass	8,1
Silizium	silicon	11,7
Wasser	water	80,08

für Licht $n \approx 1,3$

Im Vakuum ist die Proportionalitätskonstante die Dielektrizitätskonstante ε_0, in Materie das Produkt aus ε_r und ε_0

$$\boxed{D = \varepsilon_r \varepsilon_0 E \ .}$$
(7.21)

D gibt also an, wieviel Ladung in einem bestimmten Material für ein gegebenes elektrisches Feld verschoben wird. In Materialien mit einem großen ε_r findet nach (7.21) eine größere Ladungsverschiebung statt als in Materialien mit kleinen ε_r oder im Vakuum ($\varepsilon_r = 1$). Eine große Ladungsverschiebung bedeutet auch ein großes inneres Feld, das dem äußeren entgegengerichtet ist und damit nur noch ein kleineres effektives Feld im Inneren des Isolators zuläßt.

$$E' = \frac{1}{\varepsilon_r} E \ ,$$
(7.22)

wobei E' das effektive Feld im Inneren des Isolators ist. Nach dem Gaußschen Satz (7.8) gilt

$$\oint D \cdot dA = Q \ .$$
(7.23)

Das innere Feld wird oft durch die *Polarisation* P, also durch die Anzahl der Dipolmomente pro Volumeneinheit, angegeben

$$P = \frac{1}{V} \sum_i p_i$$

$$= \frac{1}{V} \sum_i q d_i \ ,$$

wobei die Summe über die in dem Volumen V enthaltenen Dipole geht. Die Polarisation ist ebenfalls für nicht zu große Felder proportional dem äußeren angelegten Feld, die Konstante heißt $\chi_{el}\varepsilon_0$, und die Zahl χ_{el} wird *dielektrische Suszeptibilität* [*dielectric susceptibility*] eines Materials genannt. χ_{el} (spricht sich "chi" ["kei"]) ist dimensionslos.

$$\boxed{P = \chi_{el}\varepsilon_0 E} \tag{7.24}$$

Damit können wir die Abweichung der Verschiebungsdichte D vom Vakuum auch mit P beschreiben. Im Vakuum ist

$$D = \varepsilon_0 E$$

und in Materie

$$\boxed{D = \varepsilon_0 E + P\,.} \tag{7.25}$$

Eine gute Veranschaulichung der Felder in einem Isolator ist in Abb. 7.11 gezeigt. Ein Vergleich zwischen (7.25) und (7.21) liefert folgenden Bezug zwischen den Konstanten

$$\varepsilon_r\varepsilon_0 E = \varepsilon_0 E + P\,,$$

und der Vergleich mit (7.24) liefert

$$\chi_{el} = \varepsilon_r - 1\,. \tag{7.26}$$

Der Unterschied zwischen den zwei Darstellungen von D in (7.21) und (7.25) ist, daß einmal eine makroskopische Beobachtung gemacht wird (d.h. wieviel Ladung wird insgesamt verschoben?) und einmal angegeben wird, daß aufgrund mikroskopisch kleiner Dipole ein inneres Gegenfeld zum äußeren Feld aufgebaut wird. Der Bezug zwischen den Konstanten (7.26) drückt eben dies aus; χ_{el} kann man für Atome berechnen, ε_r ist die experimentell bestimmte Änderung der Verschiebungsladung in einem Material gegenüber dem Vakuum.

7.6   Kondensator und Millikanversuch

Eine wichtige Anwendung findet das Konzept der Verschiebung von Ladung und der eingeführten Konstante beim Kondensator. Ein einfacher Plattenkondensator [*parallel plate capacitor*] ist in Abb. 7.12 dargestellt. Eine gewisse Zeit nachdem man an einen solchen Plattenkondensator eine Spannung angelegt hat, tritt ein Gleichgewicht ein, das heißt, Ladungen sind auf den

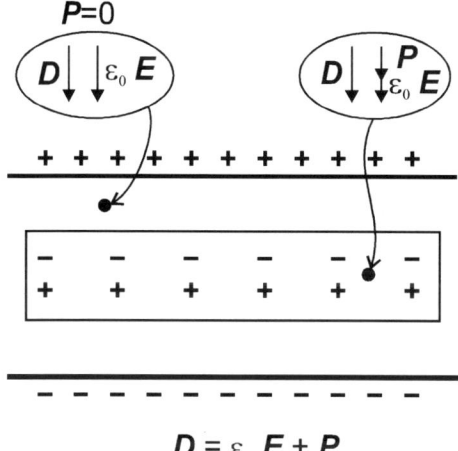

$P=0$

$$D = \varepsilon_0\, E + P$$

Abbildung 7.11: *Das elektrische Feld im Inneren eines Isolators setzt sich aus dem äußeren und dem durch die Polarisation erzeugten, inneren Feld zusammen.*

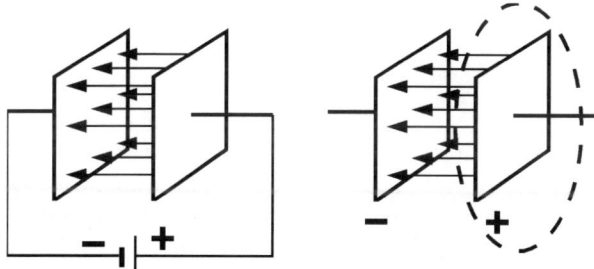

Abbildung 7.12: *Eine am Kondensator angelegte Spannung erzeugt Feldlinien, die senkrecht zu den Platten verlaufen (links). Legt man eine Kugelfläche um eine der Platten (rechts), kann man den Gaußschen Satz anwenden.*

beiden Platten so angehäuft, daß sie ein Gegenfeld erzeugen, das der angelegten Potentialdifferenz (Spannung) entspricht. Nach (7.17) ist das

$$U(P_2, P_1) = \int\limits_{P_1}^{P_2} E(s) \cdot ds \ ,$$

was sich im homogenen Feld des Plattenkondensators vereinfacht zu

$$U = \int\limits_0^d E \, dx \ ,$$

wobei wir P_1 und P_2 weggelassen haben und mit U die Spannung zwischen den beiden Platten, die sich im Abstand d befinden, meinen. Als Referenzpunkt P_1 sei die positiv geladene Platte gewählt, dann ist $\boldsymbol{E} \cdot d\boldsymbol{s} = E \, dx$ und

$$U = E d \ . \tag{7.27}$$

Wählt man stattdessen die negative Platte als Referenzpunkt, erhält man die negative Spannung; es kommt aber in vielen Fällen nur auf den Betrag $|U|$ an, so daß die Wahl des Referenzpunktes selten eine Rolle spielt.

Wichtig für technische Anwendung ist die Frage, *wieviel* Ladung denn ein Kondensator speichern kann. Je höher die angelegte Spannung, desto mehr Ladung sammelt sich auf den Platten an, und man nennt die Fähigkeit, eine bestimmt Ladungsmenge mit einer gegebenen Spannung anzusammeln, das Speichervermögen oder die *Kapazität [capacity]* C eines Kondensators.

$$\boxed{C = \frac{Q}{U}} \tag{7.28}$$

Die Einheit der Kapazität ist $[C] = \mathrm{C/V}$, das auch *Farad* oder F genannt wird. Ein Kondensator mit einem Farad Kapazität könnte also 1 Coulomb bei einem Volt speichern. In der Elektronik finden typischerweise Kondensatoren mit Kapazitäten von mF bis pF Anwendung. Das Aufbringen einer elektrischen Ladung auf einen Kondensator nennt man "laden" *[to charge]*. Füllt man jetzt den Zwischenraum des Plattenkondensators mit einem Medium, reduziert sich nach (7.22) das innere Feld und damit nach (7.27) die Spannung, die an den Kondensatorplatten anliegt. Das erhöht wiederum die Kapazität nach (7.28) und wird in der Praxis dazu verwendet, um große Kapazitäten herzustellen.

Die Kapazität eines Plattenkondensators mit einer Fläche A läßt sich mit dem Gaußschen Satz berechnen. Legt man wie in Abb. 7.12 eine Fläche um die positiv geladene Platte, und vernachlässigt man die Felder außerhalb des Bereichs zwischen den Platten, erhält man aus (7.8)

$$\oint \boldsymbol{E} \cdot d\boldsymbol{A} = \frac{Q}{\varepsilon_0}$$

$$EA = \frac{Q}{\varepsilon_0}$$

$$Q = \varepsilon_0 \, EA.$$

Mit (7.27) und (7.28) erhält man so die Kapazität eines Plattenkondensators im Vakuum

$$C = \varepsilon_0 \frac{A}{d} \; .$$

Füllt man den Zwischenraum zwischen den Kondensatorplatten mit einem Material mit der Dielektrizitätskonstante ε_r, reduziert sich die Spannung, die zur Speicherung einer Ladungsmenge Q notwendig ist, um ε_r. Damit ist die Kapazität eines mit einem Dielektrikum gefüllten Plattenkondensators

$$\boxed{C = \varepsilon_r \varepsilon_0 \frac{A}{d}} \qquad \text{Plattenkondensator .} \qquad (7.29)$$

Kondensatoren, die nicht aus zwei ebenen Platten, sondern etwa aus zwei ineinander verschachtelten Kugeln oder Zylindern bestehen, haben ebenfalls nur geometrische Faktoren in ihren Kapazitäten.

$$C = 4\pi\varepsilon_r \varepsilon_0 \frac{R_1 R_2}{R_1 - R_2} \qquad \text{Kugelkondensator ,}$$

mit R_1 und R_2 als den beiden Kugelradien und

$$C = 2\pi\varepsilon_r \varepsilon_0 \frac{L}{\ln(R_2/R_1)} \qquad \text{Zylinderkondensator}$$

mit R_1 und R_2 als den Zylinderradien.

Beispiel: Die Kapazität eines Plattenkondensators mit einer Fläche von $A = 10 \text{ cm}^2$ und einem Plattenabstand im Vakuum von $d = 1$ mm beträgt

$$C \approx 9 \text{ pF} \quad (= 9 \cdot 10^{-12} \text{ F}) \; .$$

Setzt man in den Raum zwischen die Platten BaTiO$_3$ ($\varepsilon_r \approx 3000$), steigt die Kapazität auf

$$C \approx 30 \text{ nF} \quad (= 3 \cdot 10^{-8} \text{ F}) \; .$$

Man vermeide eine Verwechslung zwischen den Formelzeichen C (= Kapazität) und der Einheit C (= Coulomb)!

Offensichtlich ist ein Kondensator in der Lage, elektrische Energie zu speichern. Wie groß ist diese Energie, und wovon hängt sie ab? Nach (7.16) ist die elektrische potentielle Energie gleich der Ladung mal dem elektrischen Potentialunterschied, also mal der Spannung. Die dazu notwendige Arbeit wird von der Spannungsquelle aufgebracht. Für eine kleine Ladungsmenge dq gilt also $dW = U\,dq$, während die Spannung selbst nach (7.28) durch q/C gegeben ist. Je größer also die Spannung ist, die an den Platten anliegt, desto mehr Arbeit wird beim Verschieben einer weiteren Ladung verrichtet. Als Integral können wir das ausdrücken als

$$W = \int_0^Q \frac{q}{C}\,dq = \frac{1}{2}\frac{Q^2}{C},$$

was mit (7.28) wiederum als

$$\boxed{W = \frac{1}{2}CU^2} \qquad (7.30)$$

geschrieben werden kann. Wenigstens optisch kann man sich dies im Vergleich zur Formel für die kinetische Energie merken. Die Fähigkeit, elektrische Energie zu speichern, macht den Kondensator zu einem wichtigen Bauelement in der Elektronik macht.

Abschließend kommen wir zu einer grundlegenden Anwendung des Kondensators. Im Text haben wir immer wieder von der Elementarladung gesprochen. Woher weiß man eigentlich, daß es eine solche gibt? **Millikan**[20] hat das historische Experiment hierzu gemacht, das wir hier kurz beschreiben wollen. Er hat kleine Öltröpfchen aus einem Zerstäuber, ähnlich einem für Parfum, in den Bereich zwischen den Platten eines Plattenkondensators fallen lassen. Die Platten waren, wie in Abb. 7.13 gezeigt, horizontal orientiert, auf die Tröpfchen wirkte zunächst also die Schwerkraft, wodurch sie nach unten fielen. Mittels einer radioaktiven Quelle war Millikan in der Lage, die Tröpfchen aufzuladen und schaffte es, mit einem elektrischen Feld zwischen den Kondensatorplatten, die Schwerkraft durch die Coulombkraft zu kompensieren. Im Gleichgewicht der Kräfte ergibt sich folgende Situation:

$$|\boldsymbol{F}_G| = mg = \rho V g \qquad \text{und}$$

$$|\boldsymbol{F}_C| = qE = q\frac{U}{d}$$

---

[20]Millikan, Robert Andrews, amerikan. Physiker, *Morrison 22.3.1868, †Pasadena 19.12.1953, 1923 Nobelpreis für Physik

sind gleich, daher ist die Ladungsmenge auf den Tröpfchen

$$q = \frac{\rho V g d}{U} \, , \qquad (7.31)$$

wobei ρ die Dichte des Öls ist, V das Volumen eines Öltröpfchens, g die Schwerkraft und d der Abstand der Kondensatorplatten.

Soweit ist das Experiment noch nichts besonderes. Überraschend war, daß für ganz kleine, schwach geladene Öltröpfchen nicht mehr beliebige Werte für die Ladung nach (7.31) herauskamen, sondern nur noch Vielfache eines ganz bestimmten Wertes. Dieser Wert ist $e = 1,602 \cdot 10^{-19}$ C und wird aus diesem Grund als Elementarladung bezeichnet. Man beachte, daß dieser Schluß nicht ganz zwingend ist, daß ja auch diese Größe wiederum ein Vielfaches einer noch elementareren Ladung sein könnte, die in dem Millikan Versuch aus irgendeinem Grund nicht einzeln aufgetreten wäre. Es gibt allerdings bis jetzt kein einziges Experiment, bei dem eine kleinere als die aus dem Millikan Versuch bestimmte Ladung als freies Teilchen auftritt. Daher ist die Bezeichnung "Elementarladung" [*elementary charge*] gerechtfertigt.

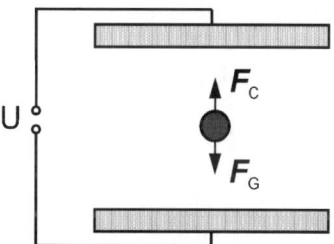

Abbildung 7.13: *Im Millikanversuch wird ausgenutzt, daß man die Ladung eines Öltröpfchens im Gleichgewicht zwischen Coulomb- und Schwerkraft bestimmen kann.*

8 Statische magnetische Felder und Ströme

Magnete üben eine Kraft aus, die wie die Coulombkraft nichts mit der Gravitation zu tun hat. Auf den ersten Anschein scheint sie auch nichts mit der elektrischen Kraft zu tun zu haben, mit der wir uns im vorangegangenen Kapitel beschäftigt haben. Doch halten wir uns zunächst einmal an die Ergebnisse experimenteller Beobachtungen und unsere alltäglichen Erfahrungen; im nächsten Kapitel kommen wir dann zu deren Zusammenhang.

Analogien zwischen magnetischen und elektrischen Kräften werden wir hervorheben.

8.1 Magnetische Dipole und magnetisches Feld

Seit langem werden Magnetnadeln bei der Seefahrt zur Orientierung verwendet. Man nutzt dabei die offensichtliche Tatsache aus, daß eine magnetisierte, frei aufgehängte Nadel sich so ausrichtet, daß ihre Längsachse in Richtung der beiden magnetischen Pole der Erde zeigt. Die magnetischen Pole sind zwar nicht identisch mit den Nord- und Südpolen der Erde (also den Austrittspunkten der Rotationsachsen), aber sie sind in deren Nähe, und falls es die Präzision in der Navigation erfordert, kann eine Korrektur erfolgen, da die Abweichung bekannt ist.

Versucht man, die Kompaßnadel um 180° umzudrehen, schwingt sie bald wieder in ihre ursprüngliche Orientierung zurück, woraus wir schließen können, daß zwei verschiedene Typen *magnetischer Pole* [*magnetic pole*] existieren. Das ist ähnlich wie bei den elektrischen Ladungen, nur daß wir dort die Bezeichnung plus und minus gewählt haben, und wir hier "Nord" und "Süd" aus historischen Gründen übernehmen. Ähnlich wie in der Elektrostatik ziehen sich verschiedene Pole an, gleiche stoßen sich ab. Das Ende der Nadel, das zum Nordpol zeigt, ist also der Südpol der Nadel. Ferner stellt man fest, daß Nord- und Südpol nie getrennt voneinander auftreten. Ganz im Gegensatz zu elektrischen Ladungen hat man es bislang nicht geschafft, magnetische Monopole überzeugend nachzuweisen, obwohl Berichte darüber hin und wieder durch die Fachzeitschriften geistern.

Fassen wir zusammen:

- Es gibt zwei Poltypen, die mit Nord und Süd bezeichnet werden.

- Gleiche Pole stoßen sich ab, ungleiche ziehen sich an.

- Magnetische Pole treten nach bisherigem Ermessen nie alleine auf, sondern immer als Paar eines Nord- und eines Südpols.

Ein solches Paar bezeichnet man als *magnetischen Dipol* [*magnetic dipole*]. Ähnlich wie im elektrischen Fall verwendet man zur Beschreibung magnetischer Phänomene Feldlinien. Magnetische Feldlinien laufen außerhalb eines Magneten vereinbarungsgemäß vom Nordpol zum Südpol eines Magneten. Die Stärke eines solchen Dipols wird durch das *magnetische Dipolmoment* m gegeben.

$$m = Pl \ ,$$

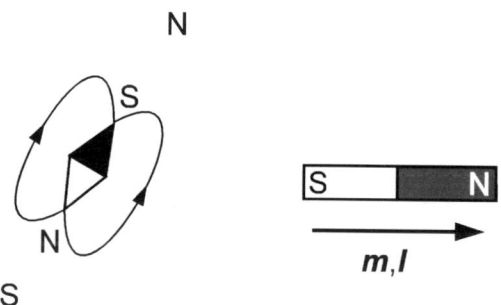

Abbildung 8.1: *Kompaßnadel mit eingezeichneten magnetischen Feldlinien (links); zur Definition des magnetischen Dipolmoments (rechts).*

wobei P die Polstärke und l der Verbindungsvektor vom Süd- zum Nordpol ist. Je größer also die Polstärke und je größer der Abstand zwischen den beiden Polen, desto größer ist das magnetische Dipolmoment. Dabei haben wir angenommen, daß sich die magnetischen Pole als Punkte beschreiben lassen. Das magnetische Feld wird mit H bezeichnet (magnetische Feldstärke) und spielt eine ähnliche Rolle wie das elektrische Feld in der Elektrostatik. Zu seiner Einheit kommen wir später.

8.2 Materie im Magnetfeld

Wieder ganz analog zum elektrischen Feld erzeugt ein magnetisches Feld in Materie eine magnetische Polarisation, und das Gesamtfeld im Inneren von Materie setzt sich zusammen aus dem äußeren Feld und der Polarisation im Inneren. Die magnetische Polarisierung wird *Magnetisierung* [*magnetization*] M genannt, und es besteht der Bezug (bei nicht zu großen Magnetfeldern)

$$\boxed{M = \chi_{mag} H} \qquad (8.1)$$

Die Magnetisierung ist also proportional zum angelegten Magnetfeld, die Konstante χ_{mag} heißt *magnetische Suszeptibilität* [*magnetic susceptibility*]. Man muß etwas aufpassen, daß man sie nicht mit der elektrischen Suszeptibilität verwechselt, aber normalerweise ist die Problemstellung hier eindeutig.

Das innere magnetische Feld in Materie ist dann entsprechend (7.25) und (7.21)

$$B = \mu_0(H + M)$$
$$= \mu_0 \left(1 + \chi_{mag}\right) H$$

(8.2)

$$B = \mu_r \mu_0 H \ ,$$

(8.3)

und es gilt

$$\chi_{mag} = \mu_r - 1 \ .$$

Gleichungen (8.2) und (8.3) stellen wie im elektrischen Fall einmal die mikroskopische (8.2) und einmal die makroskopische (8.3) Betrachtungsweise in den Vordergrund. Das innere Magnetfeld wird mit *magnetischer Induktion [magnetic induction]* B bezeichnet, μ_0 und μ_r heißen *absolute* und *relative Permeabilität [permeability]*, μ_0 hat den Zahlenwert $\mu_0 = 4\pi \cdot 10^{-7}$ Vs/Am $= 1,26 \cdot 10^{-6}$ Vs/Am, wobei wir zu der Einheit A für den elektrischen Strom noch kommen werden. Die magnetische Suszeptibilität ist ebenso wie μ_r dimensionslos. Die Einheit der magnetischen Induktion ist $[B] = $ T, das nach **Tesla**[21] benannt ist. 1 T = 1 Vs/m^2, früher üblich war auch das Gauß; 1 T $= 10^4$ G. Die Einheit des magnetischen Feldes ist demnach $[H] = A/m$. Es wird dafür auch das Oersted verwendet, wobei 1 Oe = 80 A/m sind.

Die Magnetisierung eines unmagnetischen Stoffes ist dem äußeren Feld entgegengerichtet, d.h. $-1 \leq \chi_{mag} < 0$. Dieses Verhalten ist ähnlich wie im elektrischem Fall und wird mit *Diamagnetismus [diamagnetism]* bezeichnet. Der Betrag der diamagnetischen Suszeptibilität ist üblicherweise klein $|\chi_{mag}| \approx 10^{-5}$. Überlagert wird der Diamagnetismus in magnetischen Stoffen durch drastisch andere Magnetisierungsformen, die mit *Paramagnetismus [paramagnetism]* und *Ferromagnetismus [ferromagnetism]* bezeichnet werden, deren Beschreibung wir in der Festkörperphysik vornehmen wollen. Hier soll es reichen zu sagen, daß eine Kompaßnadel ferromagnetisch ist, was für ihre Suszeptibilität bedeutet, daß $\chi_{mag} \gg 1$. Ein angelegtes magnetisches Feld erfährt demnach eine große Feldverstärkung. Es gilt dann auch nicht mehr die Proportionalität von (8.1), sondern es entsteht ein Hystereseverhalten: Nach Wegnahme des äußeren Magnetfeldes H verbleibt

---

[21]Tesla, Nikola, amerikan. Physiker und Elektrotechniker, *Similjan 10.7.1856, †New York 7.1.1943

eine Magnetisierung M. Das ist es, was man landläufig unter einer Permanentmagnetisierung, z.b. eines Stück Eisens, versteht und worauf die Funktionsweise der Kompaßnadel beruht.

8.3 Dipole in magnetischen Feldern

Die Kräfte, die zwischen zwei magnetischen Dipolen wirken, lassen sich mathematisch beschreiben, sind aber so kompliziert, daß wenig zusätzliche Einsicht durch ihre explizite Darstellung gewonnen wird. Stattdessen wollen wir uns um den einfacheren Fall bemühen, daß ein magnetischer Dipol sich in einem magnetischem Feld befindet und fragen, was für Kräfte dort auf ihn wirken.

Im homogenen magnetischen Feld haben wir die in in Abb. 8.2 dargestellte Situation. Das Magnetfeld H übt auf das Dipolmoment m ein

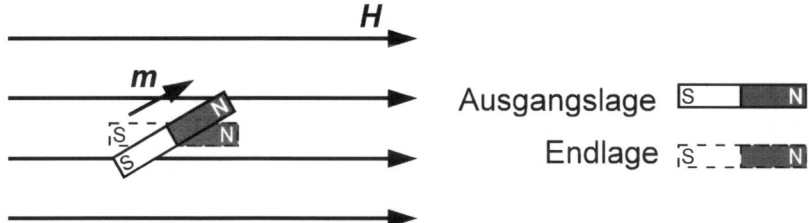

Abbildung 8.2: *Auf einen magnetischen Dipol mit Dipolmoment m in einem homogenen magnetischen Feld H wirkt lediglich ein Drehmonoment.*

Drehmoment aus, das durch das Vektorprodukt gegeben ist.

$$M = \mu_r \mu_0 m \times H \qquad \text{Drehmoment}$$

$$\boxed{M = m \times B} \qquad \text{Drehmoment} \qquad (8.4)$$

Unglücklicherweise haben sowohl das Drehmoment, das hier gemeint ist und die Magnetisierung die gleiche Bezeichnung M; also nicht verwechseln! Das Drehmoment strebt danach, den magnetischen Dipol *entlang des Feldes auszurichten.* Kann sich der Dipol ungedämpft drehen, würde er eine Drehschwingung um die Lage parallel zum Feld ausführen; bei Dämpfung wäre nach einiger Zeit m und H parallel. Wäre bereits die Ausgangslage parallel, also $m \parallel H$, wäre das Drehmoment nach (3.2) gleich null und der Dipol würde kräftefrei im Magnetfeld ruhen.

In einem inhomogenen Feld gibt es wie in (8.4) ein Drehmoment, zusätzlich wirkt aber noch eine Kraft auf den Schwerpunkt, die daher kommt, daß

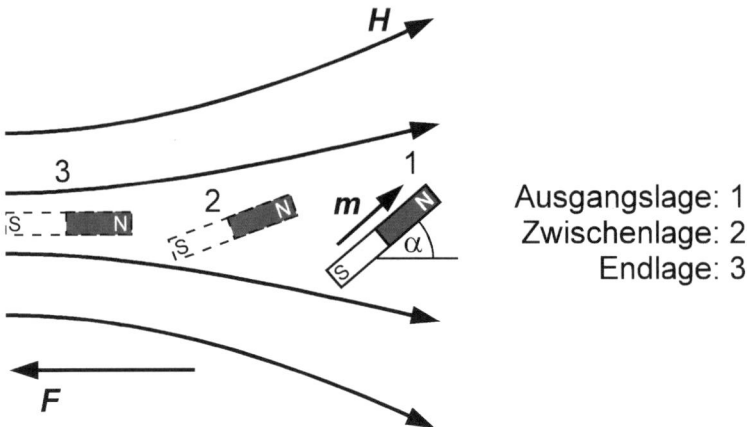

Ausgangslage: 1
Zwischenlage: 2
Endlage: 3

Abbildung 8.3: *Auf einem magnetischen Dipol wirkt in einem inhomogenen Feld außer dem Drehmoment noch eine Kraft, die am Schwerpunkt angreift. In diesem Fall würde diese Kraft nach links wirken (diamagnetischer Fall).*

die Feldliniendichte an einem Pol größer ist als am anderen. In dem in Abb. 8.3 gezeigten Fall ist die nach rechts wirkende Kraft größer als die nach links wirkende, und damit ergibt sich eine nach rechts gerichtete Kraft auf den Schwerpunkt, die zusätzlich zum angreifenden Drehmoment existiert. Diese Kraft ist, wie man es erwarten würde, proportional zum Feld*gradienten* und zeigt in dessen Richtung

$$\boldsymbol{F} = \mu_r \mu_0 \frac{d\boldsymbol{H}}{dr} \cos\alpha = m \frac{d\boldsymbol{B}}{dr} \cos\alpha \; . \qquad (8.5)$$

Der Winkel zwischen Dipolmoment und Magnetfeld ist α. Dieses Verhalten im inhomogenen Magnetfeld können wir dazu verwenden, um die beiden Magnetisierungstypen $\chi_{mag} < 0$ und $\chi_{mag} > 0$ zu unterscheiden. Bringen wir ein Material, für das $\chi_{mag} < 0$, also einen Diamagneten, in ein inhomogenes Magnetfeld, erzeugt es nach (8.1) eine Magnetisierung, die dem äußeren Feld entgegengerichtet ist. Das ist die Situation von Abb. 8.3, in der der Diamagnet im inhomogenen Feld eine Kraft in Richtung geringerer Feldstärken erfährt. Ist hingegen $\chi_{mag} > 0$, also z.B. für Ferromagneten, findet eine Anziehung in Richtung hoher Feldliniendichte statt, also gerade entgegengesetzt zum diamagnetischen Fall.

8.4 Konstante Ströme und ihre Magnetfelder

Bislang haben wir magnetische und elektrische Phänomene bis auf einige formale Ähnlichkeiten getrennt behandelt und befinden uns damit historisch etwa auf dem Niveau des beginnenden 19. Jahrhunderts. 1820 wurde von **Oersted**[22] entdeckt, daß ein fließender Strom von einem stationären Magnetfeld umgeben ist, daß also eine Verbindung zwischen elektrischem und magnetischem Feld denkbar oder gar zwingend erscheint. Definieren wir zunächst einmal den elektrischen Strom oder genauer die Stromstärke I. Man bezeichnet damit eine Ladungsmenge, die pro Zeiteinheit durch den Querschnitt eines Leiters fließt.

$$I = \frac{dQ}{dt} \qquad (8.6)$$

Die Einheit ist das **Ampère**[23]: $[I] = A = C/s$. Im Falle des stationären, also zeitunabhängigen Stroms, den wir hier zunächst besprechen wollen, ist $I = const$. Um unabhängig vom Querschnitt eines bestimmten Leiters zu sein, benutzt man häufig die Stromdichte

$$\boldsymbol{j} = \frac{I}{A}\hat{\boldsymbol{\jmath}} \, , \qquad (8.7)$$

die in Richtung des Stromflusses zeigt und daher eine vektorielle Größe ist ($|\boldsymbol{\jmath}| = 1$). Dabei ist A die Querschnittsfläche [*cross section*] des betrachteten Leiters. Umgekehrt erhält man durch Integration der Stromdichte über die Querschnittsfläche des Leiters natürlich wieder die Stromstärke (Abb. 8.4).

$$I = \int \boldsymbol{j} \cdot d\boldsymbol{A} \qquad (8.8)$$

Dies ist ein Flächenintegral, ähnlich wie wir es beim Gaußschen Satz (7.8) kennengelernt hatten.

Die ganz entscheidende experimentelle Verbindung zwischen elektrischen und magnetischen Phänomenen ist folgende: Ein unendlich langer Draht hat ein Magnetfeld, das kreisförmig um den Draht orientiert ist, wie man leicht mit einer um einen Leiter herumgeführten Kompaßnadel beweisen kann (Abb. 8.5). Man wird dann konsequenterweise erwarten, daß strom-

---

[22]Oersted, Hans Christian, dän. Chemiker und Physiker, *Rudkobing 18.8.1777, †Kopenhagen 9.3.1851

[23]Ampère, André Marie, frz. Physiker und Mathematiker, *Lyon 22.1.1775, †Marseille 10.6.1836

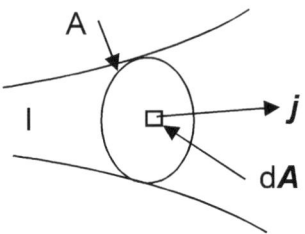

Abbildung 8.4: *Das Integral über der Stromdichte j und der Querschnitts-fläche A ergibt die Stromstärke I.*

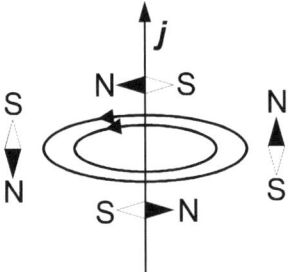

Abbildung 8.5: *Mit Hilfe einer um einen Leiter herumgeführten Magnet-nadel kann man das konzentrisch orientierte Magnetfeld leicht nachweisen.*

durchflossene Leiter Kräfte aufeinander ausüben. Dem ist auch so, und zwar sind diese Kräfte anziehend für gleichgerichtete Ströme und abstoßend bei entgegengesetzt gerichteten Strömen (Abb. 8.6). Stellt man den Strom ab, verschwinden die Kräfte. Die Leiter selbst ziehen sich also nicht an, sondern nur die Ladungen, wenn sie sich bewegen!

Wie groß sind diese Kräfte? Wie lautet das analoge Gesetz zum Coulomb- oder Gravitationsgesetz? Dazu formulieren wir zunächst die elementaren Verursacher der Kraft. Es sind kleine Stromelemente, also kleine, bewegte Ladungen. Wir beschreiben sie durch das Produkt aus einem kleinen Leiterelement dl und dem durch es fließenden Strom I. Das Gesetz von **Biot**[24] und **Savart**[25] beschreibt den Beitrag zum magnetischen Feld B am

---

[24]Biot, Jean Baptiste, frz. Physiker und Astronom, *Paris 21.4.1774, †ebd. 3.2.1862
[25]Savart, Felix, frz. Arzt und Physiker, *Mèzières 30.6.1791, †Paris 16.3.1841

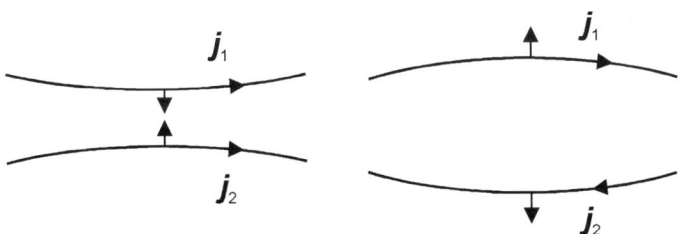

Abbildung 8.6: *Gleichgerichtete Ströme in Leitern ziehen sich an, entgegengesetzt gerichtete stoßen sich ab.*

Leiter (2), das ein Stromelement im Leiter (1) erzeugt.

$$dB_1(2) = \frac{\mu_r}{4\pi} \frac{I_1 dl_1 \times \hat{r}_{21}}{r_{21}^2} .$$ (8.9)

Aus Abb. 8.7 ersieht man die Bedeutung der einzelnen Komponenten: dl_1 und dl_2 sind die einzelnen kleinen Elemente des Leiters, die mit dem Strom I_1 bzw. I_2 multipliziert unsere elementaren "Kraftverursacher" bilden. Das Problem ist, daß wir sie nicht isolieren können, da sie sonst den Strom nicht

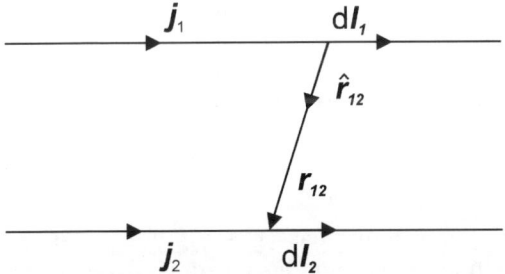

Abbildung 8.7: *Zur Berechnung der Kraft, die zwei Leiter aufeinander ausüben, definiert man kleine stromführende Elemente dl_1 und dl_2 und einen Verbindungsvektor r_{21} zwischen beiden.*

mehr leiten würden. Der Beitrag des Stromelements $I_1 dl_1$ zum Magnetfeld am Punkt 2 ist nach (8.9) umgekehrt proportional zum Abstandsquadrat. Außerdem gibt es aber noch eine Winkelabhängigkeit über das Vektorprodukt im Zähler von (8.9). Ein gerader Leiter erzeugt demnach kein Magnetfeld auf sich selbst oder anders ausgedrückt, in Richtung des Stromes wird von einem Elementarstromelement kein Magnetfeld erzeugt. Das gesamte Magnetfeld, das vom Leiter 1 am Punkt 2 erzeugt wird enthält man formal durch Integration (sprich Aufsummierung) aller Beiträge $d\boldsymbol{B}_1(2)$ des Leiters (1) aus (8.9)

$$\boldsymbol{B}(2) = \int\limits_{Leiter1} d\boldsymbol{B}_1 \ . \tag{8.10}$$

Worauf wir letztlich hinaus wollen, ist die *magnetische Kraft*, und die ist wiederum durch das Kreuzprodukt mit dem Stromelement $I_2 d\boldsymbol{l}_2$ gegeben

$$d\boldsymbol{F}_2 = I_2 d\boldsymbol{l}_2 \times \boldsymbol{B}(2) \ , \tag{8.11}$$

oder unter dem vereinfachenden Weglassen der Indizes

$$d\boldsymbol{F} = I d\boldsymbol{l} \times \boldsymbol{B} \ . \tag{8.12}$$

In Worten heißt das, daß die Kraft, die auf ein stromdurchlossenes Element $d\boldsymbol{l}$ eines Leiters wirkt, gleich dem Kreuzprodukt aus $I d\boldsymbol{l}$ und dem vom anderen Leiter erzeugten $\boldsymbol{B}$-Feld an diesem Stromelement ist. Die Richtung von $d\boldsymbol{F}$ ist, wie immer bei Kreuzprodukten, durch die Rechte-Hand-Regel gegeben, die wir im Zusammenhang mit (1.14) erläutert hatten. Der Ausdruck (8.12) ist wegen der vektoriellen Natur der Kraftverusacher einfach etwas komplizierter als der entsprechende für die Coulombkraft. Es müssen also im Ausdruck für die Kräfte Vektoren auftauchen. Bei genauerem Hinsehen ist das Kraftgesetz aber gar nicht so verschieden vom Coulombgesetz wie man auf den ersten Blick meinen möchte. Setzt man in (8.12) die Wirkung eines einzigen Stromelements $d\boldsymbol{B}$ aus (8.9) ein, erhält man

$$d\boldsymbol{F}_{21} = \frac{\mu_0}{4\pi} \frac{I_2 d\boldsymbol{l}_2 \times (I_1 d\boldsymbol{l}_1 \times \hat{\boldsymbol{r}}_{21})}{r^2} \ ,$$

also wie beim Coulombgesetz das (Kreuz)produkt aus den Kraftverursachern geteilt durch ihren Abstand ins Quadrat. Aus dem zweifachen Kreuzprodukt kann man ableiten, daß parallele Ströme sich anziehen und antiparallele sich abstoßen (man überzeuge sich hiervon!)

Die Kraftwirkung zwischen zwei Drähten benutzt man zur quantitativen Definition der *Stromstärke*. Man legt fest, daß 1 Ampère dann fließt, wenn zwei unendlich dünne, unendlich lange, parallele Leiter im Abstand von $r = 1$ m eine Kraft von $2 \cdot 10^{-7}$ N pro Längeneinheit 1 m aufeinander ausüben.

Mit dem Gesetz von Biot und Savart (8.9) können wir auch das Magnetfeld beschreiben, das um einen Leiter herum existiert und wie wir es in Abb. 8.5 gezeigt haben. Für unendlich lange, gerade Leiter vereinfacht sich der Ausdruck für das von ihnen erzeugte Magnetfeld durch die explizit durchführbare Integration (8.10) zu

$$B = \frac{\mu_0}{4\pi} \frac{2I}{r} \, , \qquad (8.13)$$

was man mit dem $\boldsymbol{E}$-Feld eines unendlich langen Drahtes (ohne Strom, aber mit Ladungsdichte Q_l) aus (7.9) vergleichen möge. Wir finden die gleiche Abhängigkeit vom Abstand r! Das ist eine wahrhaftig erstaunliche Beobachtung insbesondere, wenn man berücksichtigt, daß, ob sich Ladungen bewegen (Strom) oder stationär sind, ja nach der Relativitätstheorie lediglich eine Frage des Standpunktes ist. Konsequenterweise müßte also die Frage, ob man es mit einem Magnetfeld oder einem elektrischen Feld zu tun hat, ausschließlich vom Bewegungszustand abhängen. Da der aber wiederum relativ ist, da es ja kein absolutes Referenzsystem gibt, können elektrische und magnetische Felder nichts grundsätzlich voneinander Verschiedenes sein, sondern müssen von der jeweiligen Betrachtungsweise abhängen. Diese Überlegungen sind richtig und haben letztlich als Konsequenz, daß Elektrizitätslehre und Magnetismus unter eine vereinheitlichte Theorie zusammengefaßt werden können.

Jetzt wollen wir uns überlegen, was wir herausbekommen, wenn wir das $\boldsymbol{B}$-Feld einmal auf einer Kreislinie um einen Leiter herum integrieren. Da nach Abb. 8.8 $\boldsymbol{B}$ immer parallel zu dem Kreisbogenelement $d\boldsymbol{s}$ ist, ergibt

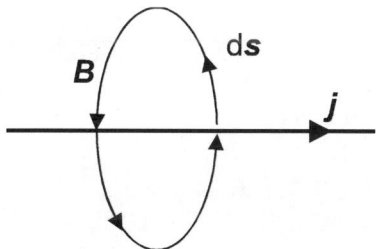

Abbildung 8.8: *Beim Linienintegral über das Magnetfeld um einen Leiter herum erhalten wir den im Leiter fließenden Strom.*

sich aus (8.13)

$$\oint \boldsymbol{B} \cdot d\boldsymbol{s} = \frac{\mu_0}{4\pi} 2I_0 \int\limits_0^{2\pi} \frac{1}{r} r \, d\varphi$$

$$\oint \boldsymbol{B} \cdot d\boldsymbol{s} = \mu_0 I_0 \ . \tag{8.14}$$

Dies ist das *Ampèresche Durchflutungsgesetz* [*Ampère's law*], und es gilt für beliebige, Stromleiter und für beliebige geschlossene Integrationswege; das Skalarprodukt sorgt dafür, daß es immer richtig herauskommt. Mit dem Flächenintegral (8.8) kann man dies auch schreiben als

$$\boxed{\oint \boldsymbol{B} \cdot d\boldsymbol{s} = \mu_0 \int \boldsymbol{j} \cdot d\boldsymbol{A} \ ,} \tag{8.15}$$

d.h. das geschlossene Linienintegral des Magnetfeldes entspricht einem (nicht geschlossenem) Flächenintegral der Stromdichte über die Querschnittsfläche des Leiters. Das ist der mathematische Ausdruck dafür, daß Magnetfeld und elektrischer Strom eng verwandt sind.

Analog zum elektrischen Fluß definiert man einen *magnetischen Fluß* [*magnetic flux*], auch *Induktionsfluß* ϕ_{mag} genannt. Für homogene Felder gilt

$$\phi_{mag} = \boldsymbol{B} \cdot \boldsymbol{A} \ ,$$

verallgemeinert gilt

$$\boxed{\phi_{mag} = \int \boldsymbol{B} \cdot d\boldsymbol{A} \ .} \tag{8.16}$$

Der magnetische Fluß gibt an, wieviele Magnetfeldlinien durch eine Fläche $d\boldsymbol{A}$ hindurchdringen. Man beachte das Skalarprodukt in (8.16), Felder parallel zur Fläche ergeben keinen magnetischen Fluß. Die Einheit des magnetischen Flusses ist $[\phi_{mag}]$=Wb=Vs; Wb kommt von **Weber**[26].

Das Analog zum Gaußschen Satz (7.8) heißt

$$\oint \boldsymbol{B} \cdot d\boldsymbol{A} = 0 \ . \tag{8.17}$$

Der magnetische Fluß durch eine geschlossene Fläche verschwindet immer exakt; das ist äquivalent zu der Aussage, daß es keine einzelne magnetischen Ladungen oder Pole gibt und unterscheidet (8.17) von (7.8).

Als letztes *Beispiel* stationärer Magnetfelder, die durch konstante Ströme erzeugt werden, betrachten wir den Fall eines Kreisstromes (Abb. 8.9). Für jeden Punkt gilt nach dem Biot-Savartschen Gesetz (8.9), daß das erzeugte Magnetfeld kreisförmig um den Leiter herum liegt. Man macht sich das

---

[26]Weber, Wilhelm Eduard, Physiker, *24.10.1804 Wittenberg, †23.6.1891 Göttingen

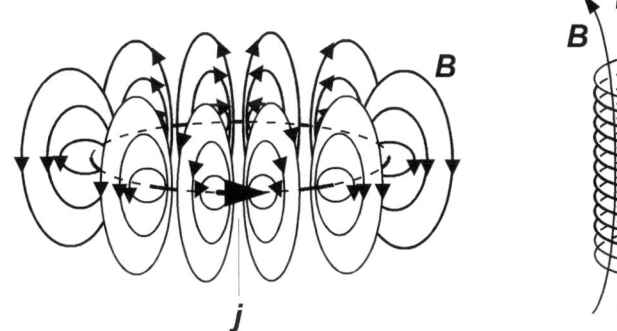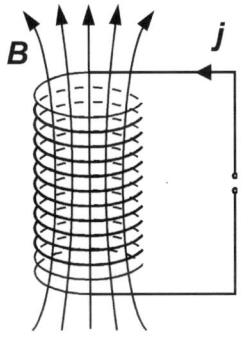

Abbildung 8.9: *Magnetfeld in der Nähe eines stromdurchflossenen Rings (links) und in einer Spule.*

bei der *Spule* [*coil*] zunutze, die in ihrem Inneren sehr homogene Magnetfelder erzeugt, die also diesbezüglich das Analog zum Plattenkondensator im elektrischen Fall ist.

8.5   Elektrische Ströme

Es gibt noch ein paar Dinge, die wir über elektrische Ströme wissen sollten, außer daß sie ein magnetisches Feld um sich herum erzeugen. Nach (8.6) ist Strom eine bestimmte Ladungsmenge pro Zeiteinheit

$$I = \frac{dQ}{dt}$$

und Stromdichte der Strom, der pro Flächeneinheit fließt. In Abb. 8.10 zeigen wir für einen Leiter, also z.B. einen Kupferdraht, wie das gemeint ist.

$$|j| = \frac{I}{A}$$

Man definiert die Anzahl der Ladungsträger pro Volumeneinheit dV als

$$\rho_n = \frac{dQ}{dV} \, , \tag{8.18}$$

und nennt sie *Ladungsträgerdichte* [*carrier concentration*]. In einem Leiter mit konstantem Querschnitt fließen die Ladungsträger mit einer konstanten Geschwindigkeit v. In einer Zeit dt legen sie dann die Wegstrecke

$$dx = v \, dt \tag{8.19}$$

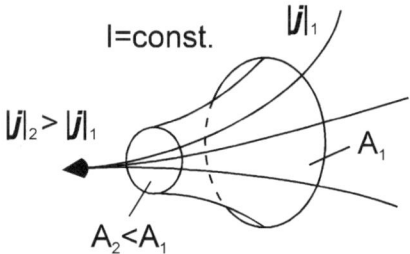

Abbildung 8.10: *Der Strom I, der durch einen Leiter fließt, ist konstant, während die Stromdichte j bei enger werdendem Draht immer mehr zunimmt.*

zurück. In einem Zeitabschnitt dt fließen also alle in einem Volumen dV befindlichen Ladungen um ein Stück dx durch die Querschnittsfläche A. Diese Ladungen ergeben sich aus (8.18) und (8.19) zu

$$dQ = \rho_n dV$$
$$= \rho_n A dx$$
$$= \rho_n A v dt \ .$$

Danach können wir den Strom auch angeben als

$$I = \frac{dQ}{dt}$$
$$= \rho_n A v$$

und die Stromdichte als

$$|j| = \frac{I}{A}$$
$$j = \rho_n v \ ;$$

vektoriell gilt

$$\boxed{j = \rho_n v \ .} \tag{8.20}$$

Mit (8.20) haben wir eine mikroskopische Vorstellung von der Stromdichte, nämlich welche Ladungsträgerdichte sich mit welcher Geschwindigkeit bewegt.

In Leitern fließt bei einer angelegten Potentialdifferenz, d.h. Spannung, ein Strom, der proportional zu der angelegten Spannung ist.

$$\boxed{U = RI} \tag{8.21}$$

ga","[omega]) bezeichnet: $[R] = \Omega = V/A$. Der Widerstand eines Leitersden *spezifischen Widerstand* [*resistivity*] ρ. Der absolute Widerstand eines

$$R = \rho \frac{l}{A} , \tag{8.22}$$

wobei die Einheit von $[\rho] = \Omega$ cm ist. Die Werte einiger Materialien für den spezifischen Widerstand sind in Tab. 8.1 gegeben. Manchmal wird auch

Tabelle 8.1: *Spezifischer Widerstand einiger Stoffe bei Zimmertemperatur. Man beachte den außerordentlich großen Bereich an spezifischen Widerständen!*

Material	material	spezifischer Widerstand
Silber	silver	$1{,}59\ \mu\Omega$cm
Kupfer	copper	$1{,}67\ \mu\Omega$cm
Blei	lead	$20{,}6\ \mu\Omega$cm
Quecksilber	mercury	$98\ \mu\Omega$cm
Graphit	graphite	$1375\ \mu\Omega$cm
Germanium	germanium	$46\ \Omega$cm
Iod	iodine	$1{,}3 \cdot 10^9\ \Omega$cm
gelber Schwefel	yellow sulfur	$2 \cdot 10^{17}\ \Omega$cm
Quarzglas	quartz	$5 \cdot 10^{18}\ \Omega$cm

das Inverse des spezifischen Widerstandes, die *Leitfähigkeit* [*conductivity*] angegeben

$$\sigma = \frac{1}{\rho} .$$

Die Einheit der Leitfähigkeit ist $[\sigma] = S = 1/\Omega$, bei Elektrotechnikern wird es auch "mho", also "Ohm" rückwärts geschrieben, benannt. S steht für den Namen **Siemens**[28].

---

[27]Ohm, Georg Simon, Physiker, *Erlangen 16.3.1789, †München 6.7.1854
[28]Siemens, Werner von, *Leuthe b. Hannover 13.12.1816, †Berlin 6.12.1892

Die elektrische Leistung ist die verrichtete elektrische Arbeit pro Zeiteinheit. Erstere ist nach (7.18)

$$W = qU \; ;$$

demnach ist die elektrische Leistung

$$P = \frac{dW}{dt}$$

$$= \frac{d}{dt}(qU)$$

$$\boxed{P = IU} \tag{8.23}$$

für eine konstante Spannung U. Die Einheit der elektrischen Leistung ist $[P] = W = VA = J/s$, wobei W zu Ehren von **Watt**[29] ausgesucht wurde. Die Elektrizitätsrechnung erfolgt meist in Einheiten von Kilowattstunden (kWh), was Leistung mal Zeit entspricht. Aus physikalischen Gründen würde man besser J (Joule) verwenden. Sollte das einmal tatsächlich passieren, geben wir hier noch den Umrechnungsfaktor an: $1 kWh = 3,6 \cdot 10^6$ J.

8.6 Ladungen in elektrischen und magnetischen Feldern

Die Zusammenfassung der Kräfte in elektrischen und magnetischen Feldern ist in den bislang hergeleiteten Ausdrücken für die bei Strömen und Ladungen auftretenden Kräfte enthalten. Wir schreiben sie hier aber noch einmal wegen ihrer großen Bedeutung explizit hin. Die Kraft auf eine Ladung q in einem elektrischen Feld ist nach (7.4)

$$\boldsymbol{F}_{el} = q\boldsymbol{E} \; . \tag{8.24}$$

Für die magnetische Kraft hatten wir den Ausdruck (8.12) auf ein stromtragendes Element angegeben. Ersetzen wir den Ausdruck $I d\boldsymbol{l}$ durch

$$\frac{dQ}{dt} d\boldsymbol{l} = dQ\boldsymbol{v} \; ,$$

wobei $\boldsymbol{v}$ die Geschwindigkeit der Ladungsträger ist, und nennen wir die differentielle Ladung dQ eines einzelnen Teilchens q, so gilt für dieses nach (8.12)

$$\boldsymbol{F}_{mag} = q\boldsymbol{v} \times \boldsymbol{B} \; . \tag{8.25}$$

---

[29]Watt, James, engl. Erfinder, *Greenock-on-Clyde 19.1.1736, †Heathfield bei Birmingham 19.8.1819

Man faßt diese beiden Kräfte in der *Lorentzkraft [Lorentz force]* zusammen

$$F = q\,(E + v \times B)\,,$$
(8.26)

die das Verhalten eines Teilchens der Ladung q in elektrischen und magnetischen Feldern beschreibt. Die Richtung der Kraft wird beim Kreuzprodukt durch die rechte-Hand-Regel (1.14) gegeben. Merkenswert sind folgende, uns bereits bekannte Tatsachen.

- Ein elektrisches Feld beschleunigt eine Ladung parallel zur Feldrichtung.

- Ein magnetisches Feld beschleunigt eine Ladung nur, wenn sie bewegt ist.

- Ein magnetisches Feld beschleunigt immer in eine Richtung, die sowohl senkrecht zur Bewegungsrichtung des Teilchens als auch senkrecht zum Magnetfeld ist.

Daraus folgen die typischen Teilchenbahnen in elektrischen und magnetischen Feldern, die man sich einprägen sollte (Abbn. 8.11 und 8.12).

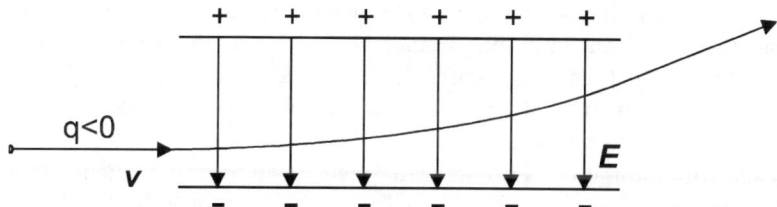

Abbildung 8.11: *Ein Teilchen mit gleichförmiger Geschwindigkeit, das in ein zu seiner Bewegungsrichtung senkrechtes E-Feld gerät, wird auf eine parabelförmige Bahn gelenkt.*

Da beim Magnetfeld die Kraft immer senkrecht zur Bewegungsrichtung anliegt, findet keine Geschwindigkeitsänderung der Ladungen statt; das geladene Teilchen fliegt immer auf einem Kreisbogenstück. Man macht sich diese Eigenschaft in modernen Teilchenbeschleunigern zunutze, indem man geladene Teilchen mit Magnetfeldern auf einer Kreisbahn hält. Der Radius dieser Kreisbahn läßt sich durch Gleichsetzen der Kraft des Magnetfeldes und der Zentripetalkraft (3.21) berechnen.

$$|q\,(v \times B)| = \frac{mv^2}{r}$$

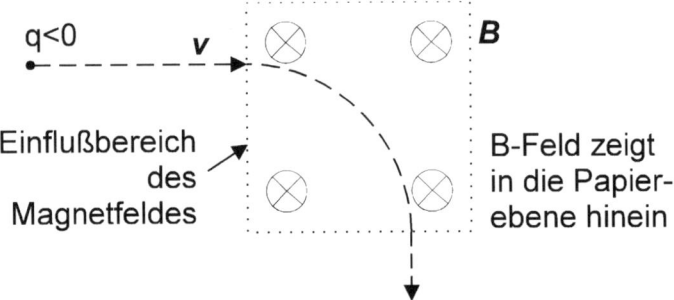

Abbildung 8.12: *Ein Teilchen, das mit v in ein zu seiner Bewegungs-*
richtung senkrechtes magnetisches Feld fliegt, wird nach (8.25) senkrecht zu
seiner Bewegungsrichtung und zum Magnetfeld abgelenkt.

$$r = \frac{mv}{qB} \, . \tag{8.27}$$

Große Magnetfelder verursachen nach (8.27) bei gleicher Geschwindigkeit
einen kleineren Bahnradius der Ladung im Magnetfeld, oder anders gesagt,
um Teilchen mit immer größeren Geschwindigkeiten auf einer konstanten
Kreisbahn zu halten, muß man immer höhere Magnetfelder verwenden. In
den Teilchenbeschleunigern benutzt man also elektrische Felder in Flugrich-
tung der Teilchen, um sie zu beschleunigen und Magnetfelder, um sie auf
einer Kreisbahn zu halten.

Eine Anwendung der Lorentzkraft spielt in Leitern, die einem Magnetfeld ausgesetzt sind, eine besondere Rolle. Denkt man sich eine Konfigu-
ration wie in Abb. 8.13 gezeigt, spielt sich folgendes ab. Durch ein von

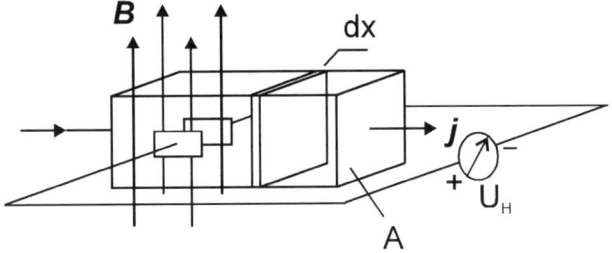

Abbildung 8.13: *Beim Halleffekt werden Ladungsträger, die als Strom*
von links nach rechts fließen, durch das Magnetfeld abgelenkt und erzeugen
die Hallspannung.

außen angelegtes elektrisches Feld werde eine Stromdichte j erzeugt. Setzt man diesen Leiter einem Magnetfeld B aus, das senkrecht zur Stromrichtung anliegt, werden Ladungsträger aufgrund der Lorentzkraft senkrecht zur Stromrichtung abgelenkt. Dadurch häufen sich Ladungsträger auf der einen Seite an; Gleichgewicht besteht, wenn die von ihnen dadurch erzeugte Coulombkraft gerade die magnetische Kraft kompensiert, wenn also

$$F_{el} = -F_{mag} \ .$$

Nach (8.24) und (8.25) bedeutet das

$$qE = -qv \times B \qquad \text{oder}$$
$$|E| = |v \times B| \ .$$

Die auf einer Seite angehäuften Ladungen erzeugen eine Spannung, die **Hall**spannung[30] genannt wird. Sie ergibt sich als

$$U_H = Ed$$

mit d als der Dicke des Leiters. Im hier angenommenen Fall rechter Winkel zwischen den vertoriellen Größen bedeutet das für die Hallspannung, daß

$$U_H = Bdv \ . \tag{8.28}$$

Mit der Erkenntnis, daß der Gesamtstrom durch die Ladungsdichte mal dem Volumen gegeben ist und ein kleines Volumen aus Querschnittsfläche A mal dx besteht, kann man die Stromdichte j im Ausdruck für die Hallspannung verwenden, was für den Experimentator nützlicher ist. Nach Abb. 8.13 ist

$$j = \frac{I}{A} \quad \text{und} \quad I = \rho_n A \frac{dx}{dt} \ ,$$

wobei dt die Zeit ist, die die Ladungsmenge benötigt, um dx weiterzukommen und ρ_n die Ladungsträgerdichte ist. Damit ist

$$j = \rho_n v \ , \tag{8.29}$$

was eingesetzt in (8.28) ergibt

$$\boxed{U_H = \frac{Bd\rho_n}{j}} \ . \tag{8.30}$$

---

[30]Hall, Edwin Herbert, amerikan. Physiker, *Great Falls 7.11.1855, †Cambridge 20.11.1938

Bei bekannter Geometrie, Stromdichte und Ladungsträgerkonzentration kann man somit die Stärke eines Magnetfeldes bestimmen. Man bezeichnet einen so verwendeten Aufbau eine *Hallsonde* [*hall probe*]. Umgekehrt kann man bei bekanntem Magnetfeld die Ladungsträgerdichte ρ_n bestimmen, ein oft verwendetes Verfahren. Besonders günstig ist bei dieser Methode, daß mit dem Vorzeichen der Hallspannung außerdem noch das Vorzeichen der Überschußladungsträger herauskommt.

9   Elektromagnetismus und Anwendungen

In den beiden letzten Kapiteln haben wir uns mit stationären elektrischen und magnetischen Feldern beschäftigt. Für beide haben wir die Kraftverursacher gefunden und einige Sätze formuliert. Im elektrischen Feld waren es die Ladungen, im magnetischen Fall stromtragende Elemente, die die Felder erzeugten, die sich wiederum zur Beschreibung der auftretenden Kräfte eigneten. Da stromtragende Elemente *per definitionem* das gleiche sind wie sich zeitlich verändernde Ladungen, hatten wir bereits einen engen Zusammenhang zwischen elektrischen und magnetischen Feldern vermutet. Das soll sich in diesem Kapitel weiter bestätigen und wird auf die Vereinheitlichungen von Elektrizitätslehre und Magnetismus in den Maxwellgleichungen hinauslaufen. Zunächst sehen wir uns an, was passiert, wenn wir *zeitlich veränderliche* elektrische oder magnetische Felder haben.

9.1   Induktionsgesetz

In seinen Versuchen zur Induktion hat **Faraday** [31] untersucht, inwieweit man das Ampèresche Durchflutungsgestz (8.14) umdrehen kann, inwieweit man also mit einem Magnetfeld einen Strom erzeugen kann. Er stellte zu dieser Frage eine Leiterschleife in verschiedene magnetische Felder, die mit Stabmagneten oder mit Spulen erzeugt waren (Abb. 9.1). In allen Fällen aus Abb. 9.1 erhielt Faraday einen Ausschlag an seinem Meßgerät, mit dem er den Strom maß, der durch die Leiterschleife floss; in allen drei Fällen wurde also eine Spannung durch das Magnetfeld erzeugt. Er erhielt allerdings *keinen* Strom, wenn er die Leiterschleife lediglich ruhig (stationär) im Magnetfeld hielt, wenn er also in Abb. 9.1 den Stabmagneten nicht bewegte, die Spule konstant ließ, oder die Schleife nicht im homogenen Feld drehte. Er schloß daraus auf das allgemein gültige *Induktionsgesetz*:

[31]Faraday, Michael, engl. Physiker und Chemiker, *Newington Butts bei London 22.9.1791, †Hampton Court-Green bei London 25.8.1867

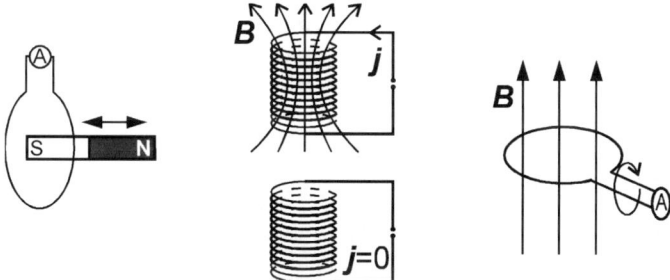

Abbildung 9.1: *Die Faradayschen Experimente zur Induktion bestanden darin, daß er mit einer Leiterschleife und verschiedenen Magnetfeldern untersuchte, wann ein Strom erzeugt wurde. Links: Ein Stabmagnet wird in eine Leiterschleife eingeführt. Mitte: Ein Magnetfeld wird durch An- und Abschalten des Stroms durch eine Spule an- und abgeschaltet. Rechts: Eine Leiterschleife wird in einem homogenen Magnetfeld gedreht.*

In einem Leiter wird eine Spannung erzeugt, wenn das ihn umgebende Magnetfeld B sich zeitlich verändert.

In allen drei Fällen muß sich die Anzahl der Feldlinien, die durch die umschlossene Fläche A fließt, zeitlich ändern, um eine Spannung zu erzeugen. Dafür hatten wir in (8.16) bereits den magnetischen Fluß ϕ_{mag} definiert, der durch sein Skalarprodukt ein Maß für die Winkel zwischen dem Magnetfeld B und einer Fläche A lieferte.

$$\phi_{mag} = \int B \cdot dA \ . \tag{9.1}$$

Die experimentelle Tatsache, daß eine Spannung nur induziert wird, wenn sich ϕ_{mag} zeitlich ändert, drücken wir so aus

$$U_{ind} \propto -\frac{d\phi_{mag}}{dt} \ , \tag{9.2}$$

wobei U_{ind} die durch das Magnetfeld induzierte Spannung sei. Die Proportionalitätskonstante in (9.2) ist 1, so daß wir mit (9.1) schreiben können

$$\boxed{U_{ind} = -\frac{d}{dt} \int B \cdot dA \ .} \tag{9.3}$$

Das ist die mathematische Formulierung der Beobachtungen Faradays. Ändert sich das Magnetfeld (oder die Fläche), gibt es eine Spannung, ändert sich nichts, ist $U_{ind} = 0$. In (9.2) und (9.3) muß ein Minuszeichen stehen, denn sonst würde die durch das Magnetfeld induzierte Spannung durch den dann fließenden Strom wieder ein Magnetfeld erzeugen, das das ursprüngliche verstärken würde. Dieser Prozeß würde sich immer mehr aufschaukeln und zu einem unendlich großen Magnetfeld führen. Man drückt diese Selbstverständlichkeit als **Lenz**sche[32] Regel aus :

Das Vorzeichen einer induzierten Spannung ist immer so, daß der durch sie verursachte Strom mit seinem Magnetfeld dem verursachenden Magnetfeld entgegenwirkt.

Natürlich gilt das Induktionsgesetz nicht nur für Ströme und Spannungen, die von einem anderen Magnetfeld erzeugt werden, sondern auch für jeden Strom und dessen eigenes Magnetfeld, wenn es sich verändert. Schließt man z.B. eine Spule an eine Spannung an, wie in Abb. 9.2 gezeigt, steigt der Strom nicht plötzlich an, sondern es passiert folgendes: Der sich ändernde Strom in der Spule erzeugt ein ansteigendes Magnetfeld, das nach (9.3) eine Spannung an der Spule induziert, die der ursprünglichen Spannung entgegengerichtet ist. Das verzögert den Anstieg des Stromes. Man bezeichnet dieses Phänomen als *Selbstinduktion [self-induction]*; es findet in der Technik vielfältige Anwendung. Es ist einsichtig, daß eine induzierte Spannung proportional der Änderung des Stromes ist

$$\boxed{U_{ind} = -L\frac{dI}{dt}\,,} \tag{9.4}$$

und man bezeichnet die Proportionalitätskonstante als *Induktivität [inductance]* L mit der Einheit $[L] = $ H oder **Henry**[33] , wobei 1 H = Vs/A. Eine Spule hat demnach eine Induktivität von 1 H, wenn sie bei einer in ihr stattfindenden Stromänderung von 1 A pro Sekunde eine Spannung von 1 V induziert. Typische Bauelemente in elektronischen Schaltkreisen haben Induktivitäten im Bereich von mH und werden oft in Schwingkreisen, wie wir sie bei der Herleitung von (4.6) besprochen haben, eingesetzt.

9.2   Maxwellgleichungen

Die vielfach erwähnte Gemeinsamkeit oder Parallelität der Elektrizitätslehre und des Magnetismus wird in den berühmten Maxwellgleichungen formalisiert. Zwei von ihnen haben wir bereits behandelt, und zwar waren das der

---

[32]Lenz, Heinrich Friedrich Emil, Physiker, *Dorpat 12.2.1804, †Rom 10.2.1865
[33]Henry, Joseph, amerikan. Physiker, *Albany 17.12.1797, †Washington 13.5.1878

Gaußsche Satz im Dielektrikum (7.23)

$$\oint \boldsymbol{D} \cdot d\boldsymbol{A} = Q \tag{9.5}$$

und sein Analog (8.17) im materieerfüllten Raum für das magnetische Feld.

$$\oint \boldsymbol{B} \cdot d\boldsymbol{A} = 0 \tag{9.6}$$

Diese beiden Gesetze beschreiben die Beobachtungen, daß elektrische Felder von Ladungen ausgehen (9.5) und daß es keine magnetischen Ladungen gibt, d.h. Monopole (9.6). Die beiden anderen Maxwellgleichungen drücken die Verbindung zwischen elektrischen und magnetischen Feldern aus, also die Tatsache, daß magnetische Felder elektrische induzieren und umgekehrt. Eine solche Gleichung haben wir quasi durch das Induktionsgesetz (9.3), wenn wir die dort auftretende, induzierte Spannung U durch ein elektrisches Feld ausdrücken. Nach (7.17) ist eine Spannung ein Linienintegral entlang eines Feldes

$$U = \int \boldsymbol{E} \cdot d\boldsymbol{s} \ ,$$

und für Felder, die kreisförmig um ein sich änderndes $\boldsymbol{B}$-Feld entstehen, schreibt man dann ein Kreisintegral. Eingesetzt in (9.3) ergibt das

$$\oint \boldsymbol{E} \cdot d\boldsymbol{s} = -\frac{d}{dt} \int \boldsymbol{B} \cdot d\boldsymbol{A} \ . \tag{9.7}$$

Das ist äquivalent zu der Aussage, daß ein sich zeitlich änderndes Magnetfeld ein elektrisches Feld erzeugt. Man möge sich dies noch einmal klarmachen, ohne von Linien- und Flächenintegralen verwirrt zu werden. Das geschlossene Integral des elektrischen Feldes entlang einer Linie ist bei stationärem magnetischen Feld null. Das folgt daraus, daß Coulombfelder konservativ sind. Eine magnetische *Flußänderung*, wie sie rechts in (9.7) steht, vermag jedoch gerade das! Sie erzeugt ein elektrisches Feld, dessen Integral über eine geschlossene Linie von null verschieden ist. Das ist gleichbedeutend damit, daß durch Induktion erzeugte elektrische Felder *nicht konservativ* sind. Man kann für sie demnach auch kein Potential einführen, das sie als Funktion des Ortes allein beschreibt. Wegen der Analogie zu einem Wirbel nennt man das links in (9.7) auftretende Feld auch ein *elektrisches Wirbelfeld* [*electrical rotational field*].

Wir vermuten bereits, daß das Umgekehrte auch gilt, daß nämlich sich ändernde elektrische Felder magnetische Felder erzeugen. Maxwell hat dies in seinem vierten Gesetz formuliert

$$\oint \boldsymbol{H} \cdot d\boldsymbol{s} = \int \boldsymbol{j} \cdot d\boldsymbol{A} + \frac{d}{dt} \int \boldsymbol{D} \cdot d\boldsymbol{A} \ , \qquad (9.8)$$

von dem wir den ersten Term auf der rechten Seite bereits kennen. Dieser resultiert aus dem Ampèreschen Durchflutungsgesetz (8.15) und besagt, daß konstante elektrische Ströme ein magnetisches Wirbelfeld um sich herum erzeugen. Der zweite Term ist die Maxwellsche Erkenntnis, daß sich ändernde elektrische Felder oder genauer, die sich ändernden Verschiebungsdichten $\boldsymbol{D}$ magnetischer Felder erzeugen. (9.5) – (9.8) sind die *vier Maxwellgleichungen [Maxwell's equation]*, die deshalb berühmt sind, weil sie eine vollständige Beschreibung aller elektrischen und magnetischen Phänomene erlauben.

Aufgrund von mathematischen Vektoridentitäten lassen sich die Maxwellgleichungen auch in differentieller Form schreiben. Wir wollen das hier kurz darstellen, erstens, damit man es einmal gesehen hat, und zweitens, weil wir damit ein schönes Beispiel rechnen können, das den engen Zusammenhang zwischen Elektrizitätslehre und Magnetismus zeigt. Die Maxwellgleichungen lauten in differentieller Form

$$\nabla \cdot \boldsymbol{D} = \rho \qquad (9.9)$$

$$\nabla \cdot \boldsymbol{B} = 0 \qquad (9.10)$$

$$\nabla \times \boldsymbol{E} = -\frac{d}{dt}\boldsymbol{B} \qquad (9.11)$$

$$\nabla \times \boldsymbol{H} = \boldsymbol{j} + \frac{d}{dt}\boldsymbol{D} \ . \qquad (9.12)$$

Diese Gleichungen entsprechen (9.5) – (9.8), und in ihnen bedeutet ∇ eine Ableitung eines Vektorfeldes wie $\boldsymbol{E}$ oder $\boldsymbol{B}$. Die Definitionen sind

$$\nabla \cdot \boldsymbol{D} = \frac{\partial}{\partial x}D_x + \frac{\partial}{\partial y}D_y + \frac{\partial}{\partial z}D_z \qquad (9.13)$$

und

$$\begin{aligned}
\nabla \times \boldsymbol{E} &= \left(\frac{\partial E_z}{\partial y} - \frac{\partial E_y}{\partial z} \right) \hat{\boldsymbol{x}} \\
&+ \left(\frac{\partial E_x}{\partial z} - \frac{\partial E_z}{\partial x} \right) \hat{\boldsymbol{y}} \\
&+ \left(\frac{\partial E_y}{\partial x} - \frac{\partial E_x}{\partial y} \right) \hat{\boldsymbol{z}} .
\end{aligned} \qquad (9.14)$$

Man möge (9.13) und (9.14) einfach als Vorschriften für die x-,y- und z-Komponenten der Felder betrachten, wie die Ableitungen vorzunehmen sind.

Als *Beispiel* wollen wir uns ansehen, wie eine elektromagnetische Welle aus diesen Gleichungen entstehen kann. Im Vakuum lautet (9.12), wenn wir die Ableitung (9.14) auf die ganze Gleichung anwenden,

$$\nabla \times (\nabla \times \boldsymbol{H}) = \frac{d}{dt} (\nabla \times \boldsymbol{D}) \ , \tag{9.15}$$

da die Stromdichte $\boldsymbol{j}$ im Vakuum null ist. Folgende mathematische Identität hilft uns mit der linken Seite von (9.15) weiter

$$\nabla \times (\nabla \times \boldsymbol{H}) = \nabla (\nabla \cdot \boldsymbol{H}) - \nabla^2 \boldsymbol{H}$$
$$= -\nabla^2 \boldsymbol{H} \ .$$

Der letzte Schritt folgt aus (9.10), das heißt aus der Quellenfreiheit des magnetischen Feldes, und ∇^2 bedeutet die zweifache Ableitung

$$\nabla^2 \boldsymbol{H} = \frac{\partial^2}{\partial x^2} H_x + \frac{\partial^2}{\partial y^2} H_y + \frac{\partial^2}{\partial z^2} H_z \ . \tag{9.16}$$

Dann ersetzen wir das Kreuzprodukt rechts in (9.15) durch (9.11) und erhalten mit $\boldsymbol{D} = \varepsilon_0 \boldsymbol{E}$ und $\boldsymbol{B} = \mu_0 \boldsymbol{H}$

$$\nabla^2 \boldsymbol{B} = \mu_0 \varepsilon_0 \frac{d^2}{dt^2} \boldsymbol{B} \ . \tag{9.17}$$

Dies ist die Wellengleichung (5.7), diesmal direkt für den dreidimensionalen Fall hergeleitet. Die Lösung hierzu ist im Abschnitt 5.2 diskutiert.

Damit haben wir aus den Maxwellgleichungen die *Wellengleichung* [*wave equation*] hergeleitet. Wir sehen, daß als Phasengeschwindigkeit elektromagnetischer Wellen $v_{Ph} = (\mu_0 \varepsilon_0)^{-1/2}$ herauskommt, was zahlenmäßig, wie man sich leicht überzeugen kann, als $v_{Ph} = c = 3,00 \cdot 10^8$ m/s bedeutet. Die entsprechende Gleichung für $\boldsymbol{E}$ läßt sich auf gleiche Art aufstellen. Bei einer elektromagnetischen Welle erzeugt abwechselnd ein elektrisches Feld durch seine zeitliche Änderung ein magnetisches Wirbelfeld und das wiederum ein elektrisches Wirbelfeld. Beide zusammen propagieren nach (9.17) mit Lichtgeschwindigkeit durch den Raum. Elektromagnetische Wellen können sich ohne Trägermedium, also im Vakuum, fortbewegen. Je nach ihrer Frequenz bzw. Wellenlänge, unterscheidet man Radio-, Millimeter-, Ferninfrarot, Infrarot, sichtbare, ultraviolette, Röntgen- oder Gammastrahlen; im Prinzip sind sie jedoch alle sich gegenseitig erzeugende und mit Lichtgeschwindigkeit propagierende elektrische und magnetische Wirbelfelder.

9.3   Generator und Transformator

Die für uns wahrscheinlich wichtigste Anwendung des Elektromagnetismus ist die Anwendung als *Generator [generator]* aufgrund des Induktionsgesetzes (9.2) bzw. (9.3). Grundprinzip vom Fahrraddynamo bis zum Kraftwerkgenerator ist die zeitliche Änderung des Flusses, die eine Spannung in einer Leiterschleife hervorruft. Damit kann man also mechanische Drehenergie in elektrische Energie umwandeln, und wir wollen uns jetzt genau ansehen, wie man das macht. In Abb. 9.2 ist eine Leiterschleife [*conducting loop*] gezeigt, die sich aufgrund eines äußeren Antriebs im Magnetfeld $\boldsymbol{H}$ drehe. Für eine

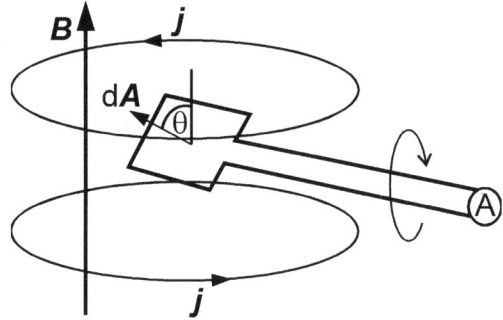

Abbildung 9.2:   *Grundprinzip des Generators. In einem magnetischen Feld, das hier von einer Spule erzeugt wird, dreht man eine Leiterschleife. Die Flußänderung in der Leiterfläche induziert nach (9.2) eine Spannung U.*

einzige Schleife beschreibt (9.2) die induzierte Spannung.

$$U = -\frac{d\phi_{mag}}{dt}$$
$$= -\frac{d}{dt}\int \boldsymbol{B} \cdot d\boldsymbol{A}$$

Hat man viele Schleifen zu einer durchgängigen Spule gewunden und dreht diese im Magnetfeld, steigert sich die induzierte Spannung gerade um die Anzahl der Windungen N

$$U = -N\frac{d}{dt}\int \boldsymbol{B} \cdot d\boldsymbol{A} \ . \tag{9.18}$$

Das Flächenintegral ist in Fall von Abb. 9.2 leicht zu lösen, da zwischen $\boldsymbol{B}$ und $d\boldsymbol{A}$ der Winkel θ besteht und das Skalarprodukt in (9.18) nach (3.1) gerade

$$U = -N\frac{d}{dt}\left[\int |\boldsymbol{B}|\,|d\boldsymbol{A}|\cos\theta\right] \qquad (9.19)$$

ist. Weder $|\boldsymbol{B}|$ noch $\cos\theta$ hängen von der Fläche ab, so daß man nur $\int |d\boldsymbol{A}| = A$ vom Integral übrig hat. Zur Verdeutlichung der Zeitabhängigkeit sind in (9.19) eckige Klammern hinzugefügt. Also ist

$$U = -NBA\frac{d}{dt}(\cos\theta) \; . \qquad (9.20)$$

Bei einer Drehbewegung ist lediglich der Winkel zeitabhängig, so daß sich ergibt

$$U = NBA\frac{d\theta}{dt}\sin\theta \; .$$

Die zeitliche Ableitung eines Winkels ist bekanntlich die Winkelgeschwindigkeit (1.12), die oft mit ω bezeichnet wird, und damit ist

$$\boxed{U = NBA\omega\sin\omega t \; .} \qquad (9.21)$$

Die von einem Generator, der sich mit konstanter Winkelgeschwindigkeit dreht, erzeugte Spannung ist also eine Sinusfunktion, deren Amplitude gleich $NBA\omega$ ist. Es ist klar, daß keine Spannung erzeugt wird, wenn man die Leiterschleife nicht dreht ($\omega = 0$). Das passiert, wenn man mit dem Fahrrad anhält und der Dynamo sich nicht mehr dreht.

Eine weitere wichtige Anwendung, bei der die zeitliche Flußänderung eine Rolle spielt, ist der *Transformator* [*transformer*]. Man nutzt hier aus, daß man um zwei Enden eines Eisenkerns (Abb. 9.3) eine i.a. unterschiedliche

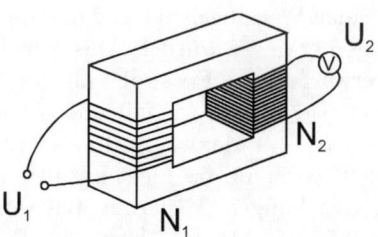

Abbildung 9.3: *Beim Transformator ist der gesamte Eisenkern vom gleichen Fluß durchsetzt. Durch die verschiedenen Windungszahlen auf der Primär- und Sekundärseite kommen unterschiedliche Spannungen zustande.*

Anzahl von Windungen legt. Der durch eine sich zeitlich ändernde, an der Primärspule angelegte Spannung erzeugte magnetische Fluß durchsetzt den ganzen Eisenkern. Auf der Primärseite gilt

$$U_1 = -N_1 \frac{d\phi_{mag}}{dt} \ .$$

Auf der Sekundärseite erzeugt die gleiche Flußänderung eine Sekundärspannung U_2

$$U_2 = -N_2 \frac{d\phi_{mag}}{dt} \ .$$

Demnach ist

$$\boxed{U_2 = \frac{N_2}{N_1} U_1 \ ,} \qquad \text{für} \quad \frac{d\phi_{mag}}{dt} \neq 0 \ ,$$

und man kann mit solchen Eisenkernen Spannung entsprechend den Windungszahlen herauf- oder heruntertransformieren. Wichtig ist, daß es nur für zeitlich nicht konstante Spannungen, also im technischen Bereich für Wechselspannung, funktioniert, da sonst $d\phi_{mag}/dt = 0$ wäre.

Teil 3: Optik

10 Optik

Viele Philosophen und Naturwissenschaftler haben sich in der Vergangenheit damit beschäftigt zu erklären, was Licht eigentlich ist. Einer der Großen unter ihnen, Newton, stellte 1704 mit seinem Buch "Opticks" die Hypothese auf, daß Licht kleine Teilchen seien, die bei der Annäherung an Linsen von ihrem ursprünglich geraden Weg abgelenkt und damit die damals bekannten Brechnungserscheinungen erklären würden. Das war die Korpuskulartheorie. Sie wurde später verworfen, und **Fresnel**[34] machte den Vorschlag, daß es Wellen seien und brachte sie in Analogie mit uns gewohnten Wellenschwingungen. Schließlich erklärte 1871 Maxwell Licht als elektromagnetische Welle und formulierte eine Theorie für das Licht mit den berühmten, nach ihm schließlich benannten Gleichungen. Experimentell wurde das wellenartige Verhalten des Lichtes 1886 von **Hertz**[35] bestätigt. Für eine Zeitlang schien diese Vorstellung zu genügen bis jedoch experimentell Effekte gefunden

---

[34]Fresnel, Augustin Jean, frz. Ingenieur und Physiker, *Broglie (Eure) 10.5.1788, †Ville d'Avray bei Paris 14.7.1827
[35]Hertz, Heinrich Rudolf, Physiker, *Hamburg 22.2.1857, †Bonn 1.1.1894

wurden, die das Wellenverhalten in Frage stellten. Der Photoeffekt ist der bekannteste unter ihnen, und er führt zu unserem heutigen Verständnis des Lichtes, wonach sich Licht in bestimmten Situationen wie eine Welle verhält, in anderen jedoch wie ein Teilchen. Wir sagen also heutzutage nicht mehr was Licht *ist*, sondern wie es *reagiert*, wenn man es bestimmten Situationen unterwirft, und so gesehen hatte bereits Newton mit seiner Korpuskular-theorie nicht so ganz Unrecht.

Die moderne Theorie des Lichtes wollen wir bis zur Atomphysik warten lassen. Hier wollen wir uns mit der Optik Maxwells und Hertz' befassen und verstehen, was man damit meint, wenn man sagt, Licht verhalte sich wie eine Welle.

10.1 Licht als elektromagnetische Welle

Die von Maxwell aufgestellte Behauptung, Licht sei eine elektromagnetische Welle, kommt insofern aus den Maxwellgleichungen, als daß die Aussage, elektrische und magnetische Felder könnten sich gegenseitig induzieren, in diesen Gleichungen steckt. Bei der Herleitung der Wellengleichung hatten wir ebenfalls die Situation, daß eine Kugel über eine Feder eine benachbarte Kugel zur Bewegung induzieren konnte, die ihrerseits eine weitere Kugel anregen konnte.

Doch sehen wir uns das Hertzsche Experiment an, mit dem solche elek-tromagnetischen Wellen erstmals erzeugt und nachgewiesen wurden. Nimmt man einen Draht und führt ihm in der Mitte, wie in Abb. 10.1 gezeigt, eine Wechselspannung zu, dann befindet sich zu einem Zeitpunkt die gesamte negative Ladung links, einen Halbzyklus der Wechselspannung später, ent-sprechend die gesamte negative Ladung rechts am Ende des Drahts. In den

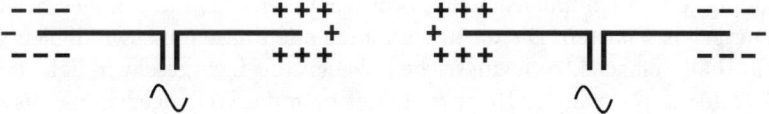

Abbildung 10.1: *Bei angelegter Wechselspannung an einem Hertzschen Dipol befindet sich die negative Ladung einmal vorwiegend links und einmal rechts am Ende. Die Frequenz, mit der die Ladungen hin- und herschwingen, entspricht der Frequenz der angelegten Wechselspannung.*

stilisierten Hertzschen Dipol in Abb. 10.2 zeichnen wir jetzt die Feldlini-en ein, die durch den Raum gehen und die, wie bekannt, von positiver zu negativer Ladung zeigen. Dadurch, daß das sich ändernde elektrische Feld

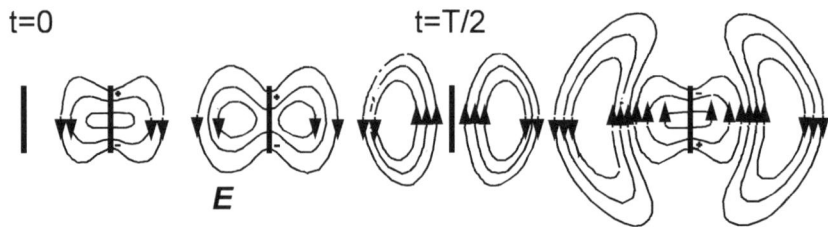

Abbildung 10.2: *Zeichnet man die Feldlinien ein, die beim oszillierenden Hertzschen Dipol aus Abb. 10.1 entstehen, kann man die sich ablösende elektromagnetische Welle sehen. Gezeichnet sind lediglich die elektrischen Feldlinien; die magnetischen sind kreisförmig um den Dipol angeordnet und kehren ihre Richtung ebenfalls alle halbe Periode $T/2$ um.*

ein Magnetfeld erzeugt und dieses wiederum ein elektrisches Feld, propagieren beide — sich gegenseitig immer wieder induzierend — durch den Raum. Sowohl elektrisches Feld als auch magnetisches Feld können als eine Vektorwelle beschrieben werden.

$$E(x,t) = E_0 \cos{(k \cdot x - \omega t - \alpha)}$$
$$B(x,t) = B_0 \cos{(k \cdot x - \omega t - \alpha)} \tag{10.1}$$

Dabei sind E_0 bzw. B_0 die Amplitude des jeweiligen Felds, k der Wellenvektor, der in Ausbreitungsrichtung zeigt und $\omega = 2\pi\nu$ die Kreisfrequenz des Lichtes. Sowohl E_0 als auch B_0 erfüllen die dreidimensionale Wellengleichung, deren eindimensionale Form wir bereits als (5.7) aufgeschrieben und hergeleitet hatten. Die darin vorkommende Phasengeschwindigkeit v_{Ph} ist im Falle der elektromagnetischen Wellen die Lichtgeschwindigkeit $c = 299792{,}458$ km/s $\approx 3,00 \cdot 10^8$ m/s. Leitet man die Wellengleichung aus den Maxwellgleichungen (9.17) her, erhält man $v_{Ph} = 1/\sqrt{\mu_0\varepsilon_0}$, wobei μ_0 und ε_0 die *absolute Permeabilität [permeability]* und die *Dielektrizitätskonstante [dielectric constant* oder *permittivity]* des Vakuums sind. Ihre Zahlenwerte sind $\mu_0 = 1,26 \cdot 10^{-6}$ Vs $(Am)^{-1}$ und $\varepsilon_0 = 8,85 \cdot 10^{-12}$ As $(Vm)^{-1}$.

Findet die Ausbreitung des Lichtes nicht im Vakuum sondern in einem Medium statt, ersetzt man μ_0 durch $\mu_0\mu_r$ und ε_0 durch $\varepsilon_0\varepsilon_r$, wobei der Index "$r$" relative Materialkonstanten indiziert, die dimensionslos sind und einen relativen Zahlenwert für jedes Material haben. Für die Phasengeschwindigkeit folgt dann

$$v_{Ph} = \frac{1}{\sqrt{\varepsilon_r \mu_r \varepsilon_0 \mu_0}} = \frac{c}{n} \, , \qquad (10.2)$$

mit $n = \sqrt{\varepsilon_r \mu_r}$. Typische Zahlenwerte sind $\mu_r = 1$ für fast alle Materialien und $n \approx 1$ für Luft, $n \approx 1,33$ für Wasser, $n \approx 1,5$ für Glas und $n \approx 4$ für Silizium jeweils für sichtbares Licht. Zwei Aussagen stecken in diesem Satz: Einmal ist die Ausbreitungsgeschwindigkeit des Lichtes in Medien fast immer kleiner als im Vakuum, da meistens $n > 1$ (im sichtbaren Bereich immer, im Röntgenbereich gibt es Ausnahmen), und zweitens ist diese Materialkonstante n, die *Brechungsindex [index of refraction]* genannt wird, nicht für alle Lichtwellenlängen gleich. Das sichtbare Licht ist nur ein kleiner Ausschnitt des gesamten elektromagnetischen Spektrums, das von langwelligen Radiowellen, Fernsehwellen, Wärmestrahlung über sichtbares Licht, UV bis hin zu Röntgen- und Gammastrahlen reicht. Ebenfalls über den kleinen Bereich der Wellenlängen $\lambda(\text{blau}) \approx 450$ nm (1 nm $= 10^{-9}$ m) über $\lambda(\text{grün}) \approx 520$ nm bis $\lambda(\text{rot}) \approx 650$ nm ist der Brechungsindex nicht konstant. Dies nutzen wir z.B. beim Prisma aus, das wir unten besprechen wollen.

Licht ist ferner eine *Transversalwelle*, d.h. elektrisches und magnetisches Feld sind *immer* senkrecht zum Ausbreitungsvektor. Alle elektromagnetische Wellen transportieren Energie, die je zur Hälfte im elektrischen und im magnetischen Feld steckt. Der Transport findet in Ausbreitungsrichtung der Welle statt und wird mit den *Poynting-Vektor* $\boldsymbol{S}$ ausgedrückt

$$\boldsymbol{S} = \boldsymbol{E} \times \boldsymbol{H} \, .$$

Die Transversalität läßt sich experimentell mit Polarisationsfolien nachweisen, die, wenn sie gekreuzt zueinander gehalten werden, kein Licht hindurch lassen, während sie in paralleler Stellung nur unwesentlich absorbieren. Bringt man aber zwischen die gekreuzten Polarisatoren einen weiteren, der um 45° zu den beiden anderen gedreht ist, werden alle zusammen wieder einigermaßen durchsichtig (Abb. 10.3). Man rufe sich ins Gedächtnis, daß eine solche Polarisierbarkeit sehr stark für den Wellencharakter des Lichtes spricht; Teilchen sind nicht durch die dritte, um 45° gedrehte Folie zum Durchdringen aller drei Folien zu bringen.

10.2 Reflexions- und Brechungsgesetz

Das Gesetz, das die Reflexion von Licht an einer Grenzschicht [*boundary*] beschreibt, ist an Einfachheit kaum zu übertreffen. Es lautet **Einfallswin-**

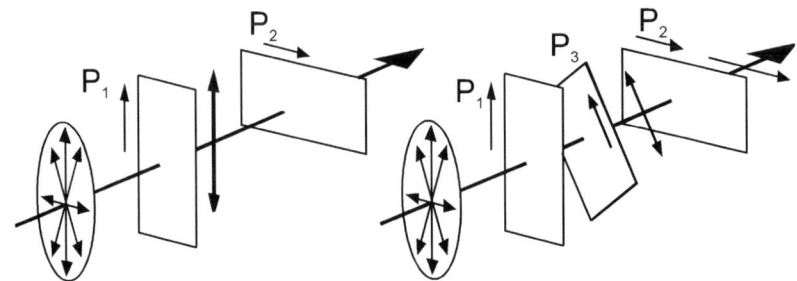

Abbildung 10.3: *Polarisationsexperimente zur Wellennatur des Lichtes.*
Unpolarisiertes Licht, das auf zwei zueinander gekreuzte Folien einfällt,
dringt nicht durch beide hindurch (links). Fügt man eine dritte (P₃) hin-
zu, die um 45° gedreht ist, wird die senkrechte Komponente absorbiert. Die
parallele Komponente trifft dann im Winkel von 45° auf den dritten Pola-
risator, der wegen seiner 90°-Stellung zum einfallenden Licht wiederum die
Hälfte hindurchläßt.

kel gleich Reflexionswinkel [*angle of incidence equals angle of reflection*]
und gilt immer an einer einfachen Grenzfläche zwischen zwei Medien (Abb.
10.4).

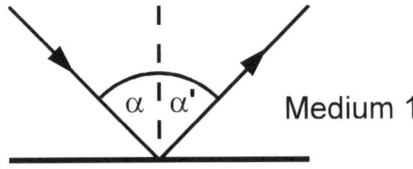

Abbildung 10.4: *Für eine einfache Grenzfläche gilt, daß der Einfallswin-*
kel α zum Lot gemessen gleich dem Reflexionswinkel α' ist.

Ist das Material, auf dessen Grenzfläche der einfallende Strahl trifft, für
diesen einigermaßen transparent, gibt es außer dem reflektierten auch einen
eindringenden Strahl, dessen Winkel zum Lot wir uns überlegen wollen. Betrachten wir das Beispiel, daß ein Strahl aus der Luft (Medium 1) auf ein
dickes Glasstück (Medium 2) trifft (Abb. 10.5). Der Strahl sei ein paralleles Lichtbündel, das durch die beiden Randstrahlen in Abb. 10.5 begrenzt
werde. Ebenfalls eingezeichnet ist die Wellenfront des einfallenden Strahls

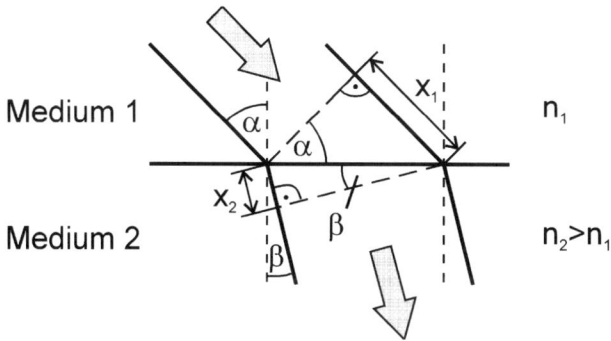

Abbildung 10.5: *Trifft ein Strahl auf eine Grenzfläche, wird er gebrochen, d.h.* $\alpha \neq \beta$. *Die Senkrechte zur Oberfläche, das Lot, ist gestrichelt gezeichnet.*

zum Zeitpunkt des Auftreffens des linken Randstrahls auf die Grenzfläche. Während von jetzt an der linke Strahl im Glas propagiert, bewegt sich der rechte Randstrahl noch in der Luft. Wegen des Brechungsindexes von Glas ist die Phasengeschwindigkeit des linken Randstrahls jetzt kleiner; Licht propagiert in Medien mit $n > 1$ langsamer als im Vakuum (10.2). Erst wenn der rechte Randstrahl ebenfalls die Grenzfläche erreicht hat, gibt es wieder eine gerade Wellenfront, die jetzt im Glas propagiert. Der Effekt ist ähnlich dem der Steuerung eines Kettenfahrzeuges; durch Abbremsen z.B. der rechten Kette dreht sich das Fahrzeug so lange nach rechts, bis beide wieder gleich schnell laufen. Licht dreht sich in der Situation von Abb. 10.5 ebenfalls nach rechts in Richtung des Lots. Fällt das Licht dagegen senkrecht auf die Grenzfläche, erreicht die Wellenfront die gesamte Grenzfläche gleichzeitig und propagiert in die gleiche Richtung mit der neuen Phasengeschwindigkeit, ohne seine Richtung zu ändern.

Für $\alpha \neq 0$ erhalten wir β aufgrund folgender Überlegung: Die respektiven Randstrahlen benötigen für die Wegstrecke x_2 und x_1 in Abb. 10.5 definitionsgemäß die gleiche Zeit T. In Geschwindigkeiten ausgedrückt ist das $x_1 = c_1 T$ und $x_2 = c_2 T$. Die Winkel α und β sind gegeben durch

$$\sin \alpha = \frac{x_1}{l} \qquad \text{und} \qquad \sin \beta = \frac{x_2}{l} \, ,$$

wobei l der Abstand der Auftreffpunkte der beiden Randstrahlen ist. Bilden wir das Verhältnis der beiden Sinus, ergibt sich

$$\frac{\sin\alpha}{\sin\beta} = \frac{c_1}{c_2} \; ,$$

d.h. das Verhältnis der Sinus der Winkel ist gerade gleich dem Verhältnis der Geschwindigkeiten. Da man die Phasengeschwindigkeiten üblicherweise durch den Brechungsindex ausdrückt (10.2), kann man das auch schreiben als:

$$\boxed{\frac{\sin\alpha}{\sin\beta} = \frac{n_2}{n_1}} \; . \qquad (10.3)$$

Dies ist das **Snellius**[36]sche Brechungsgesetz, von dem wir noch einigen Gebrauch machen werden. Ob der zweite Winkel größer oder kleiner als der erste Winkel ist, hängt nach (10.3) davon ab, ob der Brechungsindex des zweiten Mediums größer oder kleiner als der des ersten ist. Die Erscheinung, daß sich der Winkel beim Übergang von einem Medium in ein zweites mit verschiedenem Brechungsindex ändert, heißt *Brechung [refraction]*. Man merke sich, daß beim Übergang vom, wie man sagt, optisch dünneren zum optisch dichteren Medium das Licht zum Lot hingebrochen wird. "Optisch dichter" heißt also mit größerem Brechungsindex; es hat mit größerer Massendichte nichts zu tun!

Wann wird nach dem bisher Gesagten vom Lot weggebrochen? Offensichtlich ist das dann der Fall, wenn der zweite Brechungsindex kleiner ist als der erste. Das gilt z.B. beim Übergang von Glas nach Luft, wie in Abb. 10.6 dargestellt. In dieser Situation (und nur in dieser) gibt es den interessanten Fall, daß $\beta = 90°$ und damit $\sin\beta = 1$. Aus dem Snelliusschen Gesetz (10.3) folgt, daß es Brechung für größere α nicht mehr geben kann, da dann das Verhältnis von $\sin\alpha/\sin\beta$ nicht mehr konstant wäre ($\max\{\sin\beta\} = 1$). In diesem Fall wird alles Licht reflektiert. Man nennt dieses Phänomen *Totalreflexion [total internal reflection]*. Der Grenzwinkel der Totalreflexion α_G ist durch $\sin\beta = 1$, d.h.

$$\boxed{\sin\alpha_G = \frac{n_2}{n_1}} \qquad (10.4)$$

gegeben. Man erfährt diesen Effekt z.B. wenn man als Taucher durch eine Taucherbrille aus dem Wasser nach oben sieht; für die flacheren Winkel sieht man nicht mehr aus dem Wasser heraus, sondern man sieht nur noch

---

[36]Snellius, Snel van Rojen, Willebrord, niederländ. Mathematiker und Physiker, *Leiden 1580, †ebd. 30.10.1626

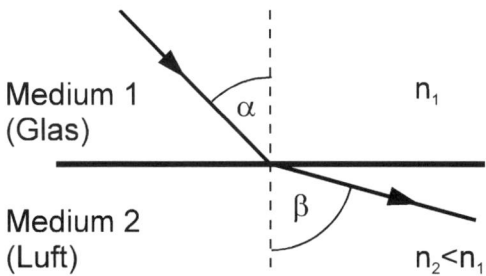

Abbildung 10.6: *Beim Übergang vom optisch dichteren (z.B. Glas) zum optisch dünneren Material (Luft) wird ein Strahl vom Lot weggebrochen.*

den gespiegelten Meeresboden. Der Grenzwinkel ist in diesem Fall $\alpha_G = \arcsin(1/1,3) \approx 50°$.

Wenn ein Lichtstrahl aus Luft auf ein Medium trifft, kann es auch passieren, daß das Licht absorbiert wird. Die materialcharakteristische Konstante hierfür ist der *Absorptionskoeffizient* α [*absorption coefficient*], der angibt, nach welcher Wegstrecke in einer Substanz die *Intensität* auf $1/e$ ihres Wertes direkt an der Grenzfläche abgefallen ist. Die Einheit des Absorptionskoeffizienten ist $[\alpha] = 1/\text{cm}$. An einer einfachen Grenzfläche wird im allgemeinen ein Teil des Lichtes reflektiert, ein anderer Teil gebrochen, d.h. unter einem anderen Winkel transmittiert. Dann kann kann das Licht beginnend an der Grenzfläche absorbiert werden.

$$I(x) = I_0(1 - R)e^{-\alpha x}$$

$I(x)$ beschreibt die Abnahme der einfallenden Intensität I_0 mit zunehmender Tiefe x und R ist die Reflektivität. Will man etwa möglichst viel Sonnenlicht in einem Sonnenkollektor absorbieren, muß man sowohl den reflektierten Anteil an der ersten Grenzfläche klein halten als auch das absorbierende Material dick genug wählen, damit es entsprechend seinem Absorptionskoeffizient viel absorbieren kann, d.h. $\alpha x \gg 1$.

Es bleibt noch die Frage, wieviel Licht überhaupt an einer Grenzfläche reflektiert wird; es wird sicher wieder eine Funktion eines oder mehrerer Materialparameter sein. Für senkrechten Einfall aus der Luft auf ein Medium ist der Betrag der reflektierten Intensität

$$R = \frac{(n - 1)^2 + \kappa^2}{(n + 1)^2 + \kappa^2} \, , \tag{10.5}$$

wobei n der Brechungsindex des Mediums ist, und κ folgenden einfachen Bezug zu α hat: $\kappa = \lambda\alpha/4\pi$. Dabei ist λ die Wellenlänge des verwendeten Lichtes im Vakuum. Man nennt κ *Extinktionskoeffizienten* [*exctinction coefficient*]; er ist dimensionslos. Für nichtabsorbierende Subtanzen ist $\kappa = 0$. Sowohl n als auch κ sind für viele Substanzen und Wellenlängen in Büchern tabelliert.

Für nichtsenkrechten Einfall des Lichtes auf ein Medium gelten verallgemeinerte Formen von (10.5), die uns jedoch zu weit wegführen würden. Für mehrere aufeinanderfolgende Grenzschichten gibt es Effekte, die auf die Interferenz von reflektierten und mehrfach reflektierten Strahlen mit dem einfallenden Licht beruhen. Diese Interferenzen sind die Ursache z.B. für die Farben, die eine dünne Ölschicht auf Wasser erzeugt, wenn sie mit weißem Licht beleuchtet wird. Als Antireflexionsschichten können Schichten in entsprechender Dicke die Reflexion an einer Grenzfläche unterdrücken, d.h. sie entspiegeln. In Abb. 10.7 haben wir dieses Beispiel für eine nichtabsorbierende Schicht auf einem nichtabsorbierenden Material skizziert. Eine Auslöschung des reflektierten Strahls findet dann statt, wenn die Bre-

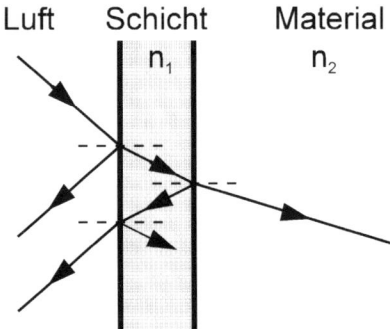

Luft   Schicht   Material
n_1 n_2

Abbildung 10.7: *Interferenzen zwischen zwei reflektierten Strahlen können destruktiv sein (Antireflexionsbeschichtung) oder konstruktiv (Verspiegelung) je nachdem, wie man die Schichtdicke und die Brechungsindizes wählt.*

chungsindizes und die Dicke d sich so verhalten, daß optimale destruktive Interferenz für den reflektierten Lichtstrahl existiert. Bei normalem Einfall und einem Brechungsindex der Beschichtung $n_1 < n_2$ heißt das, daß die Dicke der Schicht $n_1 d = \lambda/4$ oder ein ungeradzahliges Vielfaches davon sein müßte. Der optimale Brechungsindex ergibt sich aus dem verallgemei-

nerten Reflexionsgesetz für senkrechten Einfall auf zwei nichtabsorbierende
Substanzen, von denen die eine die Dicke $n_1 d = \lambda/4$ hat. Hier ist

$$R = \left(\frac{n_2 - n_1^2}{n_2 + n_1^2} \right)^2 ,$$

und damit folgt $R = 0$ für $n_1 = \sqrt{n_2}$. In der Praxis benutzt man zur
Beschichtung von Glas ($n_2 = 1,5$) mangels eines Materials mit $n_1 \approx 1,22$
oft MgF$_2$ (Magnesiumfluorid), das einen Brechungsindex von $n_1 = 1,38$
hat, womit die Reflektivität einer Glasschicht – im Vergleich zu 4% ohne
Beschichtung – immerhin auf $R = 1,4\%$ absinkt. Würde man Diamant ($n_2 =
2,4$) mit Glas ($n_1 = 1,5$) beschichten, würde R gar von 17% auf 0,1%
abfallen.

Eine wichtige Anwendung des Brechungsgesetzes ist das *Prisma [prism]*
(Abb. 10.8). Für einen Lichtstrahl einer Farbe (einer Wellenlänge) findet

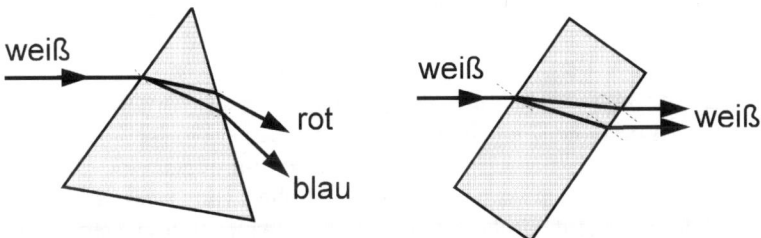

Abbildung 10.8: *Am Prisma und an planparallelen Platten findet je zweimal eine Brechung eines einfallenden Lichtstrahls statt; beim Prisma addiert
sich der Ablenkwinkel, so daß eine Farbzerlegung stattfindet.*

zweimal Brechung an den beiden Oberflächen [*surface*] des Prismas statt und
zwar einmal zum Lot hin und einmal vom Lot weg. Da der Brechungsindex
für verschiedene Wellenlängen unterschiedlich ist, findet bei eingestrahltem
weißen Licht eine Zerlegung in die Farbkomponenten statt: Verschiedene
Wellenlängen entsprechen verschiedenen Winkeln an den Oberflächen des
Prismas und damit Richtungen des Lichtstrahls nach dessen Verlassen. Da
die Prismaflächen gegeneinander geneigt sind, kompensieren sich die Ablenkungen beim Eintritt und Austritt aus dem Medium nicht wie im Falle der
planparallelen Platten (Abb. 10.8).

10.3   Linsen und optische Abbildungen

Linsen [*lens*] sind eine weitere wichtige Anwendung des Brechungsgesetzes. Stellen wir uns eine Linse zusammengesetzt aus verschiedenen Prismen vor, wie sie in Abb. 10.9 dargestellt sind. Die linke Anordnung bricht parallel

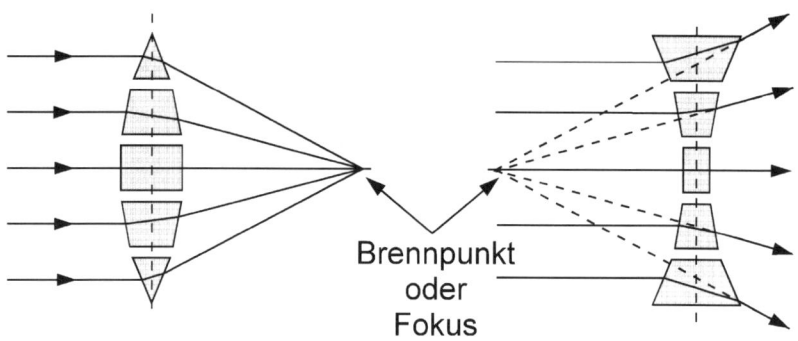

Abbildung 10.9: *Linsen kann man sich aus Prismen zusammengesetzt denken, die entsprechend ihrer Winkel parallel einfallende Strahlen auf den Brennpunkt brechen (links) oder divergent machen.*

einfallende Strahlen in Richtung des mittleren Strahls. Außen sind normale Prismen zu erkennen, innen ist jeweils die Dreieckspitze abgeschnitten. Aus fertigungstechnischen Gründen sind Linsen im allgemeinen durch Kugelflächen begrenzt; man spricht in diesen Fällen von *sphärischen Linsen* [*spherical lens*]. Bei der linken Anordnung in Abb. 10.9 spricht man von *Sammellinsen* [*convergent lens*]. Sie haben die Eigenschaft, daß parallel einfallende Strahlen näherungsweise auf einen Punkt, den Brennpunkt gebrochen werden. Je weiter ein Strahl vom mittleren Strahl entfernt ist, desto weiter weicht der gebrochene Strahl vom gemeinsamen Brennpunkt ab. Ferner ist wegen der Dispersion des Lichtes klar, daß Licht verschiedener Farben in verschiedenen Punkten fokussiert wird. Man nennt den ersten Fehler *sphärische Aberration* [*spherical aberration*], den zweiten *chromatische Aberration* [*chromatic aberration*]. Beide Linsenfehler können durch die Hinzunahme weiterer Linsen nahezu perfekt kompensiert werden. Umgekehrt gilt, daß eine Punktlichtquelle, die im Brennpunkt einer Sammellinse steht, nach der Linse einen mit entsprechenden Fehlern behafteten parallelen Lichtstrahl erzeugt.

Bei der rechten Anordnung in Abb. 10.9 sind die Lichtstrahlen nach Verlasssen der Linse divergent, d.h. sie entfernen sich von dem mittleren Strahl immer mehr, ohne sich vorher zu schneiden. Man spricht dann von *Zerstreuungslinsen* [*divergent lens*]. Verlängert man die divergierenden Strahlen zurück, schneiden sie sich virtuell im Brennpunkt der Zerstreuungslinse. Es gibt verschiedene Formen der Sammel- und Zerstreuungslinsen, die in Abb. 10.10 aufgeführt sind und die entsprechend ihrer Krümmung verschiedene Namen tragen.

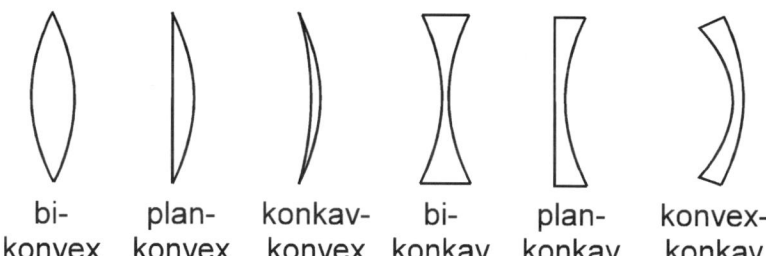

bi- plan- konkav- bi- plan- konvex-
konvex konvex konvex konkav konkav konkav

Abbildung 10.10: *Sphärische Linsen werden in konvex und konkav unterteilt, je nachdem ob sie paralleles Licht sammeln oder zerstreuen.*

Im allgemeinen werden sphärische Linsen durch die Kurvenradien ihrer beiden Oberflächen beschrieben, und wir fragen uns jetzt, ob es eine Gesetzmäßigkeit zwischen den Kurvenradien und dem Brennpunkt einer Linse gibt. Dazu müssen wir lediglich eines der Elementarprismen aus Abb. 10.9 herausnehmen und berechnen, wie der gebrochene Strahl den mittleren, ungebrochenen Strahl trifft (siehe Abb.10.11). Wir machen das hier für dünne Linsen, bei denen die eigentliche Dicke im Vergleich zum Kurvenradius vernachlässigbar ist, und wir nehmen ebenfalls an, daß beide Kurvenradien gleich sind. Dann gilt es zu erkennen, daß für das Elementarprisma der Winkel α zwischen dem einfallenden Licht und der ersten Oberfläche gleich dem halben Winkel γ des Prismas ist: $\gamma = 2\alpha$ (Krümmungsradius und erste Oberfläche stehen senkrecht zueinander, ebenso wie einfallender Strahl und die Gerade, die den Prismenwinkel γ halbiert). Der Gesamtablenkwinkel φ durch das Elementarprisma setzt sich zusammen aus dem Unterschied zwischen α und β und zwischen β' und α', die wir jeweils über das Brechungsgesetz (10.3) bestimmen können. Für kleine Winkel gilt $\sin\alpha \approx \alpha$, und wir haben

$$\frac{\alpha}{\beta} \approx n \quad \text{und} \quad \frac{\beta'}{\alpha'} \approx \frac{1}{n}\,, \tag{10.6}$$

wobei wir den Brechungsindex von Luft gleich eins gesetzt haben und der Brechungsindex des Prismas n heißen soll.

Jetzt fehlt lediglich noch der Bezug zwischen β und β', und den erhalten wir aus Abb. 10.11 wieder über die Erkenntnis, daß zwei zueinander senkrechte Linienpaare sich unter dem gleichen Winkel schneiden. Damit ist die Winkelsumme im Dreieck in Abb. 10.11

$$\beta + \beta' + 180° - \gamma = 180°$$
$$\beta + \beta' = \gamma \qquad (10.7)$$

und da $\gamma = 2\alpha$, folgt

$$\beta' = 2\alpha - \beta \ .$$

Damit können wir α' berechnen; aus (10.6) folgt

$$
\begin{aligned}
\alpha' &= n\beta' \\
&= n(2\alpha - \beta) \\
&= n\left(2\alpha - \frac{\alpha}{n}\right) \\
&= \alpha(2n - 1) \ . \qquad (10.8)
\end{aligned}
$$

Der Gesamtablenkwinkel ist, wie gesagt

$$
\begin{aligned}
\varphi &= \alpha - \beta + \alpha' - \beta' \\
&= \alpha + \alpha' - (\beta + \beta') \ .
\end{aligned}
$$

Mit (10.7) ist das das gleiche wie

$$\varphi = \alpha' - \alpha$$

und (10.8) ergibt eingesetzt

$$
\begin{aligned}
\varphi &= \alpha(2n - 1) - \alpha \\
\varphi &= 2\alpha(n - 1) \ .
\end{aligned}
$$

Die Brennweite f ergibt sich jetzt wieder in Kleinwinkelnäherung aus

$$\frac{d}{r} = \sin\alpha \approx \alpha \qquad \text{und} \qquad \frac{d}{f} = \tan\varphi \approx \varphi$$

$$f = r\frac{\alpha}{\varphi}$$

$$f = \frac{r}{2(n - 1)} \ . \qquad (10.9)$$

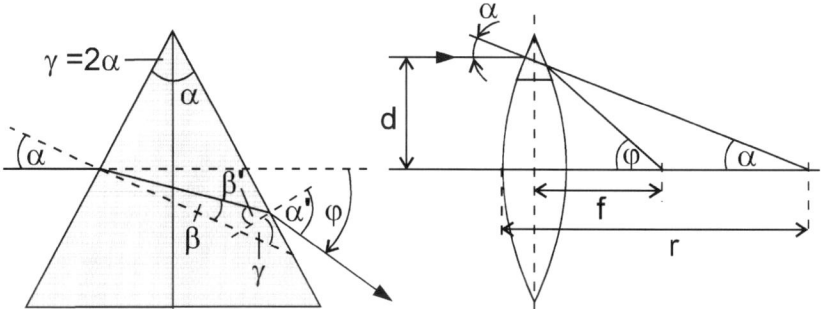

Abbildung 10.11: *Elementarprisma, aus dem man sich eine sphärische Linse zusammengesetzt vorstellen kann und aus dem man die Brennweite einer solchen Linse berechnen kann. Die Linse habe den Brechungsindex n, der von Luft sei gleich eins.*

Das ist die *Linsenformel [lens maker's equation]* für eine dünne Linse, d.h. nicht zu kleine Kurvenradien im Vergleich zur Dicke der Linse. Sie gilt wegen der Kleinwinkelnäherung auch nur für Strahlen, die nicht zu weit vom mittleren Strahl entfernt sind. Bemerkenswert ist, daß der Schnittpunkt des gebrochenen Strahls mit dem ungebrochenen Strahl unabhängig von α ist, d.h. innerhalb der gemachten Näherung schneiden sich alle Strahlen im selben Punkt. Der Name *Brennpunkt* oder *Fokus [focus]* ist daher gerechtfertigt. Ferner sehen wir, daß für normales Glas mit einem Brechungsindex $n \approx 1.5$ gerade zufällig herauskommt, daß $f \approx r$. Für andere Brechungsindizes ist das natürlich anders. Für Linsen mit zwei unterschiedlichen Kurvenradien und unter Berücksichtigung der Dicke der Linse gelten verallgemeinerte Formeln, die wir hier nicht herleiten wollen.

Statt dessen wollen wir uns mit Abbildungen beschäftigen, die man mit Linsen machen kann. Dazu muß man zwei Typen von Abbildungen unterscheiden, die manchmal verwechselt werden. Als erstes gibt es das sogenannte *reelle Bild* (siehe Abb. 10.13). Der wesentliche Punkt ist, daß die Strahlen einen gemeinsamen Schnittpunkt haben. Stellt man einen Schirm an die Stelle dieses Schnittpunktes, kann man ein Bild sehen, das reelle Bild. Bei einer Kamera befindet sich an dieser Stelle der Film.

Im Gegensatz dazu stehen *virtuelle Bilder*, die nicht über einen Schnittpunkt abgebildet werden. Man kann sie nicht auf einem Bildschirm auffangen; man kann sie aber sehen, indem man direkt in den Strahlengang hinein sieht. Insofern sind die Begriffe reell und virtuell nicht besonders glücklich.

Abbildung 10.12 zeigt ein virtuelles Bild.

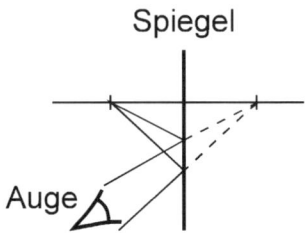

Abbildung 10.12: *Ein virtuelles Bild entsteht, wenn Strahlen nicht durch einen gemeinsamen Punkt gehen, bevor sie ins Auge gelangen. Man kann das Bild nur sehen, wenn man in Strahlrichtung blickt.*

Jetzt wollen wir sehen, was Linsen mit den Lichtstrahlen und mit reellen und virtuellen Bildern machen, warum sie vergrößern oder Bilder umdrehen können. Wir müssen dazu ein paar Begriffe und Größen einführen, die wir in Abb. 10.13 sehen können. Die dünne Linse *L* ist durch einen senkrechten

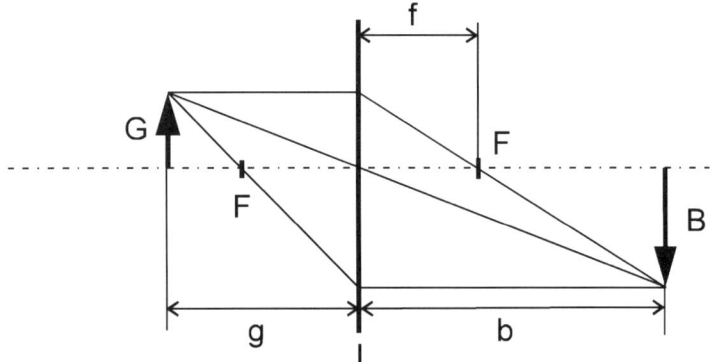

Abbildung 10.13: *Die Listingsche Strahlenkonstruktion für eine dünne Linse L. Die Brennweite ist f, die Gegenstandsweite g, die Bildweite b. Der Brennpunkt wird mit F bezeichnet.*

Strich repräsentiert. Ein Strahl, der durch die Mitte der Linse geht, bleibt von ihr unbeeinflußt; fällt er zudem senkrecht auf die Linse, definiert er auch die optische Achse. Daß ein Strahl unabhängig vom Einfallswinkel einer Linse unbeeinflußt bleibt, wenn er auf deren Mitte trifft, kann man sich anhand des mittleren Elementarprismas in Abb. 10.9 klarmachen: Es

ist in diesem Fall ein Quader mit parallelen Randflächen, der lediglich den
Strahl etwas versetzt. Da wir die Dicke aber als sehr klein angenommen
hatten, ist der Versatz ebenfalls vernachlässigbar. Die Brennweite der Linse
ist f und gibt die Entfernung zum Brennpunkt F an. Natürlich gibt es einen
zweiten Brennpunkt auf der anderen Seite.

Was macht jetzt eine Linse mit dem Bild eines Pfeils, der im Abstand g von der Linse steht? Um das festzustellen, bedient man sich der
Listing[37]schen Strahlenkonstruktion, deren einzelnen Teile wir bereits kennen. Von den vielen Lichtstrahlen, die von der Pfeilspitze ausgehen, greifen
wir uns drei besondere heraus: Erstens den Strahl, der durch die Mitte geht;
er bleibt unbeeinflußt von der Linse, er kann also gerade durch die Linse
hindurch gezeichnet werden. Zweitens malen wir einen zur Achse parallelen
Strahl bis zur Linse. Von ihm wissen wir, daß er durch den Brennpunkt F auf
der rechten Seite läuft; er schneidet sich weiter rechts mit dem Mittenstrahl.
Drittens zeichnen wir einen Strahl ausgehend wieder von der Pfeilspitze
durch den linken Fokus. Wir wissen dann, daß er als paralleler Strahl rechts
herauskommen wird, da alle Strahlen und Lichtwege umkehrbar sind. Dieser
Strahl schneidet die beiden anderen im selben Punkt. Wir haben also einen
Schnittpunkt und damit ein reelles Bild. Zudem ist das Bild vergrößert und
umgekehrt. Das Verhältnis der sogenannten *Bildgröße* [*image size*] B zur
Gegenstandsgröße [*object size*] G heißt *Abbildungsmaßstab* [*magnification*] β
einer Linsenabbildung, und es gilt

$$\beta = \frac{B}{G} = \frac{b}{g} \; . \tag{10.10}$$

Steht der Gegenstand im Brennpunkt links der Linse, rückt das reelle Bild rechts in unendliche Ferne. Man erreicht also eine möglichst große
Vergrößerung für kleine Gegenstandsweiten g. Im Grenzfall sehr weit ent-
fernter Gegenstände fällt das Bild genau in den Brennpunkt. Für beliebige
Abstände g und b gilt die *Linsengleichung* [*thin lens equation*]

$$\frac{1}{f} = \frac{1}{g} + \frac{1}{b} \; . \tag{10.11}$$

Für konkave Linsen gilt (10.11) ebenso, wir müssen lediglich beachten, daß
bei diesen Linsen f negativ ist. Was passiert, wenn wir den Gegenstand
näher als die Brennweite an die Linse heranführen? Die entsprechende Listingsche Konstruktion ist in Abb. 10.14 gezeigt. Mittenstrahl und paralleler

---

[37]Listing, Johann Benedict, *Göttingen 25.07.1808, †ebd. 24.12.1882

Strahl treffen sich nicht mehr, und es entsteht bei Betrachtung von rechts

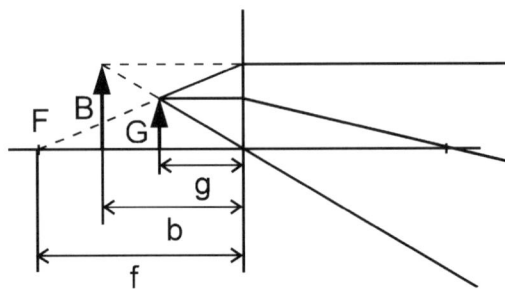

Abbildung 10.14: *Befindet sich ein Gegenstand G dichter als f an einer Linse, erzeugt die Listingkonstruktion rechts divergierende Lichtstrahlen, also ein virtuelles Bild. Sieht man von rechts auf die Linse, ergibt der Schnittpunkt der gestrichelten Linien das vergrößerte Bild B.*

ein virtuelles Bild, das aufrecht und vergrößert ist. Das ist die Lupe, durch die hindurch wir ein vergrößertes Bild sehen. Der Abbildung entnehmen wir, daß je dichter man an f kommt, desto größer die Vergrößerung ist. Das Linsengesetz ergibt in diesem Fall eine negative Bildweite, das heißt, daß das Bild virtuell ist.

10.4 Optische Instrumente

Eine nützliche Anwendung von Linsen ist also offensichtlich ihre Fähigkeit zu vergrößern. Betrachten wir noch einmal die Lupe. Wie können wir die Vergrößerung quantifizieren? Maß für die wahrgenommene Größe im Auge ist der *Sehwinkel* im Auge. Das Auge vermag einen Sehwinkel [*viewing angle*] von $\varepsilon_{min} = 1'$ ($= 1/60$ Grad) gerade noch aufzulösen. Eine Vergrößerung bedeutet also eine Sehwinkelvergrößerung für das Auge. Man definiert hierzu, was "normal" ist, also was das Durchschnittsauge zu leisten vermag (Abb. 10.15). Für den Normalabstand s_0 von 25 cm sieht man ein Objekt unter dem Winkel ε_0; mit Lupe wird der Winkel auf ε vergrößert, und man definiert die Vergrößerung als

$$V = \frac{\varepsilon}{\varepsilon_0} \ .$$

Da $\varepsilon_0 = G/s_0$ und $\varepsilon = G/f$ ergibt sich

$$\boxed{V = \frac{s_0}{f}} \ , \qquad\qquad (10.12)$$

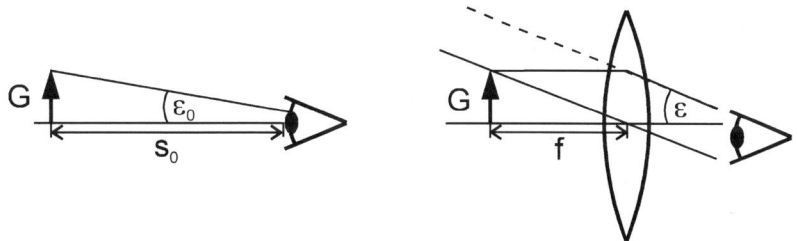

Abbildung 10.15: *Das Durchschnittsauge sieht einen Gegenstand unter dem Winkel ε_0. Mit einer Lupe wird dieser Winkel auf ε vergrößert.*

d.h. für eine Linse mit einer Brennweite von 5 cm erhält man eine Vergrößerung des virtuellen Bildes für das Auge von $V = 5$.

Eine bessere Vergrößerung erreicht man mit zweistufigen Systemen wie z.B. mit dem Mikroskop. Man vergrößert also das einmal vergrößerte Bild noch einmal. Abbildung 10.16 zeigt, wie das genau funktioniert. Die er-

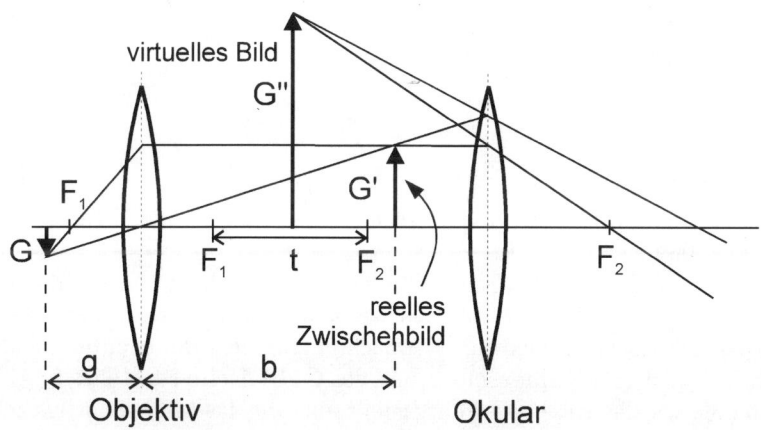

Abbildung 10.16: *Das Mikroskop*

ste, linke Linse ist in Wirklichkeit ein Linsensystem, das *Objektiv* [*objective*] genannt wird. Es hat eine möglichst kurze Brennweite f_1 und erzeugt ein reelles Zwischenbild G', das von der zweiten Linse, die *Okular* [*eyepiece*], genannt wird, virtuell abgebildet wird. Man überzeuge sich anhand einer eigenen Zeichnung von dieser Konstruktion und von den reellen und virtuellen Abbildungen! Was ist jetzt die Vergrößerung des Gesamtsystems? Sie ist offensichtlich das Produkt aus den beiden einzelnen Vergrößerungen des Objektivs und des Okulars

$$V = V_{Obj} \cdot V_{Oku} \ .$$

Die Objektivvergrößerung ist nach (10.10)

$$V_{Obj} = \frac{G'}{G} = \frac{b}{g} \ .$$

Um möglichst große Vergrößerungen bei dem reellen Bild zu erreichen, wird man $g \approx f_1$ wählen und das Bild in die Nähe des Brennpunktes des Okulars stellen. Das heißt $b \approx t$, wobei t der Abstand der Brennpunkte F_1 und F_2, die sogenannte Tubuslänge, ist (Abb. 10.16). Die Näherung ist also $f_1 \gg t$. Die Okularvergrößerung ist wie für die einfache Lupe (10.12)

$$V_{oku} = \frac{s_0}{f_2} \ .$$

Damit ergibt sich für das Mikroskop

$$\boxed{V \approx \frac{t}{f_1} \cdot \frac{s_0}{f_2}} \ ,$$

was z.B. in der Praxis mit $V_{Obj} = 10$ und $V_{Oku} = 100$ eine Vergrößerung von $V \approx 1000$ bedeutet.

Als zweites optisches Instrument beschreiben wir das Fernrohr, das wie das Mikroskop vergrößert. Es soll aber weit entfernte Objekte abbilden, von denen parallele Lichtstrahlen zum Beobachter kommen. Dabei unterscheidet man zwei Typen, das **Keplersche**[38] und das **Galileische** Fernrohr. In Abb. 10.17 haben wir das Keplersche dargestellt, das wie das Mikroskop aus zwei Sammellinsen besteht. Die parallelen Lichtstrahlen werden durch die erste Linse auf den Brennpunkt fokussiert. Die zweite Linse hat ihren Brennpunkt genau in dem Brennpunkt der ersten und erzeugt damit ein virtuelles Bild, das der Beobachter sieht. Die Vergrößerung ist, wie immer, das Verhältnis der Winkel, unter denen das Bild mit und ohne Instrument gesehen wird.

$$V = \frac{\varepsilon'}{\varepsilon}$$

---

[38]Kepler, Johannes, Astronom, * Weil der Stadt 27.12.1571, †Regensburg 15.11.1630

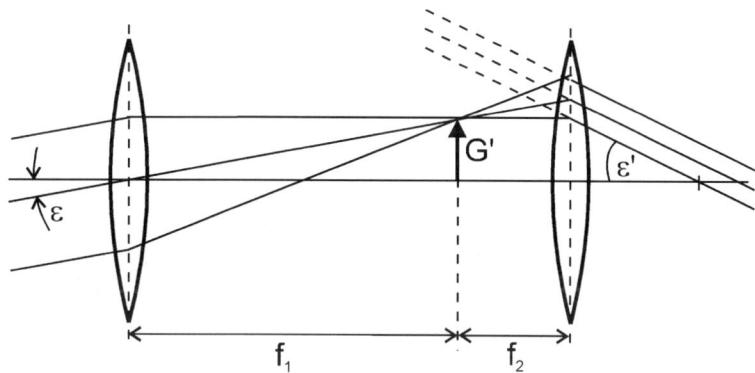

Abbildung 10.17: *Das Keplersche Fernrohr*

Der Winkel ist durch den Mittelstrahl gegeben

$$\varepsilon = \frac{G'}{f_1} \, ,$$

und der Winkel ε, unter dem das Auge das virtuelle Bild sieht, ist

$$\varepsilon = \frac{G'}{f_2} \, .$$

Damit ist die Vergrößerung

$$\boxed{V = \frac{f_1}{f_2} \, ,}$$

d.h. man sollte eine möglichst langbrennweitige Linse mit f_1 und eine kurz-brennweitige Okularlinse mit f_2 für große Vergrößerungen verwenden. Das Bild des Keplerschen Fernrohrs ist umgekehrt, weshalb es sich für terrestri-sche Beobachtungen nicht so sehr eignet. Man dreht für irdische Fernrohre das Bild entweder mit einer weiteren Sammellinse oder mit Spiegeln um. Alternativ dazu ist das Galileische Fernrohr ein Abbildungssystem, das auf-rechte Bilder erzeugt, dafür aber ein relativ kleines Gesichtsfeld hat (Bsp. Opernglas). In Abb. 10.18 ist es dargestellt. Dabei steht wieder der (negati-ve) Brennpunkt der zweiten, dieses mal einer Zerstreuungslinse, im Brenn-punkt der ersten. Die Vergrößerung ist dieselbe wie beim Keplerschen Fern-rohr

$$V = \frac{f_1}{f_2} \, ,$$

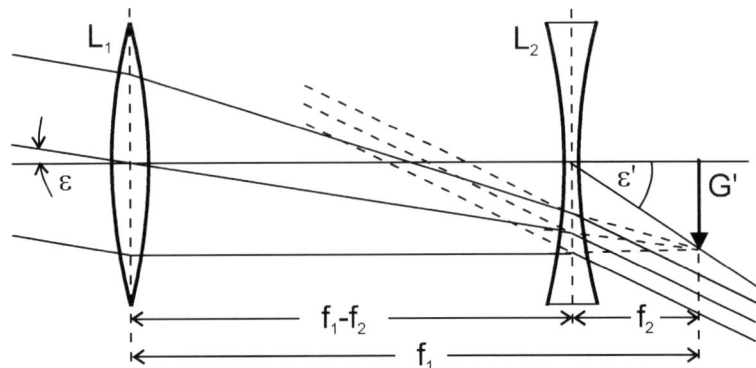

Abbildung 10.18: *Das Galileische Fernrohr erzeugt ein vergrößertes, auf-rechtes Bild L_1 ist eine Sammel-, L_2 eine Zerstreuungslinse.*

wobei f_1 und f_2 die Brennweite des Objektivs und des Okulars sind.

Rekapitulieren wir noch einmal: Aus dem einfachen Brechungsgesetz für Lichtstrahlen, die auf eine Grenzfläche treffen, sind wir auf Linsen gekommen, die schließlich zu Instrumenten mit über 1000facher Vergrößerung geführt haben. Mit einem solchen, relativ einfachen Instrument hat Galilei 1609 die damalige Weltordnung, das geozentrische Weltbild, durch seine Beobachtung der um Jupiter rotierenden Monde endgültig widerlegt. Das brachte ihm 1633 ein Inquisitionsverfahren ein, da man einfach nicht die zwingende Logik der beobachtenden Naturwissenschaften einsehen wollte.

11   Beugungsphänomene

Wir haben bereits den Fall von Interferenzen von Wellen, also auch von Lichtwellen behandelt und dabei festgestellt, daß es unter bestimmten Bedingungen zu Auslöschung von Wellen kommen kann, unter anderen zu Verstärkung (Abschnitt 5.3). Lange wurden diese Erscheinungen als Nachweis für die Wellennatur des Lichtes angesehen: Man glaubte, Teilchen seien nicht in der Lage, sich gegenseitig auszulöschen oder zu verstärken. Wir wollen uns hier auf die technische Anwendung der Beugung des Lichtes konzentrieren und zwar zunächst auf den einfachen Spalt und dann auf Gitter und deren Fähigkeit, Licht verschiedener Wellenlängen voneinander zu trennen.

11.1 Fraunhoferbeugung am Spalt

Fällt eine ebene Lichtwelle auf einen einfachen Spalt, ist das Bild hinter dem Spalt nicht ein einfaches Schattenbild des Spaltes. Abhängig von dessen Breite erzeugt der Spalt Beugungsstreifen, die um so stärker ausgeprägt sind, je schmaler der Spalt ist. Betrachtet man die Beugungsstreifen in großer Entfernung, spricht man von **Fraunhofer**[39] *beugung [Fraunhofer diffraction]*. Wir beobachten also das außerordentlich bemerkenswerte Phänomen, daß Licht in einem Bereich hinter dem Spalt auf die Leinwand auftrifft, wo es nach einem geraden Projektionsweg, den etwa ein Teilchen nehmen würde, gar nicht hinkommen dürfte. Wie kann man sich so etwas erklären?

Man nimmt sich dabei das sogenannte **Huygens**[40] *sche Prinzip* zu Hilfe, das besagt, daß alle Wellen aus der Überlagerung von Elementarwellen bestehen, die Kugelwellen sind. Eine ebene Welle ist demnach deshalb eben, weil sie aus vielen Kugelwellen, die alle in Phase miteinander sind, zusammengesetzt ist. Unterbricht man diese Wellenfront mit einem Spalt, finden sich zunächst gebogene Ränder der Wellenfronten, die in den Bereich hinter den Spaltbacken gebeugt werden und dann, bei schmaleren Spalten, Kugelwellen, die von dem Spalt ausgehen (Abb. 11.1).

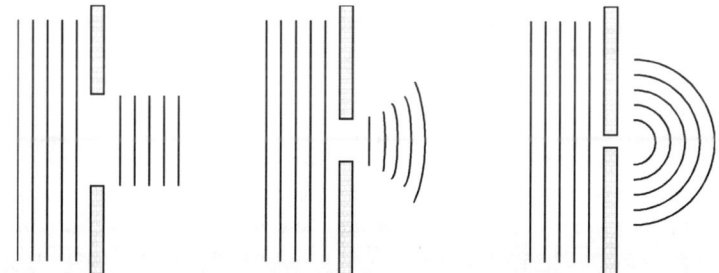

Abbildung 11.1: *Ebene Wellen sind nach Huygens aus elementaren Kugelwellen zusammengesetzt, die bei im Vergleich zur Wellenlänge kleinen Spaltbreiten Beugungseffekte hinter dem Spalt erzeugen.*

Wo kann in dieser Vorstellung Interferenz aufkommen, und wo sind Überlagerungen konstruktiver oder destruktiver Art zu finden? In Abb. 11.2

---

[39]Fraunhofer, Joseph, Glasschleifer und Physiker, *Straubing 6.3.1787, †München 7.6.1826
[40]Huygens, Christiaan, niederländ. Physiker und Mathematiker, *Den Haag 14.4.1629, †ebd. 8.7.1695

betrachten wir einen Spalt der Breite d, der von einer ebenen Lichtwelle beleuchtet wird. Jetzt denken wir uns den Spalt in zwei Bereiche unterteilt,

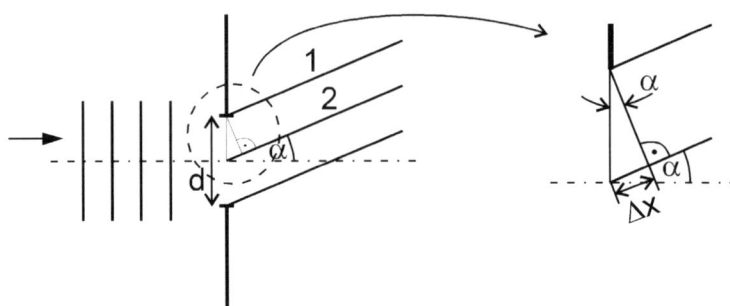

Abbildung 11.2: *Die Beugung am einfachen Spalt der Breite d. Die beiden Randstrahlen 1 und 2 des oberen Teilbereichs können sich weginterferieren, wenn $\Delta x = (2n + 1)\lambda$ mit $n = 0, 1, 2, 3...$; dann nämlich beträgt ihr Wegunterschied $\delta = (2n + 1)\lambda/2$, die Bedingung für destruktive Interferenz.*

wie in Abb. 11.2 durch die gezeichneten Strahlen angedeutet. Betrachten wir aus dem Unendlichen den Spalt aus einer Richtung anders als der des direkten Strahls, so läßt sich für den oberen Teilbereich sagen, daß dessen Randstrahlen (1 und 2) für den Beobachter einen relativen Gangunterschied besitzen. Für diesen Gangunterschied Δx gilt

$$\Delta x = \frac{d}{2}\sin\alpha \quad .$$

Auslöschung zwischen den beiden Teilstrahlen findet offensichtlich dann statt, wenn der Gangunterschied zwischen den Strahlen 1 und 2 in Abb. 11.2 ein ungerades Vielfaches der halben Wellenlänge des verwendeten Lichts ist:

$$\begin{aligned} \Delta x &= \tfrac{d}{2}\sin\alpha &= (2n-1)\tfrac{\lambda}{2}, & \qquad n = 1, 2, 3, \ldots \\ d\sin\alpha &= (2n-1)\lambda \\ &= \lambda, 3\lambda, 5\lambda, \ldots \end{aligned}$$

Damit haben wir eine Reihe von Richtungen α erhalten, unter denen Auslöschung auftritt. Dies sind aber noch nicht alle möglichen Minima! Teilt man nämlich den Spalt in 4, 6, 8, usw. gleiche Teile und läßt analog zur Betrachtung zuvor die Strahlen 1 und 2, 3 und 4, 5 und 6, usw. weginterferieren, so erhält man weitere Winkel, unter denen Auslöschung eintritt. So ergibt sich z.B. für den Fall von vier Teilspalten die Bedingung

$d \sin \alpha = 2\lambda$, 6λ, $10\lambda, \ldots$ Insgesamt kann man alle möglichen Winkel α, für die ein Minimum entsteht, beschreiben durch

$$\boxed{d \sin \alpha = \pm n\lambda, \qquad n = 1, 2, 3, \ldots \qquad \text{(Bedingung für Minima)}} \; .$$
(11.1)

Die Maxima liegen ungefähr mittig zwischen den eben berechneten Minima (Abb. 11.3). Daß sie sich nicht genau in der Mitte befinden, liegt daran, daß die Intensität insgesamt zu größeren Winkeln hin abfällt und dadurch die Maxima etwas verschoben werden.

Aus dem allgemeinen Ausdruck für die Intensität des Lichtes nach der Beugung am einfachen Spalt kann man die Intensitätsverteilung für alle Winkel α entnehmen.

$$I_{Spalt} \propto \frac{\sin^2 \varphi_{Spalt}}{\varphi_{Spalt}^2} \tag{11.2}$$

mit $\varphi_{Spalt} = \pi d/(\lambda \sin \alpha)$. Dabei ist φ_{Spalt} das Produkt aus dem Wellenvektor $k = 2\pi/\lambda$ und dem Wegunterschied von einem Randstrahl und dem mittleren Strahl $\Delta x = (d/2)\sin \alpha$. Die Funktion (11.2) ist offensichtlich null bei $\varphi_{Spalt} = \pm n\pi$ oder $\sin \alpha = \pm n\lambda/d$ mit ($n = 1$, 2, 3 ...), wie wir bereits in (11.1) festgestellt hatten. Das heißt für eine bestimmte Wellenlänge

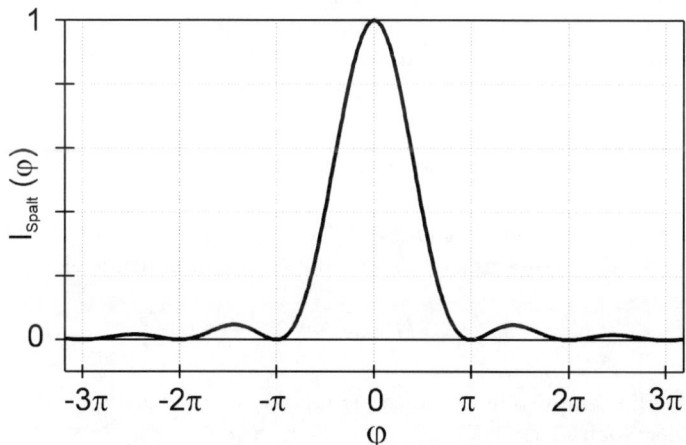

Abbildung 11.3: *Intensität des hinter einem einfachen Spalt beobachteten Lichtes in Frauenhoferkonfiguration, d.h. aus großer Entfernung gesehen. Das erste Minimum ist bei* $\sin \alpha = \pm \lambda/d$, *wobei* $\varphi_{Spalt} = \pi d/(\lambda \sin \alpha)$.

rutschen die Minima immer weiter zu größeren Winkeln, wenn man einen kleineren Spalt nimmt. Die Maxima liegen jeweils zwischen den Minima.

11.2 Beugung am Gitter

Technologisch interessant sind nicht einzelne Spalte, sondern viele nebeneinander angeordnete, die man als *Gitter [grating]* bezeichnet. Wie sieht
das Beugungsmuster eines solchen Gitters aus? Ein Gitter, das N Spalte
der Breite d hat und dessen Spaltabstand s ist, haben wir für $N = 5$ in
Abb. 11.4 gezeichnet. Die Transmission durch das Gitter ergibt sich aus
dem Produkt aus der Transmission durch einen einzigen Spalt, die wir bereits kennen, und folgender Überlegung. Im Vergleich zu einem Strahl, der

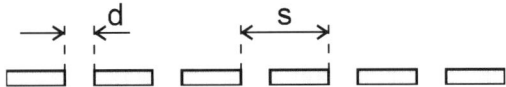

Abbildung 11.4: *Fünf nebeneinander liegende Spalte im Abstand s, jeweils mit der Breite d. Eine große Anzahl solcher regelmäßigen Spalte bezeichnet man als Gitter.*

aus dem obersten Spalt gebeugt wird, hat ein Strahl aus dem zweiten Spalt
eine Phasenverschiebung φ_{Gitter}, die durch den Spaltabstand s gegeben ist.
Der Wegunterschied der Wellenfront mit Wellenvektor $k = 2\pi/\lambda$ beträgt
hier $(\Delta x)_{Gitter} = s \sin \alpha$ und damit die Phasenverschiebung

$$\varphi_{Gitter} = k(\Delta x)_{Gitter} = \frac{2\pi s}{\lambda} \sin \alpha \ .$$

Für den Strahl aus dem dritten Spalt beträgt die Phasenverschiebung 2φ,
usw. Alle Strahlen zusammen ergeben die Gesamtamplitude A.

$$A = A_0 \left(1 + e^{i\varphi} + e^{i2\varphi} \ldots + e^{i(N-1)\varphi} \right) \ ,$$

wobei A_0 die Amplitude des Lichtstrahls kurz vor dem Spalt und N die
Anzahl der Spalte ist.

   Die Summe in der Klammer ist mathematisch gesehen die Teilsumme
einer geometrischen Reihe und ist in Formelsammlungen gegeben als

$$\sum_{n=1}^{N} x^{n-1} = \frac{1 - x^N}{1 - x} \ ,$$

so daß sich die Gesamtamplitude aller Lichtstrahlen ergibt als

$$A = A_0 \left(\frac{1 - e^{iN\varphi_{Gitter}}}{1 - e^{i\varphi_{Gitter}}} \right) .$$

Die Lichtintensität ist das Quadrat der Amplitude und demnach

$$I = |A_0|^2 \left| \frac{1 - e^{iN\varphi_{Gitter}}}{1 - e^{i\varphi_{Gitter}}} \right|^2$$

$$I = |A_0|^2 \frac{\sin^2 (N\varphi_{Gitter})}{\sin^2 \varphi_{Gitter}}. \qquad (11.3)$$

In Abb. 11.5 haben wir die auf N^2 normierte Funktion I gezeichnet, die wir nach unserer Überlegung erwarten würden, wenn "einzelne" Lichtstrahlen aus jedem Spalt austreten würden. Die verschiedenen Hauptmaxima treten

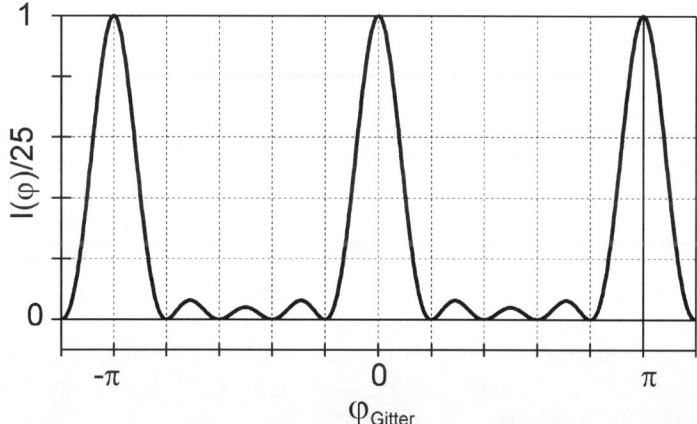

Abbildung 11.5: *Fraunhoferbeugung an einem Gitter mit 5 Spalten. Je zwei hohe Maxima sind durch $N - 2$ kleine Nebenmaxima getrennt. Die erste Nullstelle ist nach (11.3) bei $\varphi_{Gitter} = \pm\pi/N$, die Intensität in den Hauptmaxima ist N^2.*

bei einer Phasenverschiebung von $\varphi_{Gitter} = n\pi$, $n = 0, 1, 2, 3, \ldots$ auf und heißen n-te Ordnung des gebeugten Strahls. Die erste Nullstelle tritt bei $\varphi_{Gitter} = \pm\pi/N$ auf. Um die vollständige Intensitätsverteilung eines Gitters zu erhalten, müssen wir (11.3) mit der Funktion für einen einzigen

Spalt multiplizieren. Wir betrachten also das Produkt aus (11.3) und (11.2)

$$I_{Gitter} \propto \frac{\sin^2 N\varphi_{Gitter}}{\sin^2 \varphi_{Gitter}} \frac{\sin^2 \varphi_{Spalt}}{\varphi_{Spalt}^2} \, . \tag{11.4}$$

Man beachte die feinen Unterschiede in diesen beiden Termen. In Abb. 11.6 ist die Intensität des am Gitter gebeugten Lichtes für ein bestimmtes

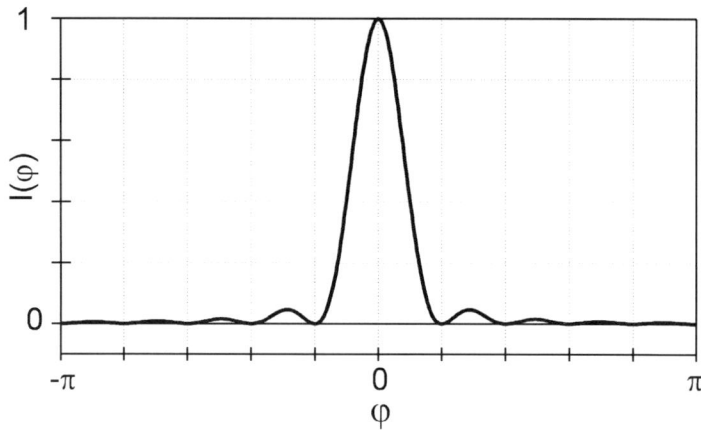

Abbildung 11.6: *Das Fraunhoferbeugungsmuster eines Gitters, hier dargestellt für $N = 5$ und $d/s = 1/5$*

N, d und s dargestellt. Man sieht deutlich, daß die Spaltfunktion (11.2) die Einhüllende der Funktion in Abb. 11.5 ist. Ferner entnimmt man der Funktion (11.3), daß der Abstand der Hauptmaxima nicht von der Anzahl der Spalte N abhängt. N bestimmt jedoch, wo die erste Null ist, d.h. wie scharf die Maxima sind und damit das Auflösungsvermögen eines Gitters. Diese Fähigkeit, zwei dicht beieinander liegende Wellenlängen zu trennen, ist wichtig für technische Anwendungen.

Wenn man das Auflösungsvermögen A so definiert, daß das Maximum einer Wellenlänge mit dem Minimum der gerade noch aufzulösenden zweiten Wellenlänge zusammenfällt, setzt man die Wellenlänge zu dem kleinstmöglichen Wellenlängenunterschied, den man noch trennen kann, in Verhältnis, d.h.

$$A = \frac{\lambda}{\Delta\lambda} \, . \tag{11.5}$$

Danach ist

$$A = Nn \, , \tag{11.6}$$

wobei n die Ordnung, also $n = 1, 2, 3, \ldots$ und N die Anzahl der Spalte ist.

Beispiel: Um die beiden gelben Spektrallinien des Natriums voneinander zu trennen, benötigt man

$$A = \frac{\lambda}{\Delta\lambda} = \frac{589 \text{ nm}}{(589,59 - 589,00) \text{ nm}} = 1000 \,,$$

will man dies in erster Ordnung mit einem Gitter tun, braucht man dazu nach (11.6) $N = 1000$ Spalte. Üblich sind heutzutage holographisch angefertigte Gitter mit 1800 Spalten/mm, die einige Quadratzentimeter groß sind. Die gelben Natriumlinien sind also mit einem konventionellen Gitterspektrometer leicht voneinander zu trennen.

Teil 4: Thermodynamik

12 Druck und Volumen in einem Gas

Wenn wir in einem Gas eine große Anzahl von Teilchen beschreiben wollen, d.h., wie sie sich bewegen, wohin sie mit welcher Geschwindigkeit fliegen, wissen wir, daß sie sich entsprechend der Regeln der klassischen Mechanik verhalten. Wir wissen also, daß bei jedem Stoß zweier Teilchen miteinander sowohl der Energie- als auch der Impulserhaltungssatz gelten und könnten danach im Prinzip aus einer gegebenen Anfangskonfiguration jeden weiteren Zustand berechnen. Das Problem ist aber, daß man es bei einem Gas mit so vielen Stößen zu tun hat, daß dies in der Praxis auch auf dem größten Rechner ein unmögliches Unterfangen wäre. Stattdessen versucht man lieber, ein sogenanntes Durchschnittsverhalten zu bestimmen, indem man Vereinfachungen macht und nach statistisch gemittelten Verhalten von z.B. einem Gas fragt. Das ähnelt dem Ermitteln von Fernsehquoten. Sie wissen, daß aus dem Fernsehkonsum weniger Haushalte (ca. 4000) auf das Fernsehverhalten in ganz Deutschland (ca. 40 Millionen Haushalte) geschlossen wird. Trotzdem glaubt man, damit die Werbetats auf die einzelnen Sendeanstalten verteilen zu können.

Die Gebiete, die sich in der Physik mit dem durchschnittlichen Verhalten von vielen Atomen oder Molekülen beschäftigen, heißen *Thermodynamik [thermodynamics]* und *statistische Mechanik [statistical mechanics]*. Letzterer Begriff wird aus den obigen Ausführungen klar, Thermodynamik kommt daher, weil man sich mit Wärme beschäftigt und sich nach deren Dynamik fragt; Wärme aber ist wiederum das gemittelte Bewegungsverhalten vieler einzelner Atome oder Moleküle. Die beiden Themen sind folglich verwandt, und wir werden uns hauptsächlich mit den Begriffen der Thermodynamik befassen.

12.1   Kinetische Gastheorie

Ein einfaches System, das aus vielen Teilchen besteht, die ein durchschnittliches Verhalten aufweisen, ist z.b. ein Behälter der mit einem Gas gefüllt ist, etwa Luft, Neon oder Helium. Wir wissen, daß ein solches Gas einen Druck auf den Behälter ausüben kann, und wir befassen uns mit der Frage, was eigentlich dieser Druck ist, oder genauer, wie wir ihn beschreiben können. Betrachten wir zunächst eine einfache Frage: Ein zylindrisches Gefäß mit einem Kolben sei mit einem einatomigen Gas, etwa Helium oder Neon gefüllt. Das Gefäß selbst befinde sich im Vakuum. Auf den Kolben, der reibungsfrei gelagert sei, muß eine Kraft wirken, um das Gas im Gefäß zu halten. Wie groß ist diese Kraft?

Diese Kraft wird sicher von der Fläche des Kolbens abhängen, und wir werden sie im folgenden berechnen. Wir definieren die Kraft, die pro Fläche A wirkt, als *Druck [pressure]* $\boldsymbol{P}$, eine vektorielle Größe, da sie wie die Kraft eine Richtung besitzt:

$$\boxed{\boldsymbol{P} = \frac{\boldsymbol{F}}{A}}\,,$$

wobei die Kraft $\boldsymbol{F}$ senkrecht auf die Fläche wirkt. Die Einheit des Drucks ist demnach $[\mathrm{Pa}] = \mathrm{N/m^2}$, das auch **Pascal**[41] genannt wird. Um ein Gefühl für ein Pascal zu geben: Der Normalluftdruck in Meereshöhe bei $0°\mathrm{C}$ ist $1{,}012 \cdot 10^5$ Pa (heißt auch 1 atm). (1 Tafel Schokolade auf einen Quadratmeter entspricht einem Druck von 1 Pa!)

Größen, die den Zustand eines Gases beschreiben, werden *Zustandsgrößen [external parameters]* genannt. Beispiele sind Druck P, Volumen *[volume]* V oder Temperatur *[temperature]* T. Der Zustand eines Gases wird durch diese drei Parameter eindeutig beschrieben. Die Parameter hängen nicht von einem bestimmten Prozeß ab; es darf also keine Rolle spielen, wie der Zustand erreicht wurde. Ist dagegen ein Parameter prozeßabhängig, so ist er keine Zustandsgröße. Wie wir sehen werden, betrifft dies z.B. eine Wärmemenge *[heat]* Q oder eine geleistete Arbeit *[work done]* W.

Wie groß ist die Arbeit, die benötigt wird, um den Kolben *[piston]* ein Stückchen in das Gefäß hineinzudrücken? Arbeit, das wissen wir aus der

---

[41]Pascal, Blaise, frz. Religionsphilosoph, Mathematiker und Physiker, *Clermont-Ferrand 19.6.1623, †Paris 19.8.1662

Mechanik, ist im allgemeinen Kraft mal Weg $dW = \boldsymbol{F} \cdot d\boldsymbol{x}$. Die Vorzeichenvereinbarung [*sign agreement*], die wir für die Thermodynamik treffen wollen, ist, daß eine an einem System geleistete Arbeit positiv sein soll. In unserem Fall ist also

$$dW = -\boldsymbol{P} A \cdot d\boldsymbol{x} .$$

$A d\boldsymbol{x}$ ist aber die Volumenänderung, die beim Eindrücken des Kolbens passiert, also $d\boldsymbol{V}$. Demnach ist

$$\boxed{dW = -\boldsymbol{P} \cdot d\boldsymbol{V} .} \tag{12.1}$$

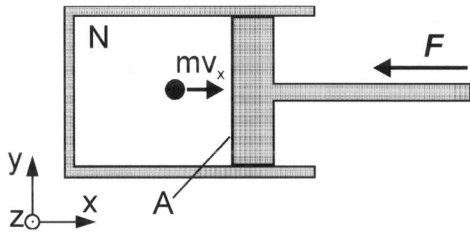

Abbildung 12.1: *Im Gleichgewicht muß eine Kraft* $\boldsymbol{F}$ *aufgewendet werden, um einen Kolben mit der Fläche A in einem mit Luft gefüllten Gefäß zu halten. Das Eindrücken des Kolbens leistet nach (12.1) Arbeit an dem System.*

Um einen Ausdruck für den Druck zu erhalten, berechnen wir zuerst die Kraft, die ein einzelnes Atom auf den Kolben ausübt, wenn es an ihm reflektiert wird. Der Impuls, den das Atom überträgt, ist die Differenz zwischen dem Impuls vor und nach dem Auftreffen. Ein Atom oder Teilchen der Masse m, das nach rechts fliegt, hat den Impuls mv_x in x-Richtung, wobei v_x die x-Komponente seiner Geschwindigkeit ist (Abb. 12.1). Das am Kolben reflektierte Atom hat den Impuls $-mv_x$, d.h. der Impulsübertrag an den Kolben ist $mv_x - (-mv_x) = 2mv_x$. Die Kraft, die aus einem solchen Impulsübertrag erwächst, ist, wie wir aus der Mechanik wissen, der übertragene Impuls pro Zeiteinheit: $\boldsymbol{F} = d\boldsymbol{p}/dt$. Wir müssen uns also fragen, wieviele solcher Stöße pro Zeiteinheit auf den Kolben einwirken. In der Zeiteinheit dt legt ein Teilchen in x-Richtung den Weg $v_x dt$ zurück. Es können also nur Teilchen, die nicht weiter als $v_x dt$ vom Kolben weg sind, ihren Impuls in der Zeiteinheit dt übertragen. Und wieviele Teilchen gibt es, die $v_x dt$ vom Kolben entfernt sind? Das ist ein Bruchteil aller Teilchen, der einem Bruchteil zweier Volumina entspricht. Ist das Gesamtvolumen V, die

Gesamtzahl aller in V enthaltenen Teilchen N, so ist der gesuchte Bruchteil $N A v_x dt / V$, wobei A die Kolbenfläche ist. Die Größe N/V ist die *Teilchendichte* [*density of particles*] in dem Gesamtvolumen; wir nennen sie ρ_n. In dem Volumen $A v_x dt$ bewegt sich allerdings nur die Hälfte der Teilchen nach rechts, die andere Hälfte bewegt sich nach links und wird keinen Impuls an den Kolben übertragen. Die Kraft ist also

$$F = \frac{d\boldsymbol{p}}{dt}$$

$$|\boldsymbol{F}| = 2 m v_x (\frac{1}{2}) \frac{N A v_x dt}{V dt}$$

$$= \rho_n m v_x^2 A \qquad \text{mit} \quad \rho_n = \frac{N}{V} \; . \tag{12.2}$$

Das heißt, daß der Druck

$$P = \frac{\boldsymbol{F}}{A} \tag{12.3}$$

auf den Kolben in obigem Beispiel gegeben ist durch

$$P = \rho_n m v_x^2 \; . \tag{12.4}$$

Wir haben die Vektorbezeichnung jetzt weggelassen, da wir nur die x-Richtung betrachten. Was wir wirklich brauchen, ist die durchschnittliche, quadratische x-Komponente der Geschwindigkeit [*mean-square value of the x-component of the velocity*]; wir nennen sie $\langle v_x^2 \rangle$. Da ein Drittel aller Teilchen sich je in x-, y- und z-Richtung bewegt, gilt $\langle v_x^2 \rangle = 1/3 \langle v^2 \rangle$, wobei $\langle v^2 \rangle$ die durchschnittliche quadratische Geschwindigkeit [*mean-square speed*] der Teilchen ist. Demnach ist der Druck auf den Kolben gegeben als

$$P = \frac{1}{3} \rho_n m \langle v^2 \rangle \; ,$$

was wir mit der Erkenntnis, daß $m \langle v^2 \rangle / 2$ die durchschnittliche kinetische Energie [*average kinetic energy*] eines Teilchens ist, auch schreiben können als:

$$P = \frac{2}{3} \rho_n \left\langle \frac{m v^2}{2} \right\rangle \tag{12.5}$$

oder, auf beiden Seiten mit V multipliziert,

$$PV = \frac{2}{3} N \left\langle \frac{m v^2}{2} \right\rangle \; . \tag{12.6}$$

Für ein *ideales Gas [ideal gas]*, d.h. ein Gas mit Teilchen, die keine internen Schwingungen [*vibration*] oder Anregungen [*excitation*] haben, besteht die gesamte, sogenannte *innere Energie [internal energy]* aus kinetischer Energie. Wir bezeichnen diese innere Energie mit U; sie besteht im Fall des einatomigen Gases einfach aus der Anzahl der Teilchen mal der kinetischen Energie eines jeden Teilchens: $U = N \left\langle \frac{mv^2}{2} \right\rangle$. Dann läßt sich das Produkt aus Druck und Volumen schreiben als

$$PV = \frac{2}{3}U \ . \tag{12.7}$$

12.2 Boyle-Mariotte-Gesetz

Eine experimentelle Bestätigung [*verification*] erfuhr diese Formel durch das **Boyle**[42]- **Mariotte**[43]-Gesetz :

$$\boxed{PV = const.} \qquad \text{bei konstanter Temperatur} \ . \tag{12.8}$$

Das Boyle-Mariotte-Gesetz sei anhand eines Experiments illustriert. Ein luftdicht verschlossenes, zylindrisches Gefäß mit einem beweglichen Kolben habe ein Volumen von 5,0 cm³. Der Kolben wird von oben durch verschiedene Gewichte der Masse m eingedrückt; an der Seite kann man die resultierenden Volumina ablesen. Die Fläche des Kolbens betrage 0,74 cm² (Abb. 12.2).

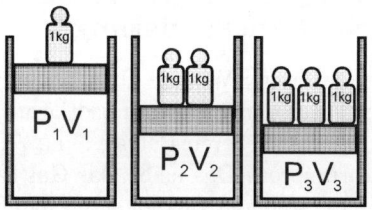

Abbildung 12.2: *Ein Kolben wird mit verschiedenen Gewichten in ein mit Luft gefülltes Gefäß gedrückt. Die jeweilige Verkleinerung des Volumens durch den erzeugten Druck wird ausgemessen und das PV-Produkt mit dem Boyle-Mariotte-Gesetz in Tab. 12.1 verglichen.*

---

[42]Boyle, Robert, brit. Physiker und Chemiker, *Lismore (Irland) 25.1.1627, †London 30.12.1691

[43]Mariotte, Edme Seigneur de Chazeuil, frz. Physiker, *vermutl. Dijon um 1620, †Paris 12.5.1684

Aus $F_G = mg$ (Erdbeschleunigung $g = 9{,}81$ m/s^2) und (12.3) können wir den Druck P' aufgrund der Gewichte in dem Gefäß bestimmen und ihn in eine Meßreihe in Tab. 12.1 eintragen. Würden wir jetzt P' mit den gemessenen Volumina V multiplizieren, ergäbe sich kein konstanter Wert (Man versuche es!). Das liegt daran, daß zusätzlich noch der Luftdruck [*atmospheric pressure*] P_o berücksichtigt werden muß (siehe vierte Spalte in der Tabelle), der für das durchgeführte Experiment $P_o = 1030$ hPa (= $1{,}03 \cdot 10^5$ Pa $= 10{,}3$ N/cm^2) betrage. Erst dann ergibt sich der einigermaßen konstante Wert für PV; Abweichungen ergeben sich aus mangelnder Genauigkeit [*accuracy*] in der Volumenbestimmung und an Reibungskräften [*frictional force*] des Kolbens, die als vernachlässigbar [*negligible*] angenommen waren.

Tabelle 12.1: *Experimentelle Werte eines Versuchs zum Boyle-Mariotte-Gesetz. Gemessen wurden m und V. Vollziehen Sie die anderen Werte nach!* $P_0 = 10,3$ N/cm^2 *ist der Luftdruck der Umgebung.*

m [kg]	F_G [N]	P' [N/cm^2]	$P = P' + P_o$ [N/cm^2]	V [cm^3]	PV [N cm]
0,5	4,9	6,6	16,9	3,4	57,5
1,0	9,8	13,3	23,6	2,6	61,4
2,0	19,6	26,5	36,8	1,7	62,3
3,0	29,4	39,8	50,1	1,2	60,1

12.3 Adiabatische Druckänderung

Wir stellen jetzt folgende Frage: Wieviel Druck braucht man, um ein Gas mit einem bestimmten Volumen nicht nur isotherm (praktisch heißt das langsam), sondern um einen größeren Betrag ohne Zu- oder Abführen von Wärmeenergie zu komprimieren? Das heißt, das Gas kann sich dabei durchaus erwärmen! Man nennt so einen Prozeß einen *adiabatischen Prozeß* .

Anfänglich ist der Druck nach (12.7) gleich $2U/3V$. Dann verrichten wir durch die Komprimierung Arbeit an dem Gas. Damit steigt der Druck an, läßt sich jedoch wiederum durch $2U/3V$ berechnen usw. Das ist ein Beispiel für eine Differentialgleichung [*differential equation*], die wir versuchen zu lösen.

Zunächst verallgemeinern wir die PV-Gleichung (12.7) in

$$PV = (\kappa - 1)U \ ,$$

d.h. mit der zunächst willkürlich erscheinenden Definition $\kappa - 1 = 2/3$ oder $\kappa = 5/3$. Wir nehmen den idealisierten Fall an, daß keine Reibungsverluste bei der Bewegung des Kolbens im Gefäß entstehen und daß das Gas ein ideales Gas ist. Dann geht *alle* von außen verrichtete Arbeit in innere Energie des Gases über. Ferner wollen wir keine Wärmeenergie von außen zu- oder abführen (adiabatischer Prozeß, d.h. $dQ = 0$; siehe 1. Hauptsatz der Thermodynamik (Kapitel 15.1)).

$$dW = -PdV = dU \tag{12.9}$$

U ist aber in der PV-Gleichung gegeben als $U = PV/(\kappa - 1)$, und damit ist das Differential dU

$$dU = (\kappa - 1)^{-1}(VdP + PdV)$$

und ergibt eingesetzt in (12.9)

$$-PdV = (\kappa - 1)^{-1}(VdP + PdV)$$
$$-(\kappa - 1)PdV = VdP + PdV$$
$$-\kappa PdV = VdP \; .$$

Teilen wir diese Gleichung durch PV erhalten wir

$$\kappa\left(\frac{dV}{V}\right) + \left(\frac{dP}{P}\right) = 0 \; .$$

Integration ergibt

$$\kappa \ln(V) + \ln(P) = const. \; ,$$

wovon wir beide Seiten als Argument der e-Funktion schreiben, um das Ergebnis zu erhalten

$$PV^{\kappa} = const. \tag{12.10}$$

Damit haben wir gezeigt, daß beim *adiabatischen* (nicht isothermen!) Zusammendrücken eines idealen Gases das Produkt aus Druck und Volumen hoch 5/3 immer konstant ist

$$PV^{5/3} = const. \quad \text{bei adiabatischen Prozessen.} \tag{12.11}$$

13 Zustandsgleichung idealer Gase

Wir haben bisher noch nichts über die Temperatur eines Gases gesagt. Wie können wir unser Verständnis von Temperatur hier einbringen? Wir wissen aus Erfahrung, daß sich ein Gas erwärmt, wenn es komprimiert wird (Beispiel Fahrradpumpe oder Autoreifen beim Fahren).

13.1   Definition der Temperatur

Wir haben bereits gezeigt, daß der Druck eines idealen Gases proportional
der Summe der kinetischen Energien aller Teilchen ist (12.5)

$$P = \frac{2}{3}\rho_n \left\langle \frac{mv^2}{2} \right\rangle \ . \tag{13.1}$$

Ist vielleicht die Temperatur ein Maß für die durchschnittliche kinetische
Energie? Nun, wenn zwei Gase links und rechts von einem Kolben sind und
der Kolben wieder reibungsfrei gelagert ist, kann auch bei gleichen Drücken
folgendes Ungleichgewicht bestehen (Abb. 13.1).

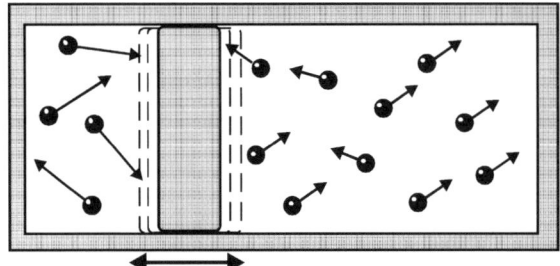

Abbildung 13.1: *In einem Gefäß mit einem beweglichen Kolben stellt sich
nach langer Zeit ein Gleichgewicht im Druck und den kinetischen Energien
der Teilchen ein.*

Zwar gilt zu jeder Zeit $P_1 = P_2$ und damit nach (13.1)

$$\rho_{n1} \left\langle m_1 v_1^2 \right\rangle = \rho_{n2} \left\langle m_2 v_2^2 \right\rangle \ ,$$

das heißt jedoch lediglich, daß das *Produkt* aus mittlerer kinetischer Energie
und Teilchenzahldichte im Gleichgewicht [*equilibrium*] gleich ist. Es gäbe
aber die Möglichkeit, auf der einen Seite eine sehr hohe Dichte und geringe
kinetische Energie zu haben und auf der anderen eine sehr geringe Dichte,
dafür aber eine hohe kinetische Energie (z.B. $\rho_{n1} \ll \rho_{n2}$ und $v_1^2 \gg v_2^2$). Dann
hätten wir zwar dieselben Drücke auf beiden Seiten des Kolbens, aber die
durchschnittliche kinetische Energie der Teilchen wäre verschieden. Auf der
einen Seite würden wenige, sehr energiereiche Teilchen auftreffen, auf der
anderen viele, aber den Kolben dafür nur zart anstupsen (Abb. 13.1). Es
ist vielleicht anschaulich, daß, wenn ein energiereiches Teilchen von links
auf den Kolben trifft, dieser sich dadurch, daß er reibungsfrei gelagert ist,

leicht nach rechts bewegt und wirkt damit auf die Teilchen, die gerade dicht rechts vom Kolben sind. Diese Teilchen haben nun eine höhere kinetische Energie als vor dem Stoß, das heißt die durchschnittliche kinetische Energie der langsamen Teilchen nimmt zu. Nach langer Zeit ist dieser Austausch von kinetischer Energie über den Kolben von links nach rechts gleich dem von rechts nach links. Es gilt also im Zustand des Gleichgewichts

$$\frac{1}{2}\left\langle m_1 v_1^2\right\rangle = \frac{1}{2}\left\langle m_2 v_2^2\right\rangle \ .$$

Die kinetischen Energien sind dann gleich und nicht nur die Drücke. Dieses Gleichgewicht ist es, was wir gleiche Temperatur nennen wollen.

Nullter Hauptsatz der Thermodynamik [zeroth law of thermody-namics]: Für ein thermodynamisches System im Gleichgewicht existiert eine Zustandsgröße, die Temperatur genannt wird .

Die Temperatur wird gerade so definiert: Die *Temperatur* ist proportional der mittleren kinetischen Energie pro Teilchen. Die Proportionalitätskonstante ist die sogenannte **Boltzmann**konstante[44] k_B mal 3/2. (Der Faktor 3/2 ist eine zunächst willkürlich erscheinende Wahl.)

$$\left\langle \frac{mv^2}{2}\right\rangle = \frac{3}{2}k_B T \ , \tag{13.2}$$

oder, mit der Definition der inneren Energie U

$$\boxed{\frac{U}{N} = \frac{3}{2}k_B T} \ . \tag{13.3}$$

Dies besagt also, daß Temperatur und innere Energie äquivalent sind. Sie drücken *dasselbe* lediglich auf verschiedene Art und Weise aus. Die Temperatur hat die Einheit **Kelvin**[45] oder K. Die innere Energie wird wie alle Energien in **Joule**[46] oder Elektronenvolt gemessen, daraus ergibt sich für die Boltzmannkonstante als Einheit Joule/Kelvin oder J/K. Der Zahlenwert der Konstanten ist

$$k_B = 1,380658 \cdot 10^{-23} \ \text{J/K}$$

oder, in Elektronenvolt ausgedrückt,

$$k_B = 8,62 \cdot 10^{-5} \ \text{eV/K} \ .$$

---

[44]Boltzmann, Ludwig, österr. Physiker, *Wien 20.2.1844, †Duino bei Görz 5.9.1906
[45]Lord Kelvin, Thomson, Sir William, Lord Kelvin of Largs, brit. Physiker, *Belfast 26.6.1824, †Netherhall bei Largs (Ayrshire) 17.12.1907
[46]Joule, James Prescott, engl. Physiker, *Salford (bei Manchester) 24.12.1818, †Sale (bei London) 11.10.1889

13.2   Gleichverteilungssatz und innere Energie

Bisher waren wir von einem einatomigen Gas ausgegangen. Dabei hatten wir die gesamte innere Energie aus der mittleren kinetischen Energie $\langle mv^2/2 \rangle$ hergeleitet und ihr eine Temperatur von $3k_BT/2$ zugeordnet. Die mittleren Geschwindigkeitsquadrate $\langle v^2 \rangle$ waren aus den 3 Raumrichtungen $\langle v_x^2 \rangle + \langle v_y^2 \rangle + \langle v_z^2 \rangle = \langle v^2 \rangle$ zusammengesetzt, da sich je 1/3 der Teilchen in eine jede Raumrichtung bewegt. Für jede Raumrichtung kann man daher schreiben

$$\langle mv_x^2 \rangle = \frac{1}{2}k_BT \ ,$$

d.h. jede mögliche Raumrichtung oder jedem sogenannten Freiheitsgrad [*degree of freedom*], aus dem sich die inneren Energie zusammensetzt, entspricht $k_BT/2$ an Temperatur. Der Grund für diese komplizierte Ausdrucksweise ist, daß es Teilchen gibt, die außer der Translation noch andere Freiheitsgrade besitzen, z.B. ein *zweiatomiges Molekül* [*biatomic molecule*], das sich gegenüber dem einzelnen Atom um zwei Achsen drehen und außerdem noch entlang seiner Verbindungsachse schwingen kann.

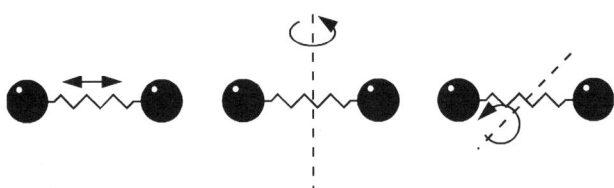

Abbildung 13.2: *Freiheitsgrade eines zweiatomigen Moleküls, bei dem die Atome als Massenpunkte angenommen wurden*

Die Rotation um die dritte Achse zählt nicht, da die Atome als Massenpunkte angenommen wurden; damit gibt es keine Rotationsenergie [*rotational energy*] um die gemeinsame Verbindungslinie (Abb. 13.2).

Der *Gleichverteilungssatz* [*equipartition theorem*] besagt, daß die mittlere Energie $\langle \varepsilon \rangle$, wenn sie quadratisch von einer Variablen wie z.B. Impuls oder der Auslenkung abhängt, für jeden Freiheitsgrad gleich $k_BT/2$ ist.

$$\langle \varepsilon \rangle = \frac{1}{2}k_BT \ . \tag{13.4}$$

Damit sind z.B. die kinetische Energie, die Rotationsenergie oder die Schwingungsenergie gemeint. Im Falle des einatomigen Gases gilt für eine

Translation in x-Richtung

$$\langle mv_x^2 \rangle = \frac{1}{2} k_B T \; ;$$

für alle Translationen zusammen gilt

$$\langle mv_x^2 \rangle + \langle mv_y^2 \rangle + \langle mv_z^2 \rangle = \frac{3}{2} k_B T$$

pro Teilchen. Multiplizieren wir den Ausdruck mit der Anzahl der Teilchen, so ist die gesamte innere Energie U

$$U = N \left\langle \frac{mv^2}{2} \right\rangle \qquad \text{oder}$$

$$U = \frac{3}{2} N k_B T \; .$$

Für das zweiatomige, rotierende und schwingende Molekül gilt dagegen wegen der vorhandenen Freiheitsgrade der Rotation und Schwingung ($E_{Rot} = J\omega^2/2$ mit J: Trägheitsmoment und ω: Kreisfrequenz; $E_{Schw} = m\omega^2/2$, m: Masse):

$$U = \sum_{i=1}^{N} [E_{kin,i} + E_{Rot,i} + E_{Schw,i}]$$

$$= \frac{6}{2} N k_B T \; .$$

Allgemein ist für ein System mit N Teilchen, die f Freiheitsgrade haben, die innere Energie U gegeben durch

$$\boxed{U = \frac{f}{2} N k_B T \; .} \tag{13.5}$$

13.3   Zustandsgleichung idealer Gase

Jetzt können wir die Definition für die Temperatur (13.2) in unsere PV-Gleichung (12.6) einsetzen.

$$PV = \frac{2}{3} N \left\langle \frac{mv^2}{2} \right\rangle$$

$$\boxed{PV = N k_B T \; .} \tag{13.6}$$

Das ist eine besonders elegante Gleichung. Sie stellt einen festen Zusammenhang zwischen dem Druck, dem Volumen und der Temperatur eines idealen Gases dar. Wir wissen sogar, wieviele Teilchen in dem Volumen existieren. Diese Zahl ist dabei unabhängig von der Sorte des Gases (solange es ideal ist). Ausgangspunkt der Herleitung dieser Gleichung waren die Newtonschen Axiome. Die Gleichung heißt *Zustandsgleichung* [*equation of state*] der idealen Gase und wird benötigt, um den Zustand eines Gases bei gegebenen Größen zu berechnen. Man sieht, daß das Boyle-Mariotte-Gesetz in der Zustandsgleichung enthalten ist ($PV = const.$ bei $dT = 0$), sowie ferner das experimentell beobachtete Gesetz von **Gay-Lussac**[47]:

$$\frac{V}{T} = const. \qquad \text{bei konstantem Druck .} \qquad (13.7)$$

Die Chemiker haben noch eine Gewohnheit, die wir hier kurz vorstellen wollen. Sie rechnen nicht so gerne mit einzelnen Teilchenzahlen, da dann in der Praxis sehr große N in der Gasgleichung auftreten. Sie beziehen sich stattdessen auf das sogenannte *Mol*: Ein Mol eines Gases enthält $6,02 \cdot 10^{23}$ Moleküle oder Atome. Damit wird aus Nk_B in der PV-Gleichung ein neuer Vorfaktor, nämlich $N \cdot 6,02 \cdot 10^{23} k_B = nR$ und die ideale Gasgleichung heißt:

$$\boxed{PV = nRT .} \qquad (13.8)$$

n ist jetzt die Anzahl der Mole und $R = 8,31 \, Jmol^{-1}K^{-1}$; R heißt *universelle Gaskonstante* [*gas constant*]. Die Gleichungen (13.6) und (13.8) haben also identischen physikalischen Inhalt, sie sind lediglich einmal mit einzelnen Atomen und einmal mit einem Mol ausgedrückt.

14 Verteilungsfunktionen

Beginnend mit einer ersten Anwendung der idealen Gasgleichung wenden wir uns in diesem Kapitel der Frage zu, wie denn die Verteilung z.B. der Geschwindigkeiten um den wichtigen mittleren Wert aussehen.

14.1 Barometrische Höhenformel

Eine praktische Anwendung der Gasgleichung ergibt sich aus folgender Frage: Wie ändert sich der Luftdruck in einer Luftsäule über der Erde mit

---

[47]Gay-Lussac, Joseph Louis, frz. Physiker und Chemiker, *St. Leonard (Limousin) 6.12.1778, †Paris 9.5.1850

abnehmendem Abstand zur Erdoberfläche bei als konstant angenommener Temperatur? Dabei sei Luft als ideales Gas mit drei Freiheitsgraden angenommen.

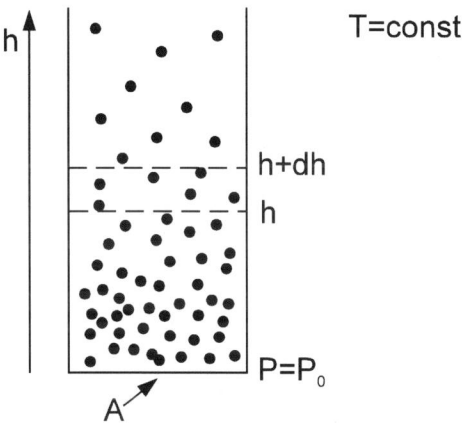

Abbildung 14.1: *Zur Herleitung der barometrischen Höhenformel*

Der Druckunterschied an den beiden Punkten h und $h + dh$ resultiert aus den verschiedenen darüberliegenden Luftmassen. Am tieferen Punkt h kommt zusätzlich zu dem am höheren Punkt $h + dh$ wirkenden Gewicht der Luft, noch das Gewicht zwischen h und $h + dh$ hinzu. Dadurch muß sich notwendigerweise die Dichte in der idealen Gasgleichung (13.6) ändern, denn die Temperatur hatten wir konstant angenommen

$$P = \rho_n k_B T \ . \tag{14.1}$$

Den Lösungsansatz zur Beantwortung der eingangs gestellten Frage erhalten wir entsprechend der Newtonschen Axiomen durch ein Gleichsetzen der wirkenden Kräfte. Die zusätzliche Kraft, die aufgrund der Luftteilchen zwischen h und $h + dh$ ausgeübt wird, ist die Anzahl N der Teilchen in diesem Volumen mal deren Masse m und der Gravitationsbeschleunigung g (konstant angenommen).

$$dF = Nmg \tag{14.2}$$

Wie groß ist die Zahl der Teilchen N zwischen h und $h + dh$? Sie ist $N = \rho_n V$, wobei $V = Adh$ das Volumen zwischen h und $h + dh$ ist und A die dazugehörige Fläche. Wir interessieren uns für den Druck, der sich nach

(12.3) als Kraft pro Fläche ergibt. Alles in (14.2) eingesetzt ergibt

$$dPA = -\rho_n A \; dh \; mg$$
$$dP = -\rho_n mg \; dh \; .$$ (14.3)

Das Minuszeichen drückt aus, daß für kleinere h ein größerer Druck existiert, daß also $dP \sim -dh$. Der Zusammenhang zwischen Druck und Dichte ist aber durch die Zustandsgleichung (14.1) gegeben

$$dP = d\rho_n \; k_B T \qquad \text{(bei konstanter Temperatur)}.$$

Eingesetzt in (14.3) ergibt sich

$$d\rho_n k_B T = -\rho_n mg \; dh \qquad \text{oder}$$
$$\frac{d\rho_n}{dh} = -\frac{mg}{k_B T}\rho_n \; .$$ (14.4)

Damit haben wir eine Gleichung, die uns angibt, wie groß die Änderung der Teilchenzahldichte bei steigender Höhe ist. Die Änderung ist proportional der Teilchenzahldichte selbst mal einem konstanten Faktor. Die Lösung einer solchen Differentialgleichung ist, wie wir wissen sollten, eine Exponentialfunktion

$$\rho_n(h) = \rho_{n_0} \exp\left(-\frac{mgh}{k_B T}\right) \; ,$$

was man durch Ableiten der Lösung und Einsetzen in (14.4) verifiziere! Die Teilchenzahldichte nimmt also exponentiell mit der Höhe über der Erdoberfläche ab. Der Druck ist nach der Gasgleichung

$$P = \rho_n k_B T$$
$$= k_B T \rho_{n_0} \exp\left(-\frac{mgh}{k_B T}\right)$$ (14.5)

$$\boxed{P(h) = P_0 \exp\left(-\frac{mgh}{k_B T}\right) \; .}$$

Dies ist die *barometrische Höhenformel* [*law of atmospheres*]. P_0 und ρ_{n_0} sind der Druck und die Teilchenzahldichte bei einer Referenzhöhe $h = 0$, z.B. dem Meeresspiegel.

14.2 Boltzmanngesetz und Maxwellsche Geschwindigkeitsverteilung

Die soeben abgeleitete Gleichung für die Höhenformel gilt ganz allgemein und wird als Boltzmanngesetz bezeichnet:

> *Das Boltzmanngesetz: Wenn die Wechselwirkungskräfte zwischen Teilchen durch eine potentielle Energie dargestellt werden können (wenn also die wirkenden Kräfte konservativ sind), ändert sich die Wahrscheinlichkeit, ein Teilchen mit einer bestimmten potentiellen Energie zu finden, exponentiell mit dem Verhältnis aus der potentiellen Energie zu $k_B T$, also zur Temperatur mal dem Boltzmannfaktor.*

Im folgenden wollen wir der Frage nachgehen, welche Verteilung verschiedene Geschwindigkeiten um die mittlere quadratische Geschwindigkeit $\langle v^2 \rangle$ besitzen.

In einer bestimmten Höhe $h = 0$ gibt es eine bestimmte Anzahl von Teilchen, die eine Geschwindigkeitskomponente u in z-Richtung haben, die groß genug ist, um die Höhe h zu erreichen oder zu überschreiten. Diese Zahl nennen wir $N_{>u}(0)$. Die kinetische Energie dieser Teilchen ist größer oder gleich $mu^2/2$, wobei u gerade die Geschwindigkeit ist, die ein Teilchen benötigt, um h zu erreichen. Daher ist

$$\frac{mu^2}{2} = mgh \quad \text{(kin. Energie = pot. Energie).} \qquad (14.6)$$

Die Zahl $N_{>u}(0)$ ist gleich $N_{>0}(h)$, also der Zahl der Teilchen bei der Höhe h, die noch eine Geschwindigkeit größer null haben. Es gilt also

$$N_{>u}(0) = N_{>0}(h) \; . \qquad (14.7)$$

Wir wissen bereits aus der barometrischen Höhenformel (14.5), wie die Teilchenzahldichte mit der Höhe exponentiell abnimmt:

$$\rho_n(h) = \rho_{n_0} \exp\left(-\frac{mgh}{k_B T}\right) \; .$$

Diese Abnahme der Teilchenzahldichte muß sich aber in den Geschwindigkeiten widerspiegeln, die größer oder kleiner als u sind. Das heißt, das Verhältnis der Anzahl der Teilchen mit der Geschwindigkeit > 0 bei der

Höhe $h = 0$ zu der Anzahl bei der Höhe h muß dem Verhältnis der Teilchenzahldichten entsprechen:

$$\frac{N_{>0}(h)}{N_{>0}(0)} = \frac{\exp\left(-\frac{mgh}{k_BT}\right)}{1}$$

Mit (14.6) und (14.7) ergibt sich

$$\frac{N_{>u}}{N_{>0}} = \exp\left(-\frac{mu^2}{2k_BT}\right) . \tag{14.8}$$

In Worten heißt das, daß bei einer jeden Höhe h die Anzahl der Teilchen, deren Geschwindigkeit größer als u ist, exponentiell mit dem Argument kin. Energie$/k_BT$ abnimmt. Das ist die Antwort auf die zu Beginn gestellte Frage, wie die Geschwindigkeiten verteilt sind.

Wir wollen jetzt noch eine mathematische Umformulierung vornehmen, damit wir angeben können, wieviele Teilchen eine Geschwindigkeit zwischen u und $u + du$ haben, also in einem kleinen Intervall. Das erweist sich oft als praktischer als die Angabe, wieviele Teilchen insgesamt eine Geschwindigkeit haben, die größer als u ist. Dazu führen wir eine Verteilungsfunktion [*distribution function*] $f(u)$ ein, wobei die Fläche unter $f(u)$ über einem Intervall du gerade die Anzahl der Teilchen wiedergibt, die eine Geschwindigkeit zwischen u und $u+du$ haben (Abb. 14.2). Den Bezug zu $N_{>u}$ aus (14.8) stellen wir so her: $N_{>u}$ ist das Integral (die Summe) über alle Geschwindigkeiten mal der Verteilungsfunktion, angefangen bei der Geschwindigkeit u bis unendlich.

$$N_{>u} = \int_u^\infty uf(u)du = const.\exp\left(-\frac{mu^2}{2k_BT}\right) , \tag{14.9}$$

wobei die Konstante nach (14.8) $N_{>0}$ ist und noch zu bestimmen ist.

Differentiation von (14.9) ergibt:

$$-uf(u)du = const.\left(-\frac{2mu}{2k_BT}\right)\exp\left(-\frac{mu^2}{2k_BT}\right)du$$

Das Minuszeichen links entsteht, weil die Variable, nach der differenziert wird, als untere Grenze in (14.9) auftritt.

$$f(u)du = const.\left(\frac{m}{k_BT}\right)\exp\left(-\frac{mu^2}{2k_BT}\right)du \tag{14.10}$$

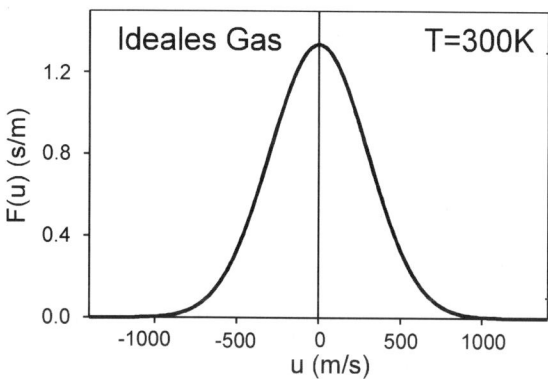

Abbildung 14.2: *Verteilungsfunktion einer Geschwindigkeitskomponente eines idealen Gases*

Die bei Verteilungsfunktionen übliche Normierungsbedingung [*normalisation condition*] ist

$$\int_{-\infty}^{\infty} f(u)du = N \ ,\tag{14.11}$$

das heißt über die ganze Verteilungsfunktion integriert (summiert) erhält man wieder die Gesamtzahl der betrachteten Teilchen. Diese Bedingung wird zur Bestimmung der Konstanten benutzt.

$$\int_{-\infty}^{\infty} f(u)du = N = const. \left(\frac{m}{k_B T}\right) \int_{-\infty}^{\infty} \exp\left(-\frac{mu^2}{2k_B T}\right) du$$

Das Integral rechts hat die Form $I = \int_{-\infty}^{\infty} \exp(-z^2)dz$ mit $z^2 = mu^2/2k_B T$ und $dz = (m/2k_B T)^{1/2}du$. Den Wert des Integrals I kann man in Tabellen nachsehen; es ist $I = (\pi)^{1/2}$. Damit ergibt sich

$$N = const. \left(\frac{m}{k_B T}\right) (\pi)^{1/2} \left(\frac{m}{2k_B T}\right)^{-1/2}$$

$$const.^{-1} = N^{-1} \left(\frac{2m\pi}{k_B T}\right)^{1/2}$$

$$const. = N \left(\frac{k_B T}{2m\pi}\right)^{1/2} \ .$$

Damit ergibt sich als Verteilungsfunktion:

$$f(u)du = N \left(\frac{m}{2\pi k_B T} \right)^{1/2} \exp\left(-\frac{mu^2}{2k_B T} \right) du \qquad (14.12)$$

Die Gleichung gibt die Verteilung einer *Geschwindigkeitskomponente* [*velocity component*] der Teilchen eines idealen Gases an. Die Verteilungsfunktion ist symmetrisch um Null, da positive und negative Geschwindigkeiten gleichermaßen oft auftreten (Abb. 14.2).

Interessant ist oft auch die Frage nach der Verteilung der *Beträge der Geschwindigkeiten* der Teilchen. Diese Verteilung $F(v)dv$ ergibt sich aus der Integration über alle Geschwindigkeitsbeträge $|v|$ zwischen v und $v + dv$, unabhängig von der jeweiligen Richtung des Teilchens. Diese Richtungsunabhängigkeit drückt man dadurch aus, daß die Geschwindigkeiten in einer Kugelschale mit Radius v und Dicke dv mit der Verteilungsfunktion multipliziert werden. Die Kugelschale hat das Volumen $4\pi v^2 dv$, so daß

$$F(v)dv = const. \; 4\pi v^2 \exp\left(-\frac{mv^2}{2k_B T} \right) dv \; .$$

Die Konstante wird wieder durch die Normierungsbedingung $\int_0^\infty F(v)dv = N$ bestimmt. Man verifiziere, daß $const. = N \left(m/2\pi k_B T \right)^{3/2}$, so daß

$$\boxed{F(v)dv = 4\pi N \left(\frac{m}{2\pi k_B T} \right)^{3/2} v^2 \exp\left(-\frac{mv^2}{2k_B T} \right) dv \; .} \qquad (14.13)$$

Diese Funktion heißt **Maxwell**sche[48] *Geschwindigkeitsverteilung* [*Maxwellian distribution of speeds*]. Die Fläche $F(v)dv$ gibt an, wieviele Teilchen eine Geschwindigkeit zwischen v und $v + dv$ besitzen. Die Funktion $F(v)$ hat ein Maximum und ist für verschiedene Temperaturen in Abb. 14.3 dargestellt.

Beispiel: In Luft bei Zimmertemperatur ist die am wahrscheinlichsten auftretende Geschwindigkeit von Stickstoffmolekülen [*nitrogen molecules*] (N_2; $m = 28$) dort, wo $F(v)$ ein Maximum hat.

$$\frac{dF}{dv} = 0$$

$$2ve^{-x} + v^2(-)\left(\frac{mv}{k_B T} \right)e^{-x} = 0 \qquad \text{mit} \qquad x = \frac{mv^2/2}{k_B T}$$

---

[48]Maxwell, James Clerk, engl. Physiker, *Edinburgh 13.6.1831, †Cambridge 5.11.1879

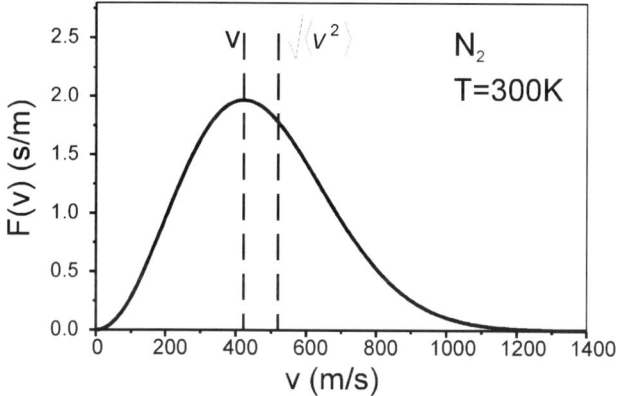

Abbildung 14.3: *Maxwellsche Geschwindigkeitsverteilung von Luftmo-lekülen bei T = 300 K*

$$v^2 = \frac{2k_B T}{m} \quad \text{oder} \quad v = \left(\frac{2k_B T}{m}\right)^{1/2}$$

$$\Rightarrow \quad v(N_2) = \sqrt{\frac{2 \cdot 1,38^{-23} J \cdot 300 K}{K \ 28 \cdot 1.66 \ 10^{-27} \ kg}} \approx 422 \ m/s$$

Beispiel: Die mittlere quadratische Geschwindigkeit kennen wir bereits aus dem Gleichverteilungssatz (s. Abschnitt 13.2).

$$\left\langle \frac{mv^2}{2} \right\rangle = \frac{3}{2} k_B T$$

$$\langle v^2 \rangle = 3\frac{k_B T}{m}$$

$$\Rightarrow \quad \sqrt{\langle v^2 \rangle}(N_2) = \sqrt{\frac{3 \cdot 1,38^{-23} J \cdot 300 K}{K \ 28 \cdot 1.66 \ 10^{-27} \ kg}} \approx 517 \ m/s$$

Man beachte, daß die am wahrscheinlichsten auftretende Geschwindig-keit und die Wurzel aus der mittleren quadratischen Geschwindigkeit nicht identisch sind!

Die Maxwellsche Verteilung tritt immer dann auf, wenn aufgrund einer Wechselwirkung, die auf einem Potential beruht, sich eine Verteilung von Größen wie z.B. der Geschwindigkeit ergibt. Man merke sich: Die Verteilung der Energien ist proportional zu exp(-pot. Energie/$k_B T$), die Verteilung der Impulse proportional zu (Geschwindigkeiten) exp($-$kin. Energie/$k_B T$)!

15   Hauptsätze der Thermodynamik

Die Frage ist, wie man eine Maschine baut, die aus Wärme heraus Arbeit
verrichtet. Ein simples Beispiel ist das Gummiband [*rubber band*], an dem
ein Gewicht der Masse m aufgehängt ist, das durch Erwärmung des Gum-
mibandes mit einem Heißluftföhn in die Höhe gezogen wird (Abb. 15.1).
Wenn es um die Höhe h hinaufgezogen wird, ist die verrichtete Arbeit mgh.

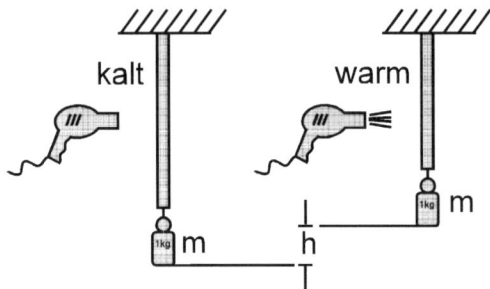

Abbildung 15.1:   *Ein Gummiband, an dem ein Gewicht der Masse m*
hänge, zieht sich bei Erwärmung zusammen. Dabei wird die Arbeit $W =$
mgh geleistet.

Eine Maschine wird als ein periodisch arbeitendes Gerät definiert. Mit
den Gummibändern ließe sich eine Maschine wie in Abb. 15.2 dargestellt
verwirklichen (**Feynman***sche*[49] Wärmekraftmaschine).

So etwas funktioniert. Allerdings nur so lange, wie wir auf der einen Seite erwärmen können und auf der anderen gekühlt wird (durch die Raum-
luft). Durch die Erwärmung wird dann nämlich der Schwerpunkt des Rades
über den Aufhängepunkt gehoben, und das Rad fängt an, sich zu drehen.
Erwärmten wir auf beiden Seiten, würde sich das Rad nicht drehen! Ebenfalls dann nicht, wenn der gesamte Raum erwärmt würde.

Es ist also grundsätzlich notwendig, einen wärmeren und einen kälteren
Bereich zu haben, wenn man Wärme in Arbeit umwandeln möchte!

15.1   Erster Hauptsatz der Thermodynamik

Der *1. Hauptsatz der Thermodynamik* lautet:

---

[49]Feynman, Richard Phillips, amerikan. Physiker, *New York 11.5.1918, †Los Angeles
15.02.1988, Nobelpreis für Physik 1969

Abbildung 15.2: *Die Feynmansche Wärmekraftmaschine: Durch Erhitzen der Gummibänder unterhalb der Achse ziehen sich die Speichen so zusammen, daß der Schwerpunkt des Rades oberhalb der Achse liegt und das Rad anfängt, sich langsam zu drehen.*

Die Änderung der inneren Energie eines Systems geschieht entweder durch Hinzufügen oder Wegnahme von Wärmeenergie Q oder durch Verrichtung von mechanischer Arbeit W am oder durch das System.

$$\boxed{\Delta U = \Delta Q + \Delta W} \qquad (15.1)$$

(Achtung: Die Temperatur ist proportional zur inneren Energie. Die Wärmemenge Q hat also nichts mit der Temperatur zu tun, wenn nicht zufällig ΔW gleich null ist. Die Temperatur ist äquivalent zur inneren Energie!)

Die durch den 1. Hauptsatz implizierte Äquivalenz von Wärme und mechanischer Arbeit bei der Veränderung der inneren Energie wurde durch Joule in seinem berühmten Experiment gezeigt (Abb. 15.3). In einem mit Wasser gefüllten Behälter drehen sich Schaufelräder, die über eine Achse von einem fallenden Gewicht angetrieben werden. Die resultierende Temperaturerhöhung wird mit dem Thermometer gemessen. Aus dem Jouleschen Experiment ergibt sich, daß die Erhöhung der Temperatur eines Gramms Wasser um ein Grad der mechanischen Energie von 4,2 J entspricht (früher wurde dies 1 cal genannt).

Fragen wir uns nach der Effizienz oder dem *Wirkungsgrad [efficiency]* η einer Wärmekraftmaschine *[heat engine]* wie sie oben beschrieben wurde. Sie bestimmt sich aus dem Verhältnis der geleisteten Arbeit $|W|$ zur

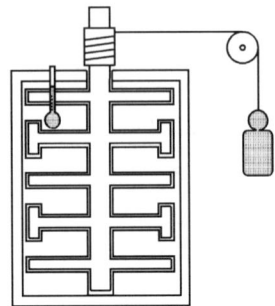

Abbildung 15.3: *Joulesches Experiment zur Äquivalenz von mechanischer und Wärmeenergie*

aufgewendeten Wärmeenergie Q_1.

$$\boxed{\eta = \frac{|W|}{Q_1}} \qquad (15.2)$$

Beispiel: Das Gummibandrad werde mit einer Leistung von 1000 W erwärmt und benötige 30 Sekunden, um eine Masse von 100 g um 20 cm in die Höhe zu ziehen. Die Leistung dieses Rades ist

$$P = \frac{|W|}{\Delta t} = \frac{0,1 \text{ kg } 9,81 \text{ m } 0,2 \text{ m}}{\text{s}^2 \ 30 \text{ s}}$$
$$= 6,5 \text{ mW} \ .$$

Dann ist

$$\eta = \frac{0,1 \text{ kg } 9,81 \text{ m } 0,2 \text{ m}}{\text{s}^2 \ 1000 \text{ W } 30 \text{ s}}$$
$$= 6,5 \cdot 10^{-6} \ .$$

Bei den Wärmekraftmaschinen stellt sich die Frage, ob wir nicht in der Lage sind, effizienter arbeitende Maschinen zu entwickeln als das beschriebene Gummibandrad und welche allgemein gültige obere Grenze für den Wirkungsgrad existiert.

15.2 Zweiter Hauptsatz der Thermodynamik

Dazu benötigen wir den 2. *Hauptsatz der Thermodynamik*, der besagt:

*Wärme kann nicht von selbst von einem kälteren zu einem
wärmeren Gegenstand fließen (Erfahrungssatz). Eine äquivalente Aussage ist, daß es unmöglich ist, die von einem Körper ent-
nommene Wärme ausschließlich in Arbeit umzuwandeln.*

Daß die beiden Formulierungen des 2. Hauptsatzes äquivalent sind, sieht
man daran, daß man im zweiten Satz erzeugte Arbeit über Reibung immer
in Wärme umwandeln könnte und so die erste Formulierung herauskommt.
Eine Wärmekraftmaschine muß also grundsätzlich immer aussehen wie in
Abb. 15.4 gezeigt, das heißt, sie benötigt grundsätzlich zwei verschiedene
Temperaturen, zwischen denen sie arbeiten kann. Das Gummibandrad ar-

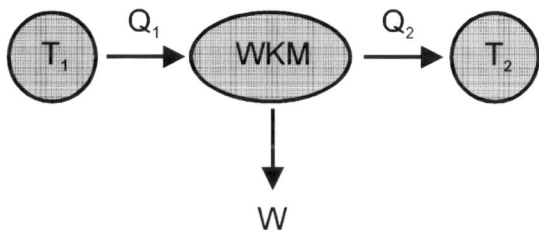

Abbildung 15.4: *Prinzipiell benötigt eine Wärmekraftmaschine (WKM)
immer zwei Wärmereservoirs mit den Temperaturen $T_1 \neq T_2$, um eine Arbeit W zu leisten. $Q_{1,2}$ sind die Wärmemengen, die zu- bzw. abgeführt werden.*

beitet zwischen der höheren, mit dem Heißluftföhn erzielten Temperatur
T_1 und der niedrigeren Umgebungstemperatur (Raumtemperatur) T_2. Aus
dem Energieerhaltungssatz wissen wir, daß die gesamte Energie in Abb. 15.4
konstant ist, daß also

$$|Q_2| = |Q_1| - |W| \qquad (15.3)$$

Dabei ist die *Vorzeichenkonvention* wie folgt: Dem System zugeführte
Wärme sei positiv, abgeführte negativ. Vom System verrichtete Arbeit sei
negativ, am System verrichtete positiv. Daraus folgt für (15.3)

$$\left.\begin{array}{l} |Q_2| = -Q_2 \\ |W| = -W \end{array}\right\} \quad \text{da abgeführt,}$$

$$|Q_1| = Q_1 \quad \text{da zugeführt}$$

und damit

$$-Q_2 = Q_1 + W \ . \qquad (15.4)$$

Unsere angestrebte Erhöhung des Wirkungsgrades müßte bei gleichen Temperaturen nach (15.2) auf eine Erhöhung von W, also eine Verkleinerung von Q_2 zurückzuführen sein.

Analog zu dem Begriff reibungsfrei in der Mechanik führen wir in der Thermodynamik den Begriff reversibel [*reversible*] ein. Ein reversibler Prozeß soll heißen, daß bei einer Vorzeichenänderung alle Teilschritte eines Prozesses sofort in umgekehrter Richtung ablaufen können, d.h. umkehrbar sind. Praktisch bedeutet dies, daß keine Reibungsverluste auftreten dürfen.

15.3 Ein reversibler Kreisprozeß (Carnotprozeß)

Betrachten wir jetzt den Kreisprozeß [*cycle*] einer idealisierten Maschine, in der alle Prozesse reversibel und reibungsfrei verlaufen. (Es ist klar, daß bei nicht-reibungsfreien Prozessen zusätzliche Energie zur Überwindung der verlorenen Reibungswärme aufgebracht werden muß, die den Wirkungsgrad gegenüber dem reibungsfreien Prozeß erniedrigt.)

i) Der erste Schritt in einer solchen Wärmekraftmaschine sei die Übertragung einer Wärmemenge Q_1 auf ein Gas, indem man den Kolben langsam herausfährt (Abb. 15.5). "Langsam" heißt hier so, daß der Temperaturunterschied zwischen dem Reservoir und dem Gas im Gefäß immer beliebig klein bleibt. So ein Prozeß der Wärmemengeübertra-

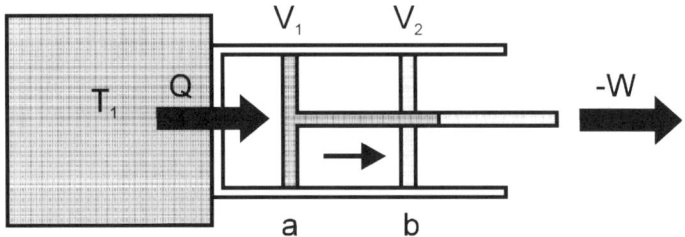

Abbildung 15.5: *Wärmeübertragung von einem Reservoir auf ein Gas bei konstanter Temperatur. a, b beziehen sich auf das Diagramm in Abb. 15.6.*

gung von einem Reservoir in ein Gas bei konstanter Temperatur heißt *isotherm*. Reversibel heißt hier, daß wir mit dem Fluß der Wärmemenge Q_1 den Kolben im oben beschriebenen Sinn langsam herausziehen, so daß die Temperatur immer nahe T_1 bleibt. Würden wir den Kolben hineinschieben, würde Wärme wieder zurückfließen. Die treibende Kraft ist dabei der infinitesimal auftretende Temperaturgradient. Wir tragen jetzt in einem Diagramm den Druck über dem Volumen ab (Kurve ab in Abb. 15.6). Für isotherme Prozesse kennen wir die Gasgleichung $PV = Nk_BT_1$ oder $P \sim 1/V$; P fällt also mit zunehmendem Volumen ab.

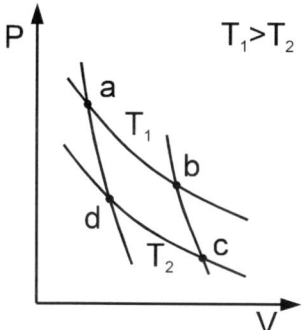

Abbildung 15.6: *Zustandsänderungen für einen zyklischen Prozeß, gezeichnet im PV-Diagramm .*

ii) Dann, im zweiten Schritt, entfernen wir den Kolben vom Reservoir mit der Temperatur T_1, expandieren ihn jedoch weiter. Da jetzt keine Wärme mehr zugeführt werden kann, sinkt die Temperatur. Diese Art der Expansion heißt *adiabatisch* (= kein Wärmeaustausch). Für adiabatische Prozesse gilt die Gasgleichung $PV^\kappa = const.$ mit $\kappa = 5/3$ für das ideale Gas (siehe 12.10). Im PV-Diagramm (Abb. 15.6) ist die Kurve jetzt also steiler, da $\kappa = 5/3$ größer ist als $\kappa = 1$ (isothermer Fall).

iii) Wir expandieren bis das Gas die niedrigere Temperatur T_2 erreicht hat, bringen den Kolben in Kontakt mit dem zweiten Reservoir (Temperatur T_2) und komprimieren, jetzt aber wiederum *isotherm* (Abb. 15.7). Diese Kurve ist parallel zur ersten, aber um die tiefere Temperatur nach unten versetzt; die Wärmemenge Q_2 wird abgegeben.

iv) Dann wird wieder *adiabatisch* komprimiert, also ohne Kontakt mit einem Wärmereservoir und daher ohne Wärmeaustausch.

Die vier Teilprozesse können so durchlaufen werden, daß man im PV-Diagramm wieder an den Anfangspunkt zurückkommt. Sie lassen sich dann zyklisch wiederholen. Da alle Einzelprozesse reversibel sind, ist auch der

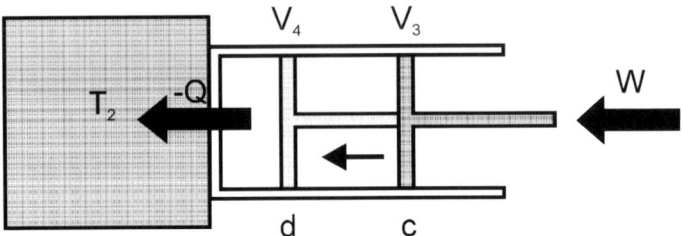

Abbildung 15.7: *Im dritten Schritt des Kreisprozesses wird wieder isotherm komprimiert und dabei die Wärmemenge Q_2 aus dem Reservoir abgeführt.*

gesamte Zyklus reversibel. Es stellt sich nun die Frage, wieviel Arbeit von einer solchen Maschine in einem Zyklus verrichtet wird?

Die differentielle Änderung der Arbeit ist *immer* $dW = -PdV$ bzw. die Arbeit ist $W = -\int_1^2 PdV$, wenn nach der gesamten Arbeit zwischen zwei Punkten 1 und 2 gefragt ist. Die zugeführte Wärmemenge Q_1 von $a \to b$ entspricht einer Volumenvergrößerung (positives ΔV) und soll der vom System verrichteten Arbeit entsprechen (d.h. negatives Vorzeichen; siehe die Vorzeichenkonvention).

Die insgesamt in diesem Kreisprozeß geleistete Arbeit entspricht also im PV-Diagramm der Fläche unter der Kurve a über b nach c, abzüglich der Kurve c über d nach a.

$$W = -\int_{a \text{ über } b}^{c} PdV - \left(-\int_{c \text{ über } d}^{a} PdV \right)$$

Dieser Kreisprozeß heißt **Carnot**prozeß[50] [*Carnot cycle*]. Man fragt sich vielleicht, warum wir gerade solch einen Prozeß zur Untersuchung des Wirkungsgrades herangezogen haben. Es läßt sich über eine zweite, nicht reversible Carnotmaschine zeigen, daß bei gegebenen T_1 und T_2 die reversible Maschine immer mehr Arbeit leistet als eine irreversible [*irreversible*]. Ferner folgt, daß alle reversiblen Maschinen gleich viel Arbeit verrichten, daß sich also immer der gleiche Wirkungsgrad ergibt. Damit können wir uns auf den *Carnotprozeß* als den *optimalen Wärmekraftprozeß* konzentrieren.

---

[50]Carnot, Nicolas Leonard Sadi, frz. Physiker, *Paris 1.6.1796, †ebd. 24.8.1832

15.4   Wirkungsgrad einer Carnotmaschine

Was ist nun der Wirkungsgrad einer solchen Carnotmaschine? Dazu müssen wir die Arbeitsintegrale ausrechnen, also Integrale für die isothermen und adiabatischen Prozesse. Wir benötigen Ausdrücke für Q_1 und Q_2, W ergibt sich dann aus $|Q_2| = |Q_1| - |W|$ (15.3). Fangen wir an: Auf dem Weg $a \to b$ ist die Temperatur konstant, d.h. die innere Energie U ist konstant (Äquivalenz von innerer Energie und Temperatur). Nach dem 1. Hauptsatz ist dann

$$dU = dQ + dW = 0 \ ,$$

$$dQ = -dW$$

und

$$W = - \int\limits_a^b P dV$$

ist vom Betrag her die gesamte Wärmemenge, die zugeführt wurde. Während der Expansion ist $PV = Nk_B T_1$ (12.8) und daher ist

$$Q_1 = \int\limits_a^b P dV$$

$$= Nk_B T_1 \int\limits_a^b V^{-1} dV$$

$$Q_1 = Nk_B T_1 \ln \left(\frac{V_b}{V_a} \right) \tag{15.5}$$

die während des isothermen Expansionsprozesses zugeführte Wärmemenge. Da $V_b > V_a$, ist Q_1 positiv, im Einklang mit der Vorzeichenkonvention für zugeführte Wärmemengen. Mathematisch Gleiches gilt für die isotherme Kompression $c \to d$

$$Q_2 = Nk_B T_2 \ln \left(\frac{V_d}{V_c} \right) \ ,$$

eine Größe, die negativ ist, da $V_d < V_c$. Das bedeutet, daß Wärme abgeführt wurde. Wir können auch schreiben

$$Q_2 = -Nk_B T_2 \ln \left(\frac{V_c}{V_d} \right) \ . \tag{15.6}$$

Für die beiden adiabatischen Prozesse wissen wir, daß $PV^\kappa = const.$
Auf der ganzen adiabatischen Kurve $b \to c$ gilt:

$$PV^\kappa = const.$$
$$(PV)V^{\kappa-1} = const.$$

Da wir im Punkt b aber noch auf der Isothermen sind, gilt $PV_b = Nk_BT_1$,
so daß

$$(Nk_BT_1)\,V_b^{\kappa-1} = const.$$

Im Punkt c können wir dementsprechend sagen, daß

$$(Nk_BT_2)\,V_c^{\kappa-1} = const. = (Nk_BT_1)\,V_b^{\kappa-1}\,,$$

da die Konstante ja entlang der ganzen Kurve $b \to c$ dieselbe ist. Division
ergibt dann

$$\frac{T_1}{T_2} = \frac{V_c^{\kappa-1}}{V_b^{\kappa-1}}\,. \tag{15.7}$$

Gleichermaßen gilt auf der Kurve $d \to a$

$$T_2V_d^{\kappa-1} = T_1V_a^{\kappa-1}$$

$$\frac{T_1}{T_2} = \frac{V_d^{\kappa-1}}{V_a^{\kappa-1}}\,. \tag{15.8}$$

Aus (15.7) und (15.8) folgt, daß die Volumenverhältnisse und damit die
Logarithmen in (15.5) und (15.6) gleich sind, d.h.

$$\frac{V_c}{V_d} = \frac{V_b}{V_a}\,.$$

Wir können nach Division von (15.5) und (15.6) schließen, daß

$$\frac{Q_1}{T_1} + \frac{Q_2}{T_2} = 0\,. \tag{15.9}$$

Die Summe dieser Quotienten ist in einem reversiblen Prozeß immer konstant! (Die Quotienten in (15.9) werden auch *Carnotsche Proportionen* genannt.) Gleichung (15.9) stellt einen besonders einfachen Zusammenhang
der beiden Wärmemengen Q_1 und Q_2 dar. Wir nutzen dies, um einen Ausdruck für die geleistete Arbeit W zu erhalten, der nur noch von Q_1 und
den Reservoirtemperaturen T_1 und T_2 abhängt und in dem Q_2 nicht mehr
explizit vorkommt (Abb. 15.4).

Indem wir (15.9) in (15.4) einsetzen, bestimmen wir die geleistete Arbeit

$$(15.4): \qquad -Q_2 = Q_1 + W$$

$$(15.9): \qquad Q_2 = -\frac{T_2}{T_1}Q_1$$

$$\Rightarrow \qquad \frac{T_2}{T_1}Q_1 = Q_1 + W$$

$$-W = Q_1\left(1 - \frac{T_2}{T_1}\right)$$

$$-W = Q_1\frac{T_1 - T_2}{T_1}$$

Das Minuszeichen bedeutet wiederum, daß die Arbeit vom System verrichtet wurde. Der Wirkungsgrad ist der Quotient aus dem Betrag der verrichteten Arbeit und der hinzugefügten Wärmemenge

$$\eta = \frac{|W|}{Q_1}$$

$$\boxed{\eta = \frac{T_1 - T_2}{T_1}} \qquad (15.10)$$

und gilt für alle reversiblen Wärmekraftmaschinen; er ist stets kleiner als 1! Dies ist bereits der optimale Wirkungsgrad, da wie gesagt Reibungskräfte und Irreversibilität den Wirkungsgrad erniedrigen. In der Praxis müssen sich also Wirkungsgrade von technischen Wärmekraftmaschinen am idealen Carnotprozeß messen lassen.

15.5   Thermodynamische Temperaturskala

Die übliche Temperaturskala [*temperature scale*] ist durch einen Fixpunkt und eine Skala, die auf einem zweiten Fixpunkt beruht, definiert (z.B. Tripelpunkt und Siedepunkt des Wassers). Die Thermodynamik erlaubt es uns, eine *materialunabhängige* Temperaturskala festzulegen. Basis für diese Festlegung ist *ein* Fixpunkt (Wir wählen $T = 273,16$ K als diesen Fixpunkt.) und messen andere Temperaturen dann, indem wir Q_1 und die geleistete Arbeit W einer reversiblen Wärmemaschine messen, die zwischen der zu messenden Temperatur T und der Fixpunkttemperatur arbeitet. Dann ergibt sich

$$T = T_{Fix}\left(1 - \frac{W}{Q_1}\right)$$

und damit eine materialunabhängige Temperaturskala. Sie wird auch *thermodynamische Temperaturskala* genannt. Sie entspricht der üblicherweise verwendeten Skala, hat aber den Vorteil, daß sie materialunabhängig ist.

16   Entropie

Entropie ist einer der Begriffe, der wegen seiner verschiedenen Ausdrucksformen häufig zu Verständnisschwierigkeiten führt. Wir wollen im folgenden zuerst den thermodynamischen Zugang besprechen, um danach auf den statistischen einzugehen, der sich in die Umgangssprache als Begriff der Unordnung eingeprägt hat. Wir wollen zeigen, daß diese Begriffe äquivalent sind und daß wir mit der Entropie den 2. Hauptsatz der Thermodynamik formalisieren können.

16.1   Thermodynamische Definition der Entropie

Wir haben in (15.9) gesehen, daß für eine reversible Wärmekraftmaschine gilt: $Q_1/T_1 + Q_2/T_2 = 0$. Das legt nahe, daß man dem Ausdruck Q/T einen eigenen Namen gibt und die Summe dieser Größe dann bei reversiblen Prozessen eine *Erhaltungsgröße [conserved quantity]* ist. Man nennt den Quotienten aus aufgenommener (oder abgegebener) Wärmemenge und der Temperatur, die bei der Aufnahme bzw. Abgabe herrschte, die *Änderung der Entropie [entropy]* S.

$$\Delta S = \Delta Q / T \tag{16.1}$$

oder, differentiell, d.h. für ganz kleine Änderungen ausgedrückt,

$$\boxed{dS = dQ/T\,.} \tag{16.2}$$

Die Einheit der Entropie ist $[S]$=J/K. Der Erhaltungssatz für die Entropie lautet dann:

Für einen reversiblen Prozeß ist die Gesamtentropie konstant.

Die Entropie ist eine Zustandsgröße. *Gesamt* bedeutet hier, daß alle am Prozeß beteiligten Zustandsänderungen berücksichtigt werden müssen. Dies können wir wie folgt sehen. Berechnen wir explizit die Entropieänderungen, die in dem Carnotschen Kreisprozeß (Abb. 15.5) stattfinden. Auf dem Weg

$a \to b$ berechnen wir das Integral für Schritt 1 im Kreisprozeß:

$$\Delta S_{a \to b} = \int_a^b dS$$

$$\Delta S_{a \to b} = \int_a^b \frac{dQ}{T_1}$$

$$\Delta S_{a \to b} = \frac{Q_1}{T_1}$$

Für Schritt 2 ist $\Delta Q = 0$, da er *per definitionem* adiabatisch verläuft. Daher ist die Entropieänderung auf dem Weg $b \to c$ ebenfalls null

$$\Delta S_{b \to c} = 0 \ .$$

Schritt 3 ist wiederum isotherm, daher gilt

$$\Delta S_{c \to d} = \int_c^d \frac{dQ}{T_2}$$

$$\Delta S_{c \to d} = \frac{Q_2}{T_2} \ .$$

Dieses Integral ist betragsmäßig negativ, da die Wärme abgeführt wird. Der Schritt 4 ist wieder adiabatisch, daher

$$\Delta S_{d \to a} = 0 \ .$$

Insgesamt ist die Entropieänderung also

$$\Delta S_{\text{Kreis}} = \frac{Q_1}{T_1} + \frac{Q_2}{T_2} \ ,$$

und da wir mit (15.9) bereits gezeigt hatten, daß die beiden Quotienten bei reversiblen Prozessen betragsmäßig gleich sind, aber verschiedene Vorzeichen haben, folgt

$$\Delta S_{\text{Kreis}} = 0 \qquad \text{bei reversiblen Kreisprozessen.} \qquad (16.3)$$

Dies gilt für reversible Prozesse. Was aber passiert bei nicht-reversiblen Prozessen mit der Entropie? *Beispiel*: Ein heißer Stein (T_1) wird ins Wasser geworfen, das eine Temperatur $T_2 < T_1$ hat. Der Stein kühlt sich ab und verliert eine Wärmemenge $|\Delta Q_1|$. Seine Entropie reduziert sich um $|\Delta Q_1|/T_1$. Das Wasser hingegen nimmt die Wärme auf und gewinnt daher an Entropie $|\Delta Q_1|/T_2$. Die *Gesamtänderung der Entropie* ist dann

$$\Delta S = \frac{|\Delta Q_1|}{T_2} - \frac{|\Delta Q_2|}{T_1} > 0$$

Da $T_2 < T_1$ ist, ist die Änderung insgesamt positiv, und die Entropie hat zugenommen! Man mache sich anhand dieser Gleichung klar, daß ΔS gerade deshalb positiv ist, weil der Term, der aus dem Abführen der Wärme entsteht und der daher negativ ist, ein größeres T im Nenner hat. Daher ist $\Delta S \geq 0$ gleichbedeutend mit der Aussage, daß Wärme nie vom Kalten zum Warmen fließen kann, wenn sonst nichts anderes geschieht. Damit gilt eine weitere, äquivalente Formulierung des 2. Hauptsatzes :

Bei irreversiblen Prozessen nimmt die Gesamtentropie ständig zu, bei reversiblen bleibt sie konstant

$$\Delta S \geq 0 \ . \tag{16.4}$$

Bisher haben wir nur über Änderungen in der Entropie gesprochen. **Nernst**[51] hat 1906 folgendes Absolut für die Entropie vorgeschlagen, und dies bezeichnen wir als den *3. Hauptsatz der Thermodynamik* :

Die Entropie eines Systems, das sich im Gleichgewicht befindet, ist niemals negativ. Bei $T = 0$ K hat die Entropie ihren absoluten Nullpunkt, d.h.
$$S = 0 \quad bei \quad T = 0 \text{ K} \ .$$

Fassen wir die Hauptsätze noch einmal zusammen :

I – I[52]: Für ein thermodynamisches System im Gleichgewicht existiert eine Zustandsgröße, die Temperatur genannt wird.

I: $$\Delta U = \Delta Q + \Delta W \tag{16.5}$$

Die Änderung der inneren Energie U eines Systems besteht aus der zugeführten Wärmemenge ΔQ und der am System geleisteten Arbeit ΔW.

II: $$\Delta S \geq 0$$

---

[51] Nernst, Walther Hermann, Physiker und Physikochemiker, *Briesen 25.6.1864, †Gut Ober-Zibelle bei Bad Muskau 18.11.1941
[52] Es gibt keine Null in römischen Ziffern.

Die Gesamtentropie nimmt entweder zu ($\Delta S_{irr} > 0$, irreversible Prozesse) oder sie bleibt konstant ($\Delta S_{rev} = 0$, reversible Prozesse). Wird einem System bei einer Temperatur T die Wärmemenge ΔQ zugeführt, erhöht sich dessen Entropie um

$$\Delta S = \frac{\Delta Q}{T} \; .$$

Gleichbedeutend ist: Man kann nicht ausschließlich einem Reservoir Wärme entnehmen und sie in Arbeit umwandeln. Daraus folgt, daß eine Wärmekraftmaschine niemals mehr Arbeit als eine reversibel arbeitende leisten kann, die zwischen zwei Wärmebehältern der Temperaturen T_1 und T_2 arbeitet. Für die reversibel arbeitende Wärmekraftmaschine gilt:

$$|W| = |Q_1| - |Q_2| = Q_1 \left(1 - \frac{T_2}{T_1} \right) \; . \tag{16.6}$$

Dies ergibt den maximalen Wirkungsgrad für alle (reversible und irreversible) Wärmekraftmaschinen

$$\eta = Q_1 \frac{(T_1 - T_2)}{T_1}$$

III: Die Entropie bei $T = 0$ K ist $S = 0$.

16.2 Statistische Herleitung der Entropie

Ebenso wie wir den Bezug zwischen Druck und Volumen aus der statistischen Mittelung des Verhaltens vieler Teilchen hergeleitet hatten, können wir dasselbe für die Entropie machen, was zu einem besseren Verständnis des Begriffes führt.

Wir gehen zunächst von dem *Gay-Lussacschen Überströmungsversuch* [*free expansion of a gas*] aus, der in Abb. 16.1 dargestellt ist. Essenz des Versuches ist, daß bei einer Expansion eines Gases in ein vorher evakuiertes Gefäß keine Temperaturänderung stattfindet (solange das Gas hinreichend ideal ist).

Dies ist nach (13.5) gleichbedeutend damit, daß sich die innere Energie U des Gases nicht verändert hat. Aus dem 1. Hauptsatz in der Form von (16.5) wird durch Einsetzen der Definition der Entropie (16.2) und (12.1)

$$\boxed{dU = T\,dS - P\,dV} \tag{16.7}$$

und, da $dU = 0$, folgt

$$dS = \frac{P}{T}dV \; , \tag{16.8}$$

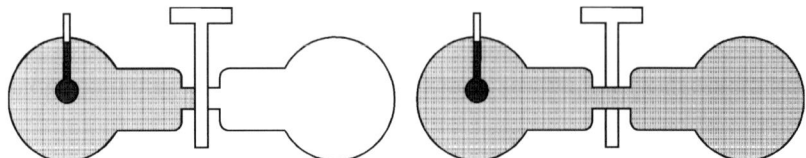

Abbildung 16.1: *Gay-Lussacscher Überströmungsversuch . Die Temperatur des idealen Gases ändert sich beim Überströmen nicht.*

Der Koeffizient P/T läßt sich mit der allgemeinen Gasgleichung (13.7) ausdrücken als

$$\frac{P}{T} = \frac{Nk_B}{V}$$

was wir in (16.8) einsetzen.

$$dS = Nk_B \frac{dV}{V} \, .$$

Um die Gesamtänderung der Entropie beim Ausdehnen des Gases aus dem kleineren Volumen V_a in das Gesamtvolumen V_b ($= 2V_a$) zu berechnen, integrieren wir:

$$\Delta S = \int_a^b dS = Nk_B \int_a^b \frac{dV}{V}$$

$$\Delta S = Nk_B \ln\left(\frac{V_b}{V_a}\right) \, .$$

Nach den Gesetzen des Logarithmus können wir das auch schreiben als:

$$\Delta S = k_B \ln\left[\left(\frac{V_b}{V_a}\right)^N\right] \, . \tag{16.9}$$

Mikroskopisch betrachtet (also vom Gesichtspunkt einzelner Atome) bedeuten die Volumenverhältnisse die Wahrscheinlichkeiten [*probabilities*], mit denen sich ein Atom im Volumen V_a oder V_b aufhält. In dem Fall, daß $V_b = 2V_a$, wie in der Abb. 16.1 gezeigt, ist die Wahrscheinlichkeit $V_a/V_b = 1/2$, daß ein Atom sich gerade im Teilvolumen V_a aufhält. Für zwei Atome ist diese Wahrscheinlichkeit $(V_a/V_b)^2 = 1/4$, für drei erhält man $1/8$. Allgemein ist offensichtlich die Wahrscheinlichkeit für N Atome, sich gleichzeitig im Teilvolumen V_a aufzuhalten, gleich $(V_a/V_b)^N = (1/2)^N$. Für die typischerweise vorkommende Zahlen ist N so groß, daß dieses Verhältnis nahezu null ist.

Beispiel: In einem Gesamtvolumen $V_b = 1$ mol eines idealen Gases befinden sich $6,02 \cdot 10^{23}$ Teilchen (Atome oder Moleküle). Die Wahrscheinlichkeit, daß sie sich alle gleichzeitig in einer Hälfte des Volumens aufhalten ist

$$(\frac{1}{2})^{6,02 \cdot 10^{23}} = 0 \quad \text{(fast)}.$$

(Um ein Gefühl für die Winzigkeit dieser Größe zu geben, sei angemerkt, daß $(1/2)^{1000} = 10^{-301}$ ist!)

Nach (16.9) ist also die Entropieänderung gleich dem Logarithmus des Verhältnisses zweier Wahrscheinlichkeiten, nämlich der Wahrscheinlichkeit, daß sich das betrachtete Teilchen im größeren Volumen aufhält zu der Wahrscheinlichkeit, daß es sich im kleineren Volumen befindet. Dieser Zusammenhang läßt sich zu der statistischen Definition der Entropie verallgemeinern

$$\boxed{S = k_B \ln W,}$$

wobei W die statistische Wahrscheinlichkeit einer Realisierung eines bestimmten Zustandes ist. W ist dabei als Verhältnis einer wahrscheinlicheren zu einer weniger wahrscheinlicheren Möglichkeit ausgedrückt (d.h. $W > 1$). Die Aussage des 2. Hauptsatzes in der Form $\Delta S \geq 0$ (16.4) führt in (16.2) dazu, daß die Wahrscheinlichkeit des wahrscheinlicheren Zustandes immer zunimmt (irreversibler Prozeß) oder konstant bleibt (reversibler Prozeß). Sie nimmt jedoch nie ab!

Anders formuliert heißt der 2. Hauptsatz:

In einem abgeschlossenen System sind alle Teilchen möglichst gleich verteilt, d.h. im Zustand größter Unordnung.

Entropie ist demnach ein Maß für die Unordnung, und wir haben die statistische Form (16.2) aus der thermodynamischen Form (16.7) hergeleitet.

17 Thermodynamischen Zustandsänderungen

In diesem Kapitel befassen wir uns noch einmal etwas allgemeiner mit den möglichen Zustandsänderungen idealer Gase. Wir führen dabei die spezifische Wärmekapazität von Stoffen ein.

17.1   Thermodynamische Zustandsänderungen idealer Gase

Die differentielle Form des 1. Hauptsatz $dU = dQ + dW$ läßt sich mit (12.1) auch so schreiben:

$$dU = dQ - PdV \qquad (17.1)$$

oder, nach dem 2. Hauptsatz (16.5), als

$$dU = TdS - PdV \ . \qquad (17.2)$$

Sowohl die geleistete Arbeit als auch die dafür aufgewendete Wärmemenge hängen vom Weg der Ausführung ab. Nach (12.1) gilt

$$W = - \int_a^b PdV$$

In einem PV-Diagramm (Abb. 17.1) wird deutlich, daß das Integral von a nach b je nachdem, welcher Weg eingeschlagen wird, verschiedene Werte haben kann, da die Fläche unter den jeweiligen Kurven verschieden ist. Wenn die Temperatur ferner in den Punkten a und b gleich ist, gilt, daß die inneren Energien gleich sind, daß also $\Delta U = 0$. Damit ist $\Delta Q = -\Delta W$ ebenfalls wegabhängig.

Wegabhängige Größen, wie die geleistete Arbeit und die aufgenommene Wärmemenge, sind keine Zustandsgrößen. Um die Zustandsgrößen hervorzuheben, wird in der Literatur bei differentiellen Größen häufig zwischen dem normalen d (Zustandsgröße) und dem runden d (keine Zustandsgröße) unterschieden.

Man unterscheidet folgende Zustandsänderungen in einem Gas, das durch die Zustandsgrößen P, V und T in seinem Zustand eindeutig beschrieben ist. (Es sind nur Namen; wer griechisch kann, kann sie sich leichter merken.)

Hält man die Temperatur konstant, nennt man den Prozeß *isotherm* , ist der Druck konstant, nennt man ihn *isobar* und ist das Volumen konstant, heißt er *isochor*. Wird keine Wärme ausgetauscht, heißt der Prozeß *adiabatisch*; aus der Definition der Entropie (16.1) ersieht man, daß der Begriff *isentrop* äquivalent zu adiabatisch ist. Die Abb. 17.2 zeigt die den verschiedenen Prozessen entsprechenden Kurven im PV-Diagramm.

Alle thermodynamischen Prozesse beschreiben die Veränderung von Zustandsgrößen. Zustandsgrößen sind aber nur im thermodynamischen Gleich-

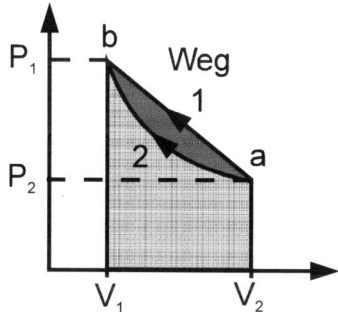

Abbildung 17.1: *Ein Arbeitsintegral (die Fläche unter der Kurve von $a \to b$) hängt vom eingeschlagenen Weg ab. Die Arbeit ist daher keine Zustandsgröße.*

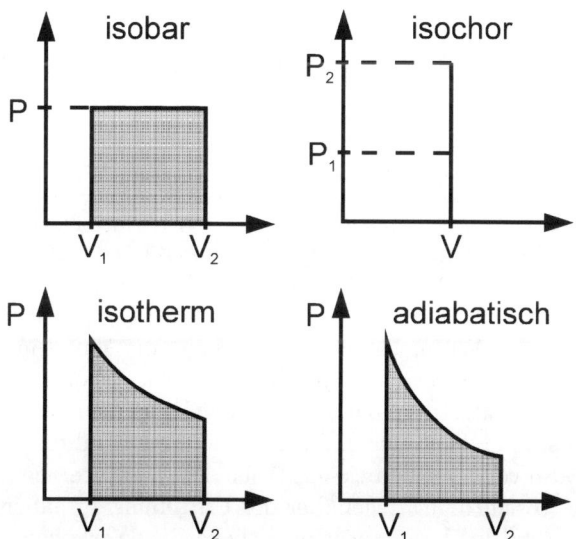

Abbildung 17.2: *Spezielle Zustandsänderungen. Die entsprechenden Kurven sind in den PV-Diagrammen eingetragen.*

gewicht definiert. Um die Voraussetzung eines thermodynamischen Gleichgewichtes erfüllen zu können, müssen die entsprechenden Zustandsänderungen langsam ablaufen, d.h. es dürfen keine großen Temperaturgradienten auftreten. Derartige Prozesse heißen *quasistatisch*.

Für wegunabhängige, d.h. Zustandsgrößen wie Druck P, Volumen V, Temperatur T oder die innere Energie U gilt, daß in einem Kreisprozeß

$$\oint \text{wegunabhängige Größe} = 0 \qquad (17.3)$$

Für jedes nach außen *abgeschlossene System [isolated system]* gilt, daß $dQ = dW = O$. In diesem Fall ist daher $U = const$.

17.2 Wärmekapazität

Um die Temperatur eines Körpers oder eines Gases zu erhöhen, kann man an ihm Arbeit verrichten oder eine Wärmemenge ΔQ zuführen. Jetzt betrachten wir den Fall, daß die Temperaturerhöhung ausschließlich durch Wärmezufuhr erreicht wird (d.h. $\Delta W = 0$). Das Verhältnis der zugeführten Wärmemenge zu der erreichten Temperaturerhöhung ΔT ist materialabhängig und wird als *Wärmekapazität [heat capacity]* C bezeichnet.

$$\boxed{C = \frac{\Delta Q}{\Delta T}} \qquad (17.4)$$

Die Einheit der Wärmekapazität ist $[C] = \text{J/K}^{-1}$. Verschiedene Stoffe erwärmen sich also je nach ihrer Wärmekapazität C mehr oder weniger bei gleichen zugeführten Wärmemengen. Im allgemeinen ist C temperaturabhängig, so daß z.B. bei sehr tiefen Temperaturen in einem Festkörper schon sehr geringe Wärmemengen ausreichen, um eine eine bestimmte Temperaturerhöhung zu erreichen (Tab. 17.1). Andersherum formuliert ist es in einem Kryostaten (Kühlgerät mit Regeleinrichtung zur Einhaltung möglichst konstanter niedriger Temperaturen. Zur Kühlung werden meist verflüssigte Gase verwendet.) bei sehr tiefen Temperaturen besonders wichtig, eine gute Abschirmung gegenüber der Umgebung zu haben, da bereits kleine Wärmelecks die Temperatur um etliche Grade erhöhen.

Um verschiedene Stoffe miteinander vergleichen zu können, bezieht man die Wärmekapazität auf die Masse oder die Anzahl der Mole (Chemiker ziehen letzteres vor). Damit gibt es die *spezifische Wärmekapazität [specific heat]* $c = C/m$ und die *molare Wärmekapazität [molar specific heat]* $c_{mol} = C/n$, wobei m die Masse und n die Anzahl der Mole sind. Einheiten sind demnach $[c] = \text{J kg}^{-1} \text{ K}^{-1}$ und $[c_{mol}] = \text{J mol}^{-1} \text{ K}^{-1}$. Beispiele für die spezifischen Wärme einiger Stoffe bei Zimmertemperatur sind in Tab. 17.2 gegeben.

Tabelle 17.1: *Spezifische Wärmekapazität c von reinem Silizium bei verschiedenen Temperaturen. Man beachte, daß sich c zwischen 1 K und 100 K um einen Faktor 1 Million ändert!*

Temperatur [K]	spezifische Wärmekapazität $[10^3 \text{ J kg}^{-1} \text{ K}^{-1}]$
1	$2{,}6 \cdot 10^{-7}$
2	$2{,}1 \cdot 10^{-6}$
3	$1{,}6 \cdot 10^{-5}$
10	$2{,}8 \cdot 10^{-4}$
50	$7{,}9 \cdot 10^{-2}$
100	0,26

Tabelle 17.2: *Spezifische Wärmekapazitäten einiger Stoffe bei 25° C und konstantem Druck. Sie sind in der Reihenfolge ansteigender spezifischer Wärmekapazitäten aufgeführt.*

Element [deutsch]	element [englisch]	Symbol	atomare Masse	spez. Wärmekapazität $[10^3 \text{ J kg}^{-1} \text{ K}^{-1}]$
Uran	uranium	U	238	0,12
Gold	gold	Au	197	0,13
Quecksilber	mercury	Hg	201	0,14
Blei	lead	Pb	207	0,13
Kupfer	copper	Cu	64	0,39
Silizium	silicon	Si	28	0,70
Aluminium	aluminum	Al	27	0,90
Wasser	water	H_2O	18	4,18
Helium	helium	He	4	5,19

Bei Gasen muß man unterscheiden, ob die Wärme bei konstantem Volumen (isochor) oder bei konstantem Druck (isobar) zugeführt wird. Das kommt daher, daß bei konstantem Druck eine Volumenänderung stattfinden muß und diese wiederum Arbeit bedeutet ($W = -\int P dV$). Es muß also bei einem isobaren Prozeß mehr Wärmeenergie zugeführt werden als bei einer isochoren Zustandsänderung, um eine bestimmte Temperaturerhöhung zu erreichen. Bei Festkörpern und Flüssigkeiten muß man prinzipiell diese beiden Prozesse unterscheiden; wegen der geringen Volumenausdehnung ist dies praktisch aber nicht nötig.

Isochore Wärmezufuhr bedeutet, daß $dV = 0$ und daß damit keine Arbeit am System geleistet wird, denn

$$W = - \int P dV = 0$$

Daraus folgt für den ersten Hauptsatz der Thermodynamik (15.1) die einfache Form

$$dU = dQ \ . \qquad 1. \text{ Hauptsatz bei } dV = 0$$

Die gesamte zugeführte Wärmemenge geht in eine Erhöhung der inneren Energie, d.h. der Temperatur über. Ausschließlich in diesem Sonderfall ist die Temperatur also der zugeführten Wärmemenge proportional. Man definiert

$$C_v = \left(\frac{dQ}{dT} \right)_v \ . \qquad (17.5)$$

Bei isobarer Wärmezufuhr ist hingegen $dP = 0$ also $P = const.$ (und zwar von Null verschieden). Für die innere Energie gilt dann

$$dU = dQ - P dV \ .$$

Die Erhöhung der inneren Energie dU ist also gegenüber dem isochoren Prozeß um den Betrag der Arbeit reduziert, die zur Expansion verwendet wurde. Man definiert:

$$C_p = \left(\frac{dQ}{dT} \right)_p > \left(\frac{dQ}{dT} \right)_v = C_v \quad \text{für alle Gase.} \qquad (17.6)$$

Der Index p oder v an der zweiten Klammer bedeutet, daß die jeweilige Variable bei der Ableitung konstant gehalten werden soll.

17.3   Berechnung von C_v und C_p

Für ideale Gase können wir C_v und C_p explizit berechnen, indem wir einen Ausdruck für Q aus dem 1. Hauptsatz und der Gasgleichung herleiten und dann nach T ableiten. Die Änderungen der inneren Energie sind nach (13.5)

$$dU = \frac{f}{2} N \, k_B \, dT \qquad \text{oder}$$

$$dU = \frac{f}{2} n \, R \, dT \ .$$

Für ein einatomiges Gas z.B. ist die Zahl der Freiheitsgrade f gleich 3, entsprechend den drei Translationen. Bei isochorer Wärmezufuhr gilt dann ($dV = 0$)

$$dU = dQ \ .$$

Daraus folgt durch Einsetzen der inneren Energie

$$dQ = \frac{f}{2} n \ R \ dT$$

oder

$$\boxed{C_v = \left(\frac{dQ}{dT} \right)_v = \frac{f}{2} n \ R \ .} \tag{17.7}$$

Für den isobaren Prozeß gilt ($dP = 0$)

$$dU = dQ - PdV$$

$$\frac{3}{2} n \ R \ dT = dQ - PdV$$

Der zweite Term PdV läßt sich nach der Zustandsgleichung (13.8) ausdrücken als

$$PdV = n \ R \ dT \ ,$$

so daß

$$\frac{f}{2} n \ R \ dT = dQ - n \ R \ dT$$

oder

$$dQ = \frac{f+2}{2} n \ R \ dT \ .$$

Demnach ist die Wärmekapazität bei konstantem Druck

$$\boxed{C_p = \left(\frac{dQ}{dT} \right)_p = \frac{f+2}{2} n \ R \ .} \tag{17.8}$$

Die Differenz zwischen den beiden Wärmekapazitäten, bezogen auf 1 Mol eines Gases, ist also gerade die universelle Gaskonstante R und zwar *unabhängig* von der Anzahl der Freiheitsgrade f:

$$\boxed{C_p - C_v = R} \qquad \text{für ein Mol eines Gases.} \tag{17.9}$$

17.4   Adiabatische Zustandsänderungen

Prozesse, bei denen kein Wärmeaustausch mit der Umgebung stattfindet, heißen *adiabatisch* oder *isentrop* ($\Delta Q = 0$). Der 1. Hauptsatz (15.1) vereinfacht sich dann zu

$$dU = dW = -PdV \qquad \text{für einen adiabatischen Prozeß.}$$

Wegen der Äquivalenz (13.5) von innerer Energie und Temperatur $dU = f/2\, n\, R\, dT$ können wir mit (17.7) auch schreiben

$$dU = C_v dT$$

oder

$$C_v dT = -PdV \ .$$

Den Druck kann man wiederum durch die ideale Gasgleichung $P = nRT/V$ ausdrücken (13.8) und erhält

$$C_v dT = -nRT \frac{dV}{V} \ .$$

Daraus folgt nach Trennung der Variablen

$$\frac{dT}{T} = -\frac{nR}{C_v} \frac{dV}{V}$$

und da nR gerade die Differenz von C_p und C_v ist (17.9), gilt

$$\frac{dT}{T} = -\frac{C_p - C_v}{C_v} \frac{dV}{V} \ .$$

Wenn wir

$$\frac{C_p - C_v}{C_v} = \kappa - 1 \qquad (17.10)$$

setzen, erhalten wir

$$\frac{dT}{T} = -(\kappa - 1) \frac{dV}{V} \ .$$

Integration dieses Ausdrucks von einer Temperatur T_0 nach einer anderen Temperatur T_1 ergibt

$$\ln\left(\frac{T_1}{T_0}\right) = \ln\left[\left(\frac{V_1}{V_0}\right)^{-(\kappa-1)}\right]$$

und, nachdem man beide Seiten als Argument der e-Funktion schreibt

$$\frac{T_1}{V_1^{-(\kappa-1)}} = \frac{T_0}{V_0^{-(\kappa-1)}}$$

oder

$$T_1 V_1^{\kappa-1} = T_0 V_0^{\kappa-1} \ ,$$

d.h. das Produkt aus Temperatur und Volumen hoch $(\kappa - 1)$ eines Gases sind bei adiabatischen Zustandsänderungen immer konstant

$$\boxed{TV^{\kappa-1} = const.} \qquad \text{bei adiabatischen Prozessen.} \qquad (17.11)$$

Ersetzt man T aus der idealen Gasgleichung (13.8)

$$T = \frac{PV}{nR} \ ,$$

erhält man den Bezug zwischen den anderen Zustandsgrößen:

$$\boxed{PV^{\kappa} = const.} \qquad \text{bei adiabatischen Prozessen ,} \qquad (17.12)$$

was wir bereits einmal abgeleitet hatten (12.10). Ferner gilt, wenn wir $V = nRT/P$ einsetzen:

$$\boxed{P^{\kappa-1}T^{\kappa} = const.} \qquad \text{bei adiabatischen Prozessen .} \qquad (17.13)$$

Die Gleichungen (17.11) – (17.13) sind die Zustandsgleichungen für adiabatische Zustandsänderungen idealer Gase. Man erinnere sich, daß für ideale Gase $\kappa = 5/3$. Aus (17.10) ersehen wir, daß die Größe κ, die wir anfänglich als Parameter eingeführt hatten (Kapitel 12.3), eine physikalische Bedeutung hat: Das Verhältnis von C_p zu C_v entspricht gerade κ:

$$\boxed{\kappa = \frac{C_p}{C_v} \geq 1 \ .} \qquad (17.14)$$

Man nennt κ den Adiabatenkoeffizienten oder den Isentropenkoeffizienten. Wir wissen bereits, daß C_p immer größer als C_v ist (17.9), daher ist $\kappa \geq 1$. Aus (17.7) und (17.8) folgt explizit

$$\kappa = \frac{f+2}{f} = 1 + \frac{2}{f} \ ,$$

woraus wir schließen können, daß je größer die Anzahl der Freiheitsgrade ist, desto dichter wird der Adiabatenkoeffizient an 1 sein. Dies findet sich in Messungen von komplexeren Gases bestätigt (Tab. 17.3), die aufgrund der immer größer werdenden Zahl von möglichen internen Schwingungen immer mehr Freiheitsgrade haben. Da κ immer größer gleich 1 ist, haben Adiabaten in einem PV-Diagramm immer eine größere (gleiche) Steigung als (wie) Isothermen (Abb. 17.3).

Tabelle 17.3: *Parameter κ, definiert durch (17.14) für verschiedene Gase. Der Wert für das ideale Gas ist $\kappa = 5/3 \approx 1{,}667$. Für komplexere Moleküle nimmt κ aufgrund der größeren Anzahl von Freiheitsgraden ab.*

Name	Formel	κ
Helium	He	1,667
trockene Luft	N_2/O_2	1,40
Stickstoff	N_2	1,40
Methan	CH_4	1,31
Propan	C_3H_8	1,14

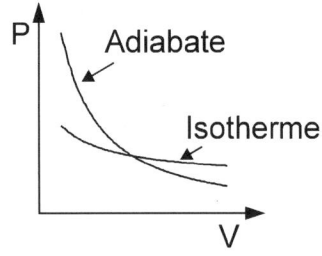

Abbildung 17.3: *Adiabaten haben in einem PV-Diagramm immer eine größere Steigung als Isothermen.*

18   Reale Gase

Während wir bisher angenommen haben, daß die Gase ideale Gase sind, wollen wir uns jetzt damit beschäftigen, was passiert, wenn man diese idealisierte Näherung aufgibt. Was sind die Unterschiede zwischen real vorkommenden Gasen und unseren idealen Gasen?

18.1 Herleitung der Van-der-Waals-Gleichung

Eine Eigenschaft, die wir vernachlässigt hatten, war daß die Gasteilchen selbst ein Volumen besitzen. Jedes Atom oder Molekül entzieht durch sein eigenes Volumen dem Gesamtvolumen einen kleinen Teil. Wir müssen also das in der idealen Gasgleichung (13.7) vorkommende Volumen korrigieren. Weiterhin haben wir die Wechselwirkung zwischen den Teilchen als sehr klein angenommen. Sicher ist die Wechselwirkung bei verschiedenen Gasen unterschiedlich, und so können wir hier ebenfalls mit einer Korrektur auf eine bessere Beschreibung realer Gase hoffen. Diese Wechselwirkung wirkt sich hauptsächlich auf den Druck aus; sie wird den effektiven Druck, der lediglich durch die Stöße der Teilchen miteinander und mit der Gefäßwand entstehen, vergrößern. Die Korrekturen, die wir jetzt in Betracht ziehen, sind natürlich materialspezifisch. Es werden also Parameter auftauchen, die für jeden Stoff verschieden sind und die auch nicht eindeutig bestimmt sind, sondern an den experimentell beobachteten Verhalten der Gase abgeleitet werden können.

Die Korrekturen, die wir vornehmen wollen, beruhen, wie jede Korrektur, auf einer Modellvorstellung von dem realen Gas, die wir in Abbildung 18.1 dargestellt haben.

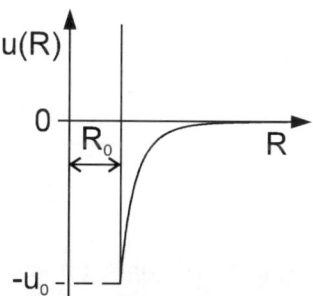

Abbildung 18.1: *Graphische Darstellung einer Modellwechselwirkung, bei der Abstände kleiner als R_0 nicht erlaubt sind. Für $R > R_0$ ist die Wechselwirkung anziehend und fällt mit R^{-6} ab.*

Die Funktion u ist ein Maß für die abstoßende ($u > 0$) oder anziehende ($u < 0$) Kraft zwischen zwei Teilchen in einem Gas. Mathematisch läßt sich diese Wechselwirkung so formulieren:

$$u(R) = \left\{ \begin{array}{ll} \infty & R < R_0 \\ -u_0 R^{-6} & R > R_0 \end{array} \right. \tag{18.1}$$

R_0 ist der kleinste Abstand, den zwei Teilchen haben können. Die Wechselwirkung ist durch die große Potenz recht kurzreichweitig, was unserer experimentellen Erfahrung entspricht.

Um die besondere Form der folgenden Herleitung zu motivieren, sei noch einmal an das erinnert, wie bei einer näherungsweisen Behandlung eines Problems häufig in der Physik vorgegangen wird. Beachten wir zunächst eine einfache Funktion wie $\sin(x)$. Möchte man den $\sin(x)$ ohne Taschenrechner oder Tabelle für kleine x ausdrücken, stehen einem dafür Näherungsmethoden [*approximation*] zur Verfügung. Zum Beispiel kann man $\sin(x)$ näherungsweise so ausdrücken:

$$\sin(x) \approx x - \frac{x^3}{3!} + \frac{x^5}{5!} \qquad \text{für kleine } x \qquad (18.2)$$

oder die e-Funktion so:

$$e^x \approx 1 + x + \frac{x^2}{2!}x^2 + \frac{x^3}{3!}x^3 \qquad \text{für kleine } x \qquad (18.3)$$

Dieses Verfahren, auch *Taylorentwicklung* [*Taylor expansion*] genannt, wird exakt, wenn man unendlich viele Terme hinzuzählt

$$\sin(x) = \sum_{n=0}^{\infty} (-1)^n \frac{x^{2n+1}}{(2n+1)!} \qquad \text{für alle } x$$

oder

$$e^x = \sum_{n=0}^{\infty} \frac{1}{n!} x^n \qquad \text{für alle } x.$$

In Tab. 18.1 haben wir die Korrekturen für einige Werte von x mit dem exakten Wert verglichen.

Man erkennt, daß die Näherung (18.2) ganz hervorragend ist; man sagt, sie konvergiert [*to converge*] schnell. Für andere Funktionen konvergieren die Näherungen langsamer, und man weiß von vornherein nicht, wie gut eine jeweilige Näherung ist. Etwas allgemeiner können wir (18.2) auch schreiben als

$$f(x) = B_0 x^0 + B_1 x^1 + B_2 x^2 + B_3 x^3 + B_4 x^4 + B_5 x^5 \, , \qquad (18.4)$$

wobei natürlich die Koeffizienten $B_0 = B_2 = B_4 = O$ sind, und $B_1 = 1$, $B_3 = -1/3!$ und $B_5 = 1/5!$ sind. Man spricht von einer Potenzreihe, die jetzt auch für (18.3) gültig ist, wenn auch mit anderen Koeffizienten.

Tabelle 18.1: *Die ersten drei Terme der Entwicklung der Sinusfunktion und die Differenz Δ zum exakten Wert für einige Winkel. Alle Winkel (außer in der ersten Spalte) sind ungefähre Werte. Für den gesamten ersten Quadranten ist die Näherung (18.2) ganz passabel!*

x [Grad]	x [Grad]	$x - \frac{1}{3!}x^3 + \frac{1}{5!}x^5$	Δ
10	0,175	0,174	$<10^{-9}$
45	$\frac{\pi}{4} \approx 0,785$	0,707	$<10^{-4}$
90	$\frac{\pi}{2} \approx 1,571$	1,0045	$<10^{-2}$
180	$\pi \approx 3,141$	0,524	0,524

Wir wollen nun eine solche Reihenentwicklung mit der allgemeinen Gasgleichung vornehmen. Unsere bisherige Form für ein ideales Gas war (13.6)

$$PV = Nk_BT \ . \tag{18.5}$$

Die Größe, die ein ideales Gas ausmachte und die nicht zu groß sein durfte, war die Teilchenzahldichte $\rho_n = N/V$, mit der wir (18.5) auch so schreiben können:

$$\frac{P}{k_BT} = \rho_n \ . \tag{18.6}$$

Vergleichen wir dies mit (18.4) könnten wir sagen, daß (18.6) den ersten Term einer Potenzentwicklung der Funktion P/k_BT nach ρ_n darstellt. Es wären also $B_0 = B_2 = B_3 = \ldots = 0$ und $B_1 = 1$.

Ein besserer Ausdruck für die Funktion wäre dann

$$\frac{P}{k_BT} = \rho_n + B_2\rho_n^2 \ , \tag{18.7}$$

wobei $B_2 \neq 0$ noch zu bestimmen wäre. Es ist

$$B_2 = b' - \frac{a'}{k_BT} \tag{18.8}$$

mit a' und b' als Parameter; die Herleitung von (18.8) würde den Rahmen dieses Buches sprengen, wir geben stattdessen a' und b', die aus unserem Modell stammen, an:

$$b' = \frac{2\pi}{3}R_0^3 \qquad \text{und} \qquad a' = b'u_0 \ .$$

Der Parameter b' entspricht bis auf einen Faktor $\frac{1}{2}$ dem Volumen, das durch die Anwesenheit eines Teilchens für alle anderen gesperrt wird. Der Faktor $\frac{1}{2}$ stammt daher, daß jeweils für ein Paar Volumen effektiv verloren geht. Die Stärke der anziehenden Wechselwirkung [*attractive interaction*] wird durch a' beschrieben, das u_0 in Abb. 18.1 und (18.1) proportional ist.

$$P + a' \rho_n^2 = k_B T \rho_n \left(1 + b' \rho_n\right)$$

Jetzt können wir den Entwicklungskoeffizienten [*coefficient of expansion*] B_2 (18.8) in die Entwicklung (18.7) einsetzen:

$$\frac{P}{k_B T} = \rho_n + \left(b' - \frac{a'}{k_B T}\right) \rho_n^2$$

Um diese Gleichung wieder in unsere gewohnte PV-Form zu bringen, nehmen wir einige mathematische Umformungen vor:

$$P = k_B T \rho_n + k_B T b' \rho_n^2 - a' \rho_n^2$$
$$\frac{P + a' \rho_n^2}{1 + b' \rho_n} = k_B T \rho_n \ ,$$

und da $b' \rho_n \ll 1$, d.h. daß immer noch gelten soll, daß das Volumen eines einzelnen Atoms klein gegenüber dem den Atomen durchschnittlich zur Verfügung stehenden Volumen $(1/\rho_n)$ sein soll, können wir wieder näherungsweise schreiben

$$\left(P + a' \rho_n^2\right) \left(1 - b' \rho_n\right) = \rho_n k_B T$$

oder

$$\left(P + a' \rho_n^2\right) \left(\frac{1}{\rho_n} - b'\right) = k_B T \ .$$

Jetzt sind wir schon dicht an der Zustandsgleichung für ideale Gase, ersetzen aber wieder $\rho_n = N/V$ und multiplizieren mit N

$$\left(P + a' \frac{N^2}{V^2}\right) (V - N b') = N k_B T \ . \tag{18.9}$$

Ersetzen wir a' und b' durch

$$a' = \frac{a}{N_A^2} \quad \text{und } b' = \frac{b}{N_A} \qquad (N_A = 6,022 \cdot 10^{23} \text{ Teilchen/Mol}) \ ,$$

erhalten wir

$$\left(P + \frac{n^2 a}{V^2}\right)(V - nb) = N k_B T$$

oder

$$\boxed{\left(P + \frac{n^2 a}{V^2}\right)(V - nb) = nRT} \tag{18.10}$$

Der Übergang von gestrichenen [primed] auf ungestrichene [umprimed] Parameter erfolgt also zuliebe der Chemiker, die lieber in Molen arbeiten als in absoluten Zahlen, ansonsten sind (18.9) und (18.10) wieder äquivalent. Sie heißen die **Van-der-Waals**[53]-Gleichung und bilden für reale Gase die Zustandsgleichung , so wie (13.6) und (13.8) das für das ideale Gas tun. Im Grenzfall $a, b \to 0$ gehen die Gleichungen für die realen Gase natürlich in die für die idealen Gase über.

Fassen wir noch einmal zusammen:
Durch die besondere Form des Koeffizienten in der Entwicklung (18.7) können wir unsere Zustandsgleichung korrigieren. Sie lautet jetzt

$$P_{\text{real}} V_{\text{real}} = nRT \tag{18.11}$$

mit $P_{\text{real}} = P + n^2 a/V^2$ und $V_{\text{real}} = V - nb$.

Die Korrekturterme zu P und V beschreiben physikalisch einen höheren Druck durch die Wechselwirkung zwischen den Teilchen und ein kleineres Volumen durch das Eigenvolumen, das die Teilchen in Anspruch nehmen. In Tab. 18.2 sieht man, daß die experimentell bestimmten Korrekturen für Helium, Stickstoff und Xenon noch recht klein sind. Diese Gase sind also am ehesten ideale Gase.

18.2 Zustands- oder Phasendiagramm von realen Gasen

Was bedeutet nun die hergeleitete Zustandsgleichung für ideale Gase? Wir haben sie für ein paar feste Temperaturen in Abb. 18.2 gezeichnet.

Für Temperaturen oberhalb einer kritischen Temperatur T_K ähnelt die Isotherme für größer werdende T immer mehr den Isothermen für das ideale Gas. Das ist gleichbedeutend damit, daß bei hohen Temperaturen die Wechselwirkung fast keine Rolle mehr spielen; die innere kinetische Energie dominiert.

---

[53]Waals, Johannes Diderik van der, niederländ. Physiker, *Leiden 23.11.1837, †Amsterdam 7.3.1923

Tabelle 18.2: *Van-der-Waals-Konstanten für verschiedene Gase, angeordnet nach steigender Abweichung von idealem Gas*

Name	name	chem. Formel	a $[\mathrm{m^6Pa/mol^2}]$	b $[10^{-3}\mathrm{m^3/mol}]$
Helium	helium	He	0,0034	0,024
Wasserstoff	hydrogen	H_2	0,024	0,027
Stickstoff	nitrogen	N_2	0,139	0,039
Xenon	xenon	Xe	0,42	0,051
Wasser	water	H_2O	0,55	0,031
Tetrachlor-	carbon-			
kohlenstoff	tetrachloride	CCl_4	2,04	0,14

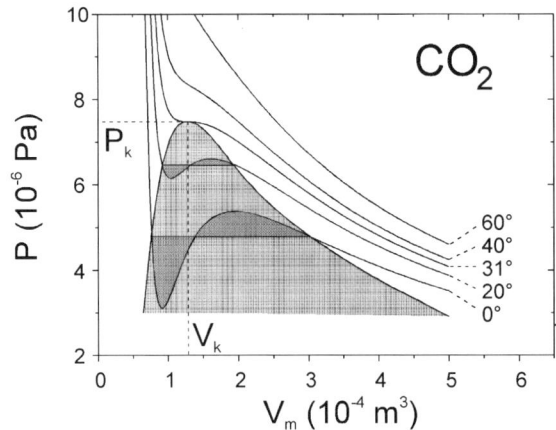

Abbildung 18.2: *Isotherme in einem PV-Diagramm für ein reales Gas. Als Parameter, eingehend in (18.10), sind $a = 0,362\ m^6Pa/mol^2$ und $b = 42,5 \cdot 10^{-6} m^3/mol$ für Kohlendioxid gewählt worden. Die Temperaturen sind Celsius angegeben.*

Unterhalb T_K weicht die Van-der-Waals-Kurve stark vom idealen-Gas-Verhalten ab und bekommt ein lokales Maximum und ein lokales Minimum. Diese werden experimentell nicht beobachtet, stattdessen verhalten sich reale Gase isobar, sobald sie bei abnehmendem Volumen ein bestimmtes Volumen erreichen und der Druck weiter erhöht wird. Die PV-Kurve verläuft dann also horizontal. Man beobachtet im Experiment, daß sich das Gas jetzt verflüssigt [*to liquefy*]! Erst wenn alles verflüssigt ist, erhöht sich der Druck wieder, jetzt sehr stark mit abnehmendem Volumen, weil Flüssigkeiten [*li-*

quid] nur wenig kompressibel sind. Die Lage der Isobaren ist nach Maxwell dadurch bestimmt, daß die Fläche über der Isobaren gleich der unter der Isobaren ist.

Die Van-der-Waals-Kurve beschreibt also auch den Übergang von gasförmig nach flüssig, wenn auch die Isobare hinzugefügt werden muß. Im Bereich der Isobaren liegen Flüssigkeit und Gas nebeneinander vor. Den Übergang nennt man einen *Phasenübergang* [*phase transition*]. Der Druck, bei dem die Verflüssigung eintritt, heißt *Dampfdruck* [*vapor pressure*] und ist temperaturabhängig, wie aus Abb. 18.2 ersichtlich wird. Der gesamte Bereich, in dem Flüssigkeit und Gas gleichzeitig vorliegen, heißt *Sättigungsgebiet* [*region of saturation*]. Es ist begrenzt durch die Anfangs- und Endpunkte der Isobaren und oben durch den Punkt bei T_K, P_K und V_K.

Der kritische Punkt ist graphisch durch einen Sattelpunkt [*saddle point*] gegeben (Abb. 18.2), was sich analytisch aus der PV-Gleichung (18.10) durch Nullsetzen sowohl der ersten als auch der zweiten Ableitung ausdrücken läßt. Um die Ableitung des Druckes P nach dem Volumen V zu berechnen, muß (18.10) zuvor nach P aufgelöst werden.

$$P + \frac{n^2 a}{V^2} = \frac{nRT}{V - nb}$$

$$P = \frac{nRT}{V - nb} - \frac{n^2 a}{V^2} \ . \tag{18.12}$$

Aus der Bedingung $dP/dV = 0$ folgt, wie man sich überzeuge

$$\frac{2na}{V_K^3} = \frac{RT_K}{(V_K - nb)^2} \ , \tag{18.13}$$

und aus der zweiten Bedingung für einen Sattelpunkt $d^2P/dV^2 = 0$ erhalten wir

$$\frac{3na}{V_K^4} = \frac{RT_K}{(V_K - nb)^3} \ . \tag{18.14}$$

Dividieren wir (18.13) durch (18.14) erhält man das kritische Volumen $V_K = 3nb$, was eingesetzt in (18.13) die kritische Temperatur ergibt

$$T_K = \frac{8a}{27bR} \ .$$

Eingesetzt in (18.12) erhalten wir letztlich den kritischen Druck $P_K = a/27b^2$.

Zusammengefaßt herrschen am kritischen Punkt eines Van-der-Waals-Gases folgende Zustandsgrößen:

$$T_K = \frac{8a}{27bR}, \quad P_K = \frac{a}{27b^2} \quad \text{und} \quad V_K = 3nb \,. \tag{18.15}$$

In Tab. 18.3 sind die kritischen Werte für die Zustandsgrößen der Gase aus Tab. 18.2 nach (18.15) berechnet.

Tabelle 18.3: *Temperatur, Druck und Volumen am kritischen Punkt für die Van-der-Waals-Gase aus Tab. 18.2. Die Werte wurden nach (18.15) berechnet.*

Chem. Formel	T_K [K]	P_K [MPa]	V_K [10^{-3}m^3]
He	5,1	0,22	0,072
H$_2$	31,7	1,2	0,081
N$_2$	127	3,4	0,118
Xe	294	6,0	0,153
H$_2$O	632	21,2	0,093
CCl$_4$	519	3,85	0,42

Die Bedeutung des kritischen Punktes mit seinem eindeutigen Größen für Druck, Volumen und Temperatur ist, daß bei Temperaturen oberhalb von T_K keine Verflüssigung eines Gases mehr möglich ist; selbst bei sehr hohen Drücken bleibt der gasförmige Zustand erhalten.

Die Möglichkeit, reale Gase in andere Zustände zu überführen, faßt man graphisch oft in einem sogenannten Phasendiagramm [*phase diagram*] zusammen (Abb. 18.3). Es beinhaltet ebenfalls Übergänge von flüssig oder gasförmig noch fest. Die Übergänge werden von der Van-der-Waals-Gleichung aber nicht beschrieben.

Das Erwärmen von Eis oberhalb von P_T, dem Druck bei dem sich die beiden Phasengrenzen treffen, führt nach diesem Diagramm zu einer Flüssigkeit, also Wasser, und der Prozeß wird *Schmelzen* [*melting*] genannt. Geschieht die Erwärmung unterhalb von P_T, geht Eis direkt in Dampf über, was wir als *Sublimieren* [*sublimation*] bezeichnen. In Tab. 18.4 sind die Begriffe, die bei Phasenübergängen verwendet werden zusammengefaßt. Der Koexistenzpunkt von festem, gasförmigem und flüssigem Zustand eines Stoffes wird *Tripelpunkt* [*triple point*] genannt und mit Index T bezeichnet. Die Parameter am Tripelpunkt sind ebenfalls eindeutig und für einige Stoffe in Tab. 18.5 beispielhaft wiedergegeben.

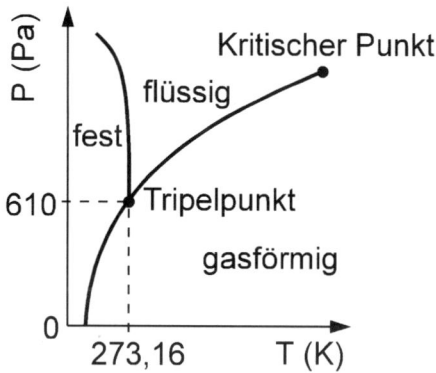

Abbildung 18.3: *Phasendiagramm von H_2O, projiziert auf die PT-Ebene*

Tabelle 18.4: *Bezeichnung möglicher Phasenübergänge bei realen Stoffen*

von/nach	fest	flüssig	gasförmig
fest		Frieren	Sublimieren
flüssig	Schmelzen		Kondensieren
gasförmig	Sublimieren	Verdampfen	

Der Tripelpunkt des Wassers hat neben der Phasenkoexistenz noch eine besondere Bedeutung: Da er wie die Tripelpunkte aller Stoffe, nur bei genau einem Wertepaar T_T, P_T und V_T vorliegt, nimmt man ihn zur Festlegung der Temperatur. Der Tripelpunkt des Wassers liegt bei $T_T = 273{,}16$ K, also 0,01 K über dem Gefrierpunkt bei Normaldruck.

Tabelle 18.5: *Tripelpunkte einiger Stoffe*

	T_T	P_T $[10^2 \text{Pa}]$
Wasserstoff	13,84	70,2
Stickstoff	63,18	125,02
Sauerstoff	54,36	1,52
Kohlendioxid	216,55	5160
Wasser	273,16	6,1

18.3   Verflüssigung von Gasen

Da reale Gase gegenüber dem idealen Gasen eine modifizierte PV-Gleichung besitzen, ist zu vermuten, daß einige der behandelten Experimente zu anderen Erkenntnissen führen werden, wenn sie statt mit idealen Gasen mit realen durchgeführt werden. Wir wollen uns hier mir dem Überströmungsversuch von Gay-Lussac noch einmal befassen. Beim idealen Gas war das Ergebnis des Überströmens eines Gases in einen vorher evakuierten Raum, daß sich die Temperatur, sprich die innere Energie, nicht ändert (s. Abschnitt 16.2). Beim realen Gas ist dies im allgemeinen anders. Das Experiment, das wir jetzt näher betrachten wollen, zeigt bei Zimmertemperatur für bestimmte Gase, daß nach der Expansion eine Temperaturerhöhung stattfindet, daß jedoch bei anderen Gasen eine Abkühlung stattfindet. Wie können wir dieses prinzipiell verschiedene Verhalten verstehen? Dazu sehen wir nun zunächst das Experiment an, das von Joule und Thomson in einer modifizierten Form durchgeführt wurde. Der Unterschied zum Gay-Lussacschen Versuch ist, daß das Überströmen hier kontinuierlich durchgeführt wird, damit die unterschiedlichen Temperaturen experimentell besser erfaßbar sind (Abb. 18.4).

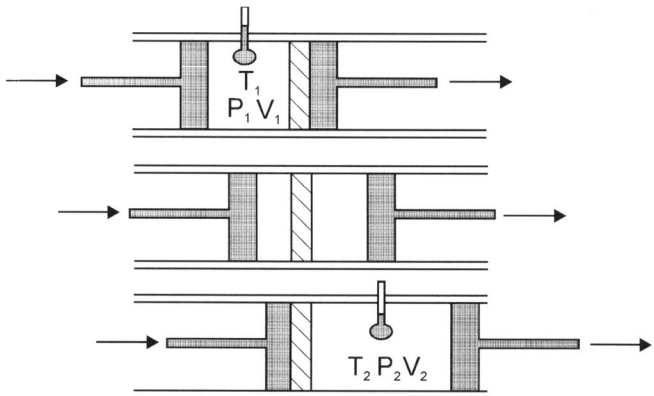

Abbildung 18.4: *Joule-Thomson-Versuch, bei dem die Temperatur vor und nach dem Durchströmen einer porösen Wand gemessen wird. Ein bestimmtes Volumen links der Wand entspannt sich in ein größeres Volumen rechts der Wand.*

Von links wird unter einem bestimmten Druck Gas an eine poröse Wand, etwa Kork, herangeführt. Beim Durchgang entspannt sich [*to expand*] das

Gas. Thermometer erlauben eine Feststellung der Temperatur vor und nach der Entspannung. Um dieses Experiment mit unseren thermodynamischen Kenntnissen in den Griff zu bekommen, betrachten wir ein bestimmtes Volumen V_1, links von der Trennwand. Es dehnt sich beim Durchgang durch die Wand auf ein Volumen V_2 aus, wobei das Gas mit seiner Ausdehnung Arbeit gegen den rechts herrschenden Druck P_2 leisten muß. Das ganze Experiment sei thermisch isoliert ($\Delta Q = 0$) und damit findet der 1. Hauptsatz folgende Form:

$$\Delta U = \Delta W$$
$$= P_1 V_1 - P_2 V_2$$

oder, da ΔU der Unterschied der inneren Energie vor und nach der Entspannung ist,

$$U_2 - U_1 = P_1 V_1 - P_2 V_2 \ .$$

Die Vorzeichen sind so gewählt, daß links der Trennwand dem Gas Arbeit zugeführt wird ($P_1 V_1 > 0$) und rechts vom Gas durch die Entspannung Arbeit verrichtet wird ($P_2 V_2 > 0$). Damit ist

$$U_1 + P_1 V_1 = U_2 + P_2 V_2 \ . \tag{18.16}$$

Hier ist ähnlich wie bei unserer Definition der Entropie in Kap. 16.1 eine Erhaltungsgröße bei einem Prozeß gefunden worden, dem Physiker gerne einen Namen geben. Die Größe deren Erhalt in (18.16) beschrieben wird, heißt *Enthalpie [enthalpy]* und wird mit H bezeichnet

$$H = U + PV \ . \tag{18.17}$$

Die Einheit der Enthalpie ist $[H] = $ J. Es gilt der Erhaltungssatz für die Enthalpie:

> *Bei einem Verschiebeprozeß eines Gases oder einer Flüssigkeit durch eine Grenzfläche ist die Enthalpie konstant.*

Die Enthalpie ist wie die Entropie eine Zustandsgröße . Beim idealen Gas ist nach dem Boyle-Mariotte-Gesetz (12.8) $PV = const.$ und damit $P_1 V_1 = P_2 V_2$. Aus (18.16) folgt dann

$$U_1 = U_2 \ ,$$

was gleichbedeutend damit ist, daß die Temperaturen vor und nach dem Entspannen gleich sind. Das ist die Situation beim Gay-Lussacschen Versuch mit dem idealen Gas.

Beim realen Gas ist die Sache wie folgt: Eine Volumenvergrößerung erfordert eine Überwindung der zwischen den Molekülen herrschenden Anziehung. Wir hatten diese bei der Herleitung der Van-der-Waals-Gleichung mit einem negativen u_0 bezeichnet. Die Überwindung dieser Anziehung bedeutet ein Verlust an Energie. Anderseits wird dem Gas die mechanische Arbeit $\Delta W = P_1 V_1 - P_2 V_2$ zugeführt, die je nach Situation positiv oder negativ sein kann (im letzteren Fall wird Arbeit vom Gas geleistet). Je nachdem, ob ΔW nun größer oder kleiner (oder sogar negativ) als die zur Überwindung der Anziehung benötigte Energie ist, wärmt sich ein Gas beim Entspannen auf oder kühlt es sich ab.

Qualitativ würde man sagen, daß bei Gasen mit schwachen Wechselwirkungen die mechanische Arbeit im Joule-Thomson-Versuch überwiegt, daß also Erwärmung auftritt. Dem ist auch so: He z.b., erwärmt sich, wenn es bei Zimmertemperatur entspannt wird. Bei tieferen Temperaturen gibt es jedoch bei allen Gasen einen Bereich, in dem eine Entspannung zur Abkühlung führt. Die Grenztemperatur, bei der gerade keine Temperaturänderung beim realen Gas stattfindet heißt *Inversionstemperatur* [*inversion temperature*]. In Tab. 18.6 sind die Inversionstemperaturen einiger Gase aufgeführt.

Tabelle 18.6: *Inversionstemperaturen einiger realer Gase. Gase mit schwachen Wechselwirkungen oder kleinem Van-der-Waals-Parameter a haben tiefe Inversionstemperaturen.*

Gas	Van-der-Waals-Parameter a [$m^6 Pa/mol^2$]	T_i [K]
Helium	0,0034	34
Wasserstoff	0,024	214
Stickstoff	0,139	857
Methanol	0,95	?

Auf dem Prinzip Abkühlung durch Entspannung beruht das von **Linde**[54] entwickelte Verfahren zur Verflüssigung von Luft und anderer Gase. Man komprimiert zunächst ein Gas und hält die Temperatur z.B. mittels einer Wasserkühlung konstant. Dann läßt man das Gas expandieren, was sich bei diesem Prozeß abkühlt, wenn die Temperatur des komprimierten Gases unterhalb der Inversionstemperatur ist. Nach der Expansion leitet man das gekühlte Gas zurück zum Kompressor, wo es erneut komprimiert und dann

---

[54]Linde, Carl von, Ingenieur und Unternehmer, *Berndorf (Oberfranken) 11.6.1842, †München 16.11.1934

wieder entspannt wird. Man nutzt dann aus, daß jeweils das entspannte Gas das komprimierte kühlt und man so immer kälteres Gas bekommt, bis es sich schließlich verflüssigt (Abb. 18.5). Gase, deren Inversionstemperatur unterhalb Zimmertemperatur ist, muß man vorkühlen (z.B. mit einem anderen Gas), bis die Inversionstemperatur erreicht ist, von wo aus dann mit dem Joule-Thomson Effekt die Verflüssigung erreicht werden kann.

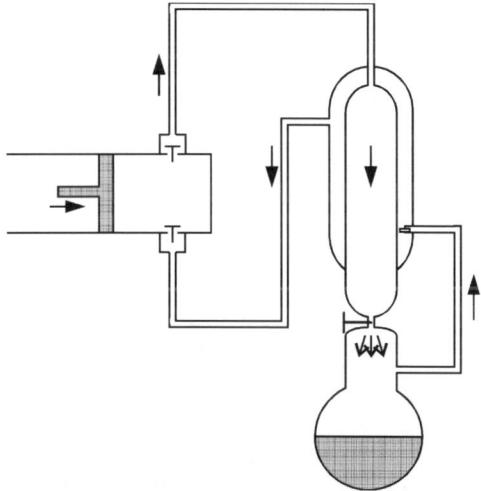

Abbildung 18.5: *Schematische Gasverflüssigung nach Linde. Das expandierte, gekühlte Gas kühlt das komprimierte vor dessen Entspannung und weiterer Abkühlung.*

Wir wollen uns abschließend noch einmal mit der PV-Gleichung für reale Gase beschäftigen und fragen, ob wir die Inversionstemperatur T_i mit ihr in Zusammenhang bringen können. Schließlich haben wir die Existenz von T_i den Korrekturen zum idealen Gas zu verdanken, die wir in die Van-der-Waals-Gleichung eingebracht haben.

Formulieren wir erst einmal, was Verflüssigung bedeutet. Unsere Diskussion formalisieren wir, indem wir sagen, daß die Änderung der Temperatur eines Gases bei abnehmendem Druck und konstanter Enthalpie negativ sein sollte. Das ist gleichbleibend mit der Aussage, daß sich ein Gas beim Entspannen abkühlt.

$$\left(\frac{dT}{dP}\right)_H > 0$$

Der Erhaltungssatz für die Enthalpie lautet (18.16)

$$dH = d(U + PV) = 0$$

oder

$$dU + PdV + VdP = 0 \ .$$

Nach (17.2) können wir die innere Energie durch die Entropie ersetzen

$$TdS + VdP = 0 \ .$$

Das können wir etwas komplizierter so schreiben

$$T \left[\left(\frac{dS}{dT} \right)_P dt + \left(\frac{dS}{dP} \right)_T dP \right] + VdP = 0 \ .$$

Den Term $T(dS/dT)_P$ erkennen wir als spezifische Wärmekapazität bei konstantem Druck [nach (17.5) und (16.2)], so daß wir auch schreiben können

$$C_p dT + \left[T \left(\frac{dS}{dP} \right)_T + V \right] dP = 0 \ .$$

Hieraus folgt

$$\frac{dT}{dP} = - \frac{T \left(\frac{dS}{dP} \right)_T + V}{C_p} \qquad \text{bei } dH = 0 \ .$$

Dieser Ausdruck ist gültig für konstante Enthalpie, was wir anfänglich angenommen hatten.

Über eine in der Thermodynamik häufig verwendete, sogenannte Maxwellbeziehung [*Maxwell relation*], die wir hier leider nicht herleiten können, können wir die Entropie ersetzen.

$$- \left(\frac{dS}{dP} \right)_T = \left(\frac{dV}{dT} \right)_P \qquad \text{(Maxwellbeziehung)}$$

woraus dann folgt

$$\left(\frac{dT}{dP} \right)_H = \frac{T(\frac{dV}{dT})_P - V}{C_p} \tag{18.18}$$

Um den Bezug zur Van-der-Waals-Gleichung herzustellen, müssen wir jetzt die Ableitung $(dV/dP)_P$ ausführen und zwar für das reale Gas. Dazu müssen wir erst die $P_{\text{real}} V_{\text{real}}$-Gleichung nach V auflösen, wobei wir uns der Näherung bedienen, daß ρ_n in der Entwicklung (18.7) durch den idealen

Wert P/k_BT ersetzt werden kann. Diese Annahme ist sicher gut, da der zweite Term ein Korrekturterm ist und von vornherein viel kleiner als der erste Term ist. Dann folgt aus (18.7)

$$P = \frac{Nk_BT}{V}\left(1 + \frac{P}{k_BT}B_2\right) , \qquad (18.19)$$

wobei B_2 wieder der Koeffizient der Entwicklung ist, der zur Van-der-Waals-Gleichung geführt hatte. Wir lösen (18.19) nach V auf

$$V = N\left(\frac{k_BT}{P} + B_2\right) .$$

Damit läßt sich die benötigte Ableitung berechnen

$$\left(\frac{dV}{dT}\right)_P = N\frac{k_B}{P} + N\frac{dB_2}{dT} ,$$

was eingesetzt in (18.18) ergibt

$$C_P\left(\frac{dT}{dP}\right)_H = T\left(N\frac{k_B}{P} + N\frac{dB_2}{dT}\right) - N\frac{k_BT}{P} - NB_2$$

$$= \frac{N}{C_P}\left(T\frac{dB_2}{dT} - B_2\right) .$$

Im Van-der-Waals-Modell ist B_2 gegeben als (18.8)

$$B_2 = b' - \frac{a'}{k_BT}$$

mit Konstanten a' und b', die sich auf die Wechselwirkung und das Eigenvolumen eines Gases beziehen. Durch Ableiten erhält man

$$\frac{dB_2}{dT} = \frac{a'}{k_BT^2}$$

und damit

$$\left(\frac{dT}{dP}\right)_H = \frac{N}{C_p}\left[\frac{a'}{k_BT} - \left(b' - \frac{a'}{k_BT}\right)\right]$$

$$= \frac{N}{C_p}\left(\frac{2a'}{k_BT} - b'\right) .$$

Die Inversionstemperatur ist dadurch gegeben, daß gerade keine Temperaturänderung beim Enspannungsprozeß auftritt, d.h.

$$\left(\frac{dT}{dP}\right)_H = 0 \ ,$$

woraus sich die Inversionstemperatur bestimmt aus

$$\frac{2a'}{k_B T_i} = b'$$

$$T_i = \frac{2a'}{k_B b'} \ .$$

Ersetzen wir a' und b' durch die molspezifischen Parameter $a = a' N_A^2$ und $b = b' N_A$ erhalten wir

$$T_i = \frac{2a}{N_A k_B b}$$

$$T_i = \frac{2a}{Rb} \tag{18.20}$$

Wir haben mit (18.20) einen verblüffend einfachen Ausdruck für die Inversionstemperatur eines realen Gases erhalten, den wir mit Ausnahme der verwendeten Maxwellbeziehung aus unseren elementaren Kenntnissen hergeleitet haben. Das Ergebnis stimmt mit unserer qualitativen Einschätzung, daß T_i proportional zur Anziehung sein sollte, überein. Ferner finden wir, daß das Eigenvolumen einen umgekehrten Effekt hat: Je größer das für alle anderen Teilchen ausgesperrte Volumen ist, desto niedriger ist die Inversionstemperatur.

Dieses Kapitel hat für die Gase gezeigt, wie anhand eines recht einfachen Modells Korrekturen zu einer "idealen" Situation durchgeführt werden können. Diese Korrekturen, die für reale Gase gemacht wurden, sind in der Lage, mehrere beobachtete Phänomene zu beschreiben und quantitative Vorhersagen zu treffen, wie z.B. die Verflüssigung, die kritische Temperatur und die Inversionstemperatur. Im Rahmen dieses Modells läßt sich sogar ein einfacher Bezug zwischen T_K und T_i herstellen. Aus (18.15) und (18.20) folgt

$$T_i = 6,75 T_K \ .$$

Die Verfahrensweise, durch kleine Korrekturen an einem idealisierten Modell parametrisierte Gesetze oder Gleichungen aufzustellen, ist charakteristisch für die Physik.

Teil 5: Atomphysik

19 Einführung

In den jetzt folgenden Teilen dieses Buches werden wir uns mit dem beschäftigen, was man unter *moderner Physik* versteht. Die wesentliche Entwicklung gegenüber der klassischen Physik aus den vorhergehenden Teilen besteht darin, daß man ab Anfang dieses Jahrhunderts experimentell in der Lage war, sich mit dem Aufbau der Atome zu beschäftigen und man Ergebnisse fand, die den Erkenntnissen aus der klassischen Physik zu widersprechen schienen.

19.1 Historische Entwicklung der Atommodelle

Das von den griechischen Philosophen[55] stammende Modell des Atoms [*atom*] als des kleinsten, unteilbaren Bausteins (*"atomos"* = *unteilbar*) der Materie wurde durch differenziertere Vorstellungen abgelöst, als es möglich wurde, einzelne, kleinere Bausteine zu analysieren. Dem Atom als einem "kleinen, kugelförmigen, gleichmäßig mit Materie ausgefüllten und vollkommen elastischen Gebilde" wurde zunächst die Eigenschaft der elektrischen Ladung zugeordnet. Nach diesem von **Thomson**[56] formulierten Modell sollte das Atom kontinuierlich mit positiver Ladung ausgefüllt sein. Seine Masse sollte sich auf die darin befindlichen (sehr kleinen) Elektronen [*electron*] verteilen.

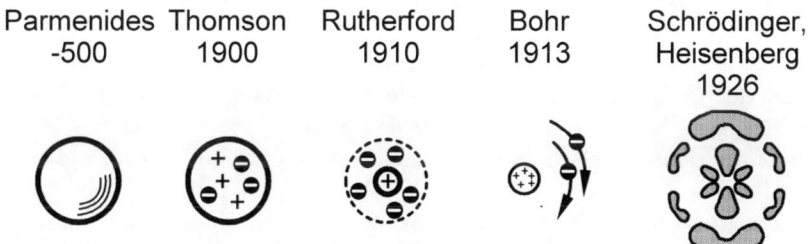

Parmenides	Thomson	Rutherford	Bohr	Schrödinger,
-500	1900	1910	1913	Heisenberg
				1926

Abbildung 19.1: *Die Hauptstationen der Entwicklung unserer Vorstellungen zur Struktur der Atome*

---

[55]Parmenides: grch. Philosoph aus Elea (Unteritalien), *um 540 v. Chr., †um 470 v. Chr.

[56]Thomson, Sir Joseph John: brit. Physiker, *Cheetham Hill 18.12.1856, †Cambridge 30.8.1940, Physik-Nobelpreis 1906

Lenard[57] stellte im Jahre 1903 fest, daß entgegen früheren Vorstellungen Atome nicht kontinuierlich mit Masse ausgefüllt sind. Als er eine dünne Metallfolie mit Elektronen beschoß, durchdrang der größte Teil der Elektronen die Folie ungehindert. Lenard schloß daraus, daß sich im Atom ein Kraftzentrum [*center of force*] befindet, der Raum zwischen den Elektronen und dem Kern jedoch leer sei. Die Ablenkungen der Elektronen, die Lenard beobachtete, lassen sich allerdings nicht eindeutig auf Stöße mit Atomkernen zurückführen. Sie hätten aufgrund der Massengleichheit nach den damaligen Vorstellungen auch aus Stößen mit Elektronen resultieren können.

Zur Klärung führte **Rutherford**[58] ein sehr ähnliches Experiment durch. Er beschoß eine Goldfolie mit Heliumkernen [*helium nucleus*] (α-Teilchen), die schwerer als Elektronen sind (Abb. 19.2). Aus ihren Ablenkungen konnte Rutherford berechnen, daß der Kernradius etwa 10.000 bis 100.000 mal kleiner ist als der Atomradius und etwa 10^{-15} m beträgt.

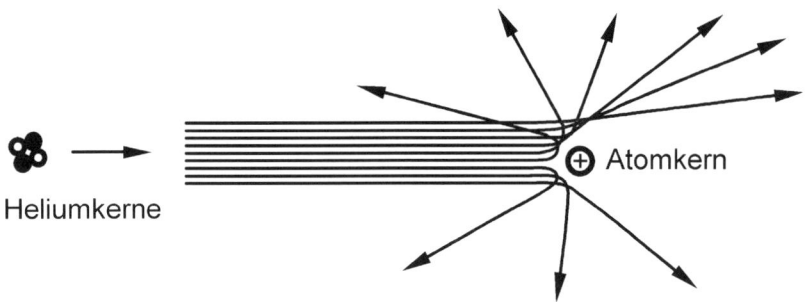

Abbildung 19.2: *Rutherfordscher Streuversuch*

Da die negativen Elektronen in einem Atom vom positiven Kern aufgrund der Coulombkräfte angezogen werden, müssen sich die Elektronen um den Kern bewegen, um nicht "in den Kern zu stürzen". Dieses Modell erklärt die räumliche Aufteilung in einem Atom und die Durchdringbarkeit der Materie. Es steht allerdings im Widerspruch zu anderen beobachteten Phänomenen. So müßte ein Elektron, das um den Kern kreist, nach den Gesetzen der Elektrodynamik ständig Energie abstrahlen. Das hätte zur Folge, daß es sich durch den Energieverlust dem Kern immer weiter nähern müßte, schneller würde und schließlich in den Kern stürzen würde. Ruther-

---

[57]Lenard, Philipp: *Preßburg 7.6.1862, †Messelhausen/Baden 20.5.1947, Physik-Nobelpreis 1905

[58]Rutherford, Ernest, Lord R. of Nelson: *Spring Grove (Neuseeland) 30.8.1871, †Cambridge 19.10.1937, Chemie-Nobelpreis 1908

fords Modell trifft auch keine Aussagen über den Bahnradius der Elektronen. In diesem Modell wäre jeder beliebige Abstand vom Kern möglich. Das Elektron könnte dadurch jede beliebige Energiemenge aufnehmen oder abgeben, was den experimentellen Erfahrungen widerspricht. Diese Unzulänglichkeiten versuchte **Bohr**[59] durch ein neues Modell zu beseitigen, das wir in Kap. 20.4 behandeln werden.

19.2   Emissions- und Absorptionsprozesse

Atome können Energie aufnehmen und abgeben. Diese Prozesse werden *Absorption* bzw. *Emission* genannt. Zur Veranschaulichung dieser Prozesse diene der folgende in Abb. 19.3 dargestellte Versuch: Durch eine mit Natriumdampf gefüllte Röhre wird weißes Licht gestrahlt. Dabei nimmt man ein intensives gelbes Leuchten des Füllgases wahr. Weißes Licht enthält alle Frequenzen des sichtbaren Lichts. Dem am Detektor 1 ankommenden Licht fehlt der gelbe Anteil; er empfängt eine Mischfarbe aus rot, grün, blau und violett. Beim zweiten Detektor ist der bei Detektor 1 fehlende Gelbanteil zu sehen. Die beiden Bilder in Abb. 19.4 stellen das geschilderte Ergebnis als Intensitätsverlauf in Abhängigkeit von der Frequenz ("Farbe") des Lichts dar.

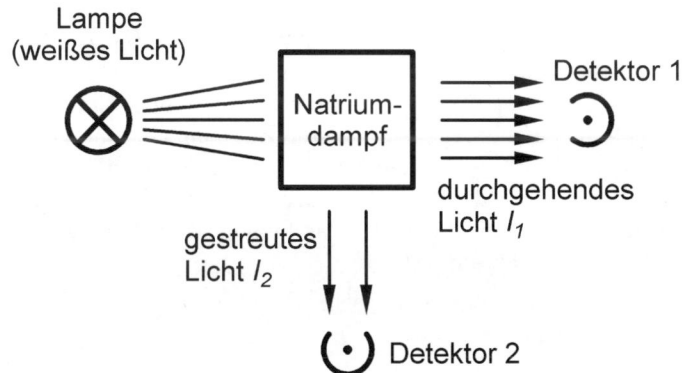

Abbildung 19.3: *Emission und Absorption im gasförmigen Natrium*

Eine offensichtliche Deutung dieser Beobachtung können wir so formulieren: Im Gas fand eine Absorption des Lichts einer bestimmten Fre-

[59]Bohr, Niels Hendrik David: *Kopenhagen 7.10.1885, †ebd. 18.11.1962, Physik-Nobelpreis 1922

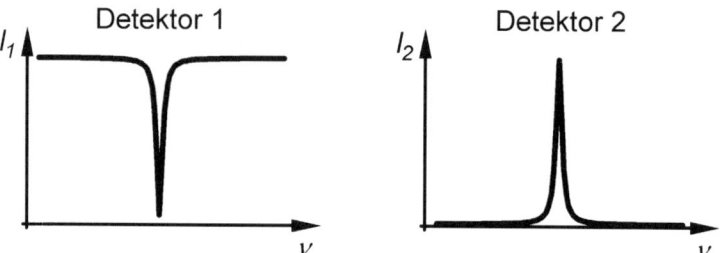

Abbildung 19.4: *Intensitäten an Detektor 1 und 2 als Funktion der Lichtfrequenz*

quenz statt. Die Atome haben Energie aufgenommen und anschließend wieder abgegeben, wobei das Licht in alle Raumrichtungen abgestrahlt wurde. Mit Hilfe der von **Planck**[60] formulierten Frequenzbedingung $h \cdot \nu = E_{Ende} - E_{Anfang}$ (vgl. Kap. 2.2) lassen sich den einzelnen Frequenzen Energien zuordnen. So läßt sich anhand der beobachteten Farbe bestimmen, welche Energie die Natriumatome aufgenommen bzw. abgegeben haben. Nach der Absorption sind die Natriumatome in einem energiereicheren *angeregten Zustand [excited state]*. Bei der Absorption *[absorption]* ist $E_{Ende} > E_{Anfang}$. Nach einem Emissionsvorgang *[emission]* befinden sich die Atome in einem energieärmeren Zustand ($E_{Ende} < E_{Anfang}$).

Dieser Zusammenhang läßt sich in einem Energietermschema *[energy level diagram]* mit *Energieniveaus [energy level]* darstellen: Ein Elektron des Natriums geht von einer energetisch tieferen Bahn auf eine energetisch höhere über. Anschließend fällt es wieder auf die energetisch tiefere Bahn, den *Grundzustand [ground state]* zurück, das Atom gibt die vorher absorbierte Energie wieder als Strahlung ab. Das Schalenmodell *[shell model]* von Natrium ist in Abb. 19.6 dargestellt.

19.3   Quantelung

Elektrische Ladungen treten nur als Vielfaches einer Elementarladung auf. Das ist die Ladung, die ein Elektron trägt (erster Nachweis: **Millikan**[61]-Versuch 1909). Auch Licht erscheint bei vielen Vorgängen als "Energie-

---

[60]Planck, Max Karl Ernst Ludwig: *Kiel 23.4.1858, †Göttingen 4.10.1947, Physik-Nobelpreis 1918

[61]Millikan, Robert Andrews: *Morrison (Ill.) 22.3.1868, †Pasadena (Calif.) 19.12.1953, Physik-Nobelpreis 1923

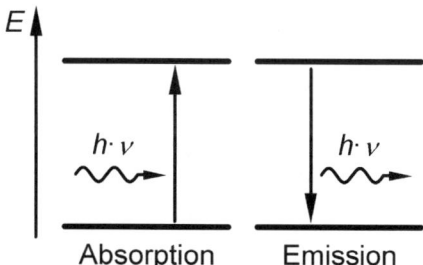

Abbildung 19.5: *Absorptions- und Emissionsprozeß im Energietermsche-ma*

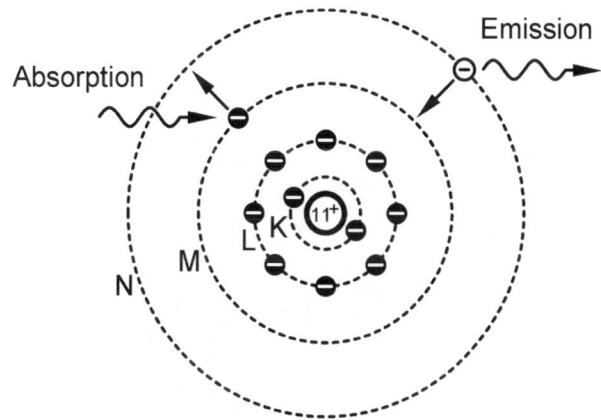

Abbildung 19.6: *Schalenmodell für Natrium (Kernladungszahl $Z = 11$)*

Paket", was zu dem Begriff *Lichtquant* oder auch *Photon [photon]* führte (Planck 1900). Die Energie eines Photons ist durch

$$E = h \cdot \nu$$

gegeben, wobei h eine fundamentale Größe ist, nämlich das sogenannte *Plancksche Wirkungsquantum*. Ein einzelner Emissionsprozeß eines Atoms erzeugt genau ein Photon, dessen Energie gleich der Differenz der energetisch höheren und tieferen Bahn des Elektrons ist. In Kap. 20.4 wird gezeigt, daß daraus auch die Quantelung atomarer Größen (Energie, Drehimpuls, ...) folgt.

20   Entstehung elektromagnetischer Wellen

Die verschiedenen Arten elektromagnetischer Strahlung [*radiation*] und deren spektrale Verteilung hat einen wichtigen Anstoß zur Entwicklung der modernen Physik gegeben. Mit klassischen Vorstellungen war man nicht mehr in der Lage, die Beobachtungen zu erklären.

20.1   Verschiedene Strahlungstypen

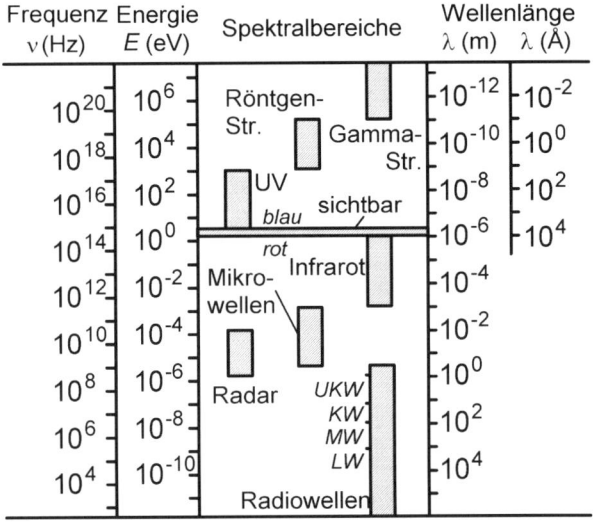

Abbildung 20.1: *Das elektromagnetische Spektrum. Einer Energie einer elektromagnetischen Welle von 1 eV entspricht eine Frequenz von $2,4 \cdot 10^{14}$ Hz oder, im Vakuum, einer Wellenlänge von 1,24 µm.*

Abbildung 20.1 zeigt einen großen Ausschnitt des Spektrums elektromagnetischer Wellen[62], der auch das sichtbare Licht enthält. Allen elektromagnetischen Wellen gemeinsam ist ihre Ausbreitungsgeschwindigkeit c im Vakuum, sie beträgt $c = 3 \cdot 10^8$ m/s. Aus der klassischen Physik wissen wir, daß man Wellen eine Wellenlänge λ bzw. eine Frequenz ν zuordnen kann, wobei $c = \lambda \cdot \nu$ ist. Aus der Alltagserfahrung kennen wir verschiedene "Strahler", also Lichtquellen, die jeweils ein eigenes *Spektrum*, d.h.

---

[62] 1 eV = $1,6 \cdot 10^{-19}$ J

eine charakteristische Intensitätsverteilung über die erzeugten Frequenzen haben.

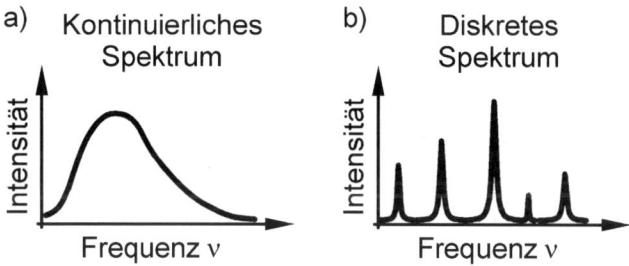

Abbildung 20.2: *a) Kontinuierliches und b) Diskretes Spektrum*

Abbildung 20.2 zeigt zwei prinzipiell unterschiedliche Arten von Spektren: Abb. 20.2 a) stellt ein sogenanntes *kontinuierliches Spektrum* dar, Abb. 20.2 b) hingegen ein diskretes. Von einem kontinuierlichen Spektrum spricht man, wenn eine Strahlungsquelle in einem bestimmten Frequenzbereich jede Frequenz mit einer Intensität ungleich Null erzeugt. Ein Strahler mit *diskretem Spektrum* hingegen erzeugt eine oder mehrere (aber nur endlich viele) definierte Frequenzen. Beispiele für kontinuierliche Strahlungsquellen sind die Sonne oder eine Glühlampe; Gasentladungslampen ("Neonröhren") erzeugen ein diskretes Spektrum.

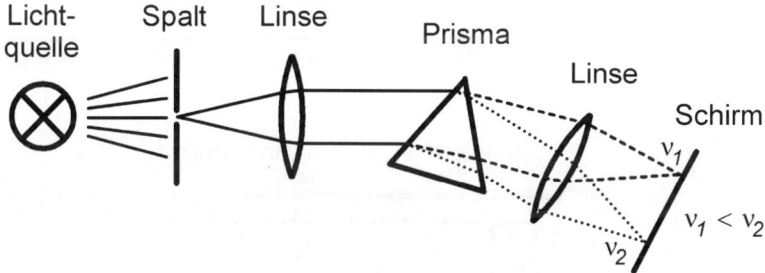

Abbildung 20.3: *Spektralanalyse: paralleles Licht, das auf ein Prisma einfällt, wird in seine Farbkomponenten zerlegt.*

Abbildung 20.3 zeigt den prinzipiellen Aufbau einer Apparatur, mit deren Hilfe sich das Spektrum eines unbekannten Strahlers aufnehmen, d.h. analysieren läßt. Da eine solche Apparatur das Licht in seine einfarbigen Anteile zerlegt, nennt man sie *Monochromator*. In einem Prismenmonochromator macht man sich die unterschiedliche Geschwindigkeit elektromagnetischer Wellen mit unterschiedlicher Frequenz in Medien zunutze, die dazu führt, daß Licht unterschiedlicher Farbe von einem Prisma verschieden stark gebrochen wird (*Dispersion*). Die folgenden Kapitel handeln von der Entstehung der unterschiedlichen Strahlungsarten.

20.2 Temperaturstrahlung des schwarzen Strahlers

Beschäftigen wir uns zunächst mit den kontinuierlichen Spektren. Temperaturstrahlung entsteht durch Schwingungen von Ladungen im atomaren Bereich. Um die Wechselwirkung zwischen Materie und der Temperaturstrahlung charakterisieren zu können, betrachten wir folgendes Experiment: Zwei Aluminiumfolien, eine davon mit Ruß geschwärzt, werden in die Sonne gelegt. Wenig später messen wir die Temperaturen der beiden Folien: Die geschwärzte Folie ist sehr viel heißer als die ungeschwärzte.

Das kann man folgendermaßen beschreiben: Jeder Körper reflektiert die auf ihn auftreffende Strahlung zum Teil, nur zum Teil absorbiert er sie. Eine schwarze Oberfläche absorbiert offensichtlich mehr Strahlung als eine helle Oberfläche. Ein Maß dafür ist der *Absorptionsgrad* ε, komplementär dazu ist der *Reflexionsgrad* $1-\varepsilon$. Der Absorptionsgrad ist frequenzabhängig: $\varepsilon = \varepsilon(\nu)$. Wenn eine Fläche alle auftreffende Strahlung einer Frequenz absorbiert, wenn also $\varepsilon(\nu) = 1$ gilt, nennt man die Fläche "schwarz für die Frequenz ν". Wenn $\varepsilon(\nu) = 1$ für *alle* Frequenzen gilt, so nennt man diesen Körper einen *schwarzen Körper [black body]*. Es läßt sich (nicht ganz trivial) ableiten, daß Körper, die am besten Strahlung absorbieren, auch am besten strahlen: sie können nicht nur bei allen Frequenzen Energie aufnehmen, sondern auch abgeben.

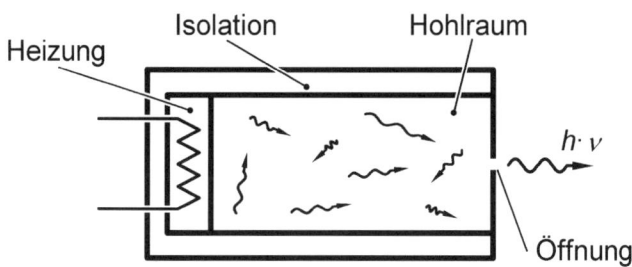

Abbildung 20.4: *Schwarzer Strahler*

Ein schwarzer Körper ist ein ideales Gebilde, das durch die oben erwähnte berußte Aluminiumfolie nur näherungsweise realisiert wird. Dem Ideal des schwarzen Körpers am nächsten kommt ein schwarzer Hohlkörper, in den ein kleines Loch gebohrt wird. Dieser Hohlkörper soll elektrisch beheizbar und nach außen durch eine geeignete Wärmeisolation thermisch abgeschirmt sein (Abb. 20.4). Strahlung, die von außen durch das Loch eintritt, wird im Innern mehrfach reflektiert oder gestreut und jeweils zum Teil absorbiert. Deshalb und wegen des geringen Durchmessers des Lochs gelangt also nur ein sehr kleiner Teil der durch die Öffnung eintretenden Strahlung wieder aus ihr heraus. Somit kann in guter Näherung $\varepsilon = 1$ angenommen werden. Deshalb gilt umgekehrt für den elektrisch beheizten Körper: Die Strahlung, die aus dem Loch austritt (und erst bei relativ hohen Temperaturen für das menschliche Auge sichtbar wird), ist identisch mit der Strahlung eines schwarzen Körpers gleicher Temperatur. Bei Messungen der Energieverteilung der Strahlung eines schwarzen Körpers stellt man fest, daß bei geringen und hohen Energien nur sehr wenig Strahlung emittiert wird, dazwischen liegt ein Maximum. Dieses Intensitätsmaximum liegt bei um so höheren Frequenzen, je größer die Temperatur ist.

Die Lage des Maximums ist also eine Funktion der Temperatur des schwarzen Körpers. Wir beobachten beispielsweise, daß das emittierte Licht von Glühlampen ($T \approx 2000$ K) sein Intensitätsmaximum nicht an der gleichen Stelle hat wie das Sonnenlicht ($T \approx 6000$ K), sondern im infraroten Bereich. Möglichst sonnenlichtähnliche Glühlampen müßten demnach – legt man die Temperaturabhängigkeit des Intensitätsmaximums zugrunde – einen Glühdraht haben, der die Temperatur der Sonnenoberfläche besitzt. Das scheitert aus technischen Gründen, da die Schmelztemperatur aller bekannten Leiter weit unter dieser Temperatur liegt. Abbildung 20.5 zeigt für verschiedene Temperaturen T die Intensität I eines schwarzen Körpers über der Wellenlänge λ aufgetragen.

20.3   Plancks Quantenhypothese

Nach der klassischen Statistik hat die mittlere Energie $\overline{E}$ eines harmonischen Oszillators, der *kontinuierlich* alle Energiewerte E zwischen 0 und ∞ annehmen kann, den Wert $\overline{E} = k_B T$, wobei $k_B = 1,38 \cdot 10^{-23}$ J/K die Boltzmann-Konstante und T die Temperatur bedeuten. **Rayleigh**[63] und **Jeans**[64] stellten den Zusammenhang in einem nach ihnen benannten

---

[63] Rayleigh, John William Strutt, 3. Baron (1873) R.: brit. Physiker, *Langford Grove 12.11.1842, †Terling Place (Chelmsford) 30.6.1919, Physik-Nobelpreis 1904

[64] Jeans, Sir (1928) James Hopwood: engl. Mathematiker, Physiker und Astronom, *Southport 11.9.1877, †Dorking (Surrey) 16.9.1946

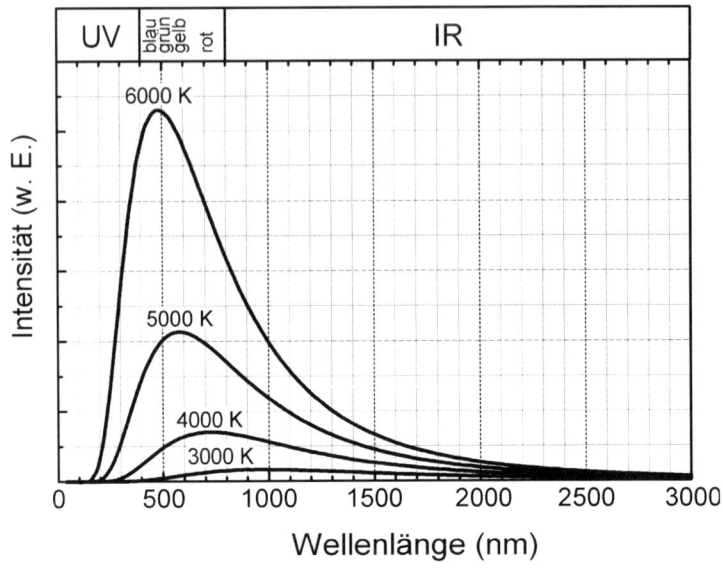

Abbildung 20.5: *Spektrale Verteilungen eines schwarzen Strahlers für verschiedene Temperaturen*

Strahlungsgesetz dar, das mit dem Experiment allerdings nur für kleine Frequenzen übereinstimmt. Das Konzept der klassischen elektromagnetischen Wellentheorie versagt für hohe Frequenzen. Planck erklärte das Frequenzspektrum des schwarzen Strahlers mit einem statistischen Modell thermisch angeregter Oszillatoren [*thermally excited oscillator*], die aus den schwingenden Ladungen von Atomen bestehen.

Um eine Übereinstimmung zwischen Theorie und Experiment zu erreichen, mußte Planck einen radikalen Bruch mit den klassischen Vorstellungen vollziehen. Die einzige Rechtfertigung für ein solches Vorgehen war der Erfolg bei der Beschreibung der Temperaturstrahlung. Das Plancksche Postulat lautet:

> *Das Energiespektrum der Oszillatoren eines strahlenden Systems ist diskontinuierlich, d.h. die Energie der Oszillatoren ist* quantisiert *[to quantize].*

Nach dieser Hypothese kann ein strahlendes System mit seiner Umgebung nicht beliebige Energieportionen austauschen, sondern nur ganzzahlige Vielfache des *Energiequantums* $h \cdot \nu$, wobei ν die Frequenz der Strahlung und

$h = 6,63 \cdot 10^{-34}$ J·s $= 4,14 \cdot 10^{-15}$ eV·s das nach Planck benannte Wirkungsquantum ist.

Eine statistische Berechnung der mittleren Energie $\overline{E}$ der quantisierten Oszillatoren liefert

$$\overline{E} = \frac{h \cdot \nu}{e^{h\nu/k_B T} - 1} \quad . \tag{20.1}$$

Diese Beziehung beschreibt das in Abb. 20.5 dargestellte Spektrum eines schwarzen Strahlers für alle Frequenzen ν. Sie geht für kleine Frequenzen $(h \cdot \nu \ll k_B \cdot T)$, d.h. große Wellenlängen in das klassische Resultat $\overline{E} = k_B \cdot T$ über.

Aus (20.1) läßt sich die Wellenlänge λ_{max} berechnen, bei der für eine gegebene Temperatur T die maximale Intensität abgestrahlt wird. Das **Wiensche**[65] Verschiebungsgesetz lautet:

$$\boxed{\lambda_{max} \cdot T = const. = 2,90 \cdot 10^{-3} \text{ K·m}} \quad . \tag{20.2}$$

Abbildung 20.5 zeigt, daß sich das Maximum der Emission mit der Temperatur entsprechend (20.2) verschiebt.

Weiterhin ergibt sich (nach einer komplizierteren Rechnung) das **Stefan-Boltzmann**-Gesetz[66,67] für die Intensität I der strahlenden Fläche, d.h. für die Gesamtenergieabgabe pro Zeiteinheit und pro Fläche eines schwarzen Körpers:

$$\boxed{I(T) = \sigma \cdot T^4} \tag{20.3}$$

$(\sigma = 5,67 \cdot 10^{-8}$ W·m^{-2}·K^{-4}: Stefan-Boltzmann-Konstante). Auch dieser Zusammenhang ist in Abb. 20.5 zu erkennen: Die Flächen unter den Kurven nehmen mit T^4 zu.

20.4 Bohrsches Atommodell

Die in Kapitel 19.1 genannten Widersprüche des strahlenden und damit Energie abgebenden Elektrons, das sich nach dem Rutherfordschen Modell auf beliebigen Kreisbahnen um den Kern bewegen dürfte, versuchte Bohr aufzulösen.

Trotz aller Widersprüche zur klassischen Physik nahm er an, daß die Elektronen eines Atoms wie Planeten um den Atomkern kreisen und nur

---

[65]Wien, Wilhelm (Willy) Karl Werner: *Gaffken bei Fischhausen (Ostpreußen) 13.1.1864, †München 30.8.1928, Physik-Nobelpreis 1911

[66]Stefan, Josef: *St. Peter (heute zu Klagenfurt) 24.3.1835, †Wien 7.1.1893

[67]Boltzmann, Ludwig: *Wien 20.2.1844, †Duino (bei Triest) 5.9.1906

durch Emission oder Absorption ganz bestimmter Energiebeträge ihre Bahn ändern können. Er formulierte diese Vorstellungen in zwei *Postulaten*:

Postulat 1 *Elektronen eines Atoms können sich auf bestimmten, stabilen Kreisbahnen bewegen, ohne Strahlung zu emittieren.*

Postulat 2 *Zwischen den stabilen Bahnen mit der Energie E sind Elektronenübergänge möglich. Die dabei benötigte Energie (Absorption) oder freiwerdende Energie (Emission) entspricht der Differenz zwischen den Energien des Anfangs- und Endzustandes.*[68]

Die Bedingung für die Frequenz ν der aufgenommenen oder abgegebenen Strahlung lautet

$$\boxed{h \cdot \nu = E_{Ende} - E_{Anfang}} \quad . \tag{20.4}$$

Aus dieser Bedingung folgt, daß die Frequenz ν des Lichts proportional zur Energiedifferenz der beteiligten Bahnen ist. Die Naturkonstante h (Plancksches Wirkungsquantum) hat den Wert $6,63 \cdot 10^{-34}$ J·s.

Was können wir mit diesen Postulaten anfangen? Wir wollen erst einmal für das einfachste Element des Periodensystems [*periodic table*], das Wasserstoffatom

den einzelnen Energieniveaus (klassisch) errechnen. Nach dem ersten Bohrschen Postulat bewegen sich die Elektronen auf stationären Bahnen ohne zu strahlen. Sie werden dabei durch die Coulombkraft vom positiv geladenen Kern angezogen (Abb. 20.6).[69] Die anziehende Coulombkraft F_C ist dabei nach den Gesetzen der klassischen Physik im Gleichgewicht gleich der Zentripetalkraft F_Z:

$$F_C = F_Z \quad \Leftrightarrow \quad \frac{e^2}{4\pi\varepsilon_0 r^2} = \frac{mv^2}{r} \tag{20.5}$$

Zu der Forderung der Bohrschen Postulate gehört, daß der Drehimpuls und damit auch die Energie eines Teilchens gequantelt ist: Nur solche Bahnen sind stationär, deren Drehimpuls L ein natürliches Vielfaches n von $\hbar = h/2\pi$ ist. Damit ergibt sich:

$$L = mvr = n\hbar \; ; \qquad n = 1, 2, 3, \ldots \tag{20.6}$$

---

[68]Bohr postulierte ursprünglich eine Quantelung des Drehimpulses, aus der der oben wiedergegebene Zusammenhang folgt.

[69]In Analogie zur klassischen Vorstellung von der Planetenbewegung im Gravitationsfeld der Sonne.

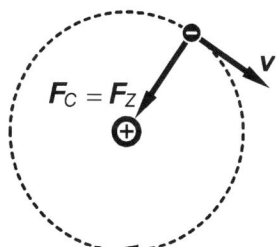

Abbildung 20.6: *Elektron im Coulombfeld*

Löst man Gleichung (20.6) nach der Geschwindigkeit v auf und setzt v in (20.5) ein, so erhält man die erlaubten Radien

$$r_n = n^2 \frac{\varepsilon_0 h^2}{\pi m e^2} \quad .$$

Die Bahnen für $n = 1, 2, 3, \ldots$ werden auch als *Schalen* bezeichnet und entsprechend mit den Buchstaben K, L, M ... benannt. Die Gesamtenergie der Elektronen auf den Bahnen ergibt sich zu

$$\boxed{E_n = E_{kin} + E_{pot} = -\frac{1}{n^2} \cdot R_\infty}$$

mit der **Rydberg**konstanten[70] $R_\infty := (me^4)/(8\varepsilon_0^2 h^2) = 13,6$ eV. Wenn ein Elektron vom Energieniveau n_2 auf das Energieniveau n_1 fällt (d.h. $n_2 > n_1$), strahlt es die Energiedifferenz als Photon ab. Dieses Photon hat die Frequenz

$$\nu_{n_2 \to n_1} = \frac{1}{h} \left[E(n_2) - E(n_1) \right] = -\frac{1}{h} R_\infty \left[\frac{1}{n_2^2} - \frac{1}{n_1^2} \right] \quad . \tag{20.7}$$

Auf diese Weise läßt sich als Grenzfall die Ionisierungsenergie [*ionisation energy*] des Wasserstoffatoms bestimmen. Dazu nimmt man mit $n_1 = 1$ den Grundzustand und setzt $n_2 = \infty$ (das Elektron verläßt das Atom bei einer Ionisation). Daher ergibt sich die Ionisierungsenergie des Wasserstoffs zu

$$E_{Ion} = -R_\infty \left(\frac{1}{\infty} - \frac{1}{1} \right) = R_\infty = 13,6 \text{ eV} \quad . \tag{20.8}$$

---

[70]Rydberg, Janne (Johannes) Robert: *Halmstad 8.11.1854, †Lund 28.12.1919

Diese Größe entspricht erstaunlich genau den experimentell gefundenen Werten.

In Abb. 20.7 sind die Ergebnisse der Rechnung zusammengefaßt. Je nach Endniveau (n_1) haben die in Serien dargestellten Übergänge nach ihren Entdeckern verschiedene Namen. Alle (bis auf die Balmer-Serie) liegen in einem für das Auge nicht sichtbaren Bereich.

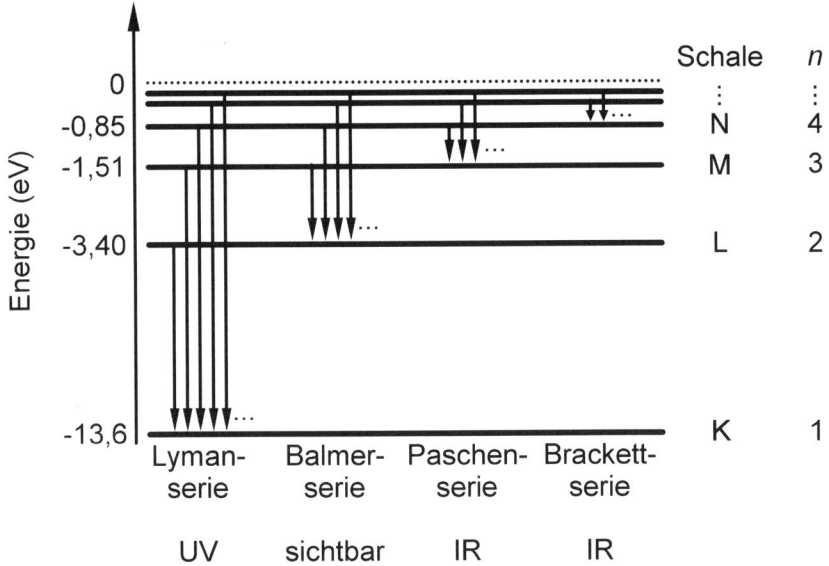

Abbildung 20.7: Energieniveaus und Serien des Wasserstoffatoms [75,76,77,78]; UV = ultraviolett, IR = infrarot

Die Ergebnisse dieser mit Hilfe der klassischen Physik ausgeführten Rechnungen stimmen mit den experimentellen Ergebnissen am Wasserstoff überein. Analoge Rechnungen lassen sich auch an schwereren Atomen ausführen. Dabei gibt es allerdings Abweichungen, die durch Wechselwirkungen der Elektronen untereinander zu erklären sind: Die Elektronen schirmen die positive Kernladung Z zum Teil ab, so daß die effektive Coulombkraft geringer ist als die in diesem Ansatz verwendete. Die Einführung einer

[75]Lyman, Theodore: *Boston 23.11.1874, †Cambridge (Mass.) 11.10.1954

[76]Balmer, Johann Jakob: schweizer. Mathematiker, *Lausen (Basel) 1.5.1825, †Basel 12.3.1898

[77]Paschen, Friedrich: *Schwerin 22.1.1865, †Potsdam 25.2.1947

[78]Brackett, F. P.: amerikan. Astronom, *1865, †1953

Abschirmkonstanten für schwere Atome $(Z \gg 1)$ führt näherungsweise zu guten Ergbnissen.

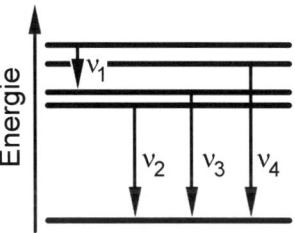

Abbildung 20.8: *Energieniveauschema eines Atoms*

Einem Atom läßt sich auf verschiedene Weise Energie zuführen: durch Stöße von Teilchen (z.b. freien Elektronen) mit den Elektronen der Atomhülle oder durch Absorption von elektromagnetischer Strahlung. Abbildung 20.8 zeigt in einem Termschema die Energieniveaus der Elektronen eines Atoms. Aus dem Termschema wird deutlich, daß die Elektronen nur diskrete Energien haben können, die diskreten Bahnen entsprechen. Somit können sie offensichtlich nur ganz bestimmte Energieportionen aufnehmen, nämlich gerade die, die der Energiedifferenz zwischen zwei Niveaus entsprechen. Die aufgenommene Energie kann anschließend wieder abgegeben werden, wobei das Atom in einen energetisch niedrigeren Zustand übergeht. Die Energiedifferenz zwischen den beiden Niveaus wird in Form eines Lichtquants abgegeben; die Frequenz des Lichts ist durch $\nu = E/h$ bestimmt.

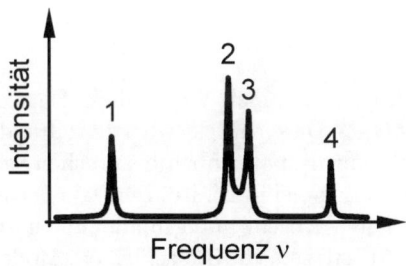

Abbildung 20.9: *Emissionsspektrum eines Atoms*

Beim Emissionsspektrum (Abb. 20.9) des Systems in Abb. 20.8 handelt es sich um ein diskretes Spektrum, d.h. es gibt nur scharfe Linien bestimmter Frequenzen, die durch Übergänge der Atome von energetisch höheren auf niedrigere Zustände beschrieben werden.[79]

20.5 Bremsstrahlung und Synchrotronstrahlung

Verschiedene Formen von Energie können ineinander umgewandelt werden: potentielle Energie in kinetische Energie (Beispiel: Pendel), kinetische Energie in Wärmeenergie (Reibung), aber auch kinetische Energie in Licht.

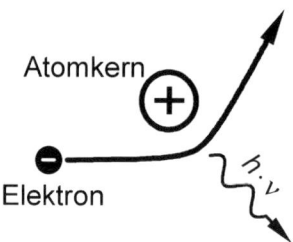

Abbildung 20.10: *Entstehung von Bremsstrahlung*

Abbildung 20.10 stellt ein Elektron dar, das sich einem (erheblich schwereren) Atomkern nähert. Gerät das Elektron in das Kraftfeld des Kerns, wird es von seiner gradlinigen Bewegung abgelenkt, oder es trifft auf den Kern und wird dabei abgebremst. Beide Fälle sind Formen (negativer) Beschleunigung, die mit einem Verlust an kinetischer Energie verbunden sind. Diese Energiedifferenz kann in Form elektromagnetischer Strahlung abgegeben werden (beschleunigte Ladungen erzeugen elektromagnetische Wellen). Die Energie der entstehenden Strahlung ist dann:

$$\Delta E = E_{kin,vorher} - E_{kin,nachher} = h \cdot \nu \qquad (20.9)$$

Diese Art der Strahlung nennt man wegen ihrer Entstehungsweise *Bremsstrahlung* [*bremsstrahlung*]. Dieser Effekt wird gezielt in der *Röntgenröhre* [*x-ray tube*] ausgenutzt, die wir später noch besprechen werden. Unerwünscht ist diese Strahlung zum Beispiel in Bildröhren (von Fernsehern und Computermonitoren). Hier helfen Abschirmungsmaßnahmen am Arbeitsplatz und eine Begrenzung der Arbeitszeit vor Bildschirmen. Moderne strahlungsarme Monitore reduzieren die Strahlenbelastung auf ein Minimum.

In einem *Synchrotron* kreisen hochenergetische Elektronen (z.B. $E_{kin} = 500$ MeV) oder andere geladene Teilchen in einem evakuierten Ring. Die

---

[79] Der Intensitätsverlauf läßt sich nicht durch das Bohrsche Modell erklären, sondern folgt aus quantenmechanischen Berechnungen.

Kreisbahn der Ladungsträger wird durch die Lorentz-Kraft starker, ablenkender Magnete erzwungen, wodurch aufgrund der Beschleunigung bei der Kreisbewegung der Teilchen nach den Gesetzen der Elektrodynamik Strahlung abgegeben wird. Die Strahlung hat ein *kontinuierliches* Spektrum, das sich vom infraroten über den sichtbaren bis in den Röntgenstrahlenbereich erstrecken kann. Da es für den Energiebereich von 10 – 1000 eV vor dem Bau von Synchrotrons keine ausreichend intensiven Photonenquellen gab, ist die Synchrotronstrahlung für die Grundlagenforschung in den Bereichen Atom-, Kern- und Festkörperphysik von großer Bedeutung.

21 Grundlegende Versuche der Atomphysik

In diesem Kapitel wollen wir uns die Experimente genauer ansehen, die entscheidend für die Entwicklungen in der modernen Physik waren.

21.1 Franck-Hertz-Versuch

Abbildung 21.1 zeigt den prinzipiellen Aufbau des Versuchs von **Franck**[80] und **Hertz**[81], den die beiden Physiker 1913 durchführten. Sie konnten damit feststellen, daß Atome bzw. deren Elektronen nur mit ganz bestimmten, diskreten Energieportionen angeregt werden können.

Der Versuch läßt sich folgendermaßen beschreiben: In einer gasgefüllten Röhre [*tube*] (im Fall von Franck und Hertz handelte es sich um Quecksilberdampf) werden Elektronen von der (geheizten) Kathode [*cathode*] zur Anode [*anode*] beschleunigt. Ein Gitter 1, das positiv gegenüber der Kathode geladen ist (Spannung U_V), sorgt dafür, daß die Elektronen abgesaugt werden. Anschließend werden die Elektronen von der Spannung U_B zwischen Gitter 1 und Gitter 2 zur Anode hin beschleunigt. Zur Anode gelangen allerdings nur solche Elektronen, deren Energie zur Überwindung der Gegenspannung U_G, die zwischen Gitter 2 und Anode angelegt ist (ca. 0,5 V), ausreicht.

Werden Elektronen von der Kathode zur Anode beschleunigt, so fließt ein Strom. Dieser Strom ist um so größer, je größer die Potentialdifferenz zwischen Kathode und Anode ist. Beim Franck-Hertz-Versuch, bei dem die Röhre ein Gas enthält, beobachtet man den in Abb. 21.2 dargestellen Zusammenhang.

[80]Franck, James: dt.-amerikan. Physiker, *Hamburg 20.8.1882, †Göttingen (während einer Dtl.-Reise) 21.5.1964, Physik-Nobelpreis 1925
[81]Hertz, Gustav: *Hamburg 22.7.1887, †Berlin 30.10.1975, Physik-Nobelpreis 1925

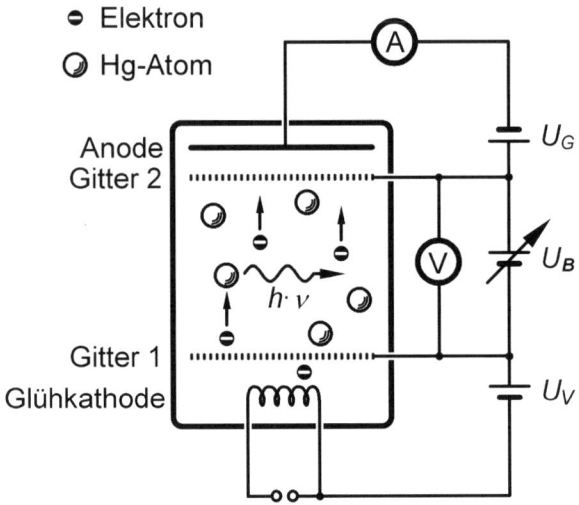

Abbildung 21.1: *Der Franck-Hertz-Versuch*

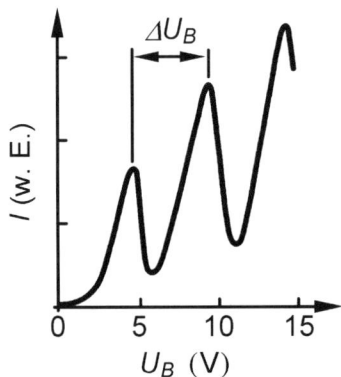

Abbildung 21.2: *Franck-Hertz-Kurve*

Statt eines für eine Vakuumröhre typischen monotonen Anstiegs des Stromes I mit steigender Beschleunigungsspannung U_B beobachtet man Maxima und Minima in bestimmten, konstanten Abständen ΔU_B, die im Fall einer Quecksilberfüllung 4,9 V betragen. Des weiteren ist im Innern der Röhre ein Leuchten zu beobachten.[82] Diese Leuchtzone verändert ih-

---

[82] Bei Quecksilber ist dieses Leuchten nicht mit dem Auge sichtbar, da es im UV-Bereich

re Lage in Abhängigkeit von der Beschleunigungsspannung U_B. Worauf ist dieses mit den Mitteln der klassischen Physik nicht zu erklärende Ergebnis zurückzuführen?

Der Schlüssel zur Deutung liegt bei dem in der Röhre befindlichen Gas, denn ohne Gasfüllung wird ein monotoner Anstieg des Anodenstroms mit der Beschleunigungsspannung beobachtet. Ferner stellt man fest, daß sich der für eine Gasart konstante Abstand der Minima durch die Verwendung anderer Füllgase verändern läßt.

Franck und Hertz deuteten das Resultat folgendermaßen: Der am Anfang der Kurve zu beobachtende Anstieg ist klassisch zu erklären, d.h. die aus der Kathode austretenden und von Gitter 1 abgesaugten Elektronen werden stärker zur Anode beschleunigt und verursachen einen größeren Stromfluß. Der erste Abfall des Stroms resultiert aus einer Wechselwirkung der beschleunigten Elektronen mit den Atomen des Füllgases: Die Elektronen geben ihre kinetische Energie an die Gasatome ab. Dabei werden Elektronen der Atomhülle des Gases angeregt, d.h. im Bohrschen Atommodell auf eine höhere Schale gehoben. Die stoßenden Elektronen verlieren diesen Energiebetrag und werden von der Stoßzone an erneut zur Anode beschleunigt. Die kinetische Energie, die sie bis dahin erreicht haben, reicht allerdings zunächst noch nicht aus, die negative Gegenspannung zwischen Gitter 2 und Anode zu überwinden – sie tragen nicht zum Stromfluß bei. Zugleich beobachtet man eine Leuchtzone in der Röhre, da die Atome den aufgenommenen Energiebetrag in Form von Photonen abgeben.

Steigt die Spannung U_B weiter, so kann die Abgabe von Energie an die Gasatome bereits früher erfolgen, weil die Elektronen schon auf einer kürzeren Strecke einen hinreichend großen Energiebetrag aufgenommen haben. Dadurch wandert die Leuchtzone im Füllgas in Richtung Kathode, die verbleibende Beschleunigungsstrecke zwischen Stoßzone und Anode wächst, und damit steigt auch die kinetische Energie der Elektronen an, die Gitter 2 erreichen. Die kinetische Energie reicht bei gestiegener Spannung wieder aus, die an Gitter 2 angelegte Gegenspannung zu überwinden, der Strom steigt erneut an.

Die wesentliche Erkenntnis dieses Experiments ist folgende: Atome können nur diskrete Energiebeträge aufnehmen, nämlich solche, die dem Übergang zwischen zwei Energieniveaus entsprechen. Von Energiebeträgen, die kleiner sind, als es dem Abstand bis zum nächsten Energiezustand entspricht, können sie nicht angeregt werden. Diese Betrachtung gilt nicht nur für die Anregung von Atomen durch Photonen, sondern, wie das Experi-

---

liegt.

ment von Franck und Hertz zeigt, auch für andere Anregungsformen wie z.B. Elektronenstöße. Aus der gemessenen Franck-Hertz-Kurve läßt sich nach

$$\boxed{\Delta E = \Delta U_B \cdot e} \tag{21.1}$$

die Energiedifferenz der beteiligten Energieniveaus bestimmen, wobei $e = 1,602 \cdot 10^{-19}$ C die Elementarladung ist.

21.2 Spektrallampen

Wie beim Franck-Hertz-Versuch gezeigt, können Gasatome durch Elektronenstoß angeregt werden. Das in der Folge abgegebene Licht ist charakteristisch für das verwendete Füllgas. Ein ähnlicher Effekt läßt sich ausnutzen, um Lampen zu konstruieren. Bei hinreichend hoher Beschleunigungsspannung können die Atome des Füllgases nicht nur angeregt, sondern auch ionisiert werden. Die dadurch positiv geladenen Ionen des Füllgases werden zur Kathode beschleunigt und können auf ihrem Weg weitere Anregungs- und Ionisationsprozesse hervorrufen. Dieses Phänomen heißt *Gasentladung* [*discharge*]. Die dabei auftretenden Lichtfrequenzen werden wieder über die Beziehung $\nu = \Delta E/h$ bestimmt, wobei ΔE die jeweiligen Differenzen zwischen den oberen und unteren Energieniveaus eines Atoms oder Ions sind.

21.3 Photoeffekt

Historisch ist man von der Vorstellung ausgegangen, Licht sei eine elektromagnetische Welle und ließe sich dementsprechend analog zu anderen Wellenphänomenen beschreiben. Diese Modellvorstellung erklärt Effekte wie Brechung, Dispersion, Streuung und Lichtausbreitung. Es gibt jedoch Phänomene, denen das Wellenmodell des Lichts nicht genügt und die auf den dualen Charakter des Lichts, nämlich einerseits Welle, andererseits Teilchen zu sein, hindeuten. Ein Phänomen, das den Teilchencharakter von Licht deutlich zeigt, ist der (äußere) Photoeffekt.

In dem evakuierten Glaskolben einer Photozelle befindet sich eine Metallplatte (die *Photokathode*) und eine gegenüberliegende ringförmige *Anode* (Abb. 21.3). Wird die Kathode mit Licht bestrahlt, können Elektronen, die die Energie des Lichts aufnehmen, aus dem Metall herausgelöst werden und zur Anode gelangen. Dort können sie mit einem Ampèremeter A als Anodenstrom nachgewiesen werden. Um die Energie dieser *Photoelektronen* zu bestimmen, kann zwischen Anode und Photokathode eine Gegenspannung U_G angelegt werden. U_G wird nun bei gegebener Beleuchtung so lange erhöht, bis gerade kein Anodenstrom mehr fließt. Die kinetische Energie der Elektronen ist dann durch $E_{kin,e} = e \cdot U_G$ gegeben.

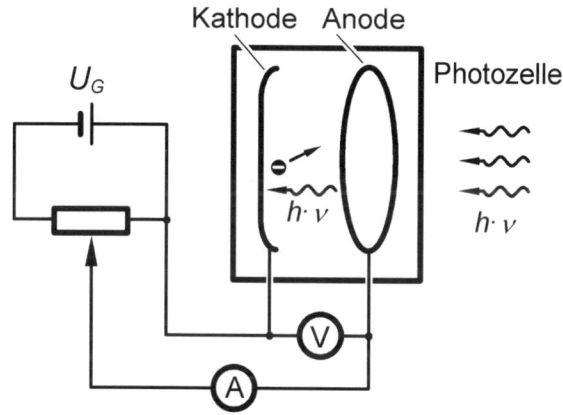

Abbildung 21.3: *Aufbau zum Nachweis des Photoeffekts*

Würde nach der klassischen Theorie Licht ausschließlich als Welle betrachtet, so müßte, da die Energie einer Welle proportional zum Quadrat ihrer Amplitude ist, die kinetische Energie der Elektronen bei Beleuchtung mit hellerem Licht größer sein als bei Beleuchtung mit kleinerer Lichtintensität. Außerdem sollte der Photoeffekt bei hinreichend hoher Intensität für *jede* Frequenz ν der Lichtwelle zu beobachten sein. Die Durchführung des Versuchs zeigt jedoch, daß *keine* der beiden Erwartungen erfüllt wird.

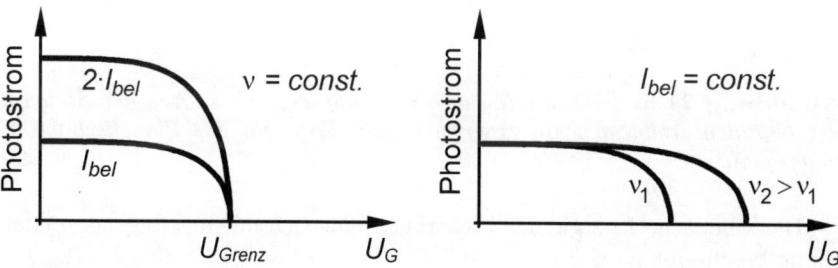

Abbildung 21.4: *Meßkurven des Photoeffekts. Aufgetragen ist die Anzahl der die Anode erreichenden Elektronen pro Sekunde (der Photostrom) über der Gegenspannung U_G.*

Im ersten Versuch (Abb. 21.4 links) wird die Photokathode nacheinander mit Licht einer Frequenz (einer "Farbe", monochromatisch) aber zwei verschiedenen Beleuchtungsintensitäten (I_{bel}, $2 \cdot I_{bel}$) bestrahlt. Bei Verdopplung der Beleuchtungsintensität verdoppelt sich zwar der Photostrom, d.h. die *Anzahl* der Elektronen, die pro Zeiteinheit die Anode erreichen, nicht jedoch ihre *Energie* $E = m \cdot v^2/2 = e \cdot U_G$: Für beide Beleuchtungsintensitäten verschwindet der Strom bei derselben Gegenspannung U_{Grenz}.

Im zweiten Versuch (Abb. 21.4 rechts) wird die Photokathode einmal mit Licht der Frequenz ν_1, dann mit Licht einer höheren Frequenz ν_2 beleuchtet. Den beiden Meßkurven dieses Versuchs ist zu entnehmen, daß mit steigender Lichtfrequenz die Energie der Photoelektronen wächst: Für die höhere Frequenz ν_2 ist eine größere Gegenspannung erforderlich, um den Photostrom auf null sinken zu lassen. Andererseits wird bei Absenken der Lichtfrequenz eine untere Grenzfrequenz ν_{Grenz} erreicht, nach deren Unterschreitung kein Photostrom mehr beobachtet werden kann. Wird die Energie der Photoelektronen, d.h. die Gegenspannung für gerade verschwindenden Strom, für verschiedene Lichtfrequenzen in einem Diagramm aufgetragen, erhalten wir die in Abb. 21.5 wiedergegebene lineare Abhängigkeit.

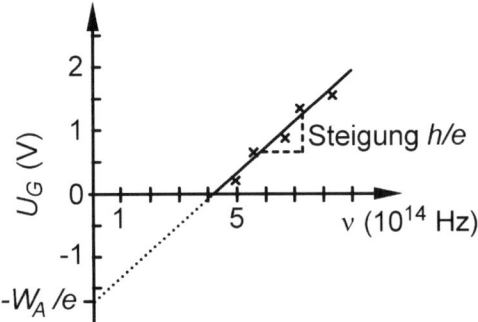

Abbildung 21.5: *Bestimmung des Wirkungsquantums. Aus der Steigung der Geraden ergibt sich ein experimenteller Wert für das Plancksche Wirkungsquantum.*

Die kinetische Energie der Elektronen läßt sich mit der folgenden Gleichung beschreiben:

$$\boxed{E_{kin} = e \cdot U_G = h \cdot \nu - W_A = h \cdot (\nu - \nu_{Grenz})} \tag{21.2}$$

Der Wert der Konstanten $h = 6,6 \cdot 10^{-34}$ J·s, des Planckschen Wirkungsquantums, läßt sich aus der Steigung h/e der Geraden in Abb. 21.5 ablesen,

Tabelle 21.1: *Phänomene des Photoeffekts*

Klassisch zu erwarten (Licht als Welle)	Beim Photoeffekt beobachtet (Licht als Photon)
$E_{kin} = E_{kin}(I_{bel})$	E_{kin} unabhängig von I_{bel}
Effekt bei *jedem* ν	Grenzfrequenz ν_{Grenz}
(wenn I_{bel} ausreicht)	(bei $\nu < \nu_{Grenz}$ kein Effekt)

E_{kin}: kinetische Energie der Photoelektronen
I_{bel}: Beleuchtungsintensität

und der Photoeffekt ist damit eine experimentelle Möglichkeit, den Wert von h zu bestimmen. Die zweite Konstante $W_A (= h \cdot \nu_{Grenz})$, die sogenannte *Austrittsarbeit* [*work function*], ist vom Material der Photokathode abhängig. W_A ist die Energie, die benötigt wird, um ein Leitungselektron aus seiner Bindung im Metall zu lösen und in das Vakuum zu bringen; sie läßt sich experimentell aus dem Achsenabschnitt $-W_A/e$ bestimmen (Abb. 21.5).

Tabelle 21.1 faßt noch einmal die erwarteten und die beobachteten Phänomene des Photoeffekts zusammen.

Die Beobachtungen sind demnach mit dem Wellenmodell des Lichts nicht erklärbar. Sie lassen sich aber deuten, wenn dem Licht Teilchencharakter zugeschrieben wird, d.h., wenn die Strahlung in Form von Energiepaketen vorliegt. **Einstein**[83] nannte diese Lichtquanten *Photonen*. Die Energie eines Photons beträgt $E = h \cdot \nu$, sie hängt also ausschließlich von der Frequenz des Lichts (bzw. im Vakuum über $\lambda = c/\nu$ von der Wellenlänge) ab. Die Intensität des Lichts einer Frequenz ν ist also durch die Anzahl der Photonen gegeben. Fällt Licht auf eine Photokathode, so werden dann und nur dann Elektronen aus dem Metall herausgelöst, wenn die Energie der Photonen größer als die Austrittsarbeit des Metalls ist. Dies erklärt sowohl das Auftreten einer materialabhängigen Grenzfrequenz ν_{Grenz} als auch die Unabhängigkeit der Elektronenenergie von der Beleuchtungsintensität.

---

[83]Einstein, Albert: *Ulm 14.3.1879, †Princeton (N.J.) 18.4.1955, Physik-Nobelpreis 1921

22   Moderne Anwendungen der Atomphysik

Wie wollen hier einige moderne Anwendungen der Atomphysik besprechen, ohne die wir uns unser heutiges Leben eigentlich gar nicht mehr vorstellen können.

22.1   Röntgenstrahlen

Röntgenstrahlen[84] entstehen durch Abbremsung und Absorption von schnellen Elektronen mit kinetischen Energien $E_{kin} > 10$ keV. Im elektromagnetischen Spektrum liegen die Röntgenstrahlen im Photonenenergiebereich von ca. 1000 eV – 200.000 eV.

Die Funktion einer Röntgenröhre läßt sich anhand von Abb. 22.1 erläutern. Die aus der Glühkathode austretenden Elektronen werden durch

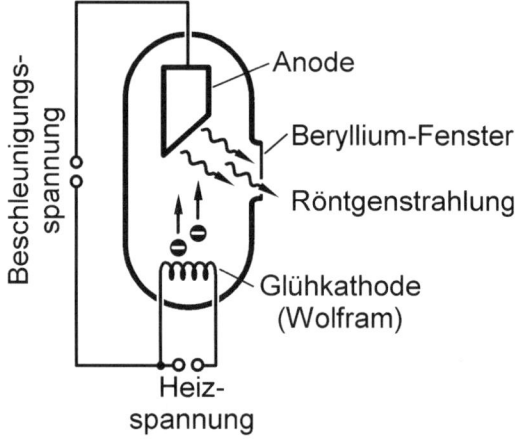

Abbildung 22.1: *Prinzipieller Aufbau einer Röntgenröhre*

die Hochspannung (10 – 200 kV) zur Anode hin beschleunigt. Das Anodenmaterial besteht normalerweise aus Kupfer oder Wolfram, die Röhre ist evakuiert.

Die kinetische Energie der Elektronen wird in der Anode auf zwei Arten in Photonen umgewandelt, zum einen durch Abbremsung der Elektronen im Coulombfeld der Atomkerne – es entsteht Bremsstrahlung –, und zum

---

[84]Röntgen, Wilhelm Conrad: *Lennep (heute zu Remscheid) 27.3.1845, †München 10.2.1923, 1901 erhielt R. als erster den Nobelpreis für Physik.

anderen durch Anregung bzw. Ionisation der Atome des Anodenmaterials – es entsteht die sogenannte *charakteristische Strahlung*, die typisch für das verwendete Anodenmaterial ist. Die Lichtquanten des Röntgenstrahls verlassen die Röhre durch ein Beryllium-Fenster, das den Strahl kaum schwächt (geringere Absorption als Glas). Abbildung 22.2 zeigt Spektren einer Röntgenröhre mit Wolfram-Anode für verschiedene Beschleunigungsspannungen.

Das Auftreten der Bremsstrahlung läßt sich folgendermaßen deuten: Die Elektronen, die im Coulombfeld der Atomkerne abgebremst werden, strahlen einen Teil ihrer Energie durch Lichtquanten der Energie $E = h \cdot \nu$ ab. Um diesen Betrag nimmt die kinetische Energie der Elektronen jeweils ab. Die Energie der Lichtquanten ergibt sich aus der Differenz der kinetischen Energie der Elektronen vor und nach der Abbremsung zu:

$$\Delta E = h \cdot \nu = E_{kin,vorher} - E_{kin,nachher} = \frac{1}{2} m_e \cdot (v_{vorher}^2 - v_{nachher}^2) \quad (22.1)$$

Da die Elektronen ganz unterschiedliche Beträge an kinetischer Energie verlieren können, kommt es zu einer kontinuierlichen Verteilung der Photonenenergien. Die Obergrenze der Energie der Bremsstrahlung bei gegebener kinetischer Energie der Elektronen ist dadurch gegeben, daß Elektronen völlig abgebremst werden, also zu $E_{kin,nachher} = 0$.

Die maximale kinetische Energie der Elektronen ist durch die Beschleunigungsspannung U_B gegeben, die sie durchlaufen:

$$E_{kin,max} = e \cdot U_B$$

Damit ergibt sich die energetische Obergrenze des kontinuierlichen Bremsspektrums zu:

$$h \cdot \nu_{max} = e \cdot U_B = \frac{1}{2} m_e \cdot v_{max}^2 \quad . \quad (22.2)$$

Neben dem vom Anodenmaterial unabhängigen Bremsspektrum wird, diesem überlagert, das charakteristische Spektrum beobachtet. Es entsteht auf folgende Weise: Energiereiche Elektronen bewirken Übergänge der inneren Elektronen des Anodenmaterials in höhere, unbesetzte Niveaus oder in das Ionisationskontinuum. Wird z.B. ein Elektron aus der K-Schale ionisiert (oder in eine höhere, unbesetzte Schale gehoben), so kann die in der K-Schale entstandene "Elektronenlücke" (ein unbesetzter Energiezustand) durch Übergang eines Elektrons aus höheren Schalen unter Emission eines Photons wieder gefüllt werden. Alle Emissionslinien, die durch den Übergang aus höheren Schalen in die K-Schale entstehen, gehören zur sogenannten *K-Serie*. Die einzelnen Spektrallinien werden als K_α-, K_β-, K_γ-, ...

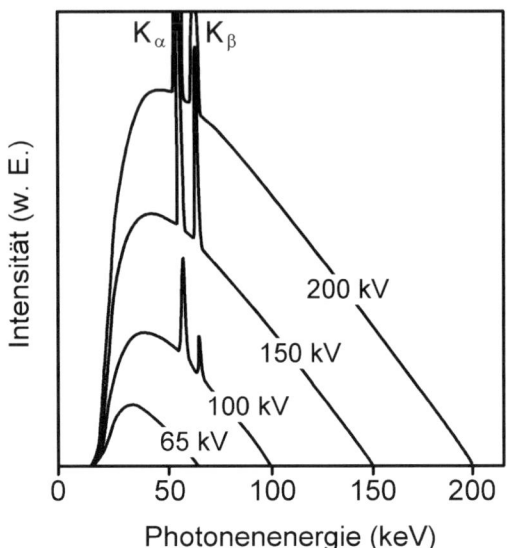

Abbildung 22.2: *Röntgenspektren von Wolfram bei verschiedenen Beschleunigungsspannungen*

Linien bezeichnet (Abb. 22.3). Nach Emission der K_α-Linie entsteht eine Elektronenlücke in der L-Schale. Diese kann durch Übergänge aus den M-, N-, ...-Schalen gefüllt werden. Die mit diesen Übergängen aus höheren Schalen in die L-Schale verbundene Spektralserie heißt *L-Serie*.

Die Serien verschieben sich mit steigender Kernladungszahl Z des Anodenmaterials zu höheren Frequenzen bzw. Photonenenergien, worin die Tatsache zum Ausdruck kommt, daß mit steigender Kernladungszahl die Bindung der Elektronen der inneren Schalen stärker wird. Für gleichartige Linien, z.B. K_α unterschiedlicher Anodenmaterialien, gilt folgender Zusammenhang zwischen der Frequenz ν und der Kernladungszahl Z des Anodenmaterials:

$$\boxed{E_{K\alpha} = h \cdot \nu_{K\alpha} = \tfrac{3}{4} R_\infty \cdot (Z - 1)^2}$$

(22.3)

wobei $R_\infty = 13{,}6$ eV die in Abschnitt 20.4 eingeführte *Rydbergkonstante* ist. Der damit beschriebene Zusammenhang zwischen Frequenz und Kernladungszahl wird als **Moseleysches Gesetz**[85] bezeichnet.

---

[85] Moseley, Henry Gwyn Jeffreys: *Weymouth (England) 23.11.1887, †Gallipolli (Dardanellen) 10.8.1915

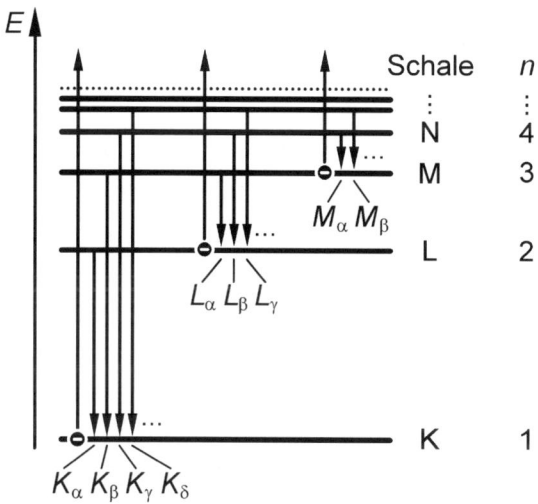

Abbildung 22.3: *Entstehung des charakteristischen Röntgenspektrums*

Aufgrund ihrer hohen Energie wirkt Röntgenstrahlung ionisierend auf Materie. Daraus ergeben sich einerseits Nachweismöglichkeiten (z.B. die Schwärzung von Fotoplatten und Filmen), andererseits folgt daraus die Notwendigkeit, die Strahlung hinreichend abzuschirmen, damit Lebewesen durch die ionisierende Wirkung der Strahlen nicht geschädigt werden. Zur Abschirmung eignen sich Materialien mit hoher Kernladungszahl Z, wie z.B. Blei.

Die Schwächung der Röntgenstrahlen beim Durchgang durch Materie wird durch das Absorptionsgesetz beschrieben, das einen materialabhängigen Schwächungskoeffizienten enthält:

$$I = I_0 \cdot e^{-\mu d}$$,   (22.4)

wobei I_0 und I die Intensitäten der Strahlung vor und hinter dem Absorber sind und μ und d den Schwächungskoeffizienten in m^{-1} sowie die Dicke des Absorbers bezeichnen. Als Faustregel gilt, daß Materialien mit höherer Massendichte auch einen größeren Schwächungskoeffizienten aufweisen.

In der *Medizin* findet die Röntgenstrahlung ihre Anwendung in der Diagnostik und in der Therapie. Da Körperteile mit hohen Kernladungszahlen Z (z.B. Knochen) mehr Strahlung absorbieren als das restliche Gewebe ($\mu_{Knochen} > \mu_{Wasser}$), erhält man auf einem Film eine Darstellung des In-

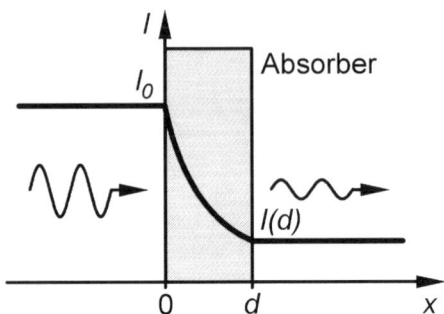

Abbildung 22.4: *Darstellung des Absorptionsgesetzes*

neren der entsprechenden Körperpartien. Ebenso lassen sich Aderverläufe durch Injizieren von Kontrastmitteln (d.h. Stoffen, die Röntgenstrahlung stärker absorbieren) sichtbar machen.

Eine weitere Anwendung ist die *Elektronenstrahlmikrosonde* [*micro probe*]. Aufgrund der bekannten Lage der Energieniveaus der Elemente lassen sich mit Hilfe der für diese Elemente charakteristischen Linien eines Röntgenspektrums Materialien auf ihre Zusammensetzung hin untersuchen. Dazu werden die entsprechenden Proben im Vakuum mit hochenergetischen Elektronen beschossen, und die im Spektrum auftretenden Linien werden bezüglich ihrer Lage und Intensität ausgewertet. Dieses Verfahren wird häufig zur Untersuchung von Metall-Legierungen angewandt.

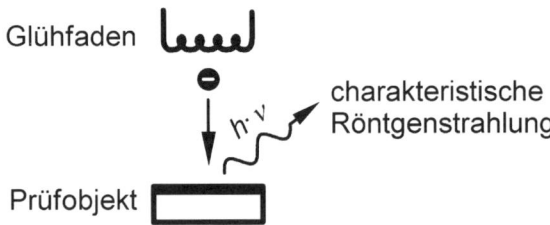

Abbildung 22.5: *Prinzip der technologisch wichtigen Elektronenstrahl-Mikrosonde*

Unentbehrlich ist die Röntgenstrahlung bei der *Strukturanalyse von Kristallen*. Da die Wellenlänge von Röntgenstrahlen, die durch eine geeignete Spannung erzeugt werden, in der Größenordnung der Atomabstände liegt, kommt es bei Bestrahlung von Kristallen zur Beugung von Röntgenstrahlen

(Wellenmodell der Röntgenstrahlung), wobei aus dem Beugungsbild Rückschlüsse auf die Struktur der Kristallgitter möglich sind.

22.2 Funktionsweise und Aufbau eines Lasers

Ein Laser [*laser*] ist eine Lichtquelle, die elektromagnetische Strahlung scharf begrenzter Frequenz, hoher Kohärenz und großer Intensität auszusenden vermag. Man bezeichnet Wellen (z.b. Licht, Schallwellen) als *kohärent*, wenn sie die Eigenschaft haben, ausgeprägte Interferenzerscheinungen zeigen zu können. Das Wort "Laser" ist ein Akronym des englischen Ausdrucks "*Light Amplification by Stimulated Emission of Radiation*" (= Lichtverstärkung durch stimulierte Emission von Strahlung). In diesem Ausdruck steckt ein Teil der Erklärung des grundlegenden Funktionsprinzips. Zum Verständnis und zur Beschreibung des Lasers dienen die folgenden Begriffe:

Spontane Emission [*spontaneous emission*]. Wird ein Atom durch Absorption eines Photons angeregt, so fällt das auf ein höheres Niveau gebrachte Elektron ohne äußeres Zutun entweder direkt oder in einzelnen Stufen unter Abgabe der aufgenommenen Energie in den Grundzustand zurück. Diesen Vorgang nennt man *spontane Emission*, wenn die Energie in Form von Photonen abgegeben wird. Der Emissionsprozeß ereignet sich dabei innerhalb einer Zeit, die durch die atomaren Eigenschaften gegeben ist.

Erzwungene bzw. induzierte Emission [*stimulated emission*]. Die Emission eines Photons kann auch von außen erzwungen werden. Einstein stellte folgendes fest:

Trifft ein Photon der Energie $E = h \cdot \nu$ auf ein angeregtes Atom, dessen Energiedifferenz zwischen dem angeregten Zustand E_1 und einem tiefer liegenden Zustand E_0 gerade der Energie des Photons entspricht, so kann das Atom zum Übergang in den niedrigeren Zustand gebracht werden. Dabei wird ein Photon der Energie $E = h \cdot \nu$ ausgesandt. Das so erzeugte Photon gleicht dabei in allen Eigenschaften dem auslösenden Photon, es verlassen also zwei Photonen gleicher Frequenz die bestrahlte Materie.

Im einzelnen bedeutet dies, daß das erzeugte Photon

- die gleiche Ausbreitungsrichtung,

- die gleiche Frequenz, d.h. die gleiche Energie und

- die gleiche Phase

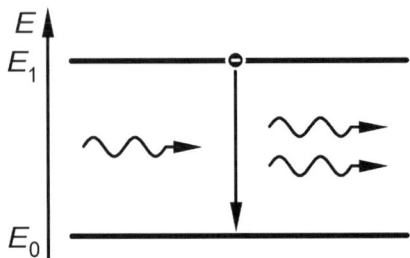

Abbildung 22.6: *Induzierte Emission*

wie das erzeugende Photon besitzt. Diesen Vorgang nennt man im Gegensatz zur spontanen die *induzierte Emission*, weil sie von außen erzwungen wird. Gelingt es, die Mehrzahl der Atome anzuregen, so überwiegt die Wahrscheinlichkeit dafür, daß eingestrahltes Licht geeigneter Frequenz nicht absorbiert, sondern durch induzierte Emission verstärkt wird. Durch eine Kettenreaktion läßt sich also ein einfarbiger Lichtblitz erzeugen.

Besetzungsinversion [*inversion*] Voraussetzung für die Lichtverstärkung ist es, daß sich mehr Atome in einem angeregten Zustand befinden als im Grundzustand. Ist dies der Fall, so spricht man von *Besetzungsinversion*. Wie kann eine Besetzungsinversion erreicht werden?

Versucht man Atome beispielsweise durch Lichteinstrahlung direkt in den angeregten Zustand zu bringen, so tritt, noch bevor sich die Mehrzahl der Atome im angeregten Zustand befindet, induzierte Emission auf, die durch das anregende Licht verursacht wird. Durch eine solche Anregung läßt sich also maximal ein Gleichgewicht von 1:1 zwischen Atomen im Grundzustand und Atomen im angeregten Zustand erreichen. Mit nur zwei Energieniveaus, E_0 und E_1, kann man also Laserlicht nicht erzeugen.

Nimmt man dagegen ein drittes Energieniveau E_2 hinzu, das über dem zweiten Niveau liegt, so können Elektronen aus dem dritten Niveau in das zweite Niveau gelangen (*relaxieren*), ohne daß es durch das dabei abgegebene Licht zu induzierter Emission kommt. Um eine Besetzungsinversion zu erreichen, ist es erforderlich, daß die Elektronen sich längere Zeit auf dem zweiten Niveau E_1 aufhalten. Also muß das zweite Niveau E_1 – meist auch *oberes Laserniveau* genannt – ein metastabiles Niveau sein. Beim Rubin-Laser sind es die Chrom-Ionen im Aluminiumoxid-Kristall, die ein derartiges metastabiles Niveau aufweisen.

3-Niveau-Laser. Ein konkreter Laserprozeß soll anhand eines 3-Niveau-Systems, wie es beispielsweise in den Chrom-Ionen von Rubin-Kristallen vorliegt, erklärt werden (Abb. 22.7): Zu Beginn sollen sich alle Elektronen

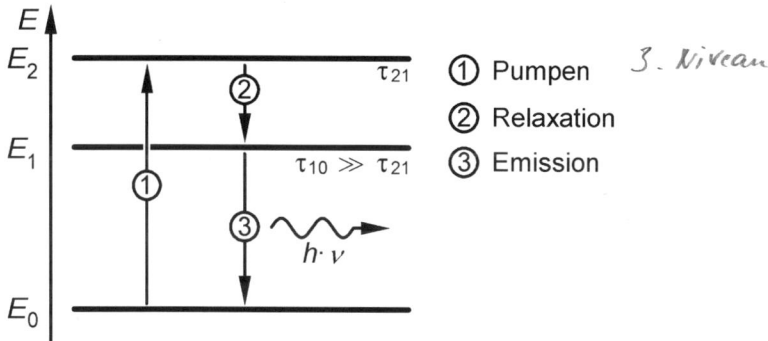

Abbildung 22.7: *3-Niveau-System. τ_{ij} ist die mittlere Lebensdauer eines Elektrons im Zustand i bevor es in den Zustand j übergeht.*

des Systems im Grundzustand E_0 befinden. Durch Lichteinstrahlung von außen (= Energiezufuhr) werden Elektronen in den obersten Zustand E_2 angeregt. Da dies einem Hochpumpen gleichkommt, wird das obere Niveau auch als *Pumpniveau [pump level]* bezeichnet. Von dort relaxieren die Elektronen verhältnismäßig schnell in das obere Laserniveau E_1 und sammeln sich dort an; die Besetzungsinversion ist erreicht. Die spontane Emission eines Photons aus dem Laserniveau löst durch weitere induzierte Emissionen eine Photonenlawine [*avalanche of photons*] aus, nach der sich alle Elektronen wieder im Grundzustand E_0 befinden. Ein typischer Vertreter der 3-Niveau-Laser ist wie bereits erwähnt der Rubin-Laser.

4-Niveau-Laser. Beim oben beschriebenen 3-Niveau-System müssen mehr als die Hälfte aller Elektronen nach E_1 gepumpt sein. Das ist nur durch intensives Pumpen erreichbar. Als Lasermaterial bedient man sich daher auch solcher Stoffe, bei denen ein weiteres Niveau zwischen dem Grundzustand und dem oberen Laserniveau liegt (Abb 22.8). Dieses Niveau wird dann *unteres Laserniveau* genannt. (Beim 3-Niveau-Laser ist das untere Laserniveau mit dem Grundzustand identisch.)

Da das untere Laserniveau sich immer sofort entleert, läßt sich die Besetzungsinversion zwischen dem oberen (metastabilen) und dem unteren Laserniveau durch kontinuierliches Pumpen bereits bei geringer Pumpinten-

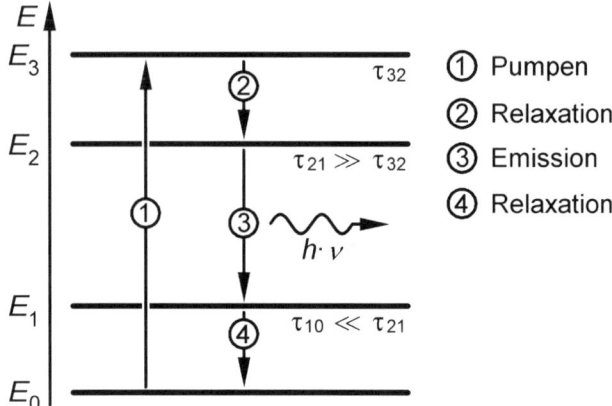

Abbildung 22.8: *4-Niveau-System. Für eine Erläuterung von τ_{ij} siehe Abb. 22.7.*

sität ständig aufrechterhalten. Es bildet sich ein fließendes Gleichgewicht der Elektronenanzahl in den einzelnen Niveaus aus, so daß ein so beschaffener Laser kontinuierlich arbeiten kann. Ein typischer Vertreter ist der Neodym:YAG-Laser[86].

Den Kern eines Lasers bildet ein festes, flüssiges oder gasförmiges laseraktives Material. Bei kristallinen Lasermedien wird das Pumpen von Elektronen in der Regel durch Lichteinstrahlung erreicht, bei gasförmigen Medien oftmals durch Elektronenstoß. Um den Laserprozeß möglichst effektiv ablaufen zu lassen, wird das Lasermedium von zwei Spiegeln eingeschlossen, von denen einer etwas lichtdurchlässig ist.

Da bei der induzierten Emission die Ausbreitungsrichtung des induzierten Photons gleich der des induzierenden Photons ist, läßt sich durch diese Anordnung eine Bündelung des Lichts erreichen. Dabei ist zu unterscheiden, ob sich eine durch induzierte Emission ausgelöste Photonenlawine entlang der Achse Lasermedium–Spiegel ausbreitet oder nicht. Licht, das sich entlang der Achse Lasermedium–Spiegel ausbreitet, wird durch mehrfache Reflexion verstärkt, während Licht anderer Ausbreitungsrichtungen nach geringer Verstärkung seitlich aus dem Lasermaterial austritt und "verschwindet". Dadurch überwiegt bei den Photonen, die im Laser erzeugt werden, die Richtung entlang der Achse. Ein Teil des Strahls wird durch den teilweise durchlässigen Spiegel ausgekoppelt und bildet den Laserstrahl. Zwischen

---

[86] YAG: Yttrium-Aluminium-Granat

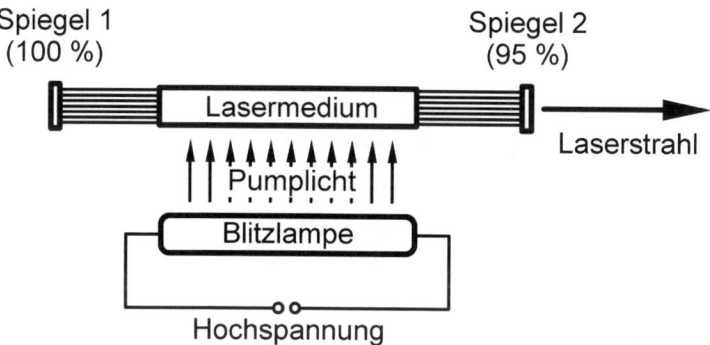

Abbildung 22.9: *Aufbau eines optisch gepumpten Lasers*

den beiden Spiegeln entsteht auf diese Weise eine stehende Lichtwelle. Diese in Abb. 22.9 skizzierte Anordnung aus Lasermedium und Spiegeln wird als *Laser-Resonator* bezeichnet.

22.3 Anwendungen des Lasers

Laserlicht hat folgende Eigenschaften, die technologisch von größter Bedeutung sind.

- *Monochromasie*, da induziertes und induzierendes Photon die gleiche Frequenz haben;

- *Parallelität*, die sich zum einen aus dem Erhalt der Ausbreitungsrichtung der Photonen bei der induzierten Emission ergibt, zum anderen durch die Verstärkung der axialen Richtung im Resonator;

- *Kohärenz*, d.h. alle Photonen schwingen gleichphasig, da die Phasen zwischen induzierenden und induzierten Photonen gleich sind.

Als Beispiele für die vielseitigen Anwendungen in der Technik seien hier die Möglichkeiten bei der Messung kleinster Entfernungsunterschiede (*Interferometrie*) und die Bearbeitung von Materialien erläutert.

Interferometrie. Mittels der Interferometrie, die den Effekt der Interferenz von Wellen ausnutzt, lassen sich Bewegungen bzw. Entfernungsunterschiede in der Größenordnung des Wellenlängenbereichs des Lichts nachweisen. Hierzu eignen sich Laser aufgrund der Kohärenzeigenschaften der

Laserstrahlung. Das Grundprinzip der Interferometrie ist anhand des in Abb. 22.10 skizzierten **Michelson**[87]-*Interferometers* zu erklären.

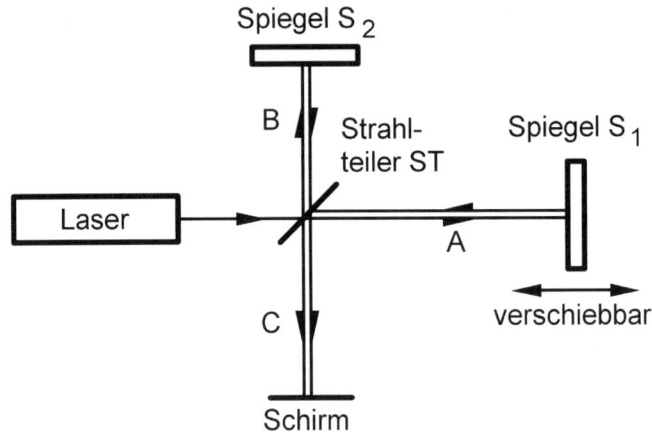

Abbildung 22.10: *Interferometer nach Michelson*

Bei einem derartigen Interferometer wird der vom Laser kommende Strahl der Wellenlänge λ an dem halbverspiegelten Strahlteiler ST reflektiert und gelangt über den Lichtweg B auf den Spiegel S_2. Der durch den Strahlteiler ST hindurchgehende Teil des Lichts läuft über den Lichtweg A zum beweglichen Spiegel S_1. Beide Spiegel reflektieren das Licht in sich zurück. Nach Reflexion bzw. Durchgang durch den Strahlteiler kommen beide Teilstrahlen auf dem Lichtweg C zur Überlagerung, d.h. Interferenz. Je nachdem, ob die Wegdifferenz der Wege A und B ein geradzahliges oder ungeradzahliges Vielfaches einer halben Lichtwellenlänge ist, tritt am Schirm durch Interferenz Verstärkung oder Auslöschung auf.

Zur Längenmessung kann der Spiegel S_1 parallel zum Lichtweg A verschoben werden. Dabei wird die Zahl der Hell-Dunkel-Wechsel auf dem Schirm gezählt; jeder Übergang von Hell nach Dunkel entspricht dabei einer Verschiebung des Spiegels um $\Delta = \lambda/2$.

Materialbearbeitung. Bei der Materialbearbeitung nutzt man den hohen Energiegehalt des Laserstrahls aus. Mit modernen Hochleistungs-Lasern können Dauerleistungen von einigen 10 kW erreicht werden. Da man den

---
[87]Michelson, Albert Abraham: *Strelno (Provinz Posen) 19.12.1852, †Pasadena (Calif.) 9.5.1931, Physik-Nobelpreis 1907

Laserstrahl auf einige zehntel Millimeter Durchmesser bündeln kann, verdampft das Material dort spontan. So ist es beispielsweise möglich, fünf Millimeter dicke Edelstahlplatten mit einer Geschwindigkeit von ca. 1 Meter pro Sekunde zu schneiden, oder kleinste Löcher (Durchmesser etwa 1/10 Millimeter) in Keramiken oder gehärtete Metalle zu bohren.

Je nach den Anforderungen für Anwendung stehen verschiedene Typen von Lasern zur Verfügung. Einige Lasertypen sind in Tab. 22.1 mit den Lasermedien, Pumpmechanismen, sowie der Wellenlänge λ bzw. Frequenz ν ihrer Strahlung aufgeführt.

Tabelle 22.1: *Verschiedene Lasertypen, meistbenutzte Wellenlängen und typische Leistungen*

LASER (Bezeichnung)	Pumpquelle	Wellenlänge[a] Frequenz	Eigenschaften[b]
He-Ne (Helium - Neon)	elektrische Gasentladung	633 nm $4,74 \cdot 10^{14}$ Hz	Kleinlaser $P_{typ} = 50$ mW (K)
CO_2 (Kohlendioxid)	elektrische Gasentladung	$10,6\mu$m (IR) $2,83 \cdot 10^{13}$ Hz	Hochleistungslaser $P_{typ} = 0,1$ MW (K) 100 GW (P)
Rubin (Al_2O_3:Cr)	Blitzlampen	694 nm $4,32 \cdot 10^{14}$ Hz	erster Laser $P_{typ} = 1$ GW (P)
Neodym:YAG[c]	Blitzlampen andere Laser	1064 nm (IR) $2,74 \cdot 10^{14}$ Hz	Hochleistungslaser $P_{typ} = 10$ W (K) 10 GW (P)
GaAs Halbleiter	direkte elektr. Anregung	840 nm (IR) $3,57 \cdot 10^{14}$ Hz	Kleinstlaser $P_{typ} = 1$ mW (K)

[a] IR: infraroter Spektralbereich
[b] P: Pulsbetrieb, K: kontinuierlich
[c] Yttrium-Aluminium-Granat

23 Quantenmechanische Beschreibung

Ebenso wie bestimmte Phänomene des Lichts durch Wellen und andere durch Teilchen erklärt werden müssen, wird auch das Verhalten von Materie nicht nur durch Teilchen, sondern auch durch Wellen beschrieben.[88]

Dabei werden den Materieteilchen die aus der Mechanik bekannten Größen *Wellenlänge* und *Amplitude* zugeordnet. In diesem Modell treten physikalische Größen wie z.b. die Energie oder der Drehimpuls in gequantelter Form auf. Deshalb wurde der Begriff *Quantenmechanik [quantum mechanics]* geprägt, der sich gegenüber der anfänglich üblichen Bezeichnung Wellenmechanik im Laufe der Zeit durchgesetzt hat. Warum sich die Notwendigkeit ergab, ein Modell zu entwickeln, das dem Bohrschen Atommodell überlegen ist und welche Grundgedanken dieses Modell ausmachen, ist Gegenstand der folgenden Abschnitte.

23.1 Kritik am Bohrschen Atommodell

Das Bohrsche Atommodell ist zur näherungsweisen Beschreibung der Vorgänge im Laser oder bei der Entstehung der Röntgenstrahlung geeignet, es hat aber Grenzen:

i) Die Elektronen der untersten Bahn besitzen in der Betrachtungsweise des Bohrschen Modells Drehimpulse und magnetische Momente, die durch die Bewegung der Elektronen um die Kerne gegeben sind. Experimente zeigen jedoch, daß z.b. das Wasserstoffatom, das nur ein Elektron im Grundzustand hat, keinen Drehimpuls und kein magnetisches Moment aufweist. Mit dem Bohrschen Modell ist also keine korrekte Beschreibung der magnetischen Eigenschaften der Materie möglich.

ii) Jedes um den Kern kreisende Elektron stellt einen mit der Frequenz ν schwingenden Dipol dar, der nach dem 1. Bohrschen Postulat nicht strahlt. Experimentell ergibt sich, daß die nach dem 2. Postulat bei einem Übergang zu einem anderen Niveau auftretende Strahlung $E = h \cdot \nu$ nicht der Umlauffrequenz entspricht, die der Elektronenbahn vor dem Übergang zugeordnet wird. Nach den Gesetzen der klassischen Physik müßte die ausgesandte Frequenz gleich der der Elektronen auf der Ausgangsbahn sein.

iii) Bei Atomen mit mehr als nur einem Elektron in der Hülle treten starke Abweichungen zwischen den durch Anwendung des Bohrschen

---

[88] Ob dieser Doppelcharakter ein grundlegendes Prinzip der Natur ist oder ein grundlegendes Problem, das sich aus der Verwendung von Modellen ergibt, ist an dieser Stelle sicherlich nicht zu klären. Diese Fragen führen in die Bereiche der Philosophie und Erkenntnistheorie.

Atommodells berechneten und den experimentell bestimmten Energieniveaus auf. Die gegenseitige Wechselwirkung der Hüllenelektronen ist demnach nicht vernachlässigbar.

iv) Das Bohrsche Modell macht keine Aussage über Intensität und Polarisation der bei Elektronenübergängen emittierten elektromagnetischen Strahlung.

Inwieweit das Wellenmodell der Materie auf die durch diese Kritikpunkte aufgeworfenen Fragen Antworten liefern kann, soll am Ende des Kapitels besprochen werden. Zunächst wollen wir der Frage nachgehen, auf welchen experimentellen Befunden und theoretischen Einsichten sich die Darstellung der Materie als Welle gründet.

23.2 Grundlagen der Quantenmechanik

Der Energieerhaltungssatz sagt aus, daß verschiedene Energieformen sich ineinander umwandeln lassen. Einstein hatte darüber hinaus die Masse-Energie-Äquivalenz formuliert:

$$\boxed{E = m \cdot c^2} \quad , \qquad (23.1)$$

wobei m die relativistische (geschwindigkeitsabhängige) Masse bedeutet. Eine zweite Energie-Äquivalenz hatte Planck aufgestellt:

$$\boxed{E = h \cdot \nu = \frac{h \cdot c}{\lambda} = \frac{h \cdot \omega}{2\pi} = \hbar \cdot \omega} \quad . \qquad (23.2)$$

$\hbar$ ist eine Abkürzung für $h/2\pi$ und $\omega = 2\pi\nu$. Bei der Beschreibung des Photoeffekts führte Einstein den Teilchencharakter von Licht und das Photon als "Lichtteilchen" ein. Der Impuls des Lichtteilchens ist

$$\boxed{p_{Photon} = \frac{h}{\lambda} = \hbar \cdot k} \quad , \qquad (23.3)$$

wobei k die Wellenzahl in m^{-1} bezeichnet.

Entsprechend läßt sich auch materiellen Teilchen mit einem Impuls p eine Wellenlänge $\lambda_{Materie}$ zuordnen:

$$p_{Materie} = m \cdot v = \frac{h}{\lambda_{Materie}} = \hbar \cdot k \quad , \qquad (23.4)$$

woraus nach der Wellenlänge aufgelöst folgt:

$$\boxed{\lambda_{Materie} = \frac{h}{p_{Materie}} = \frac{h}{m \cdot v} = \frac{2\pi}{k}}\quad . \qquad (23.5)$$

Diese Materie-Wellenlänge nennt man die **de-Broglie**[89]-*Wellenlänge* des Teilchens. Sie hängt offensichtlich von der Masse m des Teilchens und von dessen Geschwindigkeit v ab.

Durch experimentelle Erfahrungen erweisen sich die Begriffe *Impuls eines Photons* und *Wellenlänge eines Elektrons* als sinnvoll: Trifft ein Photon auf ein freies Elektron, bleibt nach dem Stoß die Wellenlänge und damit der Impuls des Photons nicht konstant, sondern ändert sich gemäß den Zusammenhängen für den elastischen Stoß (**Compton**[90]-*Effekt*). Dieser Zusammenhang ist aus Abb. 23.1 ersichtlich. Im Experiment beobachtet man, daß die gestreute elektromagnetische Strahlung (z.B. Röntgen- oder γ-Strahlung) ihre Frequenz ν_s gegenüber der einfallenden Strahlung ν_p geändert hat. Die getroffenen Elektronen fliegen mit einer Winkelverteilung, die durch die Energie- und Impulserhaltungssätze bestimmt ist, in den Raum.

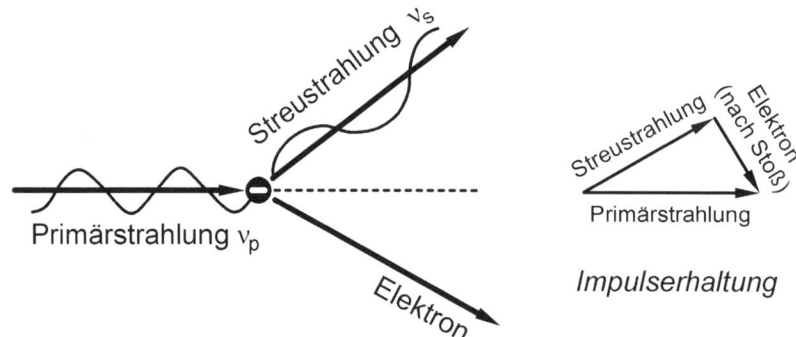

Abbildung 23.1: *Compton-Effekt und Impulserhaltung*

Davisson[91] und **Germer**[92] führten andere Experimente durch. Sie be-

---

[89]Broglie, Louis Victor, Prince de: frz. Physiker, *Dieppe 15.8.1892, †Louveciennes (bei Paris) 19.3.1987, Physik-Nobelpreis 1929

[90]Compton, Arthur Holly: *Wooster (Ohio) 10.9.1892, †Berkeley (Calif.) 15.3.1962, Physik-Nobelpreis 1927

[91]Davisson, Clinton Joseph: *Bloomington (Ill.) 22.10.1881, †Charlottesville (Virg.) 1.2.1958, Physik-Nobelpreis 1937

[92]Germer, Lester Halbert: *Chicago (Ill.) 10.10.1896, †Gardiner (N.Y.) 3.10.1971

schossen Kristallgitter mit einem Strahl Elektronen gleicher Geschwindigkeit, bei denen sie die von der Kristalloberfläche unter verschiedenen Winkeln reflektierten Elektronen beobachteten. Es zeigte sich, daß die Elektronen vom Kristallgitter wie eine Welle an der Oberfläche *gebeugt* wurden. Die dabei gemessenen Wellenlängen der Elektronen stimmten mit der de-Broglie-Wellenlänge überein.

Eine ganze Reihe anderer Experimente führte zu dem Schluß, daß Elektronen in vielen Fällen also nicht als Teilchen im klassischen Sinn zu verstehen sind, sondern auch als Welle beschrieben werden müssen. Ein bekannter Versuch zum Nachweis des Wellencharakters von Licht in der Optik ist die Beugung am Doppelspalt. Eine der wichtigsten Erkenntnisse der Quantenmechanik ist es, daß Beugungsversuche auch mit Elektronen durchgeführt werden können. Diesen Versuch wollen wir hier beschreiben.

Aus einer Elektronenquelle werden im Vakuum Elektronen gleicher kinetischer Energie, also mit gleichem Impuls, durch einen Doppelspalt geschickt. Auf einem Schirm erhält man den in Abb. 23.2 dargestellten Intensitätsverlauf; er gleicht dem, den man bei der Beugung von Licht an einem Doppelspalt erhält.

Dieses Ergebnis läßt sich nur deuten, wenn man den fliegenden Elektronen eine Wellenlänge zuordnet: Die von den Spalten ausgehenden Elementarwellen interferieren miteinander. Die Vorstellung einer Welle, die das Verhalten des Elektrons bestimmt, fällt schwer. Durch ein Gedankenexperiment läßt sich jedoch das Versagen der klassischen Teilchenvorstellung aufzeigen:

Dazu verringern wir den Strom durch den Glühfaden der Elektronenquelle, so daß pro Sekunde im Mittel nur ein einzelnes Elektron emittiert wird. Als Ergebnis zeigt sich nach langer Belichtungsdauer auf einer Photoplatte das gleiche Interferenzmuster (vgl. Abb. 23.2), allerdings mit geringerer Intensität, als es bei hoher Glühfadenstromstärke der Fall ist. Im Teilchenbild müßte jedes Elektron "wissen", wie es nach dem Passieren eines Spaltes zu fliegen hat, um das Interferenzbild zu erzeugen – diese Vorstellung erscheint jedoch schwer nachvollziehbar zu sein.

Als Frage formuliert: Läßt sich überhaupt bestimmen, durch welchen Spalt das Elektron fliegt, ohne das Interferenzbild zu zerstören? Nein, denn ein grundlegendes Problem bei dieser Bestimmung liegt darin, daß jede physikalische Meßmethode, die den Ort x oder den Impuls p (also die Teilcheneigenschaften) einzelner Elektronen bestimmt, diese Größen verändert. Ein Detektor, der beispielsweise auf Ladungen reagiert, weist selbst ein elektromagnetisches Feld auf, das den Impuls der hindurchfliegenden Elektronen

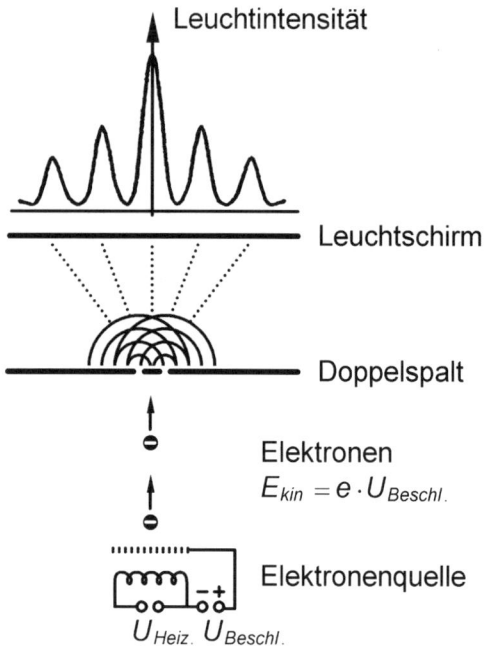

Abbildung 23.2: *Doppelspaltversuch mit Elektronen*

beeinflußt und damit deren de-Broglie-Wellenlänge verändert. Das Interferenzmuster verschwindet, denn Interferenzen sind nur bei Wellen gleicher Wellenlänge möglich. Ähnlich würde sich eine Lichtschranke auswirken: Lichtquanten würden durch ihren eigenen Impuls wiederum den der Elektronen verändern.

23.3 Heisenbergsche Unschärferelation

Anhand des Interferenzversuchs läßt sich eine grundlegende Aussage der Quantenmechanik verdeutlichen. Die Vorstellung einer Bahn, längs der sich ein Elektron entweder durch den linken oder durch den rechten Spalt bewegt, führt beim Interferenzversuch zum Widerspruch. Man kann nicht gleichzeitig Ort und Impuls von Elektronen mit beliebiger Genauigkeit angeben, wie es zur Beschreibung einer Bahn nötig ist. Wenn man im oben genannten Experiment den Ort bestimmt (z.B. durch Lichtschranken an den Spalten), so zerstört man gleichzeitig das Interferenzbild, das durch den

Impuls der Elektronen bestimmt wird. Unabhängig von dieser heuristischen
Betrachtungsweise drückt sich der Zusammenhang – mathematisch formuliert – in der **Heisenberg**schen[93] *Unschärferelation [uncertainty principle]*
für Ort und Impuls aus:

$$\partial x \cdot \partial p \geq \hbar/2 \qquad . \tag{23.6}$$

∂x und ∂p bedeuten dabei die Unsicherheit bei der Bestimmung des Ortes
bzw. des Impulses. Die Unschärferelation sagt aus, daß sich Ort und Impuls
eines Teilchens nicht gleichzeitig beliebig genau messen lassen. Die Genauigkeit unserer Kenntnis ist vielmehr durch das Plancksche Wirkungsquantum
beschränkt. Mit anderen Worten: Bei einer genauen Ortsbestimmung des
Teilchens (in unserem Beispiel Spalt 1 oder Spalt 2) ist der Impuls unbe-
stimmt. Je genauer die Festlegung des Impulses (durch die konstante kinetische Energie der Elektronen aus der Quelle) gelingt, desto ungenauer ist
die räumliche Verteilung bekannt, sie wird "unscharf". Hier unterscheidet
sich die auf Elektronen angewandte Quantenmechanik am deutlichsten von
der klassischen Mechanik.

23.4 Schrödinger-Gleichung

Die Aussagen der Quantenmechanik über das Verhalten von Elektronen
sollen nun angewandt werden zur Beschreibung der Atomhülle, also zur Beschreibung der Elektronen in der Umgebung eines Atomkerns. Die negativen
Elektronen befinden sich im Feld des Atomkerns. Wie in der klassischen Mechanik steht auch hier am Beginn der Energiesatz:

$$E_{kin} + E_{pot} = E_{ges} = const.$$

Die kinetische Energie ergibt sich aus dem Impuls der Elektronen, die potentielle Energie $E_{pot} = e \cdot U$ aus den Coulombkräften zwischen Elektronen
und dem Kern sowie zwischen den Elektronen untereinander. Der örtliche
Verlauf der potentiellen Energie bestimmt die Umgebung, in der sich die
Elektronen bewegen.

Eine mathematische Formulierung des Energiesatzes für Wellen ist die
Schrödinger[94]-*Gleichung [Schrödinger equation]*, die hier für gebundene
Teilchen in ihrer zeitunabhängigen Form wiedergegeben ist:

$$(\mathcal{E}_{kin} + \mathcal{E}_{pot})\psi_i = E_i\psi_i \qquad . \tag{23.7}$$

---

[93]Heisenberg, Werner Karl: *Würzburg 5.12.1901, †München 1.2.1976, Physik-
Nobelpreis 1932

[94]Schrödinger, Erwin: *Wien 12.8.1887, †Alpbach 4.1.1961, Physik-Nobelpreis 1933

$\mathcal{E}_{kin}, \mathcal{E}_{pot}$ sind die Terme, die die kinetische und potentielle Energie des quantenmechanischen Teilchens beschreiben, ψ_i ist die Lösung der Schrödinger-Gleichung in Form einer Welle, die Aussagen über den Ort des quantenmechanischen Teilchens ermöglicht, und E_i sind die Energieniveaus, die das quantenmechanische Teilchen besetzen kann.

Zur Veranschaulichung der Bedeutung der Schrödinger-Gleichung sollen drei *Beispiele* dienen. Beim ersten soll ein Elektron in einem eindimensionalen Potentialtopf mit unendlich hohen Wänden betrachtet werden, dann untersuchen wir, was bei endlich hohen Wänden passiert, und schließlich wird ein Elektron im Coulombpotential des Wasserstoffkerns analysiert.

Aufenthaltswahrscheinlichkeit eines Teilchens im Potentialtopf.
In Abb. 23.3 ist der Verlauf der potentiellen Energie (die "Potentialwände" bei $x = 0$ und $x = L$), die Lage der *Energieniveaus* ($E_0, E_1, \ldots$) und die Gestalt der zugehörigen *Wellenfunktion [wave function]* ($\psi_0, \psi_1, \ldots$), die zu jedem Niveau gehört, dargestellt. Als mathematische Lösung erhält man bei

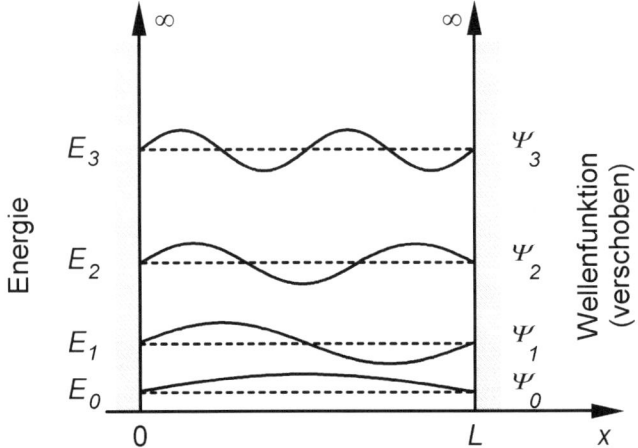

Abbildung 23.3: *Zustände eines Elektrons im Potentialtopf*

unendlich hohen Potentialwänden für die Energieniveaus:

$$E_n = const \cdot (n+1)^2 \qquad n = 1, 2, 3, \ldots \qquad (23.8)$$

mit $const. = (h^2)/(8 \cdot m_e \cdot L^2)$ und der Elektronenmasse m_e.

Für die Wellenfunktion gilt:

$$\psi_n = \sqrt{\frac{2}{L}} \cdot \sin\left[(n+1) \cdot \pi \cdot \frac{x}{L}\right] \quad . \tag{23.9}$$

Die Lösungen[95] enthalten eine natürliche Zahl n, die Werte von $n = 0$ bis $n = \infty$ annehmen kann. Sie wird als Quantenzahl bezeichnet und beschreibt die Lage der Energieniveaus. Man sagt dann auch, das Elektron befinde sich im Zustand n.

Was läßt sich aus dem Verlauf der Wellenfunktion schließen? Die Wellenfunktion selbst erlaubt keine anschaulichen Aussagen, aber das Quadrat der Wellenfunktion läßt sich als Dichte der *Aufenthaltswahrscheinlichkeit* [*probability*] des Teilchens verstehen.

Die Fläche unter der Kurve $|\psi_n|^2$ in dem betrachteten Intervall ist ein direktes Maß für die Aufenthaltswahrscheinlichkeit des quantenmechanischen Teilchens (Abb. 23.4). Berechnet man beispielsweise das Integral für den Zustand $n = 1$ über die gesamte Länge des Potentialtopfes, so erhält man als Wert für das Quadrat der Amplitude der Wellenfunktion den Wert 1, d.h. die Wahrscheinlichkeit W ist 1, das Teilchen ist mit 100%er Sicherheit im Potentialtopf.

$$
\begin{aligned}
W &= \int_{-\infty}^{\infty} |\psi_1|^2 \, dx \\
&= \int_0^L \frac{2}{L} \sin^2 \frac{2\pi x}{L} dx \\
&= \frac{2}{L} \cdot \left[\frac{x}{2} - \frac{L}{8\pi} \cdot \sin(\frac{4\pi x}{L})\right]\Big|_0^L \\
&= \frac{2}{L} \cdot \frac{L}{2} - 0 = 1 \quad (\hat{=} \ 100\%)
\end{aligned}
\tag{23.10}
$$

Tunneleffekt. In einem Potentialtopf mit unendlich hohen Wänden nimmt ein Teilchen bestimmte, diskrete Energiewerte an. Bei *unendlich* hohen Wänden wird das Teilchen den Topf aber nie verlassen können. Im Fall

---

[95] Die Form der Lösungen gleicht denen, die sich bei der Betrachtung einer schwingenden Saite ergeben. So gesehen lassen sich die Wellenfunktionen mit den Eigenschwingungsmoden einer Saite vergleichen, während die Energieniveaus den entsprechenden *Eigenenergien* der jeweiligen Saitenschwingung entsprechen. In beiden Fällen ergeben sich Differentialgleichungen derselben analytischen Form. Diese Differentialgleichungen werden in der Mathematik als *Eigenwertproblem* [*eigenvalue problem*] bezeichnet.

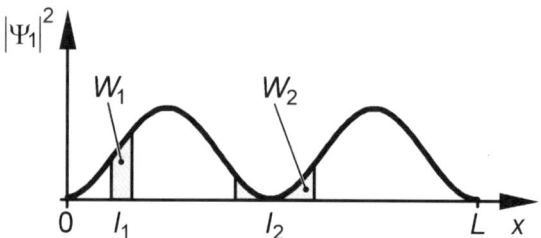

Abbildung 23.4: *Aufenthaltswahrscheinlichkeiten* $W_{1,2}$ *in den Intervallen* $I_{1,2}$ *am Beispiel der Wellenfunktion* ψ_1 *eines Teilchens im Potentialtopf*

endlich hoher Wände wäre ein Teilchen – klassisch betrachtet – hierzu genau dann in der Lage, wenn seine Energie größer als die der Wandhöhe wäre. Die Betrachtung dieses Problems anhand der Schrödinger-Gleichung liefert jedoch auch bei kleinerer Teilchenenergie eine bestimmte Wahrscheinlichkeit W des Teilchens, durch die Wand zu treten. $(1 - W)$ ist die Wahrscheinlichkeit, daß es an der Wand reflektiert wird. W hängt ab vom Abstand der Potentialwände, deren Höhe und Dicke. Dieses klassisch nicht zu erklärende Phänomen wird als *Tunneleffekt* [*tunneling effect*] bezeichnet. Dieser Effekt ermöglicht die Erklärung für das Austreten der α-Teilchen aus dem Atomkern,[96] sowie des umgekehrten Effekts, nämlich das relativ leichte Eindringen geladener Teilchen in Kerne (Kernfusion). In der Festkörperphysik erklärt der Tunneleffekt z.b. wichtige Phänomene der Leitfähigkeit und Lumineszenz. Im übrigen zeigt sich auch, daß ein Teilchen mit einer höheren Energie, das klassisch die endliche Potentialwand ungehindert überflöge, quantenmechanisch nur mit einer bestimmten Wahrscheinlichkeit $W < 1$ den Potentialtopf verlassen kann.

Teilchen im Coulomb-Potential des Atomkerns und Orbitaldarstellung. Im nun folgenden dritten *Beispiel*, das ein Elektron im Coulombpotential eines Atomkerns beschreibt, ist das Potential proportional zu $1/r$, d.h. verursacht durch die punktförmige positive Ladung des Kerns. Die Aufenthaltswahrscheinlichkeit soll im dreidimensionalen Raum bestimmt werden. Als Lösung der Schrödinger-Gleichung erhält man für die Lage der Energieniveaus den schon aus Experimenten bekannten Zusammenhang

---

[96]vgl. Kernphysik

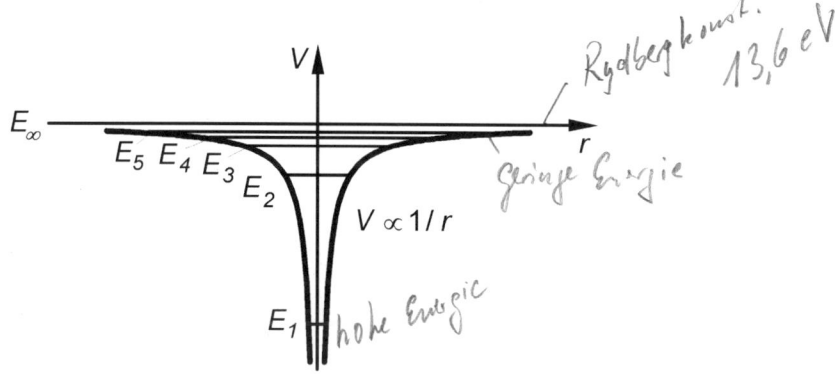

Abbildung 23.5: *Elektron im Coulomb-Potential*

(Abb. 23.5):

$$E_n = -\frac{R_\infty}{n^2}$$ R_∞: Rydbergkonstante = 13,6 eV .

Insgesamt ergibt sich als Ergebnis der (komplizierten) Rechnung eine Abhängigkeit der Energieniveaus und der zugehörigen (3-dimensionalen) Wellenfunktion von 3 Quantenzahlen: $E = E_{n,l,m_l}$, wobei angemerkt werden muß, daß es eine vierte Quantenzahl gibt, die nicht als Lösung der Schrödingergleichung erscheint. Bevor wir näher auf diese drei Quantenzahlen und deren physikalische Bedeutung eingehen, wird exemplarisch eine Wellenfunktion dargestellt.

Die zu den Quantenzahlen $n = 2$, $l = 1$ und $m_l = 0$ gehörige Wellenfunktion hat (in Kugelkoordinaten) die analytische Gestalt:

$$\psi_{210}(r,\theta,\varphi) = \frac{1}{\sqrt{4\pi}} \cdot \left(\frac{1}{2a_0}\right)^{3/2} \cdot \frac{r}{a_0} \cdot e^{-r/(2a_0)} \cdot \cos\theta \qquad (23.11)$$

mit dem Bohrschen Radius $a_0 = \varepsilon_0 h^2/(\pi m_e e^2) = 0,529 \cdot 10^{-10}$ m, der Elementarladung e und der Elektronenmasse m_e. Die vierte Quantenzahl (Spinquantenzahl m_s) ist in dieser Wellenfunktion noch nicht berücksichtigt.

Da die Funktion ψ_{210} nicht vom Azimutalwinkel φ abhängt, ist sie rotationssymmetrisch bezüglich der z-Achse. In Abb. 23.6 a) ist sie in ihrer Abhängigkeit vom Radius dargestellt. Abbildung 23.6 b) zeigt $|\psi_{210}|^2$, also die Aufenthaltswahrscheinlichkeit, entlang der Rotationsachse. Die abgebildete Wahrscheinlichkeitsfunktion b) ist das bekannte *p-Orbital*. Die Orbitaldarstellungen sind Veranschaulichungen der Aufenthaltswahrscheinlich-keiten von Elektronen, die sich aus den Lösungen der Schrödinger-Gleichung ergeben.

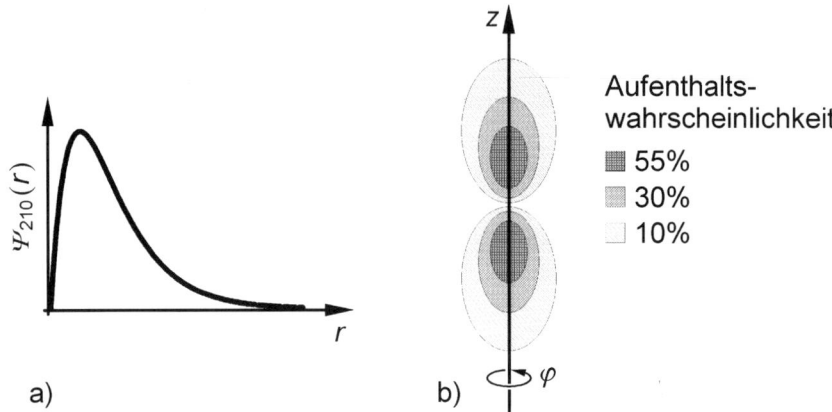

Abbildung 23.6: *Darstellung von a) ψ_{210} aus (23.11) und b) $|\psi_{210}|^2$*

23.5   Quantenzahlen und Pauli-Prinzip

Anschaulich lassen sich einige Aussagen über die Bedeutung der Quanten-zahlen machen. Die *Hauptquantenzahl* n ist direkt mit der Energie des jewei-ligen Zustands verknüpft ($E_n \sim 1/n^2$). Außerdem gilt: je größer die Energie ist, desto größer ist auch der Raum, den das Orbital einnimmt.

Die zweite Quantenzahl l (Nebenquantenzahl) ist mit dem Absolutbe-trag des Bahndrehimpulses $\mathbf{L}$ verknüpft (Tab. 5.1). Sie charakterisiert die Form des Orbitals ($l = 0$: kugelförmig, $l = 1$: hantelförmig, ...) und wird auch als *Bahndrehimpulsquantenzahl* bezeichnet.

Die dritte Quantenzahl ("Richtungsquantenzahl") m_l bestimmt die Lage des Bahndrehimpulsvektors $\mathbf{L}$ bzw. des Orbitals im Raum, bezogen auf eine gegebene Richtung. Diese Quantenzahl wird auch *bahnmagnetische Quan-tenzahl* genannt. Sie gibt die z-Komponente L_z des Bahndrehimpulsvektors $\mathbf{L}$ in bezug auf die durch ein äußeres magnetisches oder elektrisches Feld gegebene Richtung an: $L_z = m_l \hbar$.

Der Betrag des Drehimpulsvektors $\mathbf{L}$ ist durch die Angabe der Quan-tenzahl l festgelegt. Von den drei Komponenten von $\mathbf{L}$ läßt sich jedoch nur eine bestimmen, die man üblicherweise mit L_z bezeichnet. Abbildung 23.8

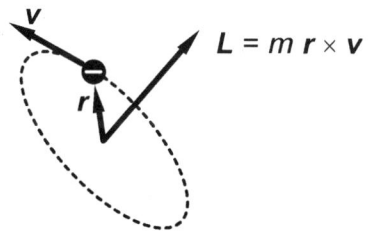

Abbildung 23.7: *Klassische Darstellung des Bahndrehimpulses*

Tabelle 23.1: *Die Quantenzahlen*

Quanten-zahl	Werte (zugeordnete Symbole)	Formel für die physikalische Größe
n	$1, 2, 3, \ldots$ $K, L, M, \ldots$ (Schalen)	$E_n = -R_\infty / n^2$
l	$0, 1, 2, 3, \ldots, n-1$ $s, p, d, f, \ldots$ (Orbitale)	$\lvert \boldsymbol{L} \rvert = \sqrt{l \cdot (l+1)} \cdot \hbar$
m_l	$0, \pm 1, \pm 2, \ldots, \pm l$	$L_z = m_l \cdot \hbar$
m_s	$\pm 1/2$	$S_z = m_s \cdot \hbar$

zeigt, wie bei einem Zustand mit $l = 1$ L_z die Werte $-\hbar$, 0 und $\hbar$ annehmen kann. In allen drei Fällen sind für L_x und L_y alle Werte möglich, bei denen $\boldsymbol{L}$ mit seiner Spitze eine Kreisbahn beschreibt.

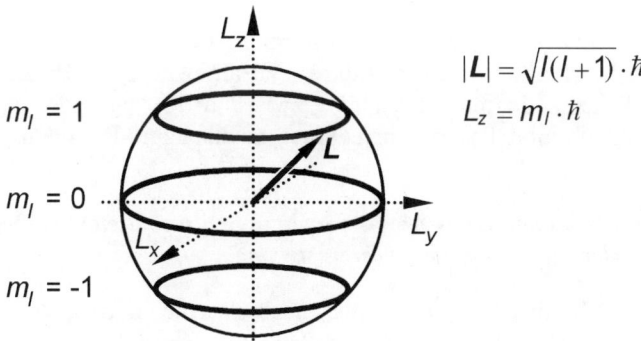

$$\lvert \boldsymbol{L} \rvert = \sqrt{l(l+1)} \cdot \hbar$$
$$L_z = m_l \cdot \hbar$$

Abbildung 23.8: *Die drei möglichen Werte der Bahndrehimpulskomponente L_z für $l = 1$*

Tabelle 23.2: *Das Pauli-Prinzip: Quantenzahlen und Zustände*

Schale	n	l	Orbital-typ	m_l	m_s	Anzahl der Zustände	
K	1	0	$1s$	0	$\pm 1/2$	2	2
L	2	0	$2s$	0	$\pm 1/2$	2	
		1	$2p$	$-1\ 0\ +1$	$\pm 1/2$	6	8
M	3	0	$3s$	0	$\pm 1/2$	2	
		1	$3p$	$-1\ 0\ +1$	$\pm 1/2$	6	
		2	$3d$	$-2\ -1\ 0\ +1\ +2$	$\pm 1/2$	10	18
N	4	0	$4s$	0	$\pm 1/2$	2	
		1	$4p$	$-1\ 0\ +1$	$\pm 1/2$	6	
		2	$4d$	$-2\ -1\ 0\ +1\ +2$	$\pm 1/2$	10	
		3	$4f$	$-3\ -2\ -1\ 0\ +1\ +2\ +3$	$\pm 1/2$	14	32

Außer den drei genannten Quantenzahlen n, l und m_l gibt es eine weitere, die wie bereits gesagt nicht als Lösung aus der Schrödinger-Gleichung folgt. Diese Quantenzahl ist die *Spin-Quantenzahl* m_s. Sie beschreibt die Orientierung des magnetischen Eigenmomentes S eines sich – klassisch anschaulich betrachtet – um die eigene Achse drehenden Elektrons in bezug auf eine gegebene Richtung. m_s kann nur die Werte $+1/2$ oder $-1/2$ annehmen. Die Achse der Eigenrotation kann also entweder parallel oder antiparallel zur vorgegebenen Richtung sein. Eine quantitative Betrachtung zeigt, daß das Bild des sich um seine Achse klassisch drehenden Elektrons an seine Grenzen stößt. Die Drehgeschwindigkeiten, die für die nötigen Energiewerte aufgebracht werden müssen, liegen über denen, die die Relativitätstheorie erlaubt.

Die vier Quantenzahlen, die die Energiezustände eines Elektrons in einem Atom beschreiben, sind in Tab. 5.1 zusammengefaßt. **Pauli**[97] formulierte ein Prinzip, das eine Beziehung zwischen den aus dem quantenmechanischen Atommodell erhaltenen Quantenzahlen zum Periodensystem der Elemente herstellt. Es lautet:

> *Zwei Elektronen eines Atoms dürfen niemals in allen vier Quantenzahlen (n, l, m_l, m_s) übereinstimmen.*

Tabelle 5.2 gibt das Schema wieder, nach der die in Atomen möglichen Zustände unter Berücksichtigung des *Pauli-Prinzips* aufgefüllt werden.

---

[97] Pauli, Wolfgang: schweizer.-amerikan. Physiker *Wien 25.4.1900, †Zürich 15.12.1958, Physik-Nobelpreis 1945

23.6 Erfolge der Quantenmechanik

Das quantenmechanische Modell des Atoms liefert umfassende Aussagen über den Aufbau der Atome. So ist zum Beispiel die Systematik des Periodensystems erklärbar. Dabei muß die klassische Vorstellung einer Bahn mit gleichzeitig bekanntem Ort und Impuls aufgegeben werden. Das Bohrsche Modell erweist sich in einigen Fällen als Grenzfall: Beispielsweise entspricht der Bohrsche Bahnradius des H-Atoms im Grundzustand genau dem Radius der Kugeloberfläche mit der größten Aufenthaltswahrscheinlichkeit beim $1s$-Orbital. Der Fortschritt des quantenmechanischen Modells gegenüber dem Bohrschen Atommodell läßt sich an den in Abschnitt 23.1 aufgeführten Kritikpunkten zeigen:

zu 1.: Elektronen mit der Quantenzahl $l = 0$ besitzen kein Bahndrehmoment. Ebenso ist $m_l = 0$, ein bahnmagnetisches Moment ist also nicht meßbar.

zu 2.: Ein quantenmechanischer Zustand ist durch seine konstante Gesamtenergie charakterisiert. Zustandsänderungen sind nur durch Energieaufnahme bzw. -abgabe, zum Beispiel durch Photonen, möglich.

zu 3.: Bei der Aufstellung der Schrödinger-Gleichung für ein Mehrelektronensystem lassen sich theoretisch alle kinetischen Energien der Elektronen und der entsprechenden Coulombpotentiale berücksichtigen. Diese Gleichung wird allerdings schnell sehr kompliziert. Die Schrödinger-Gleichung für das einfache He-Atom ist bereits nicht mehr exakt lösbar (*3-Körper-Problem*). Es gibt aber eine Vielzahl von analytischen Näherungsmethoden sowie die Möglichkeit, die Schrödinger-Gleichung numerisch zu lösen. Damit ist man in der Lage, Energieniveaus hinreichend genau zu berechnen.

zu 4.: Die Schrödinger-Gleichung ermöglicht Aussagen über die Übergangswahrscheinlichkeiten zwischen den einzelnen Zuständen. Die Übergangswahrscheinlichkeiten stehen in direktem Zusammenhang mit den beobachteten Intensitäten (je größer die Wahrscheinlichkeit, desto heller ist beispielsweise die entsprechende Spektrallinie). Die Polarisation der auftretenden Strahlung läßt sich aus den Änderungen der Quantenzahlen l und m_l beim Übergang bestimmen.

Teil 6: Kernphysik

24 Der Atomkern

Der Kern [*nucleus*] füllt nur einen verschwindend kleinen Teil des Atomvolumens aus. Atomdurchmesser und Kerndurchmesser verhalten sich etwa wie $10^4 : 1$. Bis auf einen Bruchteil besitzt der kleine Kern allerdings die gesamte Masse des Atoms. Wie ist dieser Kern aufgebaut, aus welchen Teilchen besteht er?

24.1 Bestandteile des Kerns

Die moderne Kernphysik [*nuclear physics*] kennt eine ganze Reihe von Elementarteilchen. Viele dieser Teilchen treten bei Veränderungen im Bereich der Atomkerne auf. Sie sind mit den Instabilitäten [*instabilities*] der Materie verknüpft und größtenteils auch selbst nicht stabil.

Der stabile Atomkern besteht aus Protonen und aus Neutronen, die beide unter dem Namen Nukleonen zusammengefaßt werden. Das *Proton* [*proton*] hat eine positive elektrische Elementarladung. Als Einzelpartikel bildet es den leichtesten Atomkern, den Kern des Wasserstoffatoms (H). Ionisierte H-Atome, also H-Ionen, sind reine Protonen.

Das *Neutron* [*neutron*] (1932 entdeckt) ist elektrisch neutral. Es ist um etwa 0.15% schwerer als das Proton. Beide Teilchen sind demnach annähernd massengleich und etwa 1836mal schwerer als ein Elektron. Protonen und Neutronen können als zwei verschiedene „Zustände" desselben Kernbausteins angesehen werden. Sie besitzen beide – ebenso wie die Elektronen – den Spin $1/2 \cdot \hbar$.

24.2 Ordnungszahl Z und Massenzahl A

Die beiden wichtigsten Kenngrößen eines Atomkerns sind die *Ordnungszahl* [*atomic number*] Z und die *Massenzahl* [*mass number*] A. Die Ordnungs- oder Kernladungszahl ist durch die Zahl der im Kern vorhandenen Protonen gegeben. Atome, als Ganzes betrachtet, sind elektrisch neutral. Befinden sich Z Protonen im Kern, sind im neutralen Zustand auch Z Elektronen in der Hülle des Atoms gebunden. Z bestimmt die Stellung des Atoms im Periodensystem [*periodic table*] und seine chemischen Eigenschaften. Zur Kennzeichnung des Atomkerns wird die Kernladungszahl Z manchmal als unterer Index vor das Elementsymbol gesetzt, z.B. $_1$H, $_2$He oder $_{92}$U.

Tabelle 24.1: *Eigenschaften der Kernbausteine*

	Zeichen	Masse[a]	Ladung	Spin-quantenzahl	Halbwertszeit[b]
Proton	$_1^1p$	$1,00728 \cdot$U	$+1$	$+\frac{1}{2}$	∞
Neutron	$_0^1n$	$1,00866 \cdot$U	0	$+\frac{1}{2}$	ca. 16 Min.
Elektron	$_{-1}^0e$	$5,4864 \cdot 10^{-4}$U	-1	$+\frac{1}{2}$	∞

[a]U = Atomare Masseneinheit (AME) = 1/12 der Masse von $_6^{12}$C = $1,66043 \cdot 10^{-27}$ kg

[b]Die Angaben über die Halbwertszeiten beziehen sich auf freie Teilchen

Die Massenzahl A ist die Summe aus der Protonenzahl Z und der Neutronenzahl N $(A = Z + N)$. Sie wird als oberer Index vor das Elementsymbol gesetzt, z.B. ^{12}C, ^{13}C oder ^{238}U. Atomkerne werden auch als Nuklide [*nuclide*] bezeichnet.

24.3 Isotope

Atome mit gleicher Protonen- aber unterschiedlicher Neutronenzahl unterscheiden sich zwar in ihrer Masse, nicht aber in ihrem chemischen Verhalten. Solche zu ein und demselben chemischen Element gehörenden Nuklide bezeichnet man als *Isotope* [griech.: gleicher Platz (im Periodensystem)] [*isotope*].

Die meisten Elemente sind eine Mischung mehrerer Isotope. In den natürlichen Vorkommen hängt die relative Häufigkeit der einzelnen Isotope nur sehr gering von der geographischen Lage ab, die Elemente sind also immer etwa gleich zusammengesetzt. Wasserstoff, Sauerstoff, Germanium und Uran z.B. sind Mischungen folgender Isotope:

Wasserstoff	:	99,985% ^{1}H	+	0,015% ^{2}H			
Sauerstoff	:	99,759% ^{16}O	+	0,0373% ^{17}O	+	0,204% ^{18}O	
Germanium	:	20,53% ^{70}Ge	+	27,43% ^{72}Ge	+	7,76% ^{73}Ge	+
		36,54% ^{74}Ge	+	7,76% ^{76}Ge			
Uran	:	99,27% ^{238}U	+	0,72% ^{235}U	+	0,006% ^{234}U	

Kerne mit gleichem N aber unterschiedlichem Z nennt man *Isotone* [*isotone*].

Das Element mit der bisher höchsten bekannten Protonenzahl (und Massenzahl) hat $Z = 111$ und kommt als Isotop $^{272}111$ vor. Da es noch keinen Namen hat, hat man vorläufig als Elementsymbol die Protonenzahl gesetzt. 111 wurde durch Nickelbeschuß von Wismut über folgende Reaktion erzeugt

$$\,^{64}_{28}\text{Ni} \;+\; \,^{209}_{83}\text{Bi} \;\longrightarrow\; \,^{272}111 \;+\; n \;.$$

Das neue Element ist recht kurzlebig, seine Halbwertszeit [*half life*] beträgt $\tau_H(^{272}111) = 1,5$ ms. Beim ersten experimentellen Nachweis im Dezember 1994 bei der GSI (Gesellschaft für Schwerionenforschung, Darmstadt) konnten drei Atome dieses neuen Elements nachgewiesen werden; ein wahrliches experimentelles Kunststück. Nur wenige Wochen zuvor wurde ebenfalls in Darmstadt das Element 110 endeckt. 110 wurde durch Nickelbeschuß von Blei erzeugt. Auch die beiden Isotope des Elements 110 sind sehr kurzlebig, $\tau_H(^{269}110) = 170\ \mu$s und $\tau_H(^{271}110) = 1,4$ ms. Für die Elemente mit $Z = 107$, 108 und 109 haben sich inzwischen die Namen Nielsbohrium, Hassium und Meitnerium durchgesetzt. Wer originelle Vorschläge für $Z = 110$ und $Z = 111$ hat, möge sie bei uns schriftlich einreichen.

24.4 Schalenmodell und Tröpfchenmodell

Es ist bis heute nicht möglich, alle Eigenschaften der Kerne durch ein einziges Bild zu erklären. Man bedient sich deshalb verschiedener Kernmodelle, um die Eigenschaften und Struktur der Atomkerne theoretisch zu behandeln. Kein Kernmodell kann alle beobachteten Meßergebnisse gleichzeitig mit guter Genauigkeit erklären, sondern jedes ist in seiner Gültigkeit auf einen begrenzten Anwendungsbereich beschränkt, beispielsweise auf die Erklärung der Bindungsenergie, auf Reaktionen bei niedrigen Energien, usw.

In allen Kernmodellen wird die Bewegung der Nukleonen als nicht relativistisch betrachtet, d.h. ihre Geschwindigkeit ist wesentlich kleiner als die Lichtgeschwindigkeit c (ca. $1/10 \cdot$ c). Unabhängig von den Modellen ist für die Berechnung der Nukleonenbewegung die Quantenmechanik anzuwenden.

Besonders günstig scheinen die Stabilitätsverhältnisse der Kerne zu sein, bei denen entweder die Protonen- oder die Neutronenzahl oder beide einen der folgenden Werte annimmt:

$$2, 8, 20, 28, 50, 82, 126$$

Zum einen haben Kerne mit diesen Protonenzahlen auffallend viele Isotope (z.B. ^{50}Sn oder ^{82}Pb mit jeweils 10 Isotopen), zum anderen gibt es relativ viele Kerne mit eben diesen Neutronenzahlen (Isotone). Bestimmte Kerneigenschaften, wie Anregungsenergien oder Wirkungsquerschnitte für Neutroneneinfang variieren periodisch mit der Anzahl der Neutronen bzw. der Protonen. Gerade bei den o.a. Zahlen zeigen sich für viele Kerneigenschaften relative Minima bzw. Maxima. In der Frühzeit der Kernphysik gab man diesen Zahlen den Namen "magische Zahlen".

In Analogie zu den Verhältnissen in der Elektronenhülle nimmt man beim *Schalenmodell* [*shell model*] an, daß auch die Nukleonen im Kern in Schalen angeordnet sind. Die experimentellen Befunde deuten darauf hin, daß immer dann eine Schale im Kerninnern abgeschlossen ("voll") ist, wenn entweder Z oder N eine magische Zahl ist. Energetisch ergeben sich wie in der Elektronenhülle für abgeschlossene Schalen besonders günstige Verhältnisse.

Zu den Schalen der Elektronen im Atom bestehen allerdings wesentliche Unterschiede:

- Die Bindungsenergie E_B, die ein Maß für den Zusammenhalt eines Atomkerns ist (Kap. 24.7), ist für die verschiedenen Schalen etwa gleich groß.

- Es existiert kein gemeinsames Kraftzentrum, sondern ein Kraftfeld von sphärischer Symmetrie.

- Es besteht eine starke Kopplung zwischen Spin und Bahndrehimpuls der einzelnen Nukleonen.

Das Schalenmodell schreibt also den Nukleonen im Kern Energieniveaus zu. Jedes Nukleon nimmt einen bestimmten Eigenzustand ein, der durch die Eigenwerte Energie und Bahndrehimpuls charakterisiert ist. Dieses Kernmodell hat sich zur Deutung der magischen Nukleonenzahlen, der Kerne im angeregten Zustand und der empirischen Beziehungen zwischen Kerndrehimpulsen und den magnetischen Kernmomenten gut bewährt.

Eine andere Darstellung des Kerns ergibt sich aus folgender Beobachtung. Streuexperimente haben gezeigt, daß der Kernradius R mit der dritten Wurzel aus der Atommasse steigt ($R = R_0 \sqrt[3]{A}$ mit $R_0 \approx 1,4 \cdot 10^{-15}$ m). Aus der Proportionalität des Kernvolumens zu R^3 folgt eine direkte Proportionalität zwischen dem Kernvolumen V und seiner Nukleonenzahl A:

$$V \sim A \quad .$$

Die Kernmasse ist ebenfalls proportional zur Massenzahl A ($m \sim A$), deshalb ist die Kerndichte für leichte und schwere Kerne etwa gleich groß:

$$\rho_K = m/V \approx const. = 1{,}45 \cdot 10^{17} \text{kg/m}^3 \quad .$$

1 mm^3 Kernmaterie wiegt damit etwa 145.000 Tonnen. Wie in Kap. 24.7 dargestellt wird, hängt die Bindungsenergie je Nukleon für alle Kerne mit $Z > 4$ nur wenig von der Massenzahl A ab; sie liegt zwischen 7,5 und 8,5 MeV.

Die Konstanz der Kerndichte legt den Vergleich des Kerns mit einem Flüssigkeitstropfen nahe. Dabei behandelt man die Bindung der Nukleonen im Kern ähnlich wie die Bindung der Moleküle eines inkompressiblen, geladenen Flüssigkeitströpfchens. Das *Tröpfchenmodell* [*droplet model*] des Atomkerns bewährt sich bei der Interpretation der Bindungsenergien je Nukleon E_B/A in stabilen und instabilen Isotopen, als Funktion der Nukleonenzahl A, der Protonenzahl Z und der Neutronenzahl $N = (A - Z)$. Es erlaubt eine heuristische Vorstellung der Spaltung [*fission*] schwerer Kerne.

24.5 Kernkräfte

Aus verschiedenen Experimenten (Streuversuche von Protonen mit Protonen oder Neutronen) ergeben sich für die Kernkräfte folgende Charakteristika:

- Kernkräfte haben eine so geringe Reichweite, daß sie praktisch erst dann wirken, wenn sich zwei Nukleonen „berühren". Sie wirken nur an den Berührungsstellen, besitzen sozusagen Klebstoffcharakter. Wegen dieses Klebstoffcharakters ist die Wirkung der Kernkräfte außerhalb des unmittelbaren Kernbereiches fast Null. Ihre Reichweite kann man mit einigen Femtometern (10^{-15} m) abschätzen.

- Kernkräfte wirken praktisch unabhängig von der Nukleonensorte, d.h. Proton-Proton-Paare und Proton-Neutron-Paare werden mit etwa gleicher Kraft zusammengehalten.

- Kernkräfte zeigen eine Sättigung. Nachdem ein Nukleon mit einer maximalen Anzahl direkter Nachbarn umgeben ist, mit denen es in Wechselwirkung steht, übt es keine nennenswerte Kräfte mehr auf andere, weiter entfernte Nukleonen aus. Wie bei einem Tröpfchen sind an der Oberfläche eines Kerns die von einem Nukleon ausgehenden Kräfte nicht abgesättigt. Das entspricht der Oberflächenspannung [*surface tension*] in Flüssigkeiten.

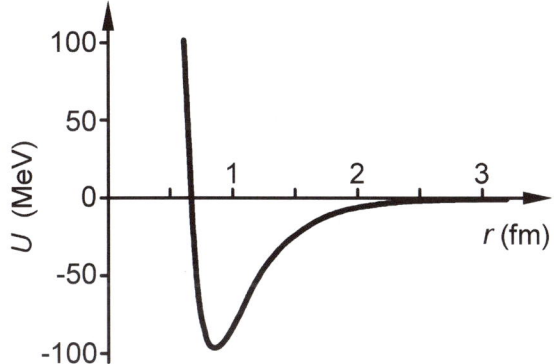

Abbildung 24.1: *Ungefährer Verlauf des Wechselwirkungspotentials U(r) zwischen zwei Nukleonen als Funktion des Abstands r ihrer Mittelpunkte*

- Kernkräfte sind nicht durch Gravitation zu erklären, sie sind auch nicht elektrischer oder magnetischer Natur. Bis zu Entfernungen von einigen Femtometern (10^{-15} m) sind sie etwa 100mal stärker (anziehende Wirkung) als die elektrostatische Wechselwirkung, und bei Entfernungen der Nukleonen von weniger als 0,5 Femtometern wirken sie abstoßend (hard core). Sie werden als "starke Wechselwirkung" [*strong interaction*] bezeichnet.

Näherungsweise kann man den Verlauf der potentiellen Energie zwischen zwei Nukleonen, wie in Abb. 24.1 dargestellt, aufzeichnen. Das entsprechende Potential wird **Yukawa**[98]-Potential genannt.

24.6 Kernpotential

Aus der Überlagerung von Yukawa- und Coulombpotential ergibt sich der in Abb. 24.2 dargestellte Potentialverlauf für ein Proton in Kernnähe. Bei der Annäherung des Protons an den Kern muß gegen die Coulombabstoßung [*Coulomb repulsion*] Arbeit geleistet werden, das Potential steigt dabei. (Zur Erinnerung: das Potential wächst mit der Möglichkeit des Teilchens, Arbeit zu verrichten.) Bei der Annäherung gerät das Proton an der Stelle $r = R$ in den Wirkungsbereich der Kernkräfte. Der Kern und das Proton gehen eine Bindung ein, was physikalisch einen Energieverlust für das Proton darstellt. Nur durch Zufuhr von Energie läßt sich diese Bindung wieder

---

[98]Yukawa, Hideki: *Tokio 23.1.1907, †Kyoto 8.9.1981, Physik-Nobelpreis 1949

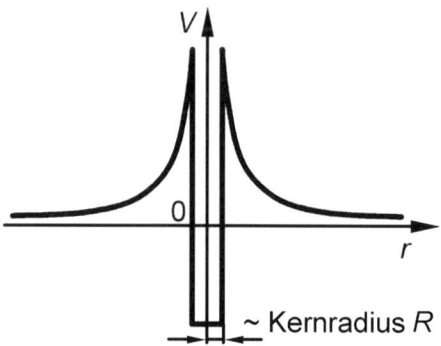

Abbildung 24.2: *Potentialverlauf für ein Proton in Kernnähe*

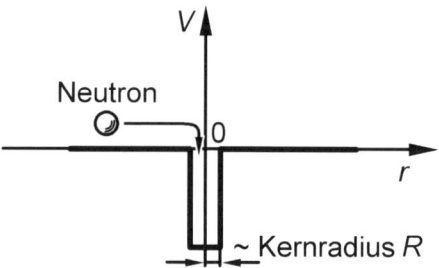

Abbildung 24.3: *Potentialverlauf für ein Neutron in Kernnähe*

aufbrechen, oder anders ausgedrückt, nur durch Zufuhr von Energie wird aus dem gebundenen Nukleon wieder ein freies Proton mit der Energie Null. Durch Bindung an den Kern fällt das Proton in dessen "Potentialtopf".

Neutronen erleiden bei ihrer Annäherung an den Kern wegen ihrer Ladungsneutralität keine Coulombabstoßung. Sie erreichen den Kern, ohne abstoßende Kräfte zu erfahren, und gelangen auch bei beliebig kleiner Annäherungsgeschwindigkeit in den Potentialtopf des Kerns (Abb. 24.3).

Die Zustände der Nukleonen eines Kerns sind in Abb. 24.4 skizziert (Schalenmodell). Durch die Berücksichtigung der Coulombabstoßung verschiebt sich der Potentialtopf der Protonen zu geringeren Energien. Im Gleichgewichtszustand ist daher für schwerere Kerne mit einem Neutronenüberschuß zu rechnen.

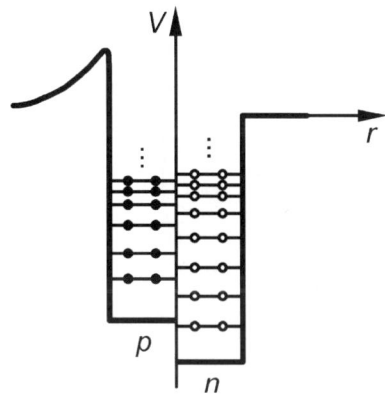

Abbildung 24.4: *Potentialverlauf und Zustände für Protonen (p) und Neutronen (n) (schematisch)*

24.7 Massendefekt und Bindungsenergie

Die Tiefe des Potentialtopfes unterhalb der Energie-Nullinie ist ein Maß für die Stabilität des Kerns. Je tiefer der Potentialtopf, desto mehr Energie müssen die Nukleonen abgeben, um vom Potential Null (freies Nukleon) auf das Kernpotential (< 0) zu kommen. Andererseits muß dem Kernnukleon entsprechend viel Energie zugeführt werden, damit es den Kern wieder verlassen kann.

Die insgesamt bei der Bildung des Kerns aus freien Nukleonen von diesen abgegebene Energie heißt *Bindungsenergie [binding energy]* E_B. Die Relativitätstheorie nennt als Ursache für ihr Auftreten die Umwandlung eines Teils der Masse der Nukleonen in Energie. Die Masse eines Atomkerns ist somit immer kleiner als die Summe der Massen der darin enthaltenen Bestandteile.

Nach der Einsteinschen *Masse-Energie-Äquivalenz*

$$E = m \cdot c^2 \quad c\text{: Lichtgeschwindigkeit} = 3,00 \cdot 10^8 \text{m/s} \qquad (24.1)$$

stehen *Massenverlust [mass defect]* ($=$ Massendefekt Δm) der Nukleonen und Bindungsenergie E_B in folgendem Zusammenhang:

$$\boxed{E_B = \Delta m \cdot c^2} \qquad (24.2)$$

Beispiel: Helium hat meist das Atomgewicht 4 ($_2^4$He). In Abb. 24.5 ist die Masse durch Balken dargestellt. Der Heliumkern besteht aus zwei Neutronen

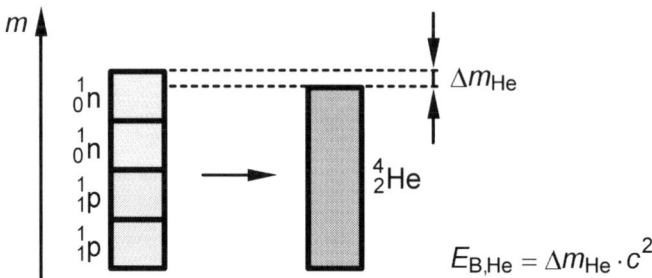

Abbildung 24.5: *Massendefekt*

und zwei Protonen. Die Summe der Nukleonenmassen ist größer als die
Masse des Heliumkerns. Die Massendifferenz Δm_{He} kann wie o.a. in die
Bindungsenergie $E_{B,He}$ umgerechnet werden.

Mit den experimentell ermittelten relativen Atommassen A (Massen-
spektrograph) und den bekannten relativen Atommassen von freien Elektronen, Protonen und Neutronen läßt sich der Massendefekt für jeden Atomkern bestimmen.

$$\Delta m = \Delta A \cdot U \quad , \tag{24.3}$$

wobei ΔA der Unterschied in den freien und gebundenen relativen Atommassen ist.

Beispiel: Massendefekt und Bindungsenergie für die Bindung zwischen
einem Neutron und einem Proton ($_1^2 H \equiv D$, Deuterium-Kern). Wie aus
Tab. 24.2 ersichtlich, ist für den Deuteriumkern

$$\Delta A_D = \sum \text{Nukleonenmassen} - \text{Masse Deuteriumkern}$$
$$= 2,01594 - 2,01355 = 0,00239$$

Nach (24.3) folgt daraus

$$\Delta m_D = \Delta A_D \cdot U = 0,00239 \cdot U$$

und die Bindungsenergie zu

$$E_{B,D} = \Delta A_D \cdot U \cdot c^2 = 0,00239 \cdot U \cdot c^2 \quad .$$

Für die Berechnung der bei der Bildung von Kernen frei werdenden Bindungsenergie ist folgende Umrechnung nützlich:

$$1 \cdot U \cdot c^2 = 931,478 \text{ MeV} \quad .$$

Tabelle 24.2: *Massendefekt des Deuteriums*

Summe der Nuklidmassen		Masse des Kerns	
A_{Proton}	1,00728	$A_{Deuterium}$	2,014102
$A_{Neutron}$	1,00866	$A_{Elektron}$	0,000548
Σ Nukleonenmassen	2,01594	$A_{Deuteriumkern}$	2,013554

Damit folgt:

$$E_{B,D} = \Delta A \cdot U \cdot c^2 = \Delta A \cdot 931,478 \text{ MeV}$$
$$E_{B,D} = 0,00239 \cdot 931,478 \text{ MeV} = 2,226 \text{ MeV} \quad .$$

Ein wichtiges Maß für die Möglichkeit, durch Kernspaltung Energie zu gewinnen, ist die mittlere Bindungsenergie pro Nukleon, d.h. die Bindungsenergie E_B dividiert durch die Zahl der Nukleonen A pro Kern: E_B/A (Abb. 24.6).

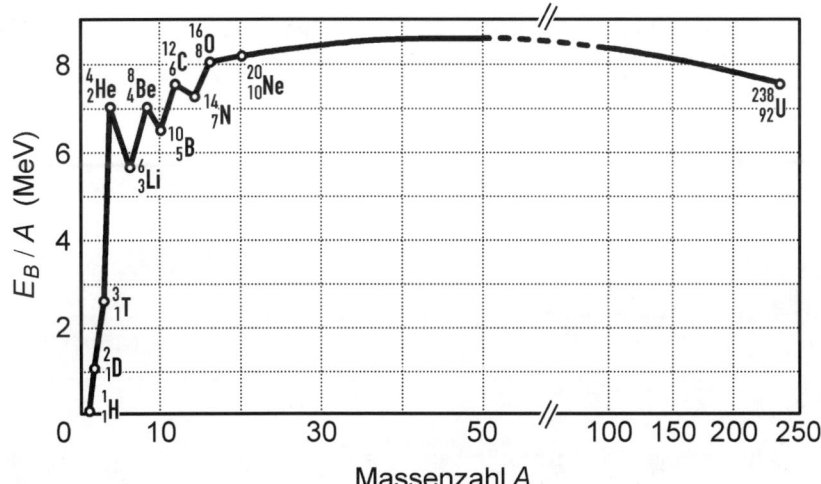

Abbildung 24.6: *Bindungsenergie pro Nukleon als Funktion von A für stabile Kerne*

Aus einer Verknüpfung von empirischen Daten mit den theo-

retischen Vorstellungen des Tröpfchenmodells haben **Bethe**[99] und
von Weizsäcker[100] eine Formel entwickelt, die die Bindungsenergien aller, mit Ausnahme der allerleichtesten Kerne gut wiedergibt und die sich
aus der Summe der folgenden fünf Beiträge zusammensetzt:

$$E_B = \sum_{i=1}^{5} B_i \quad .$$

i) Volumen- oder Kondensationsenergie:

$$B_1 = a_1 \cdot A \tag{24.4}$$

B_1 stellt die mittlere Bindungsenergie eines allseitig gebundenen Kern-
nukleons dar und wächst linear mit der Kernmasse. Dieser Term überwiegt bei nicht zu leichten Kernen weitaus gegenüber den folgenden
Beiträgen.

ii) Oberflächenenergie:

$$B_2 = -a_2 \cdot A^{2/3} \tag{24.5}$$

Die Nukleonen an der Oberfläche haben weniger Bindungspartner als
die im Inneren befindlichen, sie sind daher weniger stark gebunden.
Da die Oberfläche proportional zu R^2 und R proportional zu $A^{1/3}$ ist,
resultiert die Abhängigkeit mit $A^{2/3}$.

iii) Coulomb-Energie:

$$B_3 = -a_3 \cdot A^{-1/3} \cdot Z^2 \tag{24.6}$$

Die Bindungsenergie wird weiter verringert durch die Coulomb-
Energie zwischen den Protonen, die proportional $1/R$ ist.

iv) Asymmetrie-Energie:

$$B_4 = -a_4 \frac{(N-Z)^2}{4A} \tag{24.7}$$

Durch einen Neutronenüberschuß tritt eine Verringerung der Bindungsenergie gegenüber einem symmetrischen Kern ein, bei dem
Neutronen- und Protonenzahl gleich sind.

---

[99] Bethe, Hans Albrecht: amerikan. Physiker dt. Herkunft, *Straßburg 2.7.1906, Physik-Nobelpreis 1967
[100] Weizsäcker, Carl Friedrich Freiherr von: Physiker und Philosoph, *Kiel 28.6.1912

v) Paarungsenergie:

$$B_5 = a_5/\sqrt{A} \qquad (24.8)$$

Wenn sowohl Z als auch N gerade sind ("gg-Kern"), ergibt sich eine besonders hohe, wenn Z und N beide ungerade sind ("uu-Kern"), eine besonders niedrige Bindungsenergie.

Die Konstanten a_1 bis a_5 werden aus den gemessenen Bindungsenergien aller stabilen Kerne bestimmt, und man erhält folgende Zahlenwerte:

$$a_1 = 15,67 \text{ MeV}$$
$$a_2 = 17,23 \text{ MeV}$$
$$a_3 = 0,714 \text{ MeV}$$
$$a_4 = 93,15 \text{ MeV}$$
$$a_5 = \begin{cases} +11,2 & \text{MeV} & \text{falls } Z \text{ und } N \text{ gerade sind (gg-Kern)} \\ 0 & \text{MeV} & \text{falls } A \text{ ungerade ist (ug-Kern)} \\ -11,2 & \text{MeV} & \text{falls } Z \text{ und } N \text{ ungerade sind (uu-Kern)} \end{cases}$$

Die Beiträge der einzelnen Terme der Bethe-von-Weizsäcker-Formel sind in Abb. 24.7 aufgetragen.

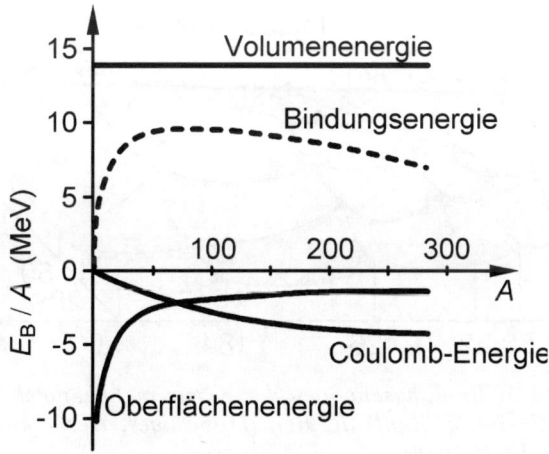

Abbildung 24.7: *Beitrag der einzelnen Terme der Bethe-Weizsäcker-Massenformel zur Bindungsenergie*

24.8   Stabilität, Proton/Neutron-Verhältnis

Neben vielen instabilen gibt es etwa 300 stabile oder fast stabile Kerne. Abbildung 24.8 zeigt, daß es stabile Kerne nur mit einem bestimmten, relativ eng begrenzten Neutron/Proton-Verhältnis gibt. Es variiert von 1:1 bei den leichten Kernen bis etwa 1,5:1 bei den schweren.

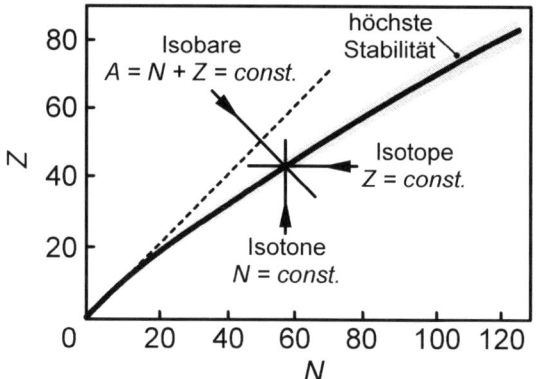

Abbildung 24.8: *Lage der stabilen Kerne in der N-Z-Ebene*

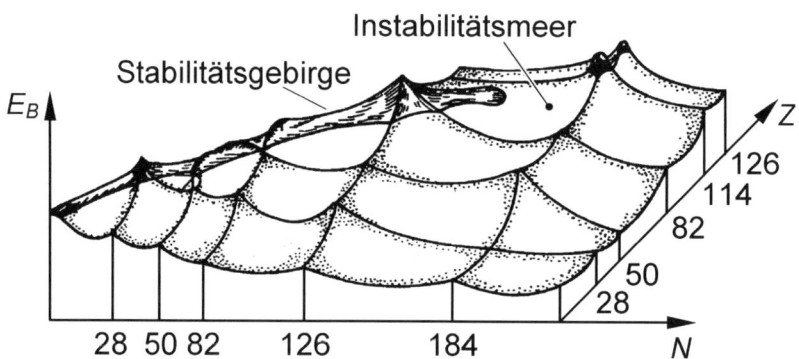

Abbildung 24.9: *Bindungsenergien der Kerne in Abhängigkeit von Z und N (nach: G. Musiol, J. Ranft, R. Reif, D. Seeliger, Kern- und Elementarteilchenphysik, VCH 1988)*

Zeichnet man die Bindungsenergie in Form von Höhenlinien über der Neutronenzahl N und Protonenzahl Z auf, so entspricht der Lage der stabilen Kerne ein Gebirge im Diagramm von Abb. 24.9. Das heißt bei gegebener Massenzahl $A = N + Z$, der eine diagonale Linie entspricht, ist die Energie am höchsten (die Bindungsenergie am größten, also die Bindung am festesten) gerade dort, wo die stabilen Kerne liegen. Kerne die außerhalb dieses Gebirges liegen, können sich stets durch Umwandlung eines Neutrons in ein Proton oder umgekehrt unter Abgabe von Energie in andere Kerne in der Nähe des Gebirges verwandeln. Das Gebirge liegt bei leichten Kernen bei $N = Z$ und ist bei schwereren Kernen zu höheren Neutronenzahlen verschoben.

25 Kernumwandlungen

Es gibt grundsätzlich zwei Typen von Kernumwandlungen, den *radioaktiven Zerfall* [*radioactive decay*] und die *Kernreaktionen* [*nuclear reaction*]. Während der radioaktive Zerfall ohne äußere Beeinflussung abläuft, müssen Kernreaktionen von außen in Gang gesetzt werden. Wir wollen letztere zuerst besprechen.

25.1 Energetik der Kernreaktionen

Ebenso wie zwei Atome in einer chemischen Reaktion miteinander reagieren können, können auch zwei Atomkerne miteinander reagieren und einen oder mehrere neue Kerne bilden. Dabei ist gewöhnlich einer der Kerne in einem festen Material enthalten und ruht, während der andere auf ihn geschossen wird. Als Kerngeschosse kommen dabei Protonen, Neutronen, Elektronen, Deuteronen sowie ionisierte Atomkerne in Betracht.

Energiebilanz und Reaktionsschwelle. Eine Kernreaktion kann allgemein geschrieben werden als

$$A \quad + \quad a \quad \rightarrow \quad B \quad + \quad b \quad + \quad \Delta E$$

Target   Projektil   Produktkern   Produktteilchen

z.B. die historisch erste erzwungene Kernumwandlung

$$^{14}_{7}\text{N} \quad + \quad ^{4}_{2}\text{He} \quad \rightarrow \quad ^{17}_{8}\text{O} \quad + \quad ^{1}_{1}\text{H} \quad + \quad \Delta E$$

oder in der Form $A(a,b)B$: $^{14}_{7}\text{N}(\alpha,p)^{17}_{8}\text{O}$.

Die bei der Kernreaktion freiwerdende oder benötigte Energie ΔE, der sogenannte Q-Wert der Reaktion, berechnet sich aus der Massendifferenz des Ausgangszustands $(A + a)$ und des Endzustandes $(B + b)$:

$$\Delta E = [\{m(A) + m(a)\} - \{m(B) + m(b)\}] \cdot c^2 \qquad (25.1)$$

Bei *exothermen* oder *exoergischen* Reaktionen wird die überschüssige Energie in kinetische Energie der fortfliegenden Teilchen und in Anregungsener-
gie des Reaktionsprodukts umgesetzt, die anschließend in Form von Strahlung abgegeben wird. Bei endothermen oder endoergischen muß das Geschoßteilchen die aufzuwendende Energie als kinetische Energie mitbringen.
Die *Schwellenenergie* [*threshold energy*] ist die minimale Energie des Geschoßteilchens, bei der eine Reaktion einsetzen kann.

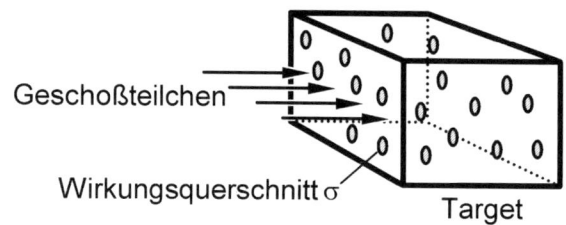

Abbildung 25.1: *Zum Begriff Wirkungsquerschnitt*

Wirkungsquerschnitt. Die Wahrscheinlichkeit, daß eine bestimmte
Kernreaktion stattfindet, ist in starkem Maße von der Geschwindigkeit der
Geschoßteilchen abhängig (Resonanzerscheinung). D.h. der Kern verhält
sich so, als sei er für Geschoßteilchen verschiedener Energie verschieden
"groß". Physikalisch wird das durch den Wirkungsquerschnitt [*cross sec-
tion*] σ beschrieben. Eine veraltete, aber anschauliche Einheit von σ ist 1
barn $= 10^{-24}$ cm^2.

Diese Fläche entspricht etwa dem geometrischen Querschnitt eines Kerns
(Radius $\approx 10^{-12}$ cm). σ gibt an, mit welchem Querschnitt der Kern auf
das anfliegende Geschoßteilchen bezüglich einer bestimmten Kernreaktion
wirkt (Abb. 25.1). Der Wirkungsquerschnitt ist stark von der Energie des
Geschoßteilchens abhängig (Abb. 25.2). In der Regel ist er größer, unter
Umständen aber auch kleiner als der geometrische Querschnitt des Kerns.

Von großer Bedeutung sind Neutronen als Kerngeschosse, weil sie keine
Ladung besitzen und daher ungehemmt durch elektrische Abstoßungskräfte
auch in die schwersten Kerne mit der höchsten positiven Ladung eindringen können. Wegen der sehr unterschiedlichen Wirkung der Neutronen bei
verschiedenen Energien teilt man sie in verschiedenen Gruppen ein (Tab.
25.1).

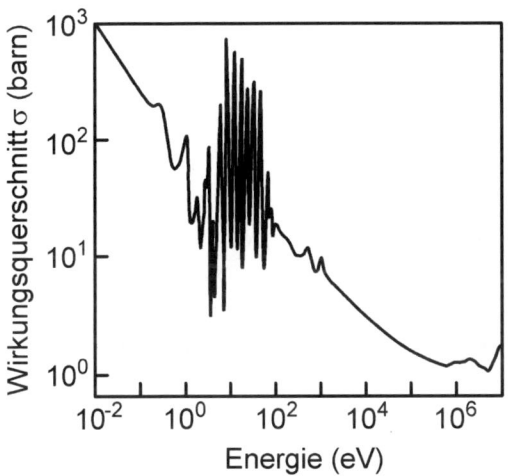

Abbildung 25.2: *Wirkungsquerschnitt für die Spaltung von ^{235}U als Funktion der Neutronenenergie*

Tabelle 25.1: *Neutronenenergien*

Schnelle Neutronen	über 0,5 MeV
Mittelschnelle Neutronen	1 - 500 keV
Langsame Neutronen	epithermische: 1 - 1000 eV
	thermische: $E_{mittel} = 0.039$ eV

25.2   Kernspaltung und Kernfusion

1938 entdeckten **Hahn**[101] und **Straßmann**[102], daß sich der Atomkern von ^{235}U unter Beschuß durch thermische Neutronen in zwei Teile spaltet (*Kernspaltung [fission]*). Die Spaltung, bei der zusätzlich 2 – 3 Neutronen frei werden, ist mit einer relativ großen Energiefreisetzung verbunden.

---

[101] Hahn, Otto: Chemiker, *Frankfurt a.M. 8.3.1879, †Göttingen 28.7.1968, Chemie-Nobelpreis 1944
[102] Straßmann, Friedrich (Fritz) Wilhelm: Chemiker, *Boppard 22.2.1902, †Mainz 22.4.1980

$$^{235}_{92}\text{U}+^{1}_{0}n \quad \rightarrow \quad ^{236}_{92}\text{U} \quad \rightarrow \quad ^{A}_{B}X + ^{(236-3-A)}_{(92-B)}\text{Y} + 3^{1}_{0}n + 202 \text{ MeV}$$

Instabiler
Zwischenkern   Spaltprodukte

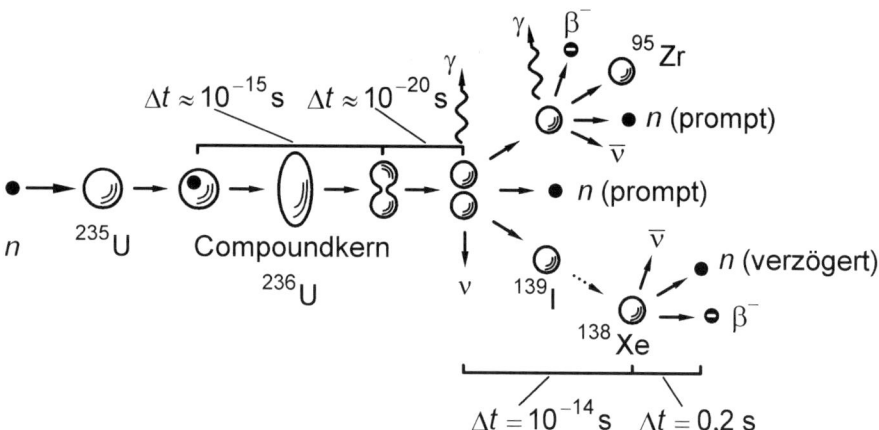

Abbildung 25.3: *Zeitlicher Verlauf der Kernspaltung. n: Neutron, ν: Neutrino, $\bar{\nu}$: Antineutrino, β^-: Elektron (β-Strahlung), γ: γ-Strahlung (Abschnitt 25.3)*

Nach dem Tröpfchenmodell des Kerns läßt sich der Vorgang so erklären (Abb. 25.3): Das Neutron trifft auf den ^{235}U-Kern. Es ist zunächst gleichgültig, ob dies mit großer oder mit geringer Neutronengeschwindigkeit (Anlagerung) geschieht. Beim Auftreffen auf den Kern wird das Neutron gebunden. Der resultierende Kern (Compoundkern) erleidet dabei einen Massendefekt, die Bindungsenergie E_B wird frei. Durch diese Energie angeregt, gerät der Kern in Schwingungen, es entsteht eine Einschnürung in der Mitte. Die sich bildenden Hantelenden werden durch Coulombkräfte voneinander abgestoßen, u.U. spaltet sich der Kern wie ein in Schwingungen geratener, aufgeladener Wassertropfen. Die Einschnürung und die Spaltung können an den verschiedensten Stellen erfolgen. Bei einer genügend großen Zahl von Spaltungen entspricht ihr Auftreten der in Abb. 25.4 dargestellten Häufigkeitsverteilung. Die Spaltprodukte haben ein kleineres N/Z Verhältnis als der Ausgangskern (Abb. 24.8). Durch die Spaltung sind Neutronen "übrig", zwei bis drei werden bei der Spaltung frei.

Aus der Massendefekt-Kurve (Abb. 24.6) läßt sich die Energie abschätzen, die bei einer Spaltung frei wird: Die Bindungsenergie/Nukleon

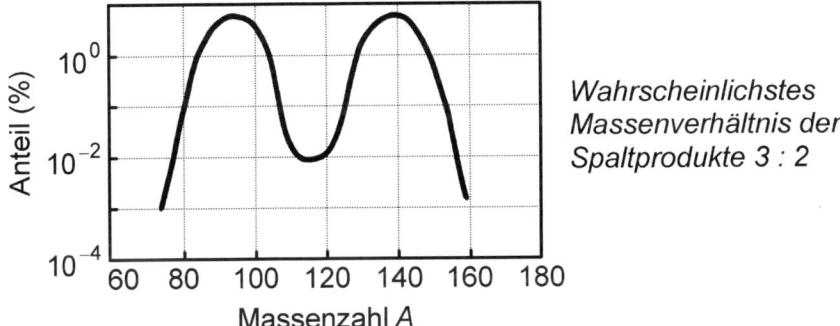

Abbildung 25.4: *Relativer Anteil der bei der Spaltung von* ^{235}U *durch thermische Neutronen vorkommenden Spaltprodukte*

(E_B/A) beträgt für einen ^{235}U-Kern etwa 7,5 MeV. Die Bindungsenergie der bei der Spaltung entstehenden Kerne liegt im Mittel bei 8,4 MeV. Die Differenz der Bindungsenergien pro Nukleon beträgt also etwa 0,9 MeV. Bei der Spaltung eines ^{235}U-Kerns werden demnach $235 \cdot 0,9$ MeV ≈ 202 MeV frei.

Aus Abb. 24.6 geht hervor, daß es prinzipiell zwei verschiedene Möglichkeiten gibt, Kernenergie zu gewinnen. Einerseits führt die Spaltung schwerer Kerne zu einer Energiefreisetzung, andererseits aber auch die Verschmelzung leichter Kerne, die sog. *Kernfusion [fusion]*. Beispielsweise werden durch die Fusion von Wasserstoff zu Helium in der Sonne ständig gewaltige Energiemengen frei, die die Ursache für ihre abgestrahlte Energie sind. Bilanzmäßig entsteht bei dem am häufigsten in der Sonne vorkommenden Reaktionszyklus ein He-Kern aus vier H-Kernen:

$$4^1_1\text{H} \rightarrow \quad ^4_2\text{He} + 2^0_1e^+ + 2^0_0\nu + 25,5 \text{ MeV} \qquad ^0_1e^+ = \text{Positron}$$
$$^0_0\nu = \text{Neutrino} \quad .$$

25.3   Radioaktive Strahlung

Spontan, d.h. ohne erkennbaren äußeren Anlaß, senden einige Elemente Strahlen aus. Diese Strahlen sind unsichtbar. Sie lassen sich z.b. dadurch nachweisen, daß sie Luft ionisieren oder chemische Umwandlungen verursa-

chen. **Becquerel**[103] und **Curie**[104] nannten dieses Phänomen Radioaktivität
[*radioactivity*] und derartige Stoffe radioaktiv.

Es ist üblich, die radioaktiven Nuklide in zwei Gruppen einzuteilen: die
in der Natur vorkommenden instabilen Nuklide, bei denen man auch von
natürlicher Radioaktivität spricht und die von Menschen hergestellten instabilen Nuklide (gewöhnlich durch Beschuß von Kernen mit Teilchen), bei
denen es sich um *künstliche Radioaktivität* handelt.

Die Untersuchung der natürlichen und der künstlichen Radioaktivität
hat wertvolle Beiträge zur Erforschung der Atomkerne geliefert, denn die
aus den Kernen kommende radioaktive Strahlung enthält wichtige Informa-
tionen über den Bau und die Eigenschaften der Atomkerne selbst.

Untersuchungen in elektrischen und magnetischen Feldern haben gezeigt, daß es drei Arten radioaktiver Strahlung gibt, die man α-, β- und
γ-Strahlung nannte.

α-Strahlung: Sie besteht aus massiven, sog. α-Teilchen, die doppelt positiv geladene Helium-Kerne ($\alpha = {}_2^4\text{He}^{++}$) sind. Die von einem Element
ausgesandten α-Teilchen besitzen gleiche Energien, je nach Element liegen
sie zwischen 2 und 9 MeV. Das Energiespektrum der α-Teilchen eines Elementes ist diskret (Abb. 25.5), d.h. die Linien sind so scharf, daß es zur
Identifizierung des emittierenden Nuklids dienen kann. Außerdem wird dadurch die Existenz diskreter Quantenzustände im Kern bestätigt.

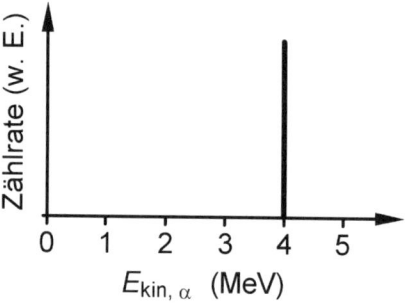

Abbildung 25.5: *Das diskrete Energiespektrum der von ${}^{238}U$ ausgesandten
α-Teilchen*

---

[103]Bequerel, Antoine Henri: *Paris 15.12.1852, †Le Croisic 25.8.1908, Physik-Nobelpreis
1903

[104]Curie, Marie (geb. Sklodowska): frz. Chemikerin poln. Herkunft, *Warschau
7.11.1867, †Sancellemoz (Schweiz) 4.7.1934, Physik-Nobelpreis 1903, Chemie-Nobelpreis
1911

Die α-Teilchen entstammen dem Kern des strahlenden Atoms, mit dem Zerfall erfolgt eine chemische Umwandlung des Elementes. Seine Massenzahl nimmt um 4, seine Ordnungszahl um 2 ab:

$$\boxed{{}^{A}_{Z}X \quad \rightarrow \quad {}^{A-4}_{Z-2}Y + {}^{4}_{2}\alpha + \Delta E} \quad ,$$

also zum *Beispiel*: ${}^{233}_{92}\mathrm{U} \quad \rightarrow \quad {}^{229}_{90}\mathrm{Th} + {}^{4}_{2}\mathrm{He}^{++} + \Delta E$.

Die α-Teilchen-Emission läßt sich im Rahmen der klassischen Physik nicht erklären. Der He-Kern besitzt eine doppelt magische Nukleonenzahl (2 Protonen, 2 Neutronen). Die Bindungsenergie eines He-Kerns ist deshalb anomal hoch. Finden sich in einem Kern zwei Neutronen und zwei Protonen zum He-Kern bzw. zu einem α-Teilchen zusammen, ist das Potential dieses Teilchens > 0. Es hat einen für den jeweiligen Kern charakteristischen festen Wert.

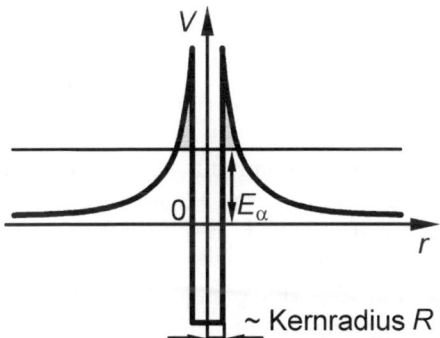

Abbildung 25.6: *Verlauf der potentiellen Energie für ein α-Teilchen, das in einem Atomkern des Radius R "eingefangen" ist*

Im Kern gehalten wird es durch den Potentialwall (Abb. 25.6), der z.B. bei ${}^{238}\mathrm{U}$ 28 MeV "hoch" ist. Gelingt es dem α-Teilchen, diesen Wall zu überwinden, d.h. sich von der Kernanziehung frei zu machen, unterliegt es der abstoßenden Wirkung der Coulombkräfte. Durch die Coulombkräfte beschleunigt, müßte es am Ende eine Energie aufweisen, die der Höhe des Coulombwalls entspricht, also 28 MeV. In Wirklichkeit besitzen die von ${}^{238}\mathrm{U}$ ausgesandten α-Teilchen aber nur Energien von 4 MeV. Die α-Teilchen haben den Coulombwall also nicht "übersprungen". Es ist unmöglich, diesen Widerspruch innerhalb der klassischen Physik aufzulösen.

Erklären läßt sich die α-Strahlung erst, wenn man das im Innern des Po-

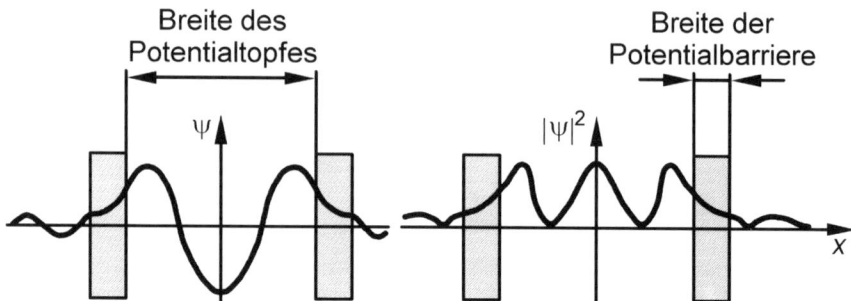

Abbildung 25.7: *Wellenfunktion ψ und Aufenthaltswahrscheinlichkeits-dichte $|\psi|^2$ für ein α-Teilchen in einem Potentialtopf mit endlich hohen Wänden*

tentialtopfes eingeschlossene Teilchen als *de-Broglie-Welle* auffaßt[105]. Durch Lösen der Schrödingergleichung für das α-Teilchen erhält man dessen Wellenfunktion $\psi(x)$. $\psi(x)$ ordnet dem α-Teilchen im Potentialtopf, wie in der Atomphysik dem Elektron, eine 3-dimensionale stehende Welle zu. Die Wahrscheinlichkeit, das α-Teilchen in einem kleinen Bereich Δx zu finden, ist $|\psi(x)|^2 \cdot \Delta x$.

Ein wichtiges Ergebnis der quantenmechanischen Rechnung ist, daß die Wellenfunktion eines im Potentialtopf eingeschlossenen Teilchens außerhalb des Topfes nur dann Null ist, wenn die Wände des Potentialtopfes unendlich hoch sind. Bei nur endlich hohen Wänden hat die Welle auch außerhalb des Potentialwalles eine von Null verschiedene Amplitude, und daher besteht eine, wenn auch geringe, Wahrscheinlichkeit dafür, das Teilchen auch außerhalb des Topfes anzutreffen (Abb. 25.7).

Im Teilchenbild wird das α-Teilchen von den Wänden des Potentialtopfes meistens elastisch reflektiert (Stoßzahl $\approx 10^{21}$ s^{-1}). Bei jedem Stoß gibt es aber eine (äußerst kleine) Wahrscheinlichkeit dafür, daß es nicht reflektiert, sondern durchgelassen wird. In diesem Fall durchtunnelt das Teilchen den Wall; diese Erscheinung heißt *Tunneleffekt [tunneling effect]*. Die α-Teilchen eines bestimmten Isotops durchtunneln den Potentialwall alle in der gleichen Höhe E_α (Abb. 25.6), so daß sie nach der Beschleunigung durch die Coulombabstoßung die gleichen kinetischen Energien besitzen.

β-Strahlung: β-Strahlung besteht aus Elektronen, die aus dem Kern des strahlenden Elementes stammen (also keine Elektronen der Atomhülle). Das

---

[105]vgl. Atomphysik

Spektrum der β-Strahlen ist nicht diskret, wie das der α-Strahlen, sondern kontinuierlich (Abb. 25.8). Die Teilchen können Energien zwischen 0 und einer Maximalenergie haben. Diese Maximalenergie ist für jedes Nuklid charakteristisch.

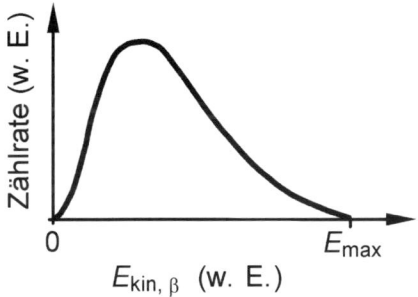

Abbildung 25.8: *Das kontinuierliche Energiespektrum der von einem β-Strahler emittierten β- Teilchen*

β-Strahlung läßt die Massenzahl unverändert, die Ordnungszahl steigt um eine Einheit, was wir mit folgender Reaktionsgleichung versuchsweise beschreiben:

$$\,_Z^A X \;\rightarrow\; \,_{Z+1}^A Y \;+\; \,_{-1}^0 e \qquad \text{(unvollständig)} \qquad (25.2)$$

Es liegt nahe, hinter der β-Strahlung eine Umwandlung eines Kernneutrons in ein Proton und ein Elektron zu vermuten.

Dieser Vorgang würde aber, wenn er der Gleichung (25.2) folgen würde, drei Erhaltungssätze verletzen, deren Gültigkeit auch im atomaren Bereich allgemein anerkannt wird.

i) Neutron, Proton und Elektron besitzen den Spin $1/2 \cdot \hbar$, obige Gleichung verletzt also den *Drehimpulserhaltungssatz.*

ii) Es ist möglich, die Energie der Kerne vor und nach der β-Umwandlung zu bestimmen. Die Energiedifferenz entspricht exakt der im β-Spektrum auftretenden Maximalenergie. In den vielen Fällen, in denen die β-Teilchen Energien besitzen, die kleiner sind als die Maximalenergie, scheint der Differenzbetrag zu verschwinden. Die Gleichung verletzt also den *Energieerhaltungssatz.*

iii) Sendet der Kern ein einziges Teilchen aus, erleidet er einen Rückstoß. Der *Impulserhaltungssatz* fordert, daß der Impuls des ausgesandten

Teilchens und der des Kerns gleich groß und entgegengesetzt gerichtet
sein müssen. Schwierige Experimente zeigen eindeutig, daß dies beim
β-Zerfall nicht erfüllt ist.

Damit galt die Existenz eines dritten am β-Zerfall beteiligten Teilchens
als gesichert, das schon 1931 von Pauli postuliert worden war. Man nannte es
Neutrino ν (kleines Neutron). Es besitzt keine Ladung, hat den Spin $1/2 \cdot \hbar$
und ist wegen seiner außerordentlich geringen Wechselwirkung mit Materie
schwer nachzuweisen. Das bei der hier beschriebenen Art der β-Strahlung
auftretende Teilchen ist nicht das Neutrino ν sondern sein Antiteilchen, das
Antineutrino $\bar{\nu}$. Der β-Zerfall geht also so vor sich:

$$\,^1_0 n \;\rightarrow\; \,^1_1 p \;+\; \,^0_{-1}e \;+\; \,^0_0\bar{\nu} \;+\; E_{kin} \tag{25.3}$$

oder vereinfacht

$$n \;\rightarrow\; p \;+\; e^- \;+\; \bar{\nu} \;+\; E_{kin} \;.$$

Die konstante Gesamtenergie E_{kin} verteilt sich beliebig auf das Elektron
und auf das Anti-Neutrino. Damit ist das kontinuierliche Energiespektrum
der β-Strahlung erklärt, und die vollständige Kernreaktion (25.2) für den
β-Zerfall eines Atomkerns lautet:

$$\,^A_Z X \;\rightarrow\; \,^A_{Z+1}Y \;+\; \,^0_{-1}e \;+\; \,^0_0\bar{\nu} \;+\; E_{kin} \tag{25.4}$$

was auch vereinfacht

$$\boxed{\,^A_Z X \;\rightarrow\; \,^A_{Z+1}Y \;+\; e^- \;+\; \bar{\nu} \;+\; E_{kin}} \tag{25.5}$$

geschrieben wird.

γ-Strahlung: Die γ-Strahlung der Atomkerne ist elektromagnetische
Strahlung sehr kurzer Wellenlänge ($\lambda_\gamma = 0,01 - 0,0001$ nm $= 10^{-11} -
10^{-13}$ m). γ-Quanten sind noch energiereicher als Röntgenquanten[84]. Sie
dringen fast ungehindert durch Materie, weil sie an Kristallgittern kaum
gebeugt werden ($\lambda_\gamma \ll$ Atomabstände). Das γ-Spektrum eines Kerns ist
diskret, es entsteht auf ähnliche Weise wie das Spektrum eines Atoms, das
sich wie der Kern in einem angeregten Zustand befinden kann. Jeder Atomkern ist durch eine Reihe von Energieniveaus gekennzeichnet, die über seinem Grundzustand liegen. Im Schalenmodell gibt ein angeregter Kern unter Emission elektromagnetischer Strahlung seine überschüssige Energie ab,

wobei er in den Grundzustand übergeht (Abb. 25.9). Die nach einer α-
oder β-Umwandlung entstehenden Kerne befinden sich meist in angeregten Zuständen. Auf eine α- oder β-Umwandlung erfolgt deshalb fast immer
γ-Strahlung.

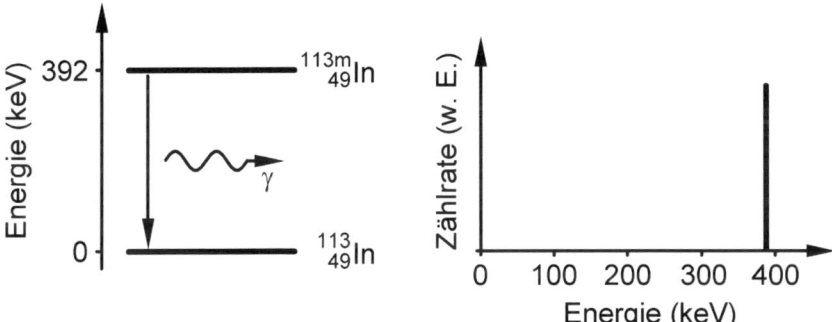

Abbildung 25.9: *Stark vereinfachtes Termschema und diskretes Energiespektrum der γ-Strahlung von Indium (m: angeregter Zustand)*

25.4 Radioaktives Zerfallsgesetz

Nach dem bisher Gesagten ist Radioaktivität der spontane Zerfall (besser:
die spontane Umwandlung) von Kernen unter Aussendung von α-, β- oder γ-
Strahlung. Es ist prinzipiell unmöglich vorauszusagen, wann genau sich ein
bestimmter Kern umwandeln wird, aber die *Zerfallswahrscheinlichkeit [pro-
bability of decay]* ist für jeden Kern eines Isotops gleich. Deshalb gehorcht
der Zerfall eines Kollektivs von Kernen desselben Isotops einem statistischen
Zerfallsgesetz. Dieses erlaubt es, für eine hinreichend große Anzahl von Atomen Aussagen darüber zu machen, wie viele Kerne sich durchschnittlich in
einem gegebenen Zeitraum umwandeln werden.

Die Anzahl der pro Zeiteinheit zerfallenden Kerne dN/dt ist der Anzahl
der noch nicht zerfallenen Kerne N proportional.

$$-\frac{dN}{dt} \sim N \quad \text{oder} \quad -\frac{dN}{dt} = k \cdot N \qquad (25.6)$$

k ist eine für jeden Stoff charakteristische Konstante, die *Zerfallskonstante
[decay constant]* mit der Einheit $[\text{s}^{-1}]$. Aus der Differentialgleichung (25.6)
erhält man durch Integration nach Trennung der Variablen den zeitlichen

Verlauf des radioaktiven Zerfalls, das *Zerfallsgesetz*:

$$-\frac{dN}{dt} = k \cdot N$$

$$\implies \quad -\int_{N_0}^{N} \frac{dN}{N} = \int_{t=0}^{t} k \cdot dt$$

$$\ln N \ \big|_{N_0}^{N} = -k \cdot t \ \big|_{0}^{t}$$

$$\boxed{N(t) = N_0 \cdot e^{-kt}} \quad . \qquad \text{(Zerfallsgesetz)}$$

Bei der Integration wurde davon ausgegangen, daß zur Zeit $t = 0$ die Anzahl der Kerne N_0 war.

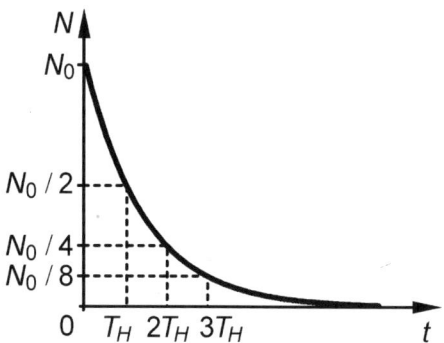

Abbildung 25.10: *Radioaktiver Zerfall als Funktion der Zeit*

Eine andere für den Zerfall charakteristische Größe ist die *Halbwertszeit* T_H; sie steht zur Zerfallskonstanten k in einer festen Beziehung. T_H gibt die Zeit an, in der die Hälfte der zu Beginn eines Zeitraums vorhandenen unzerfallenen Kerne zerfallen sein wird. Liegen anfangs N_0 Kerne vor, sind nach der Zeit T_H noch $N_0/2$ Kerne übrig, nach $2T_H$ $N_0/4$, nach $3T_H$ $N_0/8$ usw. (Abb. 25.10). Zur Bestimmung des Zusammenhanges zwischen k und T_H setzt man in das Zerfallsgesetz

$$t = T_H \qquad \text{und} \qquad N_t = \frac{1}{2}N_0 \qquad \text{ein.}$$

$$\frac{1}{2}N_0 = N_0 \cdot e^{-kT_H} \qquad \implies \qquad e^{kT_H} = 2$$

$$kT_H = \ln 2 = 0,693 \qquad \Longrightarrow \qquad T_H = \frac{\ln 2}{k} = \frac{0,693}{k}$$

Die Materialkonstanten k und T_H variieren je nach Element in weiten Bereichen (Tab. 25.2).

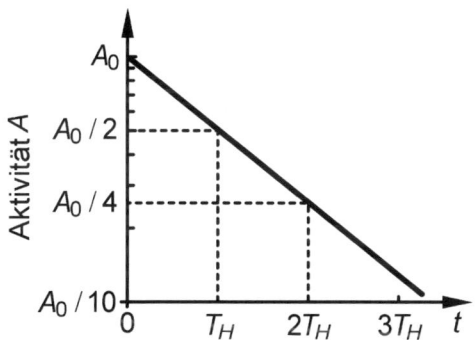

Abbildung 25.11: *Zeitlicher Verlauf der Aktivität, hier in logarithmischer Darstellung*

Tabelle 25.2: *Halbwertszeit und Zerfallskonstante von $^{238}_{92}U$ und $^{214}_{84}Po$*

zerfallender Kern	Zerfallsart	Halbwertszeit	Zerfallskonstante
$^{238}_{92}$U	α	$4,51 \cdot 10^9$ a	$4,88 \cdot 10^{-18}$ s^{-1}
$^{214}_{84}$Po	α	$1,64 \cdot 10^{-4}$ s	$4,23 \cdot 10^3$ s^{-1}

Die Zerfallsrate dN/dt nimmt in gleichem Maße wie die Anzahl der Kerne N ab, also ebenfalls mit der Halbwertszeit T_H. $|dN/dt|$, die Zahl der Zerfälle pro Zeiteinheit, heißt *Aktivität [activity]* A einer Substanz.

$$A(t) = |dN/dt| = k \cdot N$$
$$\Longrightarrow A(t) = k \cdot N(t) = k \cdot N_0 \cdot e^{-kt}$$
$$\Longrightarrow A(t) = A_0 \cdot e^{-kt} \qquad \text{wobei} \qquad A_0 = k \cdot N_0$$

Hierbei ist $A(t)$ die Aktivität zum Zeitpunkt t und A_0 die zum Zeitpunkt $t = 0$. Abbildung 25.11 zeigt den zeitlichen Verlauf der Aktivität. Wird der Logarithmus der Aktivität über der Zeit aufgetragen, so entsteht eine Gerade. Die Einheit der Aktivität ist $[A] = Bq = s^{-1}$.

26   Wirkung der Kernstrahlung

Bislang haben wir uns mit den Phänomenen des Kernzerfalls und der auftretenden Kernstrahlung beschäftigt. Jetzt wollen wir die Auswirkungen untersuchen.

26.1   Wechselwirkungen der einzelnen Strahlungsarten mit Materie

Radioaktive Strahlen werden beim Durchgang durch Stoffe aus ihrer Richtung abgelenkt oder gestreut und in ihrer Intensität geschwächt oder absorbiert. Sie übertragen dabei die gesamte oder einen Teil ihrer Energie auf die getroffenen Atome. Wegen der sehr kleinen Kernabmessungen beschränkt sich diese Wechselwirkung (WW) [*interaction*] hauptsächlich auf die Atomhüllen; die sehr seltenen "Kerntreffer" können bei der Betrachtung von Absorptionserscheinungen fast stets vernachlässigt werden. Im Verlauf der Wechselwirkung werden die Strahlenteilchen abgebremst, sie hören entweder auf zu bestehen – wie γ-Quanten oder Positronen (die Antiteilchen der Elektronen $_{+1}^{0}e = e^{+}$) – oder sie kommen praktisch zur Ruhe und werden in die Absorberstoffe eingebaut.

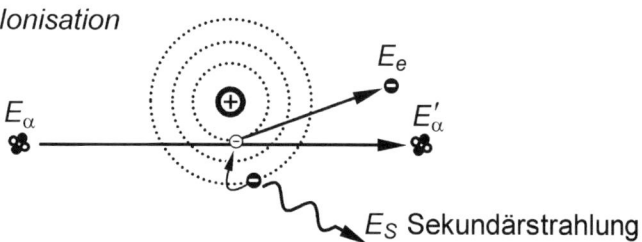

Abbildung 26.1: *Wechselwirkung eines α-Teilchens mit einem Atom: Ionisation*

α-**Teilchen:** α-Teilchen geben ihre Energie beim Durchgang durch Materie fast ausschließlich durch elektrostatische Wechselwirkung an die Elektronen der Atomhülle ab. Die Wechselwirkung kann als "Stoß" des α-Teilchens mit Hüllenelektronen aufgefaßt werden (Abb. 26.1). Als Folge der WW werden Elektronen aus der Atomhülle herausgeschlagen *(Ionisation)*. Im Durchschnitt beträgt die von einem α-Teilchen an Elektronen übertragene Energie 100 bis 200 eV.

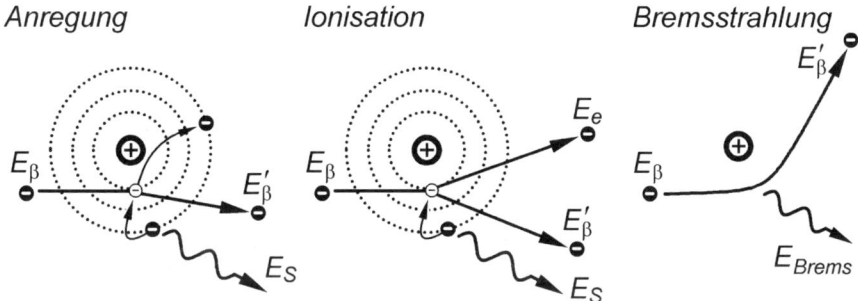

Abbildung 26.2: *β-Strahlen in Wechselwirkung mit Atomen*

β-Teilchen: Ebenso wie bei α-Teilchen erfolgt das Abbremsen von β-Strahlen fast ausschließlich durch elektrostatische WW oder "Stöße" mit den Hüllenelektronen (Abb. 26.2). Wesentliche Unterschiede gegenüber den α-Strahlen ergeben sich jedoch hinsichtlich des Streuwinkels und der Ionisierungsdichte.

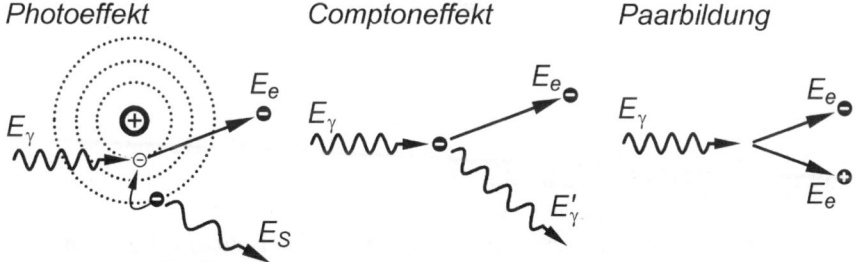

Abbildung 26.3: *Wechselwirkung von γ-Strahlen mit Materie*

γ-Strahlung: Die WW von γ-Strahlen mit Materie verläuft wesentlich anders als die von α- und β-Strahlen. Während geladene Teilchen ihre Energie portionsweise in vielen Einzelprozessen an die Hüllenelektronen übertragen, geben die γ-Quanten in einem Vorgang entweder ihre gesamte Energie oder zumindest einen großen Bruchteil an ein Hüllenelektron ab. Die Wahrscheinlichkeit dafür, daß überhaupt eine WW zustande kommt, ist allerdings klein. Deshalb sind γ-Strahlen viel durchdringungsfähiger als Strahlen geladener Teilchen.

Die Absorption wird durch drei voneinander unabhängige Effekte hervorgerufen (Compton-, Photo- und Paarbildungseffekt – Abb. 26.3). Die Abgabe der gesamten Energie eines Photons an ein gebundenes Elektron wird als *Photoeffekt* bezeichnet. Beim *Comptoneffekt* wird durch einen Stoß nur ein Teil der Energie des Photons an ein freies Elektron übertragen. Ist die Energie eines γ-Quantums größer als 1,022 MeV (zweimal die Ruheenergie des Elektrons), dann kann sich das γ-Quantum im elektrischen Feld eines Atomkerns in ein Elektron-Positron-Paar umwandeln (*Paarbildungseffekt [pair production]*). Der Beitrag der drei Effekte zur gesamten Absorption von γ-Strahlen hängt in erster Linie von der Energie der Quanten und von der Ordnungszahl des Absorbers ab.

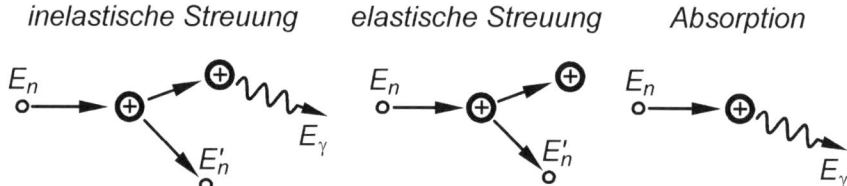

inelastische Streuung   elastische Streuung   Absorption

Abbildung 26.4: *Neutronen in Wechselwirkung mit Materie*

Neutronen: Neutronen wechselwirken beim Durchgang durch Materie in geringem Maße mit Atomkernen, aber gar nicht mit den Hüllenelektronen. So kann ein Neutron auch in Materie Weglängen in der Größenordnung von mehreren Zentimetern ohne WW zurücklegen. Kommt es zu einem Stoß mit einem Kern der Substanz, tritt Absorption des Neutrons im Kern oder Streuung an ihm ein (Abb. 26.4).

Die WW der radioaktiven Strahlung mit Materie äußert sich nicht nur in einer Änderung der Energie, der Intensität und der Richtung der Strahlen, sondern auch in Veränderungen der Materie selbst. Durch die aufgenommenen beträchtlichen Energien können sich die physikalischen und chemischen Eigenschaften des Stoffs ändern (Elementumwandlungen).

26.2   Strahlungseinheiten

Aktivität A: Die Anzahl der Zerfälle in einer Zeiteinheit wird als *Aktivität* definiert. Sie stellt ein Maß für die "Stärke" eines Strahlers dar. Als alte Einheit diente die Aktivität von 1 g Radium, die Curie genannt wurde.

Alte Einheit: Curie (Ci): $1 \text{ Ci } = \quad 3,7 \cdot 10^{10} \quad \text{Zerfälle s}^{-1}$

Neue SI-Einheit: Becquerel (Bq): $1 \text{ Bq } = \quad 1 \text{ Zerfall s}^{-1}$

Zur Beschreibung der Wirkung von Strahlen auf Materie sind insgesamt drei Größen gebräuchlich: Die Ionendosis J, die Energiedosis D und die Äquivalentdosis D_q. Dosis ist die insgesamt (mit Folgeerscheinungen) aufgenommene Strahlungsenergie ohne Berücksichtigung des Zeitraums, in dem die Absorption erfolgte.

Ionendosis J: Die *Ionendosis J* ist ein Maß für die Intensität der Strahlung und benutzt die Ionisationswirkung der Strahlung in Luft.

$$\text{Ionendosis} \quad J = \frac{\text{erzeugte Ionenladung}}{\text{Masse Luft}} \qquad (26.1)$$

Die alte Einheit ist das Röntgen (R). Die Dosis von 1 R erzeugt in 1 cm³ trockener Luft von 0°C und 760 Torr $2{,}08 \cdot 10^9$ Ionenpaare (eine elektrostatische Ladungseinheit). Das entspricht folgender Definition:

$$1 \text{ Röntgen } = 1 \text{ R } = 2{,}58 \cdot 10^{-4} \ \frac{\text{C}}{\text{kg}} \ . \qquad (26.2)$$

Die SI-Einheit für J hat keinen besonderen Namen, sie ist Coulomb pro Kilogramm $(\text{C} \cdot \text{kg}^{-1})$. Die Ionendosis J ist zwar einfach zu messen (Vergleichsmessung in Luft), sie erlaubt aber keinen direkten Vergleich der Strahlenwirkung auf verschiedene Materialien.

Energiedosis D: Die *Energiedosis D* ist die pro Masseneinheit absorbierte Energie.

$$\text{Energiedosis} \quad D = \frac{\text{absorbierte Energie}}{\text{absorbierende Masse}} \qquad (26.3)$$

Die Einheit der Energiedosis D war früher das rad (*radiation absorbed dose*):

$$1 \text{ rad } = \frac{100 \text{ erg}}{1 \text{ g}} = \frac{10^{-2} \text{ J}}{\text{kg}} \qquad (26.4)$$

Die neue (SI) Einheit ist 1 **Gray**[106] (Gy).

$$1 \text{ Gray}: \quad 1 \text{ Gy} = \frac{1 \text{ J}}{\text{kg}} \qquad (26.5)$$

---

[106]Gray, Louis H.: brit. Physiker und Radiologe, *London 10.11.1905, †Northwood 9.7.1965

Die Energiedosis D muß für jedes Material in Abhängigkeit von Strahlenart und -energie gesondert gemessen werden. Eine für den Menschen bereits tödliche Energiedosis von 10 Gy = 10 J/kg (1000 rad) führt in Wasser lediglich zu einer Temperaturerhöhung von $2 \cdot 10^{-3}$ K. Bei gleicher Ionendosis J ist also die Energiedosis D von der absorbierenden Substanz abhängig. Von Nachteil ist, daß die Energiedosis D oft nur umständlich und wenig exakt ermittelt werden kann.

Äquivalentdosis D_q: Radioaktive Strahlen bewirken je nach Strahlenart unterschiedliche biologische oder physikalisch-chemische Reaktionen, auch wenn die gemessene Energie- oder Ionendosis gleich ist. In systematischen Versuchen wird deshalb für jede Strahlenart ein Qualitätsfaktor q (früher RBW-Faktor: Relative biologische Wirksamkeit) ermittelt.

$$q = \frac{\text{Energiedosis } D_{Roent}}{\text{Energiedosis } D_{Mess}} \qquad (26.6)$$

Dabei ist D_{Roent} die Energiedosis von Röntgenstrahlen zur Erzielung eines bestimmten biologischen Effekts mit $E = 200$ keV und D_{Mess} die Energiedosis der betreffenden (zu untersuchenden) Strahlung zur Erzielung des gleichen Effekts.

Für die Äquivalentdosis D_q gilt:

$$\text{Äquivalentdosis } D_q = \text{Energiedosis } D \cdot \text{Qualitätsfaktor } q \qquad (26.7)$$

Die früher gebräuchliche Einheit war rem (*roentgen equivalent man*).

$$1 \text{ rem} = q \cdot 1 \text{ rad} \qquad (26.8)$$

Die neue Größe ist das **Sievert**[107] (Sv): 1 Sv = $q \cdot$ 1 Gy (1 Sv = 100 rem).

Die *Äquivalentdosis D_q* ist für *Strahlenschutzzwecke* der am häufigsten benutzte Dosisbegriff. Durch Angaben in D_q lassen sich die Wirkungen der verschiedenen Strahlenarten ohne Umrechnung beschreiben.

26.3 Gefährlichkeit der Strahlung für den Menschen

Radioaktive Strahlung ionisiert Atome und Moleküle in den Körperzellen. Es entstehen Zellgifte, die den sogenannten Strahlentod der Zelle bewirken, oder es werden direkte Veränderungen der Gene, ihrer Anordnung oder der

---

[107]Sievert, Rolf M.: schwed. Radiologe und Physiker, *1896, †1966

Tabelle 26.1: *Übersicht über verschiedene Qualitätsfaktoren*

Strahlenart	Qualitätsfaktor q
Röntgen, γ, β	1
thermische Neutronen	2 - 3
schnelle Neutronen	10
Protonen	10
α-Teilchen und mehr-fach geladene Teilchen	20

Chromosomenzahl bewirkt (Mutationen). Zu unterscheiden ist die Strahlenwirkung von außen und die von innen durch inkorporierte Stoffe.[108] Die Gefährlichkeit eines radioaktiven Stoffes wird durch die Radiotoxizität gekennzeichnet. Sie wird durch die Energie und Art der ausgesandten Strahlung, durch die Halbwertszeit und durch die Fähigkeit zur Anreicherung und zum Verbleib im menschlichen Körper bestimmt. Hohe Radiotoxizität haben alle Transurane sowie auch $^{90}_{38}$Sr und $^{129}_{53}$J. Je nach den möglichen Folgen unterscheidet man zwischen einer längeren und einer kurzfristigen Strahlenwirkung (Abschnitt 26.6).

Der Mensch ist ständig natürlicher und zivilisatorischer Strahleneinwirkung ausgesetzt.

- Natürliche Strahlenexposition   insgesamt ca. 1100 μSv/a
  (Stand Juli 1976)
1. kosmische Strahlung, Meereshöhe   ca. 300 μSv/a
2. terrestrische Strahlung von außen   ca. 500 μSv/a
3. durch inkorporierte Stoffe   ca. 300 μSv/a

- Zivilisatorische Strahlenexposition   insgesamt ca. 650 μSv/a
1. Anwendung ionisierender Strahlen und radioaktiver Stoffe in der Medizin (Krebstherapie, lokal bis zu einigen 10 Sv)   ca. 500 μSv/a
2. durch Fallout von Kernwaffenversuchen und den Reaktorunfall von Tschernobyl   <140 μSv/a
3. durch kerntechnische Anlagen (gemittelt)   < 10 μSv/a

Gesetzlich vorgeschriebene Emissions-Höchstwerte in der Umgebung

---

[108] Inkorporation = Aufnahme radioaktiver Stoffe durch Atmung oder Nahrung

kerntechnischer Anlagen im Regelbetrieb:
Bundesrepublik, an sogenannten ungünstigen
Punkten in der Umgebung eines KKW   300 μSv/a über Abluft
                                                 300 μSv/a über Abwässer
USA, am Kraftwerkzaun gemessen   50 μSv/a über Abluft
                                                 30 μSv/a über Abwässer

26.4 Abschirmmaßnahmen

Eine der Maßnahmen zum Schutz vor äußerer Strahlenbelastung ist die
Verwendung von Abschirmungen.

α-**Strahlung:** α-Teilchen besitzen wegen ihrer großen Masse und der zweifachen Ladung ein sehr hohes Ionisierungsvermögen. Sie erzeugen in Luft
30000 Ionenpaare pro cm. Da sie sehr schnell ihre gesamte Energie verlieren,
ist ihre Reichweite entsprechend gering. Eine vollkommene Abschirmung geschieht bereits durch dünne Folien (z.B. durch Postkarten). Das eigentliche
Strahlenschutzproblem ist bei α-Strahlen die Verhinderung der Inkorporation. Inkorporierte α-Strahler schädigen das umliegende Gewebe sehr stark.

β-**Strahlung:** β-Teilchen ionisieren wesentlich schlechter (10 – 100 Ionenpaare pro cm in Luft). Entsprechend größer ist ihre Reichweite. Beim
Durchgang durch Materie entsteht Röntgen-, u.U. sogar γ-Strahlung. Zur
Abschirmung läßt man β-Strahlung erst Werkstoffe geringer Ordnungszahl
durchdringen (die Energie der entstehenden Strahlung ist geringer). Die
dabei entstehende Strahlung wird durch Werkstoffe hoher Ordnungszahl
absorbiert.

γ-**Strahlung:** γ-Strahlung ist außerordentlich durchdringungsfähig. Zur
Abschirmung benötigt man starke Schichten von Stoffen mit hoher Ordnungszahl (z.B. Pb) oder meterdicke Betonmauern.

Neutronen: Schnelle Neutronen werden zunächst durch leichte Stoffe
(Moderatoren) wie Wasser, Paraffin oder Beton bis auf thermische Energien
abgebremst. Sie lassen sich dann relativ gut mittels *Neutronenabsorbern* wie
Bor, Lithium oder Cadmium einfangen.

Tabelle 26.2: *Nachweisgeräte für ionisierende Strahlung*

Strahlungsdetektoren				
elektrische			*nicht elektrische*	
Bahn-detektoren	Spektrometer	registrierende Detektoren	registrierende Dosimeter	Bahndetektoren
Funken-kammern	Ionisations-Kammer Proportional-Zähler	GEIGER-MÜLLER-Zähler	Halbleiter Photoplatten	Nebelkammern Blasenkammern Photoplatten

26.5   Nachweismethoden

Der Nachweis und die Messung radioaktiver Strahlung dient einerseits der Entwicklung und Forschung auf dem Gebiet der Kernphysik, andererseits dem Personenschutz (Dosismessung). Die Forderungen an die Nachweismethoden reichen von der Sichtbarmachung einzelner Strahlenspuren über das Zählen von Teilchen bis zur nachträglichen Bestimmung einer über längere Zeit erfolgten Strahlenbelastung.

Die Wirkungsweise der Detektoren beruht darauf, daß die Kernstrahlung die Materie beim Durchgang ionisiert, anregt oder in ihr chemische Reaktionen auslöst. Die Detektoren kann man grob in zwei Gruppen einteilen, nämlich elektrische bzw. elektronische und nichtelektrische Meßmethoden (Tab. 26.2). Elektronische Meßgeräte geben unmittelbar ein Signal ab, wenn ein Teilchen den Detektor passiert. Sie gestatten also eine genaue Zeitmessung, außerdem häufig noch – aus der Größe und Form des Signals – eine Messung der Energie, der Geschwindigkeit oder der Teilchenart. Nichtelektrische Detektoren sammeln die Information über einen größeren Zeitraum und gestatten keine Zeitmessung. Unter letzteren findet man jedoch solche, die die genauesten Messungen von Teilchenbahnen sowie die exaktesten Aussagen über die Energieverteilung der Reaktionsprodukte einzelner Kern- oder Elementarteilchenreaktionen ermöglichen.

Es gibt einige Typen von *Nebelkammern [cloud chamber]* und Zählrohren, die hier vorgestellt werden sollen.

Expansionsnebelkammer: Warme Luft kann mehr Wasserdampf enthalten als kalte. In der Expansionsnebelkammer *[expansion chamber]* befindet sich mit Wasserdampf gesättigte Luft (Abb. 26.5). Zum Zeitpunkt der Messung wird die Luft durch Herausziehen des Kolbens adiabatisch ausgedehnt. Nach den Gesetzen der Thermodynamik kühlt sie sich dabei plötzlich ab. Die jetzt kühlere Luft ist mit Wasserdampf übersättigt, der Wasserdampf kondensiert. Die Wassertröpfchen bilden sich bevorzugt an Kondensationskeimen oder -kernen z.B. wie Staubteilchen. Auch in der Kammer vorhandene Ionen sind gute Kondensationskeime. Die Bahnen von ionisierenden Teilchen werden dadurch sichtbar, daß Wasserdampf an den durch sie erzeugten Ionen kondensiert. Nachteilig ist, daß die Beobachtung der Spuren nur zum Zeitpunkt der Expansion möglich ist.

Ruhezustand   Teilchendurchgang   Teilchenspur

Abbildung 26.5: *Arbeitsprinzip der Expansionsnebelkammer*

Diffusionsnebelkammer: Durch Kühlung (z.B. mit Trockeneis) wird in einem Volumen eine Zone unterkühlten Dampfes (z.B. Wasser oder Methanol) geschaffen. In dieser Zone sind kontinuierlich Teilchenspuren zu beobachten (Abb. 26.6).

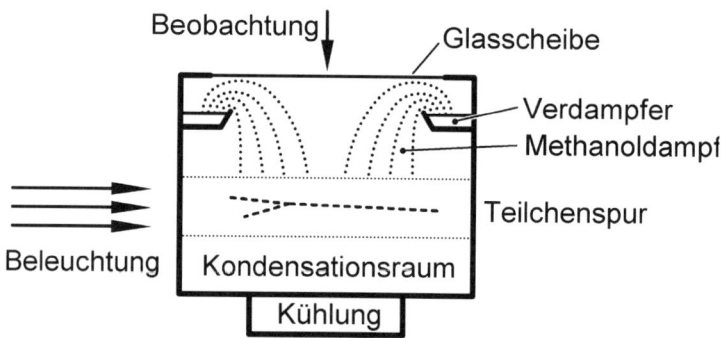

Abbildung 26.6: *Aufbau der Diffusionsnebelkammer*

Gasentladungszähler: In einem gasgefüllten Raum wird zwischen zwei
Elektroden eine Spannung U angelegt (Abb. 26.7). Ein durchfliegendes Teilchen erzeugt Elektronen und Ionen. Die Ladungen wandern zu den Elektroden, der Stromfluß kann direkt, über einen Verstärker oder über den
Spannungsabfall an einem Widerstand R gemessen werden.

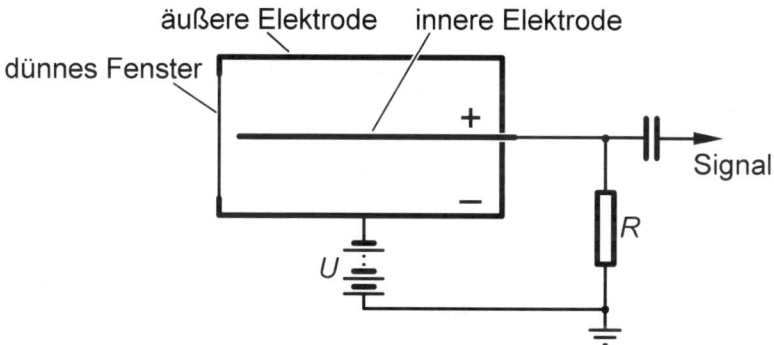

Abbildung 26.7: *Prinzip des Gasentladungszählers*

Die unterschiedlichen Anwendungsmöglichkeiten des Gasentladungszählers hängen eng mit seiner Charakteristik zusammen. Darunter versteht man
die Abhängigkeit des durch Ionisation hervorgerufenen Stromstoßes von der
angelegten Spannung. Abbildung 26.8 zeigt die Zählrohrcharakteristik für
zwei verschiedenen stark ionisierende Teilchen: für stärker ionisierende α-
Teilchen und schwächer ionisierende β-Teilchen.

Je nach Größe der angelegten Spannung unterscheidet man drei Arten
der Gasentladungszähler: die *Ionisationskammer* [*ionization chamber*], das
Proportionalzählrohr [*proportional counter*] und das *Geiger-Müller-Zählrohr*
[*Geiger counter*]. Wird der Gasentladungszähler im Bereich B betrieben
(Ionisationskammer), ist die angelegte Spannung gerade so groß, daß al-
le primär erzeugte Ionen die Elektroden erreichen, ohne zu rekombinieren.
Auch eine Erhöhung der Spannung bewirkt in diesem Bereich keinen größe-
ren Ionisationsstrom.

Bei Steigerung der angelegten Spannung verstärkt sich die Zahl der Ladungsträger durch die nun einsetzende Stoßionisation: Jedes Elektron erzeugt auf dem Weg zur Elektrode n neue Elektronen. n heißt Verstärkungs-
faktor, er kann 10^7 erreichen. Der gemessene Stromstoß ist in diesem Bereich
C ebenso wie im Bereich B der Zahl der ursprünglich ionisierten Teilchen
proportional (Proportionalzählrohr).

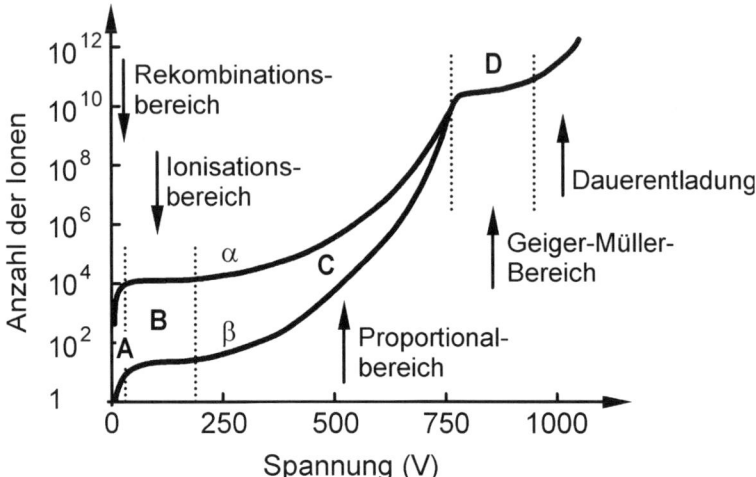

Abbildung 26.8: *Charakteristik des Gasentladungszählrohrs für α- und β-Teilchen*

Bei weiterer Steigerung der Spannung erzeugt jedes ionisierende Teilchen den gleichen Stromstoß, weil dieser nur durch die Konstruktionsmerkmale des Zählrohrs begrenzt ist (Bereich D). Es ist nicht mehr möglich, etwas über die Energie und die Art der ionisierenden Strahlung auszusagen. Dafür sind die Empfindlichkeit und die Höhe des Ausgangsimpulses deutlich höher als beim Proportionalzählrohr. Diese Vorteile lassen das **Geiger-Müller**-Zählrohr[109,110] überall dort zum Einsatz gelangen, wo eine Aussage über die Zahl der Teilchen ausreicht (Aktivitätsmessung, Überwachung usw.).

Kristallzähler: Zunehmend finden geeignete Isolator- oder Halbleiterkristalle Anwendung als Detektoren für ionisierende Strahlung. In diesen Zählern befreit die Strahlung im Innern des Isolatorkristalls Elektronen, die die Leitfähigkeit des Kristalls kurzfristig erhöhen. Über eine geeignete Schaltung wird die Leitfähigkeitsänderung in einen Spannungsimpuls umgewandelt. Wie beim Zählrohr ist es damit möglich, einzelne Teilchen zu zählen.

In der Personendosimetrie verwendet man Isolatorkristalle, bei denen die Elektronen, durch radioaktive Strahlung angeregt, in tiefe Haftstellen un-

---

[109] Geiger, Johannes (Hans), *Neustadt a.d. Weinstraße 30.9.1882, †Potsdam 24.9.1945
[110] Müller, Walther M., *1905 †1979

terhalb des Leitungsbandes befördert werden. Zur Überprüfung der eingestrahlten Dosis wird der Kristall aufgeheizt. Die Elektronen werden dadurch
ins Leitungsband gehoben, von dort gehen sie unter Emission eines Lichtquants in den Grundzustand über (Thermolumineszenz). Die Lichtausbeute
wird gemessen, sie ist der empfangenen Dosis proportional.

26.6   Strahlenschäden

Mögliche Folgen einer längere Zeit auf den menschlichen Organismus wirkenden Strahlenbelastung (nach BAM, Strahlenschutz beim Umgang ..., Berlin, April 1978):

Strahlenwirkung von außen
und durch inkorporierte Stoffe
↓
latente (verborgene) Schäden

somatische (Körper-) Schäden besonders wirksam in der Entwicklungsphase (Embryo – Gefahr von Mißbildungen! – bis Jugend) und allgemein auf die blutbildenen Organe (Knochenmark, ...)

Frühschäden   Spätschäden
z.B. Trübung   z.B. Krebs,
der Augenlinse   Leukämie

genetische (Erb-) Schäden Keimzellen betroffen, d.h. Gonadenbereich;

Verdoppelung der natürlichen Mutationsrate (Veränderungen in der genertischen Information) durch 0.2 bis 2 Sv (20 bis 200 rem).

Gefährdung der Nachkommen.

Strahlenwirkung nach kurzfristiger Ganzkörperbestrahlung (nach BAM)

Äquivalentdosis D_q (mSv)	Strahlenwirkung
0 - 250	Keine klinisch erkennbaren Wirkungen, Spätschäden möglich.
250 – 1000	Vorübergehende Veränderungen des Blutbildes, Übelkeit, Erbrechen, Veränderung des Blutbildes mit verzögerter Erholung.
2000 – 3000	Übelkeit und Erbrechen am ersten Tag möglich, nach einer Latenzzeit von 10 Tagen Übelkeit, Blässe, Abmagerung, Appetitverlust, bei vorher gesundem Zustand Erholung innerhalb von drei Monaten wahrscheinlich, einzelne Todesfälle möglich.

3000 – 6000	Symptome wie oben, nach Latenzzeit von einer Woche Fieber, innere und äußere Blutungen, Entzündung von Mundhöhle und Rachenraum, Todesfälle nach zwei – sechs Wochen, 4500 mSv (450 rem) = mittlere letale Dosis, d.h. 50% Todesfälle.
6000 und mehr	In nahezu 100% der Fälle muß mit dem Tod gerechnet werden.

27 Technische Anwendung der Kernphysik

Ihre große Bedeutung hat die Kernphysik durch die Möglichkeit erlangt, bislang unbekannte Ausmaße von Energie durch Umwandlung von Masse in Energie zu erzeugen. Wir wollen die Funktionsweise eines Kernreaktors beschreiben und einige Anwendungen in der Medizin nennen.

27.1 Kernspaltung zur Energieerzeugung

Kettenreaktion: Von großem praktischen Interesse ist die Tatsache, daß in Stoffen wie ^{235}U, sog. Spaltstoffen, eine *Kettenreaktion* [*chain reaction*] ablaufen kann. Die bei der Spaltung eines ^{235}U-Kerns freiwerdenden 2 bis 3 Neutronen sind in der Lage, weitere Kerne dieses Typs zu spalten (Abb. 27.1). Im günstigsten Fall verdreifacht sich damit die Zahl der spaltfähigen Neutronen von Neutronengeneration zu Neutronengeneration (Generationsdauer $\approx 10^{-8}$ s). Die Zahl der Spaltungen verdreifacht sich

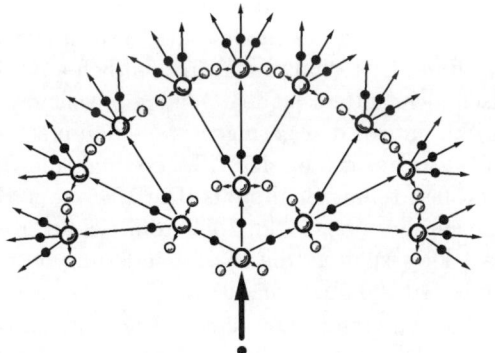

Neutronenanzahl:
1. Generation: 3 x 1
2. Generation: 3 x 3 = 9
3. Generation: 3 x 9 = 27
n. Generation: 3^n

Abbildung 27.1: *Schema einer Kettenreaktion, bei der pro Spaltung 3 Neutronen frei werden.*

ebenfalls, in gleichem Maße steigt die freigesetzte Energie, die ja der Zahl der Spaltungen proportional ist. Dieser lawinenartige, ungehemmte Anstieg der Zahl der Spaltungen heißt unkontrollierte Kettenreaktion. Auf diesem Prinzip beruht die Kernspaltungsbombe [*nuclear bomb*] (Atombombe). Die Kettenreaktion ist nur möglich, wenn die Spaltstoffmenge größer oder gleich einer *kritischen Masse* [*critical mass*] ist. Sonst ist das Volumen, welches der Spaltstoff ausfüllt, so klein, daß zu viele Neutronen die Spaltstoffkugel verlassen, ohne einen Kern gespalten zu haben. Die Kettenreaktion erlischt. Im Spaltstoff selbst dürfen außerdem nicht zu viele Neutronen durch andere, nicht spaltfähige Kerne eingefangen werden, sonst erlischt die Kettenreaktion ebenfalls. Der Spaltstoff muß deshalb relativ rein sein.

Im Kernkraftwerk [*nuclear power plant*] wird die Energiefreisetzung einer im Reaktor ablaufenden Kettenreaktion zur Stromerzeugung genutzt. Von der oben besprochenen unkontrollierten Kettenreaktion unterscheidet sich die im Reaktor ablaufende kontrollierte Kettenreaktion dadurch, daß sie nicht explosionsartig abläuft.

Brennmaterialien: Durch Beschuß mit Neutronen lassen sich prinzipiell alle Kerne spalten. Als Spaltstoffe kommen aber nur wenige Kerne in Frage. Es sind die leicht spaltbaren Kerne, bei denen die Energie des absorbierten Neutrons ausreicht, den Kern zu spalten. Die meisten Kerne spalten erst nach Aufnahme wesentlich höherer Energien. Eine Kettenreaktion ist in solchen Stoffen nicht möglich.

Die einzig bekannten Spaltstoffe sind Uran (^{233}U, ^{235}U) und Plutonium (^{239}Pu). Sie kommen in der Natur nicht rein bzw. fast überhaupt nicht (^{239}Pu) vor. ^{235}U ist in natürlichem Uran nur zu 0,7% vorhanden, der Rest ist schwer spaltbares ^{238}U. Die Gewinnung des Spaltstoffes, also die *Trennung der Isotope* [*isotope separation*], ist technisch außerordentlich aufwendig. Da sich die Isotope chemisch nicht unterscheiden, müssen physikalische Methoden angewandt werden. Sie nutzen den geringen Massenunterschied der Isotope. Während des 2. Weltkrieges gelang den USA erstmals die Gewinnung nennenswerter Mengen fast reinen Spaltstoffs. Die 1945 über Hiroshima gezündete ^{235}U-Bombe enthielt über 50 kg Spaltstoff. Bei der Kettenreaktion wurde davon etwa 1 kg gespalten, die Massenänderung betrug 1 g. Die Zahl der Toten wird mit 140.000 abgeschätzt.

Als Reaktorbrennstoff ist reiner Spaltstoff ungeeignet. Einerseits ist die Isotopentrennung viel zu teuer, andererseits ist die pro Volumen frei werdende Wärmemenge zu groß. Nach früheren Versuchen mit Natururan verwendet man in den heutigen Reaktoren angereichertes Uran als Brennstoff.

Angereichertes Uran ist ein ^{235}U-^{238}U-Isotopengemisch, bei dem der Anteil des spaltbaren ^{235}U größer ist als in Natururan. Für Leichtwasserreaktoren z.b. sind Anreicherungsgrade von 2,5 – 4 % üblich.

Eine Kettenreaktion ist aber nur dann in leicht angereichertem Uran herbeiführbar, wenn die bei der Spaltung von ^{235}U frei werdenden Neutronen abgebremst werden, damit sie nicht durch ^{238}U eingefangen werden können. Die bei der Spaltung ein ^{235}U-Kerns frei werdenden Neutronen besitzen im Mittel Energien von etwa 1,5 MeV (*schnelle Neutronen*).

Von ^{238}U absorbiert, bewirken schnelle Neutronen vielmehr folgende Reaktion:

$$\underset{\substack{\textit{Ausgangs}-\\\textit{kern}\\(\textit{Brutstoff})}}{^{238}_{92}\text{U} +^1_0 n} \quad\rightarrow\quad \underset{\substack{\textit{instabiler}\\\textit{Zwischen}-\\\textit{kern}}}{^{239}_{92}\text{U}} \quad\rightarrow\quad \underset{\substack{\textit{instabiles}\\\textit{Zwischen}-\\\textit{produkt}}}{^0_{-1}e +^{239}_{93}\text{Np}} \quad\rightarrow\quad \underset{\textit{Plutonium}}{^0_{-1}e +^{239}_{94}\text{Pu}}$$

$$(27.1)$$

Bei diesem sogenannten Brutvorgang entsteht mit einer gewissen zeitlichen Verzögerung aus dem nicht spaltbaren ^{238}U das spaltbare Plutonium (^{239}Pu), es werden aber keine Neutronen frei, das absorbierte Neutron geht für die Kettenreaktion verloren. Durch Bestrahlung mit Neutronen kann man also das ^{238}U in spaltbares Material für Reaktoren verwandeln. Eine vergleichbare Brutreaktion ist auch mit Thorium (^{232}Th) möglich.

$$^{232}_{90}\text{Th} +^1_0 n \quad\rightarrow\quad ^{233}_{90}\text{Th} \quad\rightarrow\quad ^{233}_{91}\text{Pa} +^0_{-1} e \quad\rightarrow\quad ^{233}_{92}\text{U} +^0_{-1} e \qquad (27.2)$$

Die störende Einfangreaktion von ^{238}U spielt bei niedrigen Neutronenenergien keine Rolle mehr ($\sigma \approx 1$ barn). Dafür ist die Spaltung von ^{235}U wesentlich wahrscheinlicher durch langsame Neutronen ($\sigma \approx 1000$ barn) als die durch schnelle Neutronen ($\sigma \approx 1$ barn).

Ein Reaktor besteht im wesentlichen aus den folgenden Teilen:

Spaltstoff: Der eigentliche Brennstoff oder Spaltstoff, meistens in Form von stab- oder plattenförmigen Brennelementen.

Moderator: In ihn sind die Brennelemente eingebettet, und er hat die Aufgabe, die schnellen Neutronen abzubremsen. Durch elastische Stöße wird dann maximal Energie übertragen, wenn die stoßenden Massen gleich sind. Als Moderatoren kommen deshalb nur leichte Stoffe in Frage. Eine zweite Forderung an sie ist, daß sie keine Neutronen absorbieren dürfen, d.h. ihr Absorptionsquerschnitt für Neutronen muß sehr klein sein. Gebräuchliche

Moderatoren sind gewöhnliches Wasser (H_2O), schweres Wasser (D_2O) und Kohlenstoff $^{12}_{6}C$ (Graphit). Moderator und Brennstoff bilden zusammen den Reaktorkern (Abb. 27.2).

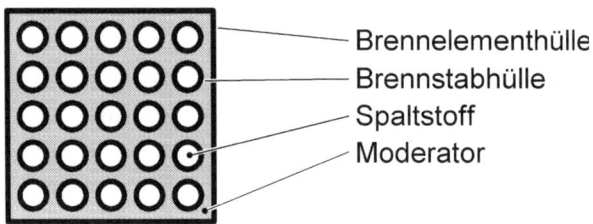

Abbildung 27.2: *Brennelement*

Reflektor: Er umgibt den Kern und hat die Aufgabe, die aus dem Kern entweichenden Neutronen zum Teil zurückzustreuen.

Regel- oder Absorberstäbe: Durch sie ist es möglich, den Neutronenhaushalt eines Reaktors zu beeinflussen. Der stationäre Betrieb erfordert, daß von den bei der Spaltung frei werdenden Neutronen im Mittel genau eines wieder eine Spaltung bewirkt. Anfahren und Abstellen des Reaktors erfordern einen Anstieg bzw. eine Abnahme des Neutronenflusses. Erreicht wird dies dadurch, daß man dem Neutronenhaushalt mehr oder weniger viele Neutronen entzieht.

Die Regel- oder Absorberstäbe bestehen aus stark neutronenabsorbierendem Material, sie werden je nach Bedarf mehr oder weniger weit in den Reaktor hineingefahren. Gängige Materialien sind Cadmium und Bor.

Strahlenabschirmung: In ihr werden die entweichenden Neutronen und die entstehende Gammastrahlung absorbiert.

Kühlkreislauf: Er führt die bei der Spaltung entstehende Wärme aus dem Reaktorkern ab. Dient Wasser als Moderator, hat es gleichzeitig die Funktion des Kühlmittels. Dient fester Graphit als Moderator, so müssen die einzelnen Blöcke Kanäle aufweisen, durch die ein Gas (z.B. CO_2) als Kühlmittel geleitet werden kann.

Man unterscheidet folgende Reaktortypen:

Forschungsreaktoren: Sie dienen Wissenschaftlern als äußerst intensive Strahlungsquellen. Die beim Betrieb des Reaktors anfallende Wärmeenergie ist im allgemeinen nur ein unerwünschtes Nebenprodukt. Die Anforderungen an einen Forschungsreaktor sind: möglichst hohe Neutronen- und Gammastrahlungsintensität und Zugang zum Reaktorkern für Experimente.

Der Schwimmbad-, der Schwerwassertank- und der Natururan-Graphit-Reaktor sind typische Forschungsreakoren. Beim Schwimmbadreaktor dient das Wasser gleichzeitig als Moderator, Reflektor und Kühlmittel. Diese Rolle übernimmt bei Schwerwasserreaktoren das Schwere Wasser (D_2O). Der hohe Preis von Schwerem Wasser zwingt zu einer anderen Baukonstruktion (geschlossener Kühlkreislauf). Beim Natururan-Graphit-Reaktor dient natürliches Uran als Brennstoff und Graphit als Moderator. Gekühlt wird der Reaktor mit Gas.

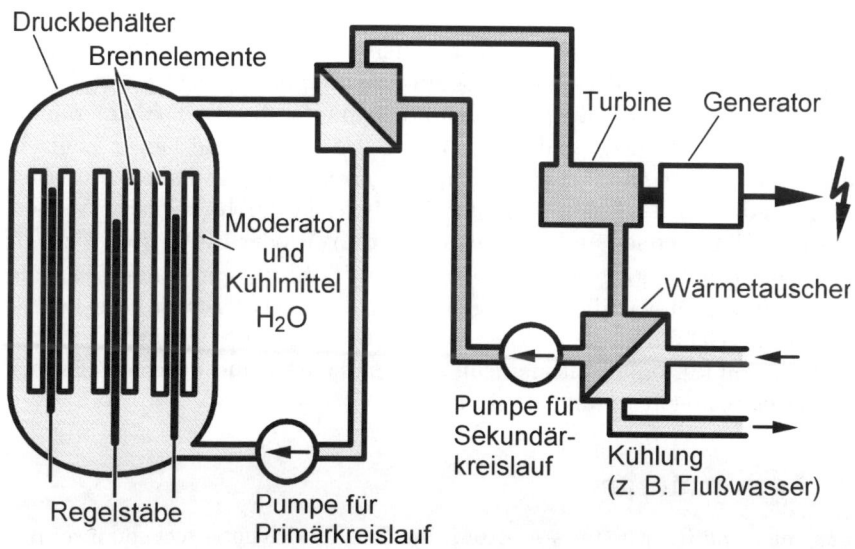

Abbildung 27.3: *Leichtwasserreaktor*

Leistungsreaktoren: Es sind im wesentlichen drei Typen, die sich als wirtschaftliche Leistungsreaktoren durchgesetzt haben: der Druckwasserreaktor, der Siedewasserreaktor und der gasgekühlte Graphitreaktor.

Ein heterogener, thermischer Reaktor, der H_2O als Kühlmittel und Moderator benutzt, heißt Leichtwasserreaktor (LWR) (Abb. 27.3). Wird durch hohen Druck im Primärkühlkreislauf ($\approx$ 150 atm) ein Sieden des Wassers verhindert, heißt der Reaktor Druckwasserreaktor. Wird das Sieden des Wassers zugelassen (Druck etwa 70 atm), heißt der Reaktor Siedewasserreaktor. Graphitreaktoren enthalten Graphit als festen Moderator, in dem Stäbe aus Natururan als Brennstoff eingelagert sind. Das Kühlmittel ist CO_2, das in einem Wärmetauscher Dampf erzeugt.

Brutreaktoren: Sie sind Leistungsreaktoren, die neben der Energieerzeugung noch eine zweite Aufgabe erfüllen. Sie "erbrüten" Spaltstoff, d.h. sie wandeln bestimmte nicht spaltbare Stoffe (Brutstoffe) in Spaltstoff um. Der wichtigste Brutstoff ist das im Natururan zu 99,3% vorhandene, nicht spaltfähige ^{238}U. Durch Einfang eines Neutrons wandelt es sich in das spaltbare Endprodukt Plutonium um (Gl. (27.1)).

Der Brutreaktor ist so ausgelegt, daß ein Teil der im Reaktorinnern frei werdenden Spaltneutronen auf Brutstoffkerne trifft. Während der Brutreaktor im Innern (in der Spaltzone) zur Leistungserzeugung Spaltstoff verbraucht, entstehen in der Brutzone des Reaktors, die die Spaltzone mantelförmig umgibt, neue spaltfähige Kerne. Nach genügend langer Laufzeit des Reaktors hat das Pu im Brutmantel einen genügend hohen Anreicherungsgrad erreicht. Es läßt sich dann relativ leicht durch chemische Verfahren vom ^{238}U trennen und als Brennstoff in LWR oder Brütern verwenden.

Dem Vorteil einer günstigen Ausnutzung des Kernbrennstoffes stehen als Nachteile gegenüber: die im Vergleich zum LWR größeren Sicherheitsprobleme, die Gefahren, die mit der Verarbeitung und dem Transport großer Mengen von Plutonium zusammenhängen und die Gefahr, durch den Export Schneller Brüter Kernwaffen weiterzuverbreiten.

27.2   Kernfusion

Fusionen sind Reaktionen von Atomrümpfen, die sich entsprechend ihrer positiven Ladung eigentlich abstoßen. Nur wenn sie mit sehr hohen Energien aufeinandertreffen, können sie *verschmelzen [to fuse]*. Um dazu die Voraussetzungen zu schaffen, müssen die in einem Volumen eingeschlossenen Teilchen auf sehr hohe Temperaturen gebracht werden. Bei diesen Temperaturen liegt ein Plasma vor, das sich durch materielle Wände nicht mehr einschließen läßt. Nur magnetische Felder kommen für den Plasmaeinschluß in Frage. Mit den technisch realisierbaren Magnetfeldern (bis 5 Tesla) sind magnetische Drücke bis 100 bar erreichbar. Der Druck im Plasma darf nicht größer sein als diese 100 bar, wodurch die Teilchendichte im Plasma auf

$10^{14} - 10^{15}$ Teilchen/cm^3 begrenzt ist. Sie liegt damit mehrere Größenordnungen unter der Gasdichte der Sonne. Diese geringe Teilchendichte erlaubt akzeptable Energiedichten von etwa 1 J/cm^3 erst ab Temperaturen weit über 10^9 K. Plasmatemperaturen dieser Größe sind nach heutiger Kenntnis der Technik unerreichbar. Die Verschmelzung von billigem Wasserstoff zu Helium nach "Sonnenart" ist deshalb für die Energiegewinnung auch in weiterer Zukunft kaum durchführbar.

Nur bei Verwendung von Ausgangsstoffen mit wesentlich größeren Wirkungsquerschnitten für Fusionsreaktionen kommt es möglicherweise bei den in absehbarer Zeit erreichbaren Plasmatemperaturen ($\approx 5 \cdot 10^6$ K) innerhalb des Plasmas zu einer genügend großen Zahl von Fusions-Reaktionen. Die besten Aussichten hierfür bietet die *Deuterium-Tritium-Reaktion*:

$$\text{$^2_1$H} \;+\; \text{$^3_1$H} \;\to\; \text{$^4_2$He} \;+\; \text{$^1_0$}n \;+\; 17,6 \quad \text{MeV} \tag{27.3}$$

Tritium (^{3}H) kommt in der Natur kaum vor, es müßte erst in einem Brutreaktor aus dem ebenfalls seltenen Lithium erbrütet werden. Fraglich ist, ob mit diesem relativ teuren Brennstoff, der auch eine hohe Radioaktivität mit einer Halbwertszeit von 12,3 Jahren aufweist, ein "wirtschaftlicher" Betrieb möglich ist. Die technischen Anstrengungen konzentrieren sich zur Zeit darauf, verschiedene Methoden zur Aufheizung von Gasplasmen geringer Dichte auszuprobieren. Gesicherte Aussagen über die Zukunft der Kernfusion lassen sich noch nicht machen.

27.3 Anwendung radioaktiver Stoffe

Wichtige Einsatzbereiche radioaktiver Stoffe sind die Medizin und die Chemie. Tabelle 27.1 gibt einen Überblick dieser Anwendungsmöglichkeiten. Als Beispiel für eine medizinische Anwendung ist in Abb. 27.4 das *Lungenszintigramm* eines Hochschullehrers dargestellt. Einige Minuten nach Injektion einer Substanz, die Technecium enthält, wird mit einem Strahlungsdetektor überprüft, ob die Lunge gleichmässig durchblutet ist. Der Kontrast in diesem Bild wird also dadurch erreicht, daß Bereiche der Lunge, die weniger durchblutet sind, weniger strahlendes Technecium enthalten und damit weniger Zerfälle registriert werden. Auf diesen Bildern, die bei verschiedenen Orientierungen des Patienten aufgenommen wurden, sind keine atypischen Symptome zu erkennen.

Bei den Durchstrahlverfahren (Tab. 27.1) wird die Schwächung bzw. Absorption der Strahlung zur Messung herangezogen. Die durchdringende Strahlungsintensität ist abhängig von der Dicke oder Füllhöhe des Objekts. Die Rückstreuverfahren [*back scattering*] nützen den Rückstreueffekt

Tabelle 27.1: *Einsatzbereiche radioaktiver Stoffe.*

Bereich	Anwendungsfelder
	umschlossene Strahlungsquellen
Medizin	Strahlentherapie
Strahlen-chemie	Sterilisierung medizinischer Produkte Konservierung von Nahrungsmitteln Abwasserbehandlung
chemische Analytik	Röntgenfluoreszenz-Analyse Elektroneneinfangdetektor zum Spurennachweis halogenierter Kohlenwasserstoffe
Meßtechnik	Durchstrahl- und Rückstrahlverfahren mit β- und γ-Quellen (z.b. Messung der Füllhöhe, der Dichte und der Dicke)
Energie-umwandlung	Umwandlung der Zerfallsenergie in Wärme, nachfolgende Umwandlung der Wärme in elektrische Energie (Seebeck-Effekt); Radionuklid-Batterien
	offene Strahlungsquellen
Medizin	Organ-Funktionsdiagnostik Lokalisationsdiagnostik; Szintigramme
chemische Analytik	Bestimmung des Schilddrüsenhormons
Ökotoxi-kologie	Bestimmung der Anreicherung von Umweltchemikalien in Organen und Geweben von Tieren durch radioaktive Markierung
Prozeß analyse	quantitative Verfolgung des Stofftransports in verfahrens-technischen Anlagen durch Zusatz radioaktiver Indikatoren
Verschleiß-messungen	Abriebmessung bis $10^{-3}\,\mu$m bis $10^{-4}\,\mu$m

aus. Der Strahlendetektor ist im Gegensatz zu dem Durchstrahlmeßverfahren nicht gegenüber dem radioaktiven Strahler, sondern auf der gleichen Seite angeordnet. Von diesen beiden Verfahren unterscheiden sich die Radiographieverfahren, bei denen das Untersuchungsobjekt durch β-, γ- oder n-Strahlen abgebildet wird.

Radionuklide finden auch Anwendung bei Altersbestimmungen. Durch Wechselwirkung der kosmischen Strahlung mit der oberen Atmosphäre entstehen schnelle Neutronen, die aus dem Luftstickstoff ^{14}N radioaktiven Kohlenstoff ^{14}C erzeugen. Als Kohlendioxid wird dieser von Wind und Meeres-

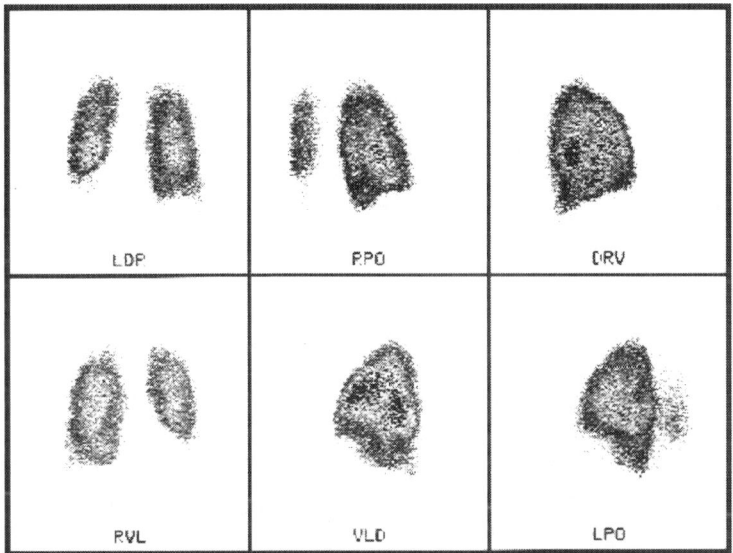

Abbildung 27.4: *Lungenszintigramm als Beispiel einer medizinischen Anwendung der Radioaktivität*

strömungen gleichmäßig verteilt, so daß sich durch Radiokohlenstoffassimilierung im Laufe der Erdgeschichte ein konstanter ^{14}C-Gehalt in allen lebenden organischen Stoffen eingestellt hat. Mit dem Tod hört dann die Assimilation auf und der radioaktive Zerfall des ^{14}C wird nicht mehr ausgeglichen. So ist die spezifische Aktivität eines vor 5570 Jahren gestorbenen Lebewesens nur noch halb so groß wie die eines lebenden Organismus, weil die Halbwertszeit von ^{14}C 5570 Jahre beträgt (Radiokohlenstoffmethode [*carbon 14 method*]). Ebenso wie ^{14}C werden auch Tritium (Tritiummethode) und Blei (Bleimethode) zur Altersbestimmung eingesetzt.

28 Elementarteilchen

Die Frage nach der Existenz von elementaren Bausteinen, welche keine innere Struktur besitzen, und deren Suche hat die Physik zu allen Zeiten beschäftigt. Heutzutage ist die Physik der Elementarteilchen eine Physik hoher Energien. Die überwiegende Anzahl von Elementarteilchen tritt unter natürlichen irdischen Bedingungen nicht auf. Um diese Teilchen überhaupt erst im Laboratorium zu erzeugen, werden Elektronen und Protonen auf Energien im GeV-Bereich beschleunigt und auf ein materielles Target oder einen zweiten Teilchenstrahl geschossen. Dabei vernichten sich manchmal diese Teilchen, und es entsteht ein Kügelchen höchstkonzentrierter Energie, das sich dann in verschiedene Elementarteilchen verwandeln kann. Die Erforschung der zwischen Elementarteilchen ablaufenden Streu- und Umwandlungsprozesse und die Suche nach neuen Teilchen mit größerer Ruhemasse erfordert dabei den Bau immer leistungsfähigerer Teilchenbeschleuniger.

Die Physik der Elementarteilchen ist ein nicht abgeschlossenes Gebiet. Als gesicherte Tatsachen können zuerst einmal nur die durch wiederholte, unabhängige Experimente aufgefundenen Eigenschaften der schon bekannten Teilchen angesehen werden, dazu in gewissem Maße auch einige allgemeine theoretische Gesetzmäßigkeiten. Die speziellen Vorstellungen von der Natur der Elementarteilchen, und damit auch jede konkrete Theorie, sind dagegen offen gegenüber dem Zustrom neuer experimenteller Fakten, z.B. der Entdeckung neuer Teilchen und neuer Wechselwirkungen.

28.1   Fundamentale Wechselwirkungen

Das Studium der Elementarteilchen ist zum Teil ein Studium der Wechselwirkungen zwischen den Teilchen, die sich folgendermaßen nach ihrer Stärke ordnen lassen (Tab. 28.1):

- Die *starke Wechselwirkung* liefert die Kernkräfte, die zwischen Nukleonen wirken und das Zusammenhalten des Atomkerns ermöglichen.

- Das Verhalten elektrisch aufgeladener Teilchen untereinander wird durch die *elektromagnetische Wechselwirkung* bestimmt. Sie hält die Atome und die Moleküle zusammen.

- Die *schwache Wechselwirkung* ist für den β-Zerfall der radioaktiven Nuklide verantwortlich.

- Die universelle gegenseitige Anziehung aller Massen ist die vierte fundamentale Wechselwirkung, die *Gravitation*. Sie ist z.B. die Ursache für die Anziehung zwischen der Sonne und ihren Planeten in unserem Sonnensystem.

Alle diese Kräfte werden in der Quantentheorie als Austauschkräfte [*exchange force*] beschrieben. Ein Teilchen, welches eine entsprechende "Eigenschaft" besitzt (z.B. Masse, elektrische Ladung), erzeugt ein Feld. Dieses

Tabelle 28.1: *Fundamentale Wechselwirkungen*

Wechsel-Wirkung	relative Stärke	Reichweite in cm	Austausch-Teilchen
stark	1	10^{-13}	π-Meson
elektromagnetisch	10^{-2}	∞	Photon
schwach	10^{-13}	$< 10^{-15}$	W-Teilchen
Gravitation	10^{-40}	∞	Graviton

Feld muß in besondere Teilchen, "Feldquanten" zerlegt werden. Die "Eigenschaft" des felderzeugenden Teilchens drückt sich durch seine Fähigkeit aus, Feldquanten einer bestimten Sorte zu emittieren und zu absorbieren. Aufgrund der Unschärferelation ist die Reichweite der Wechselwirkung durch die Ruhemasse des Feld- oder Austauschteilchens begrenzt.

28.2 Standardmodell der Elementarteilchen

Zur Klassifikation werden den Teilchen meßbare Eigenschaften zugeordnet.

Masse: Genau wie ein makroskopischer Körper haben die Teilchen eine Masse, die gewöhnlich in der Einheit GeV/c^2 angegeben wird (Ruhemasse).

Spin: Der Eigendrehimpuls eines Teilchens heißt Spin und wird in Einheiten der Planckschen Konstante $\hbar = h/2\pi$ gezählt.

Lebensdauer: Für relativ langlebige Teilchen, die in den Nachweisapparaturen noch eine beobachtbare Spur hinterlassen, kann die Lebensdauer direkt aus der Länge der Spur ermittelt werden.

Elektrische Ladung: Die elektrische Ladung aller bisher gefundenen Teilchen ist ein positives oder negatives Vielfaches der Elementarladung e.[111]

Magnetisches Moment: Teilchen mit Spin haben im allgemeinen ein magnetisches Moment, d.h. sie verhalten sich in einem Magnetfeld wie eine kleine Magnetnadel. Sofern diese Teilchen frei fliegend zu beobachten sind,

---

[111]Quarks besitzen eine unganzzahlige elektrische Ladung, treten aber nicht als freie Teilchen auf.

läßt sich ihr magnetisches Moment durch eine geeignete Anordnung von Magnetfeldern experimentell bestimmen.

Ausdehnung: Die Ausdehnung von Teilchen kann durch die räumliche Verteilung ihrer elektrischen Ladung definiert werden. Die experimentelle Bestimmung dieser Ladungsdichte erfolgt durch elastische Streuung von Elektronen.

Bis 1932 waren nur zwei Teilchen als Elementarteilchen bekannt, das Proton und das Elektron. Seitdem hat man jedoch viele neue Elementarteilchen gefunden, die großenteils durch Wechselwirkungsprozesse hoher Energie ineinander übergehen. Daher nimmt man heute an, daß die einzelnen Elementarteilchen nur verschiedene Erscheinungsformen der Materie oder Energie sind. Das sogenannte Standardmodell bildet die Basis der gegenwärtigen

Tabelle 28.2: *Elementarteilchen*

Elementarteilchen		
Hadronen		Leptonen
Mesonen	Baryonen	z.B. Elektron e
z.B. π-Meson	z.B. p und n	Neutrino ν
$q\bar{q}$	qqq	
Quarks		

Theorie der Materie und der Wechselwirkungen. Danach gibt es zwei grundlegende Arten von Teilchen:

- *Fermionen [fermion]* und

- *Bosonen [boson].*

Fermionen sind die Grundbausteine der Materie (etwa die Neutronen und Protonen von Atomkernen sowie die Elektronen der atomaren Hülle), während Bosonen die Träger der Kräfte darstellen – sie werden zwischen den Fermionen ausgetauscht und erzeugen dabei eine anziehende oder abstoßende Kraft zwischen diesen.

Fermionen unterteilen sich wiederum in zwei Untergruppen (Tab. 28.2):

- *Leptonen* und

- *Hadronen.*

Zu den Leptonen gehören sowohl geladene Teilchen, wie z.b. das Elektron und das Myon, als auch ungeladene, praktisch masselose Teilchen, die Neutrinos.

Die Klasse der Hadronen läßt sich in zwei Familien unterteilen: Baryonen und Mesonen. Zu den Baryonen gehören beispielsweise Proton und Neutron, unter die Mesonen fallen Teilchen wie das Pion. Im Laufe der letzten Jahrzehnte wurde immer deutlicher, daß auch diese Teilchen eine komplexe Struktur besitzen. Die Bausteine der Hadronen werden Quarks genannt. Die präzisierte Vorstellung ist, daß Mesonen aus einem Quark und einem Antiquark ($q\bar{q}$), Baryonen aus drei Quarks bestehen (qqq).

Obwohl die Quarks bislang nicht als freie Teilchen beobachtet worden sind, gibt es experimentelle Nachweise, daß alle sechs von ihnen tatsächlich existieren. Laufende und künftige Experimente werden den Gültigkeitsbereich des Standardmodells wesentlich genauer erkunden als bisher.

Teil 7: Festkörperphysik

29   Festkörper

Materie begegnet uns in der Natur in verschiedenen Aggregatzuständen. So spricht man je nach Temperatur- und Druckbereich vom festen, vom flüssigen und vom gasförmigen Zustand der Materie. Durch Energiezu- oder -abfuhr lassen sich die Zustände ineinander überführen; dabei werden die Bindungskräfte im Vergleich zur Energie der Teilchen schwächer, ihre Beweglichkeit erhöht sich und ihre Ordnung geht zunehmend verloren. Bei sehr hohen Energien können die Atome sogar ihre Elektronenhüllen ganz abstreifen und die Elektronen sich losgelöst von den Atomkernen bewegen. Diesen "Plasmazustand" bezeichnet man oft als den vierten Aggregatzustand.

Obgleich die Menschheit schon sehr früh an Festkörpern in Form von Mineralien und Edelsteinen interessiert war, ist die Festkörperphysik eine relativ junge Wissenschaft. Erst zu Anfang unseres Jahrhunderts begannen systematische physikalische Untersuchungen an periodisch angeordneten Verbindungen der Elemente; es erschienen erste wissenschaftliche Arbeiten zur Strukturanalyse mittels der Beugung von Röntgenstrahlen an Kristallen. Die Physik der Festkörper wurde bis dahin so gut wie nicht verstanden, erst die Entwicklung der Quantenmechanik ebnete den Weg für ein tiefergehendes Verständnis.

Die Festkörperphysik hat sich seither zu einer Wissenschaft entwickelt, die systematische Untersuchungen zu den strukturellen, elektronischen, magnetischen und optischen Eigenschaften der festen Materie anstellt und quantitative und qualitative Aussagen über ihr Verhalten trifft. Heute ist einer der Schwerpunkte innerhalb der Festkörperphysik die Halbleiterphysik; ihre Erkenntnisse besitzen sowohl technologisch als auch ökonomisch höchste Relevanz.

Ein Zugang zum Verständnis der Festkörper ist die Frage nach den Kräften, durch die sie zusammengehalten werden, also die Frage nach der chemischen Bindung der Materie. Dieser Zusammenhalt läßt sich auf nur eine Ursache zurückführen: Die Bindung durch elektrische Anziehungskräfte. Man unterscheidet grob fünf Bindungstypen, die jedoch selten in reiner Form vorliegen.

29.1 Ionenbindung

Kombiniert man positiv geladene Ionen eines Elements mit negativ geladenen Ionen eines anderen Elementes, so werden diese durch elektrostatische
Kräfte zusammengehalten. Man findet diese Art von Bindung zwischen Elementen niedriger *Ionisierungsenergie* [*ionization energy*] und hoher *Elektronenaffinität* [*electron affinity*]: Stoffe wie z.b. Li, Na oder K, also Vertreter
der ersten Hauptgruppe des Periodensystems, zeigen eine hohe Bereitschaft,
ihr am schwächsten gebundenes Elektron (das Valenzelektron) abzugeben,
und Vertreter der 7. Hauptgruppe, wie z.b. F, Cl oder I neigen dazu, dieses
Elektron aufzunehmen. Deshalb sind Verbindungen aus Elementen dieser
Gruppen vorwiegend ionisch gebunden.

Die Tatsache, daß sich bei Annäherung der Ionen ein Gleichgewichtsabstand einstellt, kann folgendermaßen verstanden werden: Die potentielle
Energie setzt sich aus zwei Anteilen zusammen: einem *anziehenden* [*attractive*] Anteil bedingt durch die ungleichnamige Ladung der Ionen, der bei
großen Abständen dominiert, und einem *abstoßenden* [*repulsive*] Anteil bedingt durch die Abstoßung der negativen Ladung der Elektronenhüllen, welcher bei kleinen Abständen überwiegt. Im Gleichgewichtsabstand sind die
daraus resultierenden Kräfte entgegengesetzt gleich groß, das System befindet sich im Zustand tiefster Energie. Eine Wanderung von Elektronen
ist in ionisch gebundenen Festkörpern nicht ohne erhebliche Energiezufuhr
möglich, sie sind Nichtleiter oder *Isolatoren* [*insulator*].

Typisches Beispiel ist die Bindung zwischen einem Na^+- und einem Cl^--
Ion (Abb. 29.1 links). Die Ionisierungsenergie, also die Energie, die aufgewendet werden muß, um ein Valenzelektron zu entfernen, beträgt bei Na
5,1 eV, die Elektronenaffinität von Cl liefert einen Energiegewinn von 3,6 eV.
Somit benötigt man zum Elektronentransfer 1,5 eV pro Atompaar, was den
Transfer zunächst energetisch ungünstig erscheinen läßt. Bringt man jedoch
die Ionen zusammen, gewinnt man die Coulombenergie, die bei der Bindung
frei wird. Sie errechnet sich aus

$$E_C = -\frac{e^2}{4\pi\varepsilon_0 r}$$

wobei r der atomare Abstand der Na^+ und Cl^- Ionen im NaCl [Kochsalz]
ist. Mit $\varepsilon_0 = 8,85 \cdot 10^{-12}$ As/(Vm) und $r = 2,82$ Å (1 Å $= 10^{-10}$ m) ergibt
sich $E_C = -5,1$ eV, was die 1,5 eV weit überkompensiert. Die Umwand-
lung getrennter Na und Cl Atome in einen Festkörper, in dem beide Atome
elektrisch geladen, also Ionen, und dicht beieinander sind, liefert netto ener-
giemäßig einen Betrag von 3,6 eV je Ionenpaar.

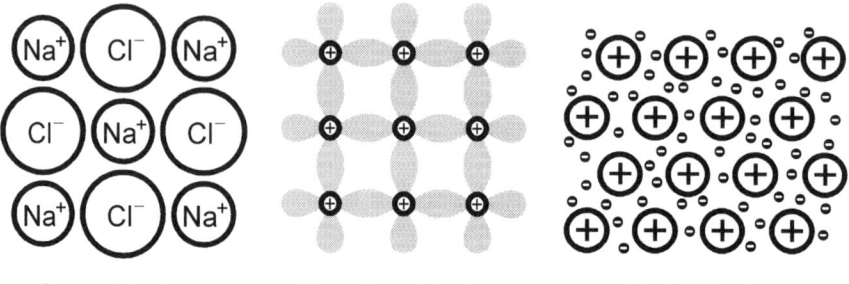

Ionenbindung   *Kovalenzbindung*   *Metallbindung*

Abbildung 29.1: *Die drei wichtigsten Bindungstypen: Ionen-, Kovalenz- und Metallbindung*

29.2 Kovalente oder homöopolare Bindung

Entsteht eine Bindung durch Überlappen der Elektronenwolken gleichartiger Atome, so spricht man von *kovalenter [covalent]* Bindung (Abb. 29.1 Mitte). Dies führt zu einer Konzentration von Elektronenpaaren entgegengesetzter Spinrichtung zwischen den gebundenen Atomen. Die Energieniveaus der Elektronen im Einzelatom spalten in einen tieferliegenden und einen höherliegenden Term auf. Bei Atomen, die sich zu einem Molekül binden, wird nur der tieferliegende Term besetzt. Dies führt zu einer Absenkung der Gesamtenergie und somit zu einem energetisch günstigeren, also stabileren Zustand (*bindendes Orbital*).

Diese Art der Bindung ist stark gerichtet, d.h. sie wirkt in bestimmten Raumrichtungen. So kristallisieren z.B. Elemente der vierten Hauptgruppe wie C, Ge oder Si in der sog. Diamantstruktur, bei der die Bindungen zu den nächsten vier Nachbarn Tetraederwinkel (109,5°) einschließen. Kovalent gebundene Stoffe zeichnen sich durch große Härte aus und zeigen in reiner Form bei tiefen Temperaturen keine elektrische Leitfähigkeit [*conductivity*]. Bei Temperaturerhöhung werden die kovalenten Bindungen zunehmend aufgebrochen und die Materialien werden leitend. Deshalb bezeichnet man sie auch als *Halbleiter [semiconductor]*.

29.3 Metallische Bindung

Bei *Metallen* erfolgt der Zusammenhalt durch die Wechselwirkung der frei beweglichen, negativ geladenen Elektronen ("Elektronengas") mit den eingebetteten, positiv geladenen Atomrümpfen (Abb. 29.1 rechts). Im Gegensatz zur kovalenten Bindung besitzen hier nicht nur zwei Nachbaratome gemeinsame Elektronen, sondern der ganze Atomverband teilt sich alle Valenzelektronen der Einzelatome. Die Bindungskräfte sind hier sehr viel schwächer, die Bindung ist nicht streng gerichtet, sondern gleichmäßig in alle Richtungen verteilt. Die elektrische Leitfähigkeit ist wegen der frei beweglichen Elektronen vergleichsweise groß, im Gegensatz zum Halbleiter nimmt sie hier aber mit zunehmender Temperatur ab. Typische Vertreter sind Elemente der ersten Hauptgruppe, also z.b. Li, Na oder K, und Metalle wie Fe, Cu, Ag oder Au.

Zwei weitere Bindungstypen sind für die Festkörperphysik weniger wichtig und werden deswegen nur am Rande erwähnt.

Dipol- oder Wasserstoffbrücken-Bindung: Bei ihr bilden sich permanente Dipole aus, die einen relativ schwachen Zusammenhalt von Molekülen bewirken (z.b. Eis).

Van-der-Waals-Bindung: Sie ist eine noch schwächere Form der Bindung, bei der der Zusammenhalt der Teilchen durch induzierte Dipole bewirkt wird (z.b. feste Edelgase bei tiefen Temperaturen).

29.4 Kristalltypen

Die meisten aus Atomen, Ionen oder kleinen Molekülen aufgebauten Stoffe kristallisieren bei hinreichend tiefen Temperaturen, d.h. sie fügen sich zu einer dreidimensional periodischen Anordnung zusammen. Ihr Zusammenhalt wird durch die erwähnten Bindungstypen bewirkt.

Im Gegensatz zu diesem kristallinen Zustand steht der *amorphe* oder auch glasförmige Zustand, bei dem zwar eine gewisse Nahordnung [*short range order*] der Bausteine besteht, die Fernordnung [*long range order*] jedoch fehlt. Die Unterschiede in der Struktur bei kristallinem und amorphem Silizium sind in Abb. 29.2 veranschaulicht. Die Atome des kristallinen Materials sind über weite Entfernungen im Gitter wohldefiniert angeordnet, im amorphen Material ist lediglich die Bindung zum Nachbaratom ähnlich wie beim Kristall; eine Ordnung über mehrere Atome fehlt jedoch gänzlich. Ob sich beim Abkühlen von Atomen kristalline oder amorphe Substanzen bilden, hängt wesentlich von der Abkühlrate ab. Kühlt man zu schnell ab, gibt es nicht genügend Zeit, den energetisch günstigsten, kristallinen Zustand zu bilden: das Material wird amorph.

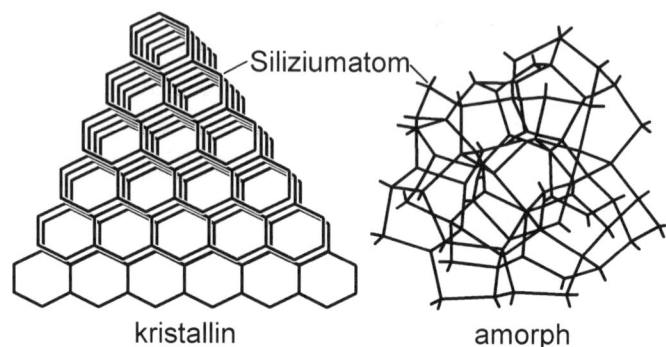

kristallin   amorph

Abbildung 29.2: *Perspektivische Zeichnung von kristallinem und amorphem Silizium*

Von den vielfältigen kristallinen Anordnungsmöglichkeiten der Bausteine, also den verschiedenen Kristallsystemen, seien hier nur zwei erwähnt. So kristallisiert das ionisch gebundene NaCl in der *kubischen Kristallstruktur* (Abb. 29.3). Hier besteht das Ionengitter aus zwei "kubisch-flächenzentrier-

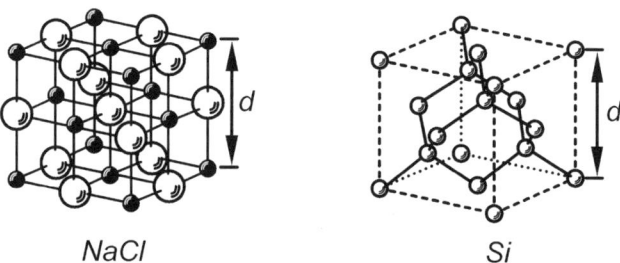

NaCl   *Si*

Abbildung 29.3: *Kristallstrukturen von NaCl (Kochsalz) und Silizium (d: Gitterkonstante)*

ten" [*face-centered cubic*] Untergittern: Sowohl die Na^+-Ionen des einen als auch die Cl^--Ionen des anderen Untergitters sitzen auf den Ecken eines Würfels, und zusätzlich ist der Mittelpunkt jeder Fläche mit je einem Baustein belegt. Die beiden Untergitter sind um eine halbe Gitterkonstante d gegeneinander verschoben. Die Gitterkonstante d ist hier die Kantenlänge der NaCl-Elementarzelle, die die kleinstmögliche, sich periodisch wiederholende Einheit des Kristalls darstellt.

Silizium – Ausgangsmaterial für Mikrochips – kristallisiert ebenfalls im kubischen System und zeigt *Diamantstruktur [diamond structure]*. Hier sitzen die zu einem Siliziumatom benachbarten Bausteine in den vier Eckpunkten eines Tetraeders (Abb. 29.3).

29.5 Röntgenstrukturanalyse

Der kristalline Zustand von Festkörpern läßt sich mit Hilfe der **Röntgenstrukturanalyse**[84] experimentell bestätigen. Beim sog. "**Laue**verfahren"[112] wird dabei ein feiner Röntgenstrahl von "weißer" Röntgenstrahlung, also mit vielen verschiedenen Frequenzen, durch einen Kristall gesandt. Auf einem dahinter aufgestellten Schirm beobachtet man neben einem zentralen Fleck ein regelmäßiges Muster von Punkten. Dieses Muster, wie wir es auch bei Gitterinterferenzen kennen, kommt durch die Interferenz des an den Gitteratomen gebeugten Röntgenstrahls zustande und ist eindeutiger Beweis für die regelmäßige Anordnung der Gitteratome.

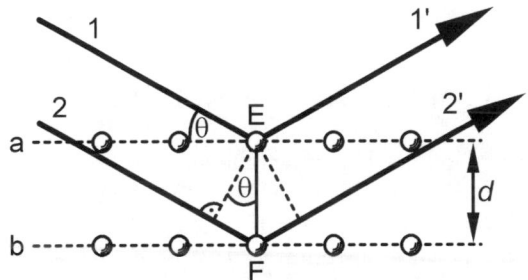

Abbildung 29.4: *Interferenz zweier Röntgenstrahlen an den Netzebenen a und b eines Kristalls*

Um diese Erscheinung zu verstehen, sind in Abb. 29.4 zwei sog. *Netzebenen [lattice planes]* a und b mit zwei Gitterpunkten E und F angedeutet. Zwei parallele Strahlen 1 und 2 einer bestimmten Wellenlänge fallen von links auf die beiden Gitterpunkte E und F ein und werden unter einem bestimmten Winkel Θ gestreut. Dabei muß Strahl 2' gegenüber Strahl 1' einen um $2d\sin\Theta$ längeren Weg in Kauf nehmen. Beträgt der Wegunterschied ein ganzzahliges Vielfaches n einer Röntgenwellenlänge λ, so verstärken sich die beiden Wellen gegenseitig. Es liegt also konstruktive Interferenz vor, wenn

[112]Laue, Max von: *Pfaffendorf (bei Koblenz) 9.10.1879, †Berlin 24.4.1960, Physik-Nobelpreis 1914

die **Bragg**sche[113,114] Bedingung

$$\boxed{2d\sin\Theta = n\lambda} \qquad n = 1,2,3\ldots \qquad (29.1)$$

erfüllt ist. Für alle anderen Wellenlängen liegt für diesen Winkel Θ dann destruktive Interferenz vor (bei gleicher Beugungsordnung n). In der Praxis wird häufig monochromatische Röntgenstrahlung (etwa Cu K_α, $\lambda = 1,542$ Å) verwendet, die man dadurch zur Interferenz bringt, daß man die Röntgenquelle um einen Winkel Θ, den Detektor um den Winkel 2Θ um eine Probe dreht. Dann gibt es nach (29.1) bei bestimmten Winkeln Θ Reflexionen aufgrund konstruktiver Interferenz. Sind die Ordnung n der Interferenz (n ist eine ganze Zahl), die monochromatische Wellenlänge λ und Θ bekannt, lassen sich damit der Abstand zwischen zwei Netzebenen d und damit auch die Gitterkonstanten des Kristalls bestimmen. Bei amorphen Substanzen ergibt sich entsprechend ihrer Unordnung keine Richtung Θ mit konstruktiver Interferenz. Die Winkelverteilung der gestreuten Röntgenstrahlung ist strukturlos.

30 Vom Atom zum Festkörper

Eine wichtige Frage bei der Untersuchung von Festkörpern ist die nach den elektrischen und optischen Eigenschaften. Wie kann man verstehen, daß bestimmte Stoffe hervorragende Leiter, andere sehr gute Isolatoren sind und wieder andere erst ab bestimmten Temperaturen leiten? Oder warum emittieren Kristalle Licht bestimmter Frequenzen bei äußerer Anregung? Dazu befassen wir uns mit den Elektronen der im Festkörper gebundenen Atome etwas näher.

30.1 Über das Zustandekommen der Energiebänder

Betrachten wir ein freies Atom, so lassen sich mit den Methoden der Quantenmechanik diskrete Energiezustände, sog. *Eigenzustände [eigenstates]* zur Energie, für die im Coulombpotential der Kerne gebundenen Elektronen berechnen. Abbildung 30.1a) zeigt das atomare Coulombpotential, welches

---

[113]Bragg, Sir William Henry: brit. Physiker, *Wigton (Cumberland) 2.7.1862, †London 12.3.1942, Physik-Nobelpreis 1915
[114]Bragg, Sir William Lawrence: *Adelaide (Australien) 31.3.1890, †Ipswich (Cty. Suffolk) 1.7.1971, Physik-Nobelpreis 1915

umgekehrt proportional zum Abstand r vom Atomkern ist sowie die diskreten Energiezustände mit ihrer Hauptquantenzahl n, die von Elektronen besetzt werden können.

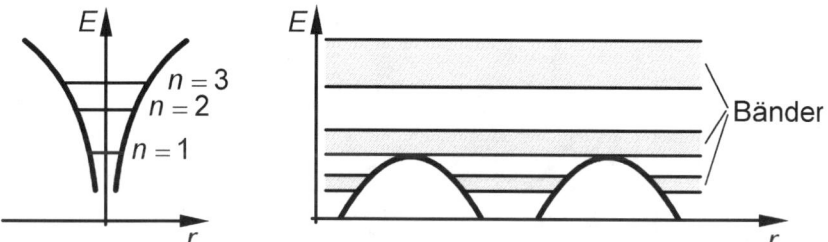

Abbildung 30.1: *a) Atomares Coulombpotential, diskrete Energieniveaus der Elektronen; b) Kollektives Kristallpotential, Energiebänder im Kristall*

Diese Energiezustände sind für weit voneinander entfernte Atome entartet, d.h. es gibt zu ein und demselben Energiewert mehrere Energiezustände. Die quantenmechanische Störungsrechnung [*pertubation theory*] lehrt, daß diese entarteten Eigenzustände unter dem Einfluß einer äußeren Störung in nebeneinanderliegende Zustände oder Niveaus aufspalten können. Bringt man zwei Atome zusammen, so stört das Coulombfeld des einen Atoms die Energiezustände des anderen Atoms und umgekehrt; folglich tritt die oben beschriebene Aufspaltung in mehrere Niveaus ein.

Ähnlich ist es beim Zusammenfügen einer großen Anzahl freier Atome zu einem Kristallverband. Hier erfolgt eine Aufspaltung in sehr dicht nebeneinanderliegende Zustände, d.h. die diskreten Elektronenenergieniveaus weiten sich zu *Energiebändern* [*energy band*] auf (Abb. 30.1b). Ihre Breite ist abhängig vom Abstand der Atome (Abb. 30.2). Die Dichte der von Elektronen besetzbaren Zustände eines Energiebandes ist proportional zur Zahl der am Aufbau des Kristalls beteiligten Atome. Zwischen je zwei Energiebändern kann eine *Energielücke* [*energy gap, band gap*] liegen. In diesem Bereich findet man keine elektronischen Zustände, also auch keine Elektronen. Kristallelektronen können keinen Energiewert aus diesem Bereich annehmen. Energetisch tieferliegende Zustände sind stärker lokalisiert als höherliegende und spalten erst bei nennenswert höheren Feldstärken auf. Die Bänder sind also auch wesentlich schmaler und die sich darin befindlichen Elektronen stärker an die einzelnen Kristallatome gebunden. Elektronen auf energetisch höheren, breiteren Bändern sind mit zunehmender Energie beweglicher und ihre Bindung an die Einzelatome geringer.

Aus Abb. 30.1 erkennt man, daß es Energieniveaus gibt, die nicht mehr dem einzelnen Atom zugeordnet sind, sondern dem Festkörper kollektiv zugerechnet werden müssen. Sind diese kollektiven Bänder nicht voll besetzt, können sich Elektronen darauf relativ frei durch den Festkörper bewegen; sie werden als quasifreie Elektronen bezeichnet.

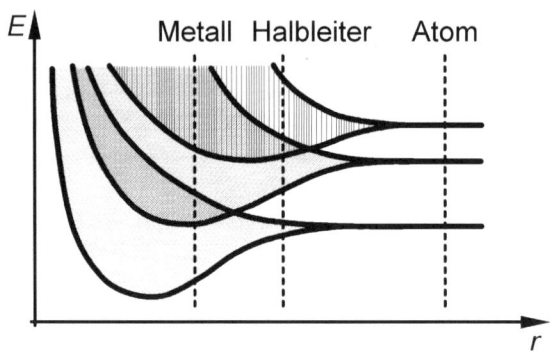

Abbildung 30.2: *Die Aufspaltung atomarer Energieniveaus in Abhängigkeit vom Abstand r der Atome (E_g ist die Energielücke)*

Die *Besetzung* [*occupation*] der Bänder erfolgt nach dem Pauli-Prinzip. Jeder Zustand der Bänder wird von zwei Elektronen entgegengesetzten Spins von niedrigen zu höheren Energiezuständen hin besetzt. Das oberste bei $T = 0$ K vollständig besetzte Band heißt *Valenzband* [*valence band*], das unmittelbar darüberliegende Band, welches entweder teilweise besetzt oder leer ist, nennt man *Leitungsband* [*conduction band*].

30.2 Vereinfachte Darstellung des Bändermodells

Die Darstellung der erlaubten und verbotenen Energiebereiche für Elektronen im Kristall, also der oben beschriebenen Energiebänder, bezeichnet man als das *Bändermodell* des Festkörpers. Im folgenden werden wir uns bei diesem Modell auf das Valenzband und das darüberliegende Leitungsband beschränken. Diese Vereinfachung macht man häufig; sie liefert eine plausible Erklärung vieler optischer und elektrischer Kristalleigenschaften. So kann man einfache Emissions- und Absorptionsvorgänge folgendermaßen begreifen: Es gibt im Kristall genau wie im Atom Übergänge zwischen den Zuständen, die unter Energieabgabe bzw. -aufnahme möglich sind. Um z.B. ein Elektron aus einem Zustand des Valenzbandes in einen Zustand des Leitungsbandes zu heben, ist mindestens die Energie E_g erforderlich, die der Energielücke entspricht. Diese Energie kann in Form von Licht, also elektromagnetischer Strahlung einer Mindestfrequenz, zugeführt werden. Genauso kann der Kristall beim Übergang von einem höheren zu einem tieferen, nicht vollständig besetzten Band Strahlung einer entsprechenden Frequenz emittieren.

Untersuchen wir Festkörper hinsichtlich ihrer Leitfähigkeit bzw. ihres spezifischen Widerstandes, so beobachtet man extrem unterschiedliches Verhalten. Zwischen sehr gut leitenden Stoffen (z.B. Silber) und nahezu nichtleitenden Materialien (z.B. Bernstein [*amber*]) liegen ungefähr 25 Größenordnungen [*order of magnitude*]! Mit Hilfe unseres einfachen Modells gelangen wir zu einem ersten Verständnis: Abbildung 30.3 zeigt das vereinfachte

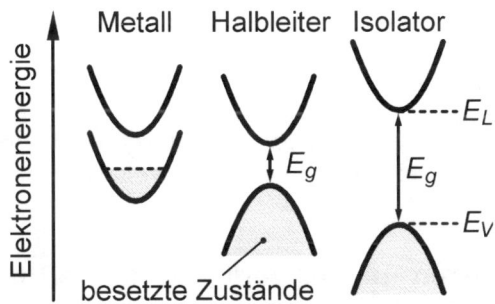

Abbildung 30.3: *Das Bändermodell verschiedener Festkörper*

Bändermodell von Materialien mit extrem unterschiedlicher Leitfähigkeit. E_V bezeichnet den Betrag der Energie an der *Valenzbandoberkante* [*valence band edge*], E_L ist die Energie an der *Leitungsbandunterkante*, und E_g ist der Betrag der Energielücke.

Metalle zeichnen sich bei $T = 0$ durch ein nicht vollständig besetztes Leitungsband aus. Bei Anlegen eines äußeren elektrischen Feldes stehen daher genügend energetisch benachbarte höhere Zustände für die vom äußeren Feld beschleunigten und somit energiereicheren Elektronen zur Verfügung. Damit können sich die Elektronen im Metall bewegen und verursachen die Leitfähigkeit.

Reine Halbleiter und Isolatoren besitzen bei $T = 0$ K ein vollständig besetztes Valenzband und ein leeres Leitungsband. Beide Bänder sind durch die Energielücke voneinander getrennt. Bei Halbleitern ist diese Energielücke allerdings kleiner als bei Isolatoren. Darum genügt bei ihnen bereits die Zufuhr thermischer Energie im Bereich der Raumtemperatur, um Elektro-

nen über die Energielücke hinweg ins Leitungsband zu heben. Dort finden
sich dann genügend unbesetzte Zustände, und die Elektronen können sich
"frei" bewegen. Dies macht sich besonders bei Halbleitern mit einer geringen Bandlücke (z.B. Ge: $E_g = 0,7$ eV, Si: $E_g = 1,1$ eV) bemerkbar, die
schon bei relativ geringen Temperaturen eine gewisse Leitfähigkeit zeigen.
Man nennt dies die *intrinsische Leitfähigkeit [intrinsic conductivity]* oder
Eigenleitung des reinen Halbleiters.

Anders verhält es sich beim Isolator: Das angelegte elektrische Feld ist
nicht in der Lage, ein Elektron zu bewegen, da im voll besetzten Valenzband alle verfügbaren Energiezustände besetzt sind. Die Energiedifferenz
zum Leitungsband – also die Energielücke – ist zu groß, als daß sie bei
Raumtemperatur von einer nennenswerten Anzahl von Elektronen über-
wunden werden könnte.

31   Der Halbleiter

Im folgenden werden wir unsere Aufmerksamkeit auf die Halbleiter lenken
und als erstes fragen, wie ihr Leitfähigkeitsverhalten gezielt verändert werden kann.

31.1   Donatoren und Akzeptoren in Halbleitern

Neben der *thermischen Anregung [thermal excitation]* gibt es die Möglichkeit, Valenzbandelektronen *optisch* in das Leitungsband anzuregen: Strahlt
man Licht einer hinreichend kurzen Wellenlänge auf einen Halbleiter, so
erhöht sich seine Leitfähigkeit. Dies geschieht allerdings nur unter der Voraussetzung, daß die zugeführte Energie größer ist als die Energielücke:

$$E = h \cdot \nu > E_g \tag{31.1}$$

Eine andere Möglichkeit zur Erhöhung der Leitfähigkeit ist der kontrollierte Einbau geringer Mengen von bestimmten Fremdatomen (Donatoren
[donor] oder Akzeptoren [acceptor]) in das Kristallgitter des reinen Halbleiters, die sog. *Dotierung [doping]*. Hiermit läßt sich die natürliche Konzentration der freien Ladungsträger beträchtlich erhöhen.

Betrachten wir z.B. vierwertiges Silizium, in dessen Gitter eine gewisse
Anzahl von Plätzen durch fünfwertige Arsen-Atome besetzt ist. Zur Bindung der Fremdatome im Siliziumgitter werden vier Elektronen benötigt,
somit ist das fünfte Elektron nur schwach gebunden. Es steht dem Halbleiter als Leitungselektron zur Verfügung. Elemente mit dieser Eigenschaft

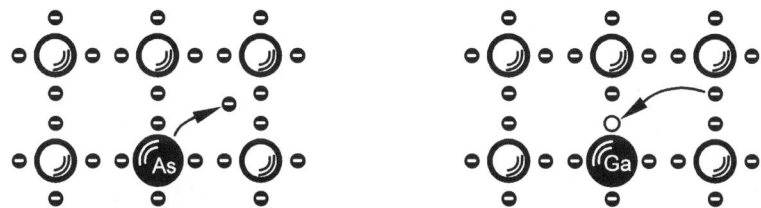

Abbildung 31.1: *Dotierung von 4-wertigem Silizium mit 5-wertigen Donatoren (As) und 3-wertigen Akzeptoren (Ga)*

werden in diesem Zusammenhang als *Donatoren*, also "Elektronengeber" bezeichnet (Abb. 31.1 links).

Im Bändermodell macht sich die Dotierung mit Donatoren durch ein zusätzliches Energieniveau in der Energielücke knapp unter der Leitungsbandunterkante bemerkbar (Abb. 31.2 rechts). Dem Halbleiter stehen damit zusätzliche Elektronen vom *Donatorniveau* zur Verfügung, die mit geringem Energieaufwand über den noch verbleibenden verbotenen Energiebereich ins Leitungsband gehoben werden können. Es genügt bereits eine relativ geringe Konzentration von Donatoren, um die Anzahl der freien Elektronen im Leitungsband bei Zimmertemperatur um Größenordnungen zu erhöhen. Mit Donatoren dotierte Halbleiter bezeichnet man als *n-Halbleiter* (n für negative Ladungsträger), die Art der Leitung als *n-Leitung* oder *Elektronenleitung*.

Eine Dotierung des Siliziumgitters mit dreiwertigen Elementen, wie z.B. Gallium, führt ebenfalls zu einer drastischen Erhöhung der Zimmertemperaturleitfähigkeit. Dem Gallium-Fremdatom fehlt ein Elektron zum vollständigen Einbau in das Siliziumgitter, somit ist es geneigt, ein Elektron eines seiner Silizium-Nachbarn einzufangen. Dies ist schon durch die thermische Energie der Elektronen möglich. Nun fehlt aber dem Silizium-Atom ein Elektron; es entsteht ein *Loch [hole]*, welches durch ein Elektron des nächsten Silizium-Nachbarn aufgefüllt wird. Unter dem Einfluß eines elektrischen Feldes können sich Elektronen auf diese Weise von Loch zu Loch bewegen und die Leitfähigkeit erhöhen. Dotierstoffe, welche auf diese Art die elektrische Leitfähigkeit von Halbleitern erhöhen, bezeichnet man als *Akzeptoren*.

Das Bändermodell des mit Akzeptoren dotierten Halbleiters ist durch ein zusätzliches Energieniveau in der Energielücke dicht über der Valenzbandoberkante zu ergänzen. Elektronen aus dem Valenzband können den verbotenen Energiebereich bei geringer thermischer Anregung bis zu diesem Akzeptorniveau überwinden. Dadurch werden Energiezustände im Valenzband frei; es entstehen die besagten Löcher. Anstatt die nun möglich gewordene Bewegung der restlichen Valenzbandelektronen darzustellen, ist es einfacher, denselben physikalischen Sachverhalt durch die entgegengesetzte Bewegung der Löcher zu beschreiben. Mit Akzeptoren dotierte Materialien bezeichnet man als *p-Halbleiter* (*p* für positive Ladungsträger), den Leitungsmechanismus als *p-Leitung* oder *Löcherleitung* [*hole conduction*]. Elektronen oder Löcher auf den diskreten Donator- oder Akzeptorniveaus können sich nicht bewegen.

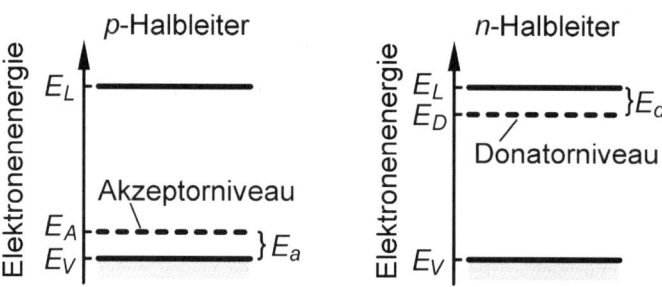

Abbildung 31.2: *Das Bändermodell von p- und n-dotierten Halbleitern*

An dieser Stelle sei darauf hingewiesen, daß beispielsweise n-dotierte Halbleiter mit einer großen Anzahl von Leitungsbandelektronen (ca. 10^{16} bis 10^{20} pro cm^3) auch geringfügige p-Leitung zeigen. Ein geringerer Teil der Leitungsbandelektronen (ca. 10^6 bis 10^{10} pro cm^3) – nämlich der intrinsische Anteil – stammt ja aus dem Valenzband. Diese intrinsischen Ladungsträger hinterlassen dort Löcher und bewirken geringe p-Leitung. Deshalb bezeichnet man die Löcher im Valenzband des n-dotierten Halbleiters als *Minoritätsladungsträger* [*minority carrier*], die Elektronen im Leitungsband als die *Majoritätsladungsträger* [*majority carrier*]. Im p-dotierten Kristall ist es – wie man sich leicht überlegt – genau umgekehrt: hier sind die Elektronen im Leitungsband die Minoritätsladungsträger und die Löcher im Valenzband die Majoritätsladungsträger.

31.2   p-n Übergang

Eine interessante technische Nutzung von Halbleitern ergibt sich beim Aneinandersetzen von p- und n-Halbleitern. Um die Vorgänge an der Grenzfläche zwischen beiden (p-n Übergang [*p-n junction*]) zu erklären, benutzen wir wiederum das Bändermodell. Abbildung 31.3 zeigt die dotierten Halbleiter vor und nach dem Materialkontakt. Nach dem Kontakt sind die Ener-

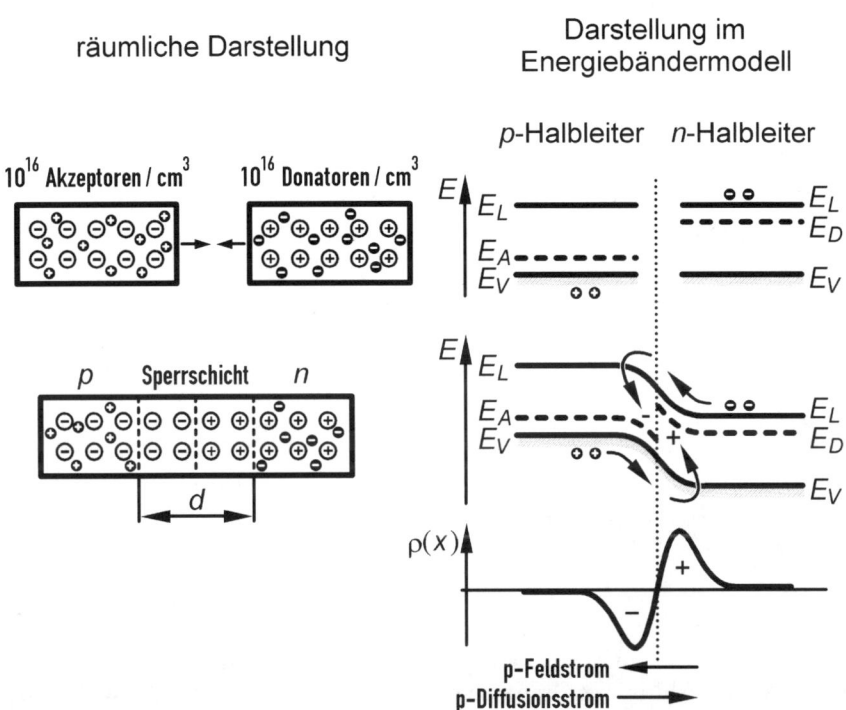

Abbildung 31.3: *Der p-n Kontakt im stromlosen Fall*

giebänder des p-Halbleiters relativ zum n-Halbleiter zu höheren Energien hin verschoben.

Um dies zu verstehen, machen wir uns klar, was im Bereich der Grenz-fläche geschieht. Die Konzentration freier Ladungsträger ist in beiden Berei-chen sehr unterschiedlich. So steht dem mit zahlreichen Elektronen gefüll-ten Leitungsband des n-Halbleiters das nahezu leere Leitungsband des p-Halbleiters gegenüber. Deswegen setzt ein *Diffusionsvorgang* [*diffusion*] ein: Leitungsbandelektronen aus dem n-Gebiet wandern ins p-Gebiet, entspre-chend Valenzbandlöcher vom p- ins n-Gebiet. An der Grenzschicht *rekombi-nieren* [*to recombine*] die diffundierenden Ladungsträger. Diesen Bereich der Grenzschicht, der durch eine niedrige Konzentration freier Ladungträger ge-kennzeichnet ist, nennt man die *Sperrschicht* [*depletion zone*]. Durch den Diffusionsvorgang wird die *Ladungsneutralität* [*charge neutrality*] in die-sem Bereich gestört. Das Abwandern der Majoritätsladungsträger hinterläßt im n-Gebiet eine positive und im p-Gebiet eine negative *Raumladungszone* [*space charge zone*]. Die Ursache dafür sind die geladenen, ortsfesten Donatoren und Akzeptoren. Die Raumladungszonen erzeugen im Bereich der Grenzfläche ein elektrisches Feld, dessen Feldvektor von n nach p zeigt. Dieses Feld wächst mit zunehmender Diffusion, seine Kraft wirkt der Diffusion entgegen und bringt sie schließlich zum Erliegen. Dieser Gleichgewichtszustand kann auch als *dynamisches Gleichgewicht* mehrerer Ströme aufgefaßt werden:

- Dem genannten Diffusionsstrom der Leitungsbandelektronen wirkt ein *Feldstrom* von Elektronen entgegen, die als Minoritätsladungsträger aus dem p-Gebiet stammen und dem elektrischen Feld entgegenlaufen.

- Dem Diffusionsstrom der Valenzbandlöcher wirkt ein *Feldstrom* von Löchern entgegen, die als Minoritätsladungsträger aus dem n-Gebiet stammen und der Richtung des elektrischen Feldes folgen. Solange keine äußere Spannung angelegt wird, ist die Summe der vier Ströme gleich Null.

Im Bändermodell heißt das für die Majoritätsladungsträger: Leitungsbandelektronen diffundieren von n nach p und hinterlassen dabei eine positive Raumladung. Sie müssen in steigendem Maße gegen das sich aufbauende Raumladungsfeld in der Grenzschicht anlaufen. Je mehr Leitungsbandelektronen diffundieren, um so größer ist der dazu erforderliche Energieaufwand, aber auch der Energiegewinn. Deswegen verbiegen sich die Bänder relativ zum n-Bereich nach oben. An der Grenzschicht rekombinieren die Elektronen mit den Löchern des p-Gebiets, sie fallen unter Energieabgabe auf ein tieferliegendes Valenzbandniveau und neutralisieren die Löcher. Dabei entsteht im p-Gebiet eine negative Raumladung.

Der gleiche Sachverhalt ist mit der Diffusion der Valenzbandlöcher von p nach n beschreibbar. Sie erfordert ebenfalls Energie, d.h. die Löcher müssen das nach unten verbogene Valenzband – ähnlich wie Luftblasen in Wasser – "hinuntergedrückt" werden.

Für die Minoritätsladungsträger stellt sich der Sachverhalt im Bändermodell so dar: Die Bewegung der Leitungsbandelektronen von p nach n und der Valenzbandlöcher von n nach p wird durch die Bandverbiegung begünstigt. Erstere "rutschen" das Leitungsband hinunter, letztere "drängen" im Valenzband nach oben.

Es gibt nun zwei Möglichkeiten, eine Spannungsquelle mit der p-n Kombination zu verbinden. Legt man den Pluspol an die p-Seite, so werden Majoritätsladungsträger über die Grenzschicht gezogen. Das Raumladungsfeld

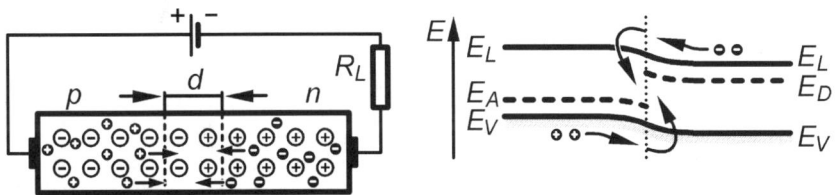

Abbildung 31.4: *Polung des p-n Überganges in Durchlaßrichtung*

am *p-n* Übergang wird geschwächt, somit die Breite der Raumladungszone verkleinert. Strom kann ungehemmt fließen. Im Bändermodell bedeutet dies: Die Verbiegung der Bänder wird kleiner und sowohl Elektronen als auch Löcher können die Potentialbarriere überwinden. Es liegt Polung in *Durchlaßrichtung [forward bias]* vor (Abb. 31.4).

Legt man den Minuspol an die *p*-Seite (Abb. 31.5), so werden Majoritätsladungsträger aus der Grenzschicht abgesaugt, die Breite der Raumladungszone vergrößert und somit wird das innere Feld verstärkt. Es kann kein nennenswerter Strom fließen. Im Bändermodell verbiegen sich hier die Bänder noch stärker als im stromlosen Fall, Elektronen und Löcher können die Potentialbarriere nicht überwinden und das Bauelement sperrt. Es liegt Polung in *Sperrichtung [reverse bias]* vor.

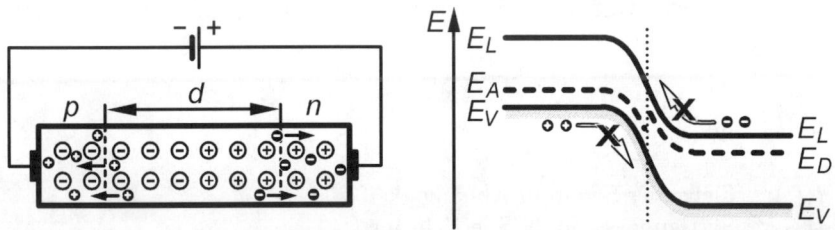

Abbildung 31.5: *Polung des p-n Überganges in Sperrichtung*

32 Einige Halbleiterbauelemente

Ohne Zweifel ist der Einfluß von Halbleiterbauelementen aus unserer heutigen technologischen Welt nicht mehr wegzudenken. Wir wollen hier das Grundprinzip der Diode, der Solarzelle und des Transistors vorstellen.

32.1 Halbleiterdiode

Bei Anlegen einer Wechselspannung an die eben beschriebene p-n Kombination liegt abwechselnd Polung in Durchlaß- und in Sperrichtung vor. Sie ist für Wechselstrom nur in einer Richtung durchlässig, kann also technisch als *Diode* [*diode*] zur Gleichrichtung von Wechselströmen benutzt werden. Abbildung 32.1 zeigt die *Kennlinie* [*I-V characteristic*] einer idealen Diode.

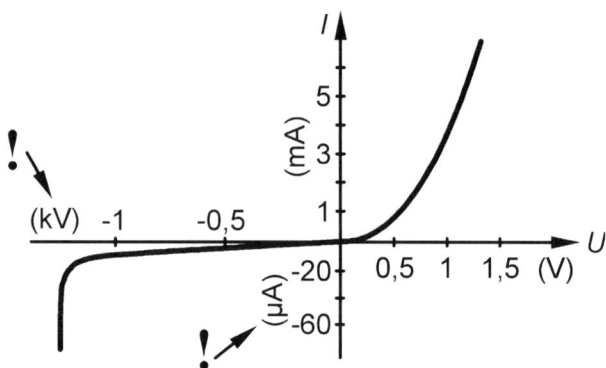

Abbildung 32.1: *Kennlinie einer Diode: Man beachte die unterschiedlichen Maßstäbe der Achsen im positiven und negativen Bereich.*

Sie gibt Aufschluß über die Stromstärke in Abhängigkeit der angelegten Spannung:

$$I(U) = I_S \cdot (e^{eU/(k_B T)} - 1) \tag{32.1}$$

Hierbei sind:

$I(U)$: fließender Strom in Abhängigkeit von U
I_S: Sättigungsstrom in Sperrichtung
U: angelegte Spannung
e: Elementarladung
k_B: Boltzmannkonstante
T: Temperatur (in K)

Bei positiver Spannung steigt der Strom exponentiell an (Diffusionsstrom der Majoritätsladungsträger, Durchlaßrichtung), bei negativer Spannung fließt bis zur sog. Durchbruchspannung nur ein sehr geringer Sperrstrom (Feldstrom der Minoritätsladungsträger, Sperrichtung). Ab der *Durchbruchspannung* [*break down voltage*] ist die Bandverbiegung so stark, daß Majoritätsladungsträger durch die Potentialbarriere in das jeweils andere Gebiet "tunneln" und die Sperrung aufheben. Hierbei kann die thermische Belastung zur Zerstörung der Diode führen. Der Bereich rechts der Durchbruchspannung ist durch (32.1) wiedergegeben.

32.2 Solarzelle

Solarzellen sind meist *p-n* Kombinationen von Halbleiterkristallen, bei denen eine dünne, gut lichtdurchlässige Halbleiterschicht auf einem entgegengesetzt dotierten, halbleitenden Grundmaterial aufgebracht ist. Sie können bei Beleuchtung zur *direkten Stromerzeugung* genutzt werden. Dies versteht man so: Das einfallende Licht erzeugt zusätzliche Elektron-Loch Paare (Abb. 32.2). Geraten diese vor ihrer Rekombination in den Einflußbereich des inneren Feldes, werden sie in das jeweils andere Gebiet beschleunigt und die Paare getrennt. *Beispiel*: Ein Photon erzeugt im *n*-Bereich ein Elektron-

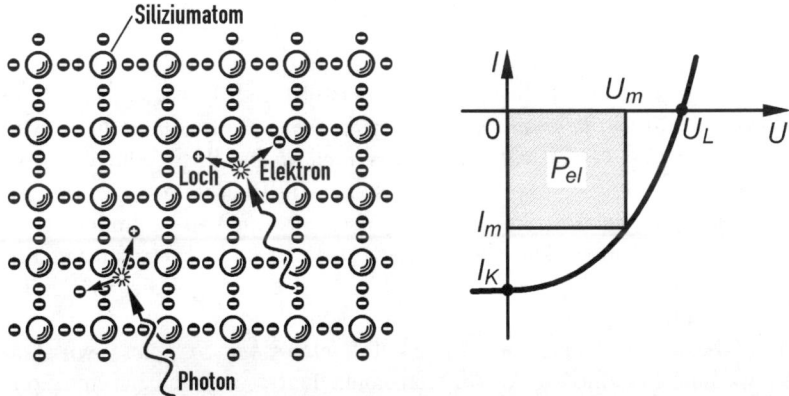

Abbildung 32.2: *Erzeugung von Elektron-Loch Paaren durch Sonnenlicht und die Kennlinie einer Solarzelle*

Loch Paar, das Feld transportiert das Loch in das *n*-Gebiet und trennt das Paar. Diese Trennung lädt die Zelle auf und erzeugt eine Spannung, die *Leerlaufspannung [open-circuit voltage]* U_L. Schließt man die Zelle kurz (äußerer Widerstand $R = 0$), so kann die Ladung abfließen; es kann maximaler Strom fließen, der *Kurzschlußstrom [short-circuit current]* I_K. Die Kennlinie der Solarzelle (Abb. 32.2) ist gegenüber der Diodenkennlinie um den von der

Beleuchtung abhängigen Kurzschlußstrom I_K nach unten verschoben:

$$I(U) = I_S \cdot (e^{eU/(k_B T)} - 1) - I_K \qquad (32.2)$$

Die entnehmbare elektrische Leistung P_{el} eines beleuchteten Übergangs ist lastabhängig [*load dependent*], d.h. sie hängt vom Widerstand des angeschlossenen Verbrauchers ab. Die maximale Leistung $P_{el} = U_m \cdot I_m$ entspricht dem Rechteck maximaler Fläche im vierten Quadranten, begrenzt durch die Kennlinie. Der Quotient

$$F = I_m \cdot U_m / I_K \cdot U_L \qquad (32.3)$$

wird als *Füllfaktor* [*fill factor*] F bezeichnet. Damit ergibt sich der Wirkungsgrad [*efficiency*] η einer Solarzelle als das Verhältnis erzeugter elektrischer Leistung P_{el} zu der Leistung des eingestrahlten Lichts P_{sol} zu

$$\eta = P_{el}/P_{sol} = F \cdot I_K \cdot U_L/P_{sol} \quad . \qquad (32.4)$$

Im Bändermodell bewirkt das einfallende Licht eine Verringerung der Bandverbiegung. Im Extremfall gleichen sich die Bänder an, nämlich dann, wenn von den Photonen so viele Elektron-Loch Paare generiert werden, daß das Raumladungsfeld vollständig abgebaut wird. Der Wirkungsgrad η einer Solarzelle, insbesondere die Fähigkeit, Licht zu absorbieren, wird durch zwei Größen maßgeblich beeinflußt: Die Breite der Energielücke E_g und den *Absorptionskoeffizienten* [*absorption coefficient*] für Sonnenlicht. Materialien wie Si und GaAs wählt man aus, weil wegen ihres relativ geringen Bandabstandes (1,1 eV bzw. 1,42 eV) schon die Energie aus dem langwelligen Spektralbereich des Sonnenlichts ausreicht, um Valenzbandelektronen ins Leitungsband anzuheben, also Elektron-Loch (e-h) Paare zu erzeugen. Somit läßt sich mit ihnen ein weiter Bereich des verfügbaren Sonnenlichtspektrums nutzen.

Im Gegensatz zu kristallinem Si hat *amorphes Si* genau wie GaAs einen wesentlich höheren Absorptionskoeffizienten im sichtbaren Bereich. Bei amorphem Si reicht nämlich schon der Prozeß der Lichtabsorption alleine aus, um Elektronen anzuheben (direkte Halbleiter), wohingegen bei kristallinem Si dazu noch ein weiterer Prozeß erforderlich ist (indirekter Halbleiter). Durch Verwendung direkter Halbleiter mit entsprechend günstigem Bandabstand werden mittlerweile Wirkungsgrade von bis zu 25% erzielt.

32.3   Bipolarer Transistor

Schichtfolgen unterschiedlich dotierter Halbleiter – entweder in Form einer p-n-p oder einer n-p-n Folge – lassen sich technisch zur Steuerung und

Verstärkung [*amplification*] von Strömen nutzen. Man gewinnt dadurch eines der wichtigsten elektronischen Bauelemente [*device*], den *Transistor* – oder speziell – den bipolaren Transistor (Abb. 32.3). Er wurde 1949 von **Bardeen**[115], **Brattain**[116] und **Shockley**[117] entwickelt, die dafür 1956 den Nobelpreis erhielten. Die drei Schichten des bipolaren Transistors nennt man *Emitter* [*emitter*], *Basis* [*base*] und *Kollektor* [*collector*]; sie sind mit Anschlüssen versehen. Vom Emitter werden Ladungsträger [*carrier*] ausgesendet (emittiert) und vom Kollektor wieder "eingesammelt". Die mittlere, sehr dünne Schicht (ca. 10 μm) bildet die Basis für die angrenzende Emitter- und Kollektorschicht.

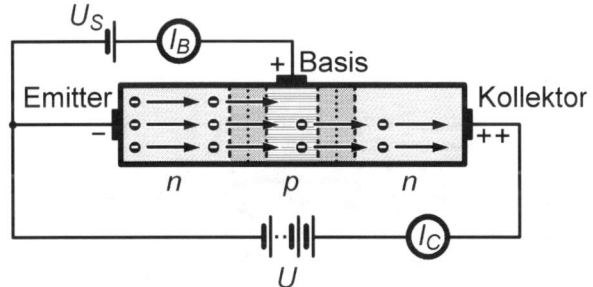

Abbildung 32.3: *Der n-p-n Transistor*

Die Funktionsweise eines Transistors sei nun anhand der *n-p-n* Schichtfolge erläutert: Ohne eine äußere angelegte Spannung U werden sich an den beiden Grenzflächen Raumladungszonen ausbilden und entsprechende Bandverbiegungen einstellen (analog zu 31.2), (Abb. 32.4). Legt man an den Emitter den Minuspol und an den Kollektor den Pluspol, so ist der erste *n-p* Übergang in Durchlaßrichtung, der zweite *p-n* Übergang in Sperrichtung gepolt. Die Raumladungen an der ersten Grenzschicht werden abgebaut, die an der zweiten Grenzschicht verstärkt. Somit flacht die Bandverbiegung der ersten Grenzschicht ab, die der zweiten verstärkt sich (Abb. 32.5). Bis auf den geringen Sperrstrom der Minoritätsladungsträger fließt kein Strom. Ein Umpolen der äußeren Spannung U vertauscht lediglich die Verhältnisse an

[115] Bardeen, John: amerikan. Physiker, *Madison (Wisc.) 23.5.1908, †Boston 30.1.1991, Physik-Nobelpreise 1956 und 1972

[116] Brattain, Walter Houser: amerikan. Physiker, *Amoy (China) 10.2.1902, †13.10.1987, Physik-Nobelpreis 1956

[117] Shockley, William Bradford: amerikan. Physiker brit. Herkunft, *London 13.2.1910, †Stanford (Calif.) 12.8.1989, Physik-Nobelpreis 1956

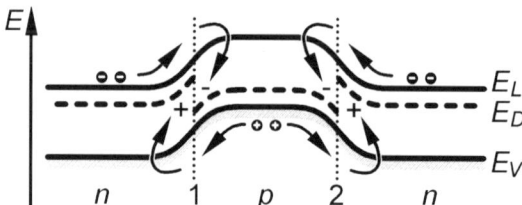

Abbildung 32.4: *Das Bändermodell des Transistors ohne äußere Spannung U*

den Übergängen; es wird auch dann kein nennenswerter Stromfluß einsetzen.

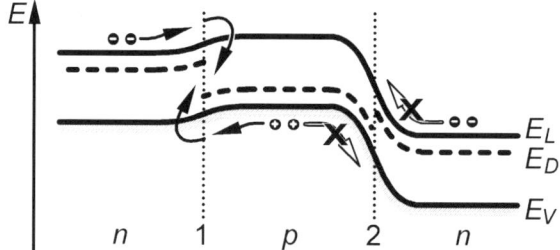

Abbildung 32.5: *Das Bändermodell des Transistors mit äußerer Spannung U*

Im *Transistorbetrieb* legt man an die Basis eine zusätzliche Steuerspannung U_s gemäß Abb. 32.3, so daß die erste Grenzschicht weiterhin in Durchlaßrichtung gepolt ist. Mit dieser relativ geringen Steuerspannung kann die Höhe der Bandverbiegung der ersten Grenzschicht verringert werden, und Elektronen aus dem Leitungsband des Emittergebiets gelangen in das Leitungsband der Basis (Abb. 32.6). Der Elektronenfluß vom Emitter zur Basis erhöht sich beträchtlich, die Basis wird von Elektronen regelrecht überflutet. Elektronen im p-dotierten Basisgebiet sind Minoritätsladungsträger, für die die Sperrschicht der zweiten Grenzfläche kein Hindernis darstellt. Deshalb gelangen sie in das Kollektorgebiet und werden von der äußeren Spannung U abgesaugt.

Damit also Strom durch den Transistor fließt, muß dafür gesorgt werden, daß möglichst viele Elektronen ins Kollektorgebiet gelangen und möglichst wenige davon mit den Löchern der Basis rekombinieren. Dies wird durch die extrem dünne Basisschicht, die variable Steuerspannung U_s und durch

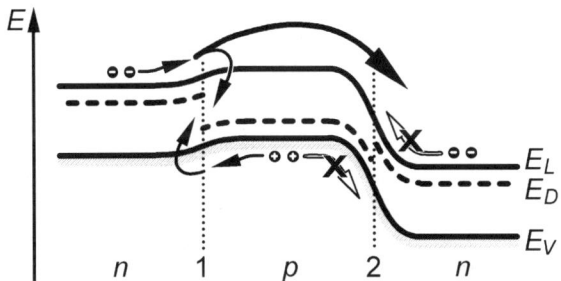

Abbildung 32.6: *Das Bändermodell des Transistors mit zusätzlicher Steuerspannung* U_s

das hohe Angebot an Elektronen aus dem n-dotierten Emittergebiet realisiert. Für den p-n-p *Transistor* gelten grundsätzlich die gleichen physikalischen Zusammenhänge. Es besteht lediglich der Unterschied, daß beim p-n-p Transistor der Strom hauptsächlich von Löchern und beim n-p-n Transistor hauptsächlich von Elektronen getragen wird. Grundsätzlich sind jedoch beide Ladungsträgerarten (Elektronen und Löcher) am Ladungstransport beteiligt, deswegen werden diese beiden Arten von Transistoren auch *bipolare Transistoren [bipolar transistor]* genannt.

32.4 Feldeffekt-Transistor (FET)

Feldeffekt-Transistoren unterscheiden sich von den bipolaren n-p-n oder p-n-p Transistoren durch ihren Aufbau und durch ihre Betriebseigenschaften. Wir wollen uns beispielhaft die Wirkungsweise eines Typs von Feldeffekt-Transistor, dem p-n *Sperrschicht-Feldeffekt-Transistor* (p-n FET) klarmachen.

Abbildung 32.7 zeigt den schematischen Aufbau eines typischen p-n FETs. Er besteht aus verschieden dotierten Halbleitermaterialien (Si oder GaAs), nämlich einem p-dotierten Grundkörper (Substrat), einer darauf aufgewachsenen n-dotierten Schicht und einem darin im oberen Teil eingeschlossenen p-dotierten Material. Diese Kristallkombination wird an vier verschiedenen Stellen kontaktiert – die Anschlüsse bezeichnet man mit Quelle [*source*], Tor [*gate*] und Senke [*drain*] – und entsprechend der Abbildung verschaltet. Häufig werden auch im Deutschen die amerikanischen Ausdrücke verwendet.

Trotz der kompliziert anmutenden Verschaltung ist die prinzipielle Wirkungsweise dieses Bauelements sehr einfach: Aufgrund der angelegten Spannungen an den internen p-n-Übergängen (also die Übergänge von $2 \rightarrow 1$,

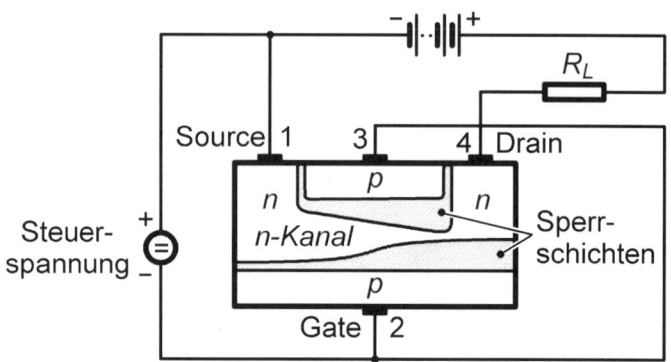

Abbildung 32.7: *Der p-n Sperrschicht-Feldeffekt-Transistor*

3 → 1, 2 → 4 und 3 → 4) bilden sich die eingezeichneten Sperrschichten aus, durch die kein Stromfluß möglich ist (jeweils Polung in Sperrichtung). Die einzige Möglichkeit für Elektronen der *n*-Schicht von der *source* in die *drain* zu gelangen, besteht darin, durch den *n*-Kanal zu fließen. Die Breite dieses Kanals kann durch Variation der *gate*-Spannung beeinflußt werden: Mit zunehmender *gate*-Spannung wird die Ausdehnung der Sperrschichten größer, also der Kanal dünner. Bei einer bestimmten Spannung wird der Kanal sogar abgeschnürt und das Bauelement sperrt. Damit liegt eine typische Transistoreigenschaft und die Nützlichkeit eines solchen Bauelements vor, nämlich die Beeinflussung des Stromflusses durch eine relativ geringe Steuerspannung.

33 Magnetismus in Festkörpern

Wir behandeln hier einige wichtige magnetische Eigenschaften von Festkörpern, die z.T. dadurch entstehen, daß sich Atome nicht einfach als ein Haufen von einzelnen Bausteinen darstellen, sondern daß sich sogenannte korrelierte, also durch große Bereiche des Festkörpers hindurchgehende Eigenschaften ausbilden.

33.1 Grundgrößen des magnetischen Feldes

Magnetische Felder werden mit drei verschiedenen magnetischen Feldgrößen beschrieben: Die magnetische Induktion [*magnetic induction*] B, die äußere magnetische Feldstärke [*magnetic field*] H und die Magnetisierung [*magnetization*] M. Im Vakuum benutzt man zur Beschreibung allerdings nur die Induktion B und die Feldstärke H, ihr Zusammenhang ist nach (8.3) im Vakuum gegeben durch:

$$B = \mu_0 H \quad , \tag{33.1}$$

wobei μ_0 die absolute Permeabilität ist; ihr Zahlenwert beträgt $4\pi \cdot 10^{-7}$ V·s/(A·m). Wirkt das Magnetfeld in einem Medium – beispielsweise einem Festkörper – so ändert sich die Induktion B um den Faktor μ_r

$$B = \mu_0 \mu_r H \quad . \tag{33.2}$$

Hierbei ist μ_r die relative Permeabilität, im Vakuum beträgt demnach $\mu_r = 1$. Die Änderung der Induktion B ist auf ein Zusatzfeld im Medium zurückzuführen, das durch die dritte Feldgröße, die Magnetisierung M beschrieben wird. Sie wird durch die relative Permeabilität μ_r beschrieben. Die magnetische Induktion B läßt sich dann auch als Überlagerung von H- und M-Feld schreiben:

$$\boxed{B = \mu_0 M + \mu_0 H = \mu_0 (M + H)} \tag{33.3}$$

Beim Dia- und Paramagnetismus (Abschn. 33.3, 33.4) ist die Magnetisierung M proportional zum äußeren Feld H, der Zusammenhang ist durch die magnetische Suszeptibilität χ_{mag} gegeben:

$$M = \chi_{mag} H \tag{33.4}$$

Der Betrag der magnetischen Suszeptibilität χ_{mag} kann bei isotropen Substanzen auch als Quotient der Beträge von M- und H-Feld angesehen werden

$$\chi_{mag} = \frac{|M|}{|H|} \quad .$$

Das Vorzeichen ist je nach Art des Magnetismus verschieden.
Eingesetzt in (33.3) ergibt sich:

$$B = \mu_0 \chi_{mag} H + \mu_0 H$$
$$B = \mu_0 (\chi_{mag} + 1) H \tag{33.5}$$

Durch Vergleich mit (33.2) erkennt man:

$$\mu_r = \chi_{mag} + 1 \tag{33.6}$$

Sowohl die relative Permeabilität μ_r als auch die magnetische Suszeptibilität χ_{mag} sind materialabhängige, dimensionslose Größen. Sie können außerdem von der Temperatur T und dem äußeren Feld H abhängen.

33.2   Atomarer Ursprung des Magnetismus

Die Ursache für die verschiedenen Erscheinungsformen des Magnetismus im Festkörper ist in den Elektronenhüllen der den Kristall aufbauenden Atome zu finden. Dem halbklassischen Bohrschen Atommodell liegt die Vorstellung zugrunde, daß sich die Elektronen eines Atoms auf stabilen Kreisbahnen um den Kern bewegen. Mit dieser Kreisbewegung ist ein *Bahndrehimpuls l* verbunden. Außerdem "rotieren" Elektronen in diesem halbklassischen Bild um ihre eigene Achse, d.h. sie besitzen einen Eigendrehimpuls, den sog. *Spin s*. Im quantenmechanischen Bild lassen sich Beziehungen zwischen den Quantenzahlen und den klassischen Drehimpulsen *l* und *s* herstellen.

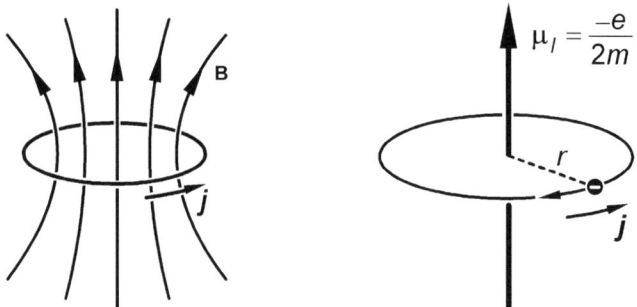

Abbildung 33.1: *Das magnetische Dipolfeld und das magnetische Dipolmoment eines Kreisstroms der Stromdichte j*

Ein den Kern umlaufendes Elektron kann auch als elektrischer Kreisstrom aufgefaßt werden, der ein magnetisches Dipolfeld erzeugt (Abb. 33.1). Dem kreisenden Elektron kann somit eine vektorielle Größe, das sog. *magnetische Dipolmoment μ* zugeordnet werden. Es ist bei einer kreisförmigen Leiterschleife definiert als

$$\mu = I \cdot A \qquad (33.7)$$

wobei I den Strom und A die eingeschlossene Fläche bezeichnet. Der Vektor der Fläche zeigt dabei in Richtung der Flächennormalen. Mit diesem magnetischen Dipolmoment μ kann beispielsweise das Drehmoment τ auf einen magnetischen Dipol in einem Magnetfeld B einfach als Kreuzprodukt geschrieben werden

$$\tau = \mu \times B \quad . \qquad (33.8)$$

Zwischen den obengenannten Drehimpulsen und dem magnetischen Dipolmoment μ lassen sich Beziehungen formulieren. Insbesondere gibt es ein magnetisches Dipolmoment $\boldsymbol{\mu_l}$ bedingt durch den Bahndrehimpuls $\boldsymbol{l}$ mit

$$\boxed{\boldsymbol{\mu_l} = -\frac{e}{2m} \cdot \boldsymbol{l}}$$ (33.9)

und ein magnetisches Dipolmoment $\boldsymbol{\mu_s}$ bedingt durch den Eigendrehimpuls $\boldsymbol{s}$

$$\boxed{\boldsymbol{\mu_s} = -g_s \frac{e}{2m} \cdot \boldsymbol{s}}$$. (33.10)

Letzteres Dipolmoment $\boldsymbol{\mu_s}$ ist etwa doppelt so groß wie das Moment $\boldsymbol{\mu_l}$, welches durch den Bahndrehimpuls bedingt ist ($g_s = 2{,}0023$: g-Faktor des Elektrons). Diese Abweichung bezeichnet man als *magneto-mechanische Anomalie*, die Zusammenhänge zwischen Drehimpulsen und Dipolmoment werden als *magneto-mechanischer Parallelismus* bezeichnet.

Die in Kap. 33.1 eingeführte Feldgröße $\boldsymbol{M}$ – also die Magnetisierung – kann als mittleres magnetisches Dipolmoment pro Volumeneinheit aufgefaßt werden. Die magnetischen Eigenschaften eines Festkörpers hängen also unmittelbar mit diesen magnetischen Dipolmomenten zusammen. Darüber hinaus wird die materialspezifische Tendenz zur Ausrichtung dieser Momente beim Anlegen eines äußeren Magnetfeldes $\boldsymbol{H}$ unterschiedliche Formen des Magnetismus bewirken.

Es gibt im wesentlichen drei verschiedene Erscheinungsformen des Magnetismus, nämlich den *Diamagnetismus*, den *Paramagnetismus* und den *Ferromagnetismus*, welcher eine Unterklasse des kollektiven Magnetismus darstellt. Die in Kap. 33.1 eingeführte magnetische Suszeptibilität χ_{mag}, die den schon erwähnten Zusammenhang zwischen den beiden Feldgrößen $\boldsymbol{M}$ und $\boldsymbol{H}$ herstellt, ist sehr gut geeignet, um magnetische Materialien diesen drei Klassen zuzuordnen.

33.3 Diamagnetismus

Diese Erscheinungsform des Magnetismus ist charakterisiert durch:

$$\boxed{\chi_{mag} < 0 \quad \text{und} \quad \chi_{mag} = const.} \quad \text{Diamagnetismus}$$

Die Atome diamagnetischer Stoffe besitzen abgeschlossene äußere Schalen, sie weisen somit keinen resultierenden Bahndrehimpuls $\boldsymbol{l}$ auf. Ebenso kompensieren sich die Eigendrehimpulse $\boldsymbol{s}$. Darum gibt es kein resultierendes magnetisches Dipolmoment $\boldsymbol{\mu}$, also keine magnetischen Dipole. Erst wenn ein äußeres magnetisches Feld $\boldsymbol{H}$ eingeschaltet wird, werden solche Dipole induziert. Nach der Lenzschen Regel sind diese induzierten Dipole dem erregenden Feld entgegengesetzt (M ↑↓ H). Deshalb ist χ_{mag} negativ. Weiterhin typisch ist, daß χ_{mag} praktisch temperatur- und feldunabhängig sowie betragsmäßig sehr klein ist

$$|\chi_{mag}| \approx 10^{-5} \quad .$$

Da Diamagnete also keine permanenten magnetischen Dipole enthalten, handelt es sich um einen reinen *Induktionseffekt*. Obwohl Diamagnetismus eine Eigenschaft aller Stoffe ist, spricht man von ihm nur dann, wenn nicht noch zusätzlich Paramagnetismus oder kollektiver Magnetismus vorliegen (s. unten), die den relativ schwachen Diamagnetismus überkompensieren. Typische Beispiele für Diamagnetismus sind fast alle organischen Substanzen, Metalle wie Bi, Zn, Hg und Nichtmetalle wie S, I, Si. Darüberhinaus kennt man den idealen Diamagnetismus bei Supraleitern (Kap. 34), bei denen der Betrag der magnetischen Suszeptibilität $|\chi_{mag}| = 1$ ist. Dies bedeutet, daß im Inneren von idealen Diamagneten die magnetische Induktion B verschwindet.

33.4 Paramagnetismus

Entscheidende Voraussetzung für den Paramagnetismus ist die Existenz von permanenten magnetischen Dipolen. Infolge der thermischen Anregung sind sie völlig regellos verteilt und kompensieren sich also gegenseitig. Erst in einem äußeren Feld H werden sie parallel zu ihm mehr oder weniger stark ausgerichtet. Wegen dieser Parallelität ist die magnetische Suszeptibilität χ_{mag} positiv. Der Ausrichtungstendenz durch das Feld H steht die Unordnungstendenz durch die thermische Bewegung entgegen. Deshalb ist χ_{mag} beim Paramagnetismus auch von der Temperatur abhängig. Es gilt also:

$$\boxed{\chi_{mag} > 0 \quad \text{und} \quad \chi_{mag} = \chi_{mag}(T) \qquad \text{Paramagnetismus}}$$

In der Regel ist die paramagnetische Suszeptibilität χ_{mag} umgekehrt proportional zur absoluten Temperatur, es gilt das **Curie**-Gesetz[118]:

$$\chi_{mag} = C/T; \quad C = const. \tag{33.11}$$

Permanente magnetische Dipole in einem Atom können vorliegen, wenn eine Elektronenschale der den Festkörper aufbauenden Atome nicht vollständig

[118]Curie, Pierre: *Paris 15.5.1859, †ebd. 19.4.1906 (Verkehrsunfall), Physik-Nobelpreis 1903

gefüllt ist. Maximal kann eine Elektronenschale $2n^2$ Elektronen aufnehmen, wobei die Hauptquantenzahl n vom Atominneren zum -äußeren die Werte $n = 1, 2, 3, \ldots$ durchläuft. In einer vollständig besetzten Schale kompensieren sich die Bahndrehimpulse der einzelnen Elektronen zum Gesamtdrehimpuls $L = \sum l_i = 0$. Ist die Schale nicht vollständig besetzt, bleibt $L \neq 0$ und damit nach (33.9) ein resultierendes magnetisches Dipolmoment μ. Auch die quasifreien Leitungselektronen eines metallischen Festkörpers tragen aufgrund ihres Spins ein permanentes Dipolmoment. Dies führt zum sog. *Pauli-Paramagnetismus*. Dessen Suszeptibilität ist allerdings temperatur*unabhängig*.

33.5 Ferromagnetismus

Ferromagnetismus ist eine kollektive Erscheinungsform des Magnetismus, d.h. sie resultiert nicht von einzelnen Atomen, sondern kommt erst durch das korrelierte Verhalten vieler Atome zustande. Die ferromagnetische Suszeptibilität χ_{mag} ist betragsmäßig sehr groß und eine im allgemeinen komplizierte Funktion des Feldes und der Temperatur:

$$\boxed{\chi_{mag} = \chi_{mag}(H, T) \qquad \text{Ferromagnetismus}}$$

Diese Abhängigkeit führt zur sogenannten *Hysterese-Kurve [hysteresis loop]*, die den nichtlinearen Zusammenhang zwischen der Magnetisierung M und dem äußeren Feld H beschreibt (Abb. 33.2).

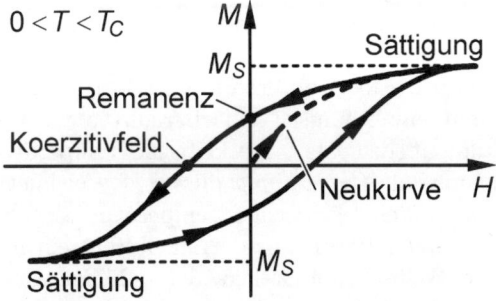

Abbildung 33.2: *Die Hysteresekurve des Ferromagneten*

Das zunächst nicht magnetisierte Material wird beim Einschalten eines Feldes H längs der *Neukurve* aufmagnetisiert, um schließlich eine *Sättigung [saturation]* zu erreichen. Beim Abschalten des Feldes H bleibt eine

Restmagnetisierung, die man *Remanenz* [*remanent magnetization*] nennt. An diesem Punkt ist das Material ein *Dauermagnet* [*permanent magnet*]. Erst durch Anlegen eines Gegenfeldes, des sog. Koerzitivfeldes, wird die Restmagnetisierung wieder aufgehoben.

Typisches Beispiel für den Ferromagnetismus und das Hysterese-Verhalten ist Eisen (Fe). Das Fe-Atom besitzt aufgrund seiner Elektronen-konfiguration (sechs $3d$-Elektronen) einen resultierenden Eigendrehimpuls (Spin) und ein magnetisches Dipolmoment μ_s. Dieser Spin tritt auch ohne äußeres Feld in Wechselwirkung mit den resultierenden Spins der Nachbaratome und bewirkt eine Parallelstellung der Spins größerer Bereiche des Fe-Atomverbandes. Man nennt diese Bereiche paralleler Spins die **Weiß**schen *Bezirke*[119] [*domain*]. In diesen Bezirken existieren also – genau wie beim Paramagnetismus – permanente magnetische Dipole. Sie sind innerhalb der Bezirke gleichgerichtet und bewirken eine relativ hohe resultierende Magnetisierung M.

äußeres Magnetfeld H

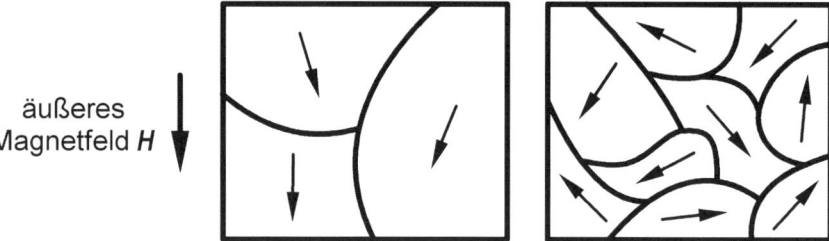

Abbildung 33.3: *Die Weißschen Bezirke im Ferromagneten mit (links) und ohne Feld H*

Ihre Gleichrichtung erfolgt unterhalb einer kritischen Temperatur aufgrund einer nur quantenmechanisch erklärbaren Austausch-Wechselwirkung spontan, d.h. ohne äußere Felder. Die kritische Temperatur wird im Falle des Ferromagnetismus als *Curie-Temperatur* T_c bezeichnet; sie beträgt bei Fe 1043 K. Oberhalb dieser kritischen Temperatur verhält sich ein Ferromagnet wie ein normaler Paramagnet. Nun besteht ein ferromagnetischer Kristall aus vielen Weißschen Bezirken, deren Magnetisierungsrichtungen aus thermodynamischen Gründen statistisch verteilt sind und erst durch ein hinreichend hohes, äußeres Feld H parallel ausgerichtet werden (Abb. 33.3). Genau diese Reaktion der Magnetisierung M auf das äußere Feld H wird durch obige Hysterese-Kurve beschrieben. Tabelle 33.1 faßt die wichtigsten

---

[119]Weiß, Christian Samuel: Kristallograph, *Leipzig 26.2.1780, †Eger 1.10.1856

Tabelle 33.1: *Charakteristika von Dia-, Para- und Ferromagnetismus*

	Diamagnetismus	*Paramagnetismus*	*Ferromagnetismus*
Suszepti- bilität	$\chi_{mag} = $ constant $\chi_{mag} < 0$ $|\chi_{mag}| \approx 10^{-5}$	$\chi_{mag} = \chi_{mag}(T)$ $\chi_{mag} > 0$	$\chi_{mag} = \chi_{mag}(\boldsymbol{H}, T)$ *Hysterese*
Ursache	*induzierte* magn. Dipole durch Feld $\boldsymbol{H}$ *Induktionseffekt*	permanente mag. Dipole Parallelstellung im Feld $\boldsymbol{H}$	spontane Gleich- richtung permanenter magn. Dipole in Weißschen Bezirken
Wirkung	$\boldsymbol{M}$ antiparallel zu $\boldsymbol{H}$	$\boldsymbol{M}$ parallel zu $\boldsymbol{H}$	Ausrichtung dieser Bezirke parallel zu Feld $\boldsymbol{H}$ *Remanenz*

Charakteristika der verschiedenen Formen des Magnetismus zusammen.

34   Supraleitung

Im Jahre 1911 entdeckte der Physiker **Kammerlingh Onnes**[120] ein in-
teressantes Phänomen: Er stellte fest, daß der elektrische Widerstand von
Quecksilber bei einer sehr niedrigen, kritischen Temperatur T_c ($T_{critical}$;
4,2 K bei Hg) *sprunghaft* auf einen unmeßbar kleinen Wert sinkt (Abb. 34.1).

34.1   Ideale Leitfähigkeit

Die Temperaturabhängigkeit der elektrischen Leitfähigkeit war von vielen
Metallen bis auf diesen extremen Temperaturbereich relativ gut bekannt: Im
Bereich der Zimmertemperatur sinkt der Widerstand mit der Temperatur,
und im Gebiet tieferer Temperaturen wird diese stetige Abnahme geringer.
Dieses Verhalten stand gut im Einklang mit den damaligen Vorstellungen
vom Ladungstransport in Metallen: Freie Elektronen bewegen sich unter

---

[120]Kamerlingh Onnes, Heike: *Groningen 21.9.1853, †Leiden 21.2.1926, Physik-
Nobelpreis 1913

dem Einfluß eines elektrischen Feldes in eine Vorzugsrichtung und tragen somit den Strom. Obwohl die Elektronen sich relativ frei bewegen können, treten sie über Stöße in Wechselwirkung mit dem Metallgitter. Das ist die Ursache für den elektrischen Widerstand. Die Wechselwirkung wird mit abnehmender Temperatur geringer und damit der Widerstand kleiner.

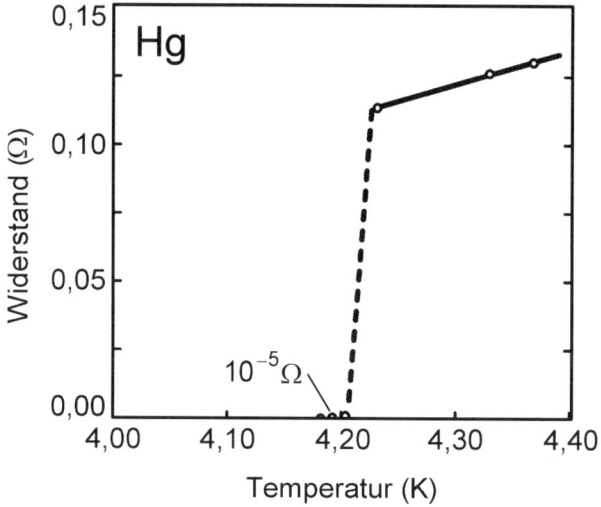

Abbildung 34.1: *Die sprunghafte Abnahme des elektrischen Widerstandes von Quecksilber*

Eine weitere Abnahme des elektrischen Widerstandes mit fallender Temperatur lag also durchaus im Bereich des Möglichen, jedoch kam die Entdeckung des sprunghaften Absinkens in einem Intervall von wenigen hundertstel Grad auf nahezu Null unerwartet und war nicht zu verstehen. Erst ein halbes Jahrhundert später gelang es, dieses Phänomen theoretisch zu erklären.

Eine praktische Konsequenz der idealen Leitfähigkeit zeigt sich in dem in Abb. 34.2 dargestellten Versuch: Ein ideal leitender Ring wird *oberhalb* seiner kritischen Temperatur (*Sprungtemperatur*) vom Magnetfeld eines Stabmagneten durchsetzt. Kühlt man den Ring dann auf eine Temperatur ab, bei der er supraleitend ist und entfernt den Stabmagneten, so wird gemäß dem Induktionsgesetz im Ring ein Strom induziert. Ist der elektrische Widerstand im Ring exakt null, so fließt dieser Strom als Dauerstrom.

Neben dieser idealen Leitfähigkeit unterhalb kritischer Temperaturen

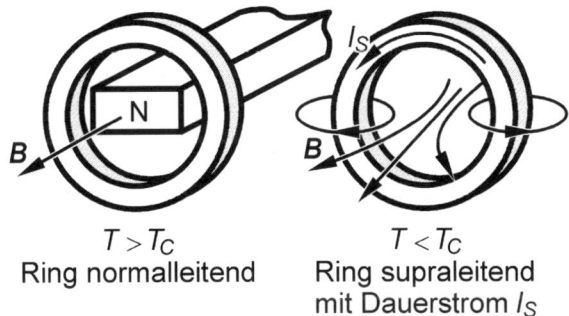

$T > T_C$
Ring normalleitend

$T < T_C$
Ring supraleitend
mit Dauerstrom I_S

Abbildung 34.2: *Die Erzeugung eines Dauerstromes in einem ideal leitenden Ring*

konnte man weiterhin beobachten, daß der Effekt aufgehoben wird, wenn durch das ideal leitende Material ein hinreichend hoher Strom I_c (*kritischer Strom* [*critical current*]) fließt. Gleiches erreicht man durch Anlegen eines entsprechend großen, äußeren Magnetfeldes $\boldsymbol{H_c}$ (*kritisches Magnetfeld*). In Abb. 34.3 ist der Verlauf des kritischen Magnetfeldes als Funktion der Temperatur T wiedergegeben: Der ideal leitende Zustand ist beschränkt auf Gebiet I. Das eben beschriebene Phänomen der idealen Leitfähigkeit ist

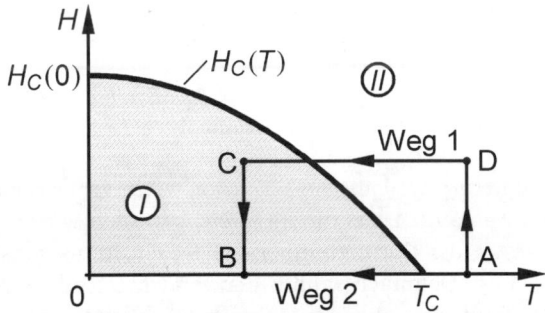

Abbildung 34.3: *Das kritische Magnetfeld $\boldsymbol{H_c}$ als Funktion der Temperatur*

charakteristisch für sog. *Supraleiter* [*superconductor*]. Es zeigt sich jedoch, daß *Supraleitung* [*superconductivity*] nicht nur ideale Leitfähigkeit bedeutet, sondern auch idealen Diamagnetismus!

34.2 Meißner-Ochsenfeld-Effekt

Folgender Gedankenversuch soll zeigen, daß der supraleitende Zustand nicht
alleine durch extrem hohe Leitfähigkeit charakterisiert wird. In Abb. 34.3
sind verschiedene Zustandsänderungen eingetragen, und Abb. 34.4 zeigt eine
ideal leitende Probe mit den zu erwartenden magnetischen B-Feldlinien bei
den markanten Zuständen und einer Zustandsänderung gemäß Weg 1. Wir
betrachten zunächst eine Änderung von A nach B längs der Kurve $ADCB$
(Weg 1). Dabei wird ein äußeres Magnetfeld H eingeschaltet und bis zum
Punkt D erhöht. Die ideal leitende Probe wird von einem Induktionsfeld
B durchsetzt. Anschließend wird die Probe bei konstantem Magnetfeld H
unter die Sprungtemperatur abgekühlt ($D \to C$), sie ist nun ideal leitend.
Beim Abschalten des äußeren Magnetfeldes H ($C \to B$) werden aufgrund
der Lenzschen Regel Ströme im Inneren des ideal leitenden Körpers induziert, welche ein Eigenfeld aufbauen. Da der Widerstand gleich null ist,
bleibt das Eigenfeld bei dieser Temperatur für alle Zeiten bestehen.

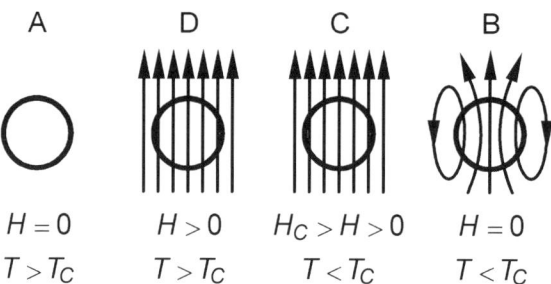

Abbildung 34.4: *Die zu erwartenden Induktionsfeldlinien B eines idealen
Leiters bei verschiedenen Zuständen entlang Weg 1*

Eine ganz andere physikalische Situation wäre zu erwarten, wenn der
Zustand B vom Zustand A aus direkt erreicht werden würde (Weg 2): Weder über noch unter der Sprungtemperatur ist ein Induktionsfeld B zu erwarten (Abb. 34.5). Demnach müßte der erreichte Endzustand in B von
der Versuchsdurchführung abhängig sein. Tatsächlich konnten **Meißner**[121]
und **Ochsenfeld**[122] keine solche Abhängigkeit feststellen. Sie beobachteten,
daß beim Übergang von D nach C das *Induktionsfeld B aus dem Inneren
des Supraleiters verdrängt* wird. Dieser Effekt wird nach seinen Entdeckern
als *Meißner-Ochsenfeld-Effekt* [*Meissner effect*] bezeichnet. Nach (33.3) und

---

[121]Meißner, Fritz Walther: Physiker, *Berlin 16.12.1882, †München 16.11.1974
[122]Ochsenfeld, Robert: Physiker und Lehrer (Potsdam), *1901

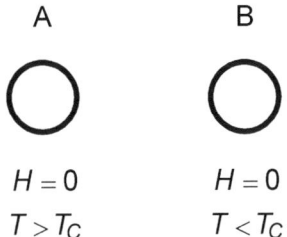

Abbildung 34.5: *Die zu erwartenden Induktionsfeldlinien **B** beim Durch-laufen von Weg 2*

gemäß Abschn. 33.3 kann dieser Effekt dahingehend gedeutet werden, daß im Inneren der Probe eine dem äußeren Feld H entgegengesetzt gerichtete, aber betragsmäßig gleich große Magnetisierung M aufgebaut wird, welche die magnetische Induktion B kompensiert; es liegt *idealer Diamagnetismus* vor. Der supraleitende Zustand zeichnet sich also durch ideale Leitfähig-keit *und* idealen Diamagnetismus aus. Idealer Diamagnetismus läßt sich am Beispiel des schwebenden Supraleiters demonstrieren (Abb. 34.6). Man bringt eine supraleitende Probe im normalleitenden Zustand über einen Per-manentmagneten und kühlt ihn dann in den supraleitenden Zustand. Im supraleitenden Zustand werden Dauerströme induziert, die dem Feld des Magneten entgegengesetzt sind, so daß das Feld im Inneren der Probe ver-schwindet. Die damit verbundene Magnetisierung M hält den Supraleiter in Gleichgewichtshöhe, er schwebt über dem Magneten.

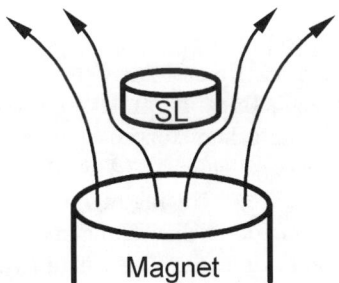

Abbildung 34.6: *Beim schwebenden Supraleiter wird das Induktionsfeld aus dem SL hinausgedrängt.*

34.3   BCS-Theorie zur Deutung der Supraleitung

Erst im Jahre 1957 gelang es **Bardeen**[115], **Cooper**[123] und **Schrieffer**[124], eine atomistische Theorie zu entwickeln, mit der die Supraleitung befriedigend verstanden werden konnte. Der Grundgedanke dieser nach den Physikern benannten BCS-Theorie besteht darin, daß sich unterhalb der Sprungtemperatur je zwei Leitungselektronen von entgegengesetzt gleich großem Impuls p und Eigendrehimpuls s zu einer Art neuem Teilchen, einem *Cooper-Paar* zusammenschließen. Diese Wechselwirkung zweier Elektronen, die sich aufgrund der Coulomb-Wechselwirkung eigentlich abstoßen müßten, geschieht über die Schwingungen der positiven Atomrümpfe des Gitters.

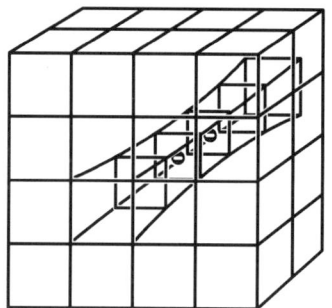

Abbildung 34.7: *Die Wechselwirkung zweier Elektronen über das Gitter*

Man kann sich diese Wechselwirkung anschaulich so vorstellen (Abb. 34.7): Wandert ein Elektron durch das Metall, zieht es die positiven Metallionen auf ihren Gitterplätzen an, so daß Elektronen und Rümpfe sich aufeinander zu bewegen. Der so entstehende Bereich positiver Überschußladung zieht ein zweites Elektron an, welches so mit dem ersten Elektron wechselwirkt: Die beiden Elektronen bilden ein Cooper-Paar.

Im quantenmechanischen Bild begründet man die anziehende Wechselwirkung zweier Elektronen mit dem Austausch eines dritten Teilchens, eines sog. *virtuellen Phonons* [*virtual phonon*] (Abb. 34.8). Phononen sind nichts anderes als die den elementaren Schwingungen der Gitterionen zugeordneten Teilchen, ähnlich wie man den Schwingungen elektromagnetischer Felder Lichtteilchen, also Photonen zuordnet. Die Austausch-Phononen nennt man virtuell, weil sie nur während des Übergangs von einem Elektron zum anderen existieren und nicht als reelle Phononen ins Gitter laufen können.

[123]Cooper, Leon N.: *New York 28.2.1930, Physik-Nobelpreis 1972
[124]Schrieffer, John Robert: *Oak Park (Ill.) 31.5.1931, Physik-Nobelpreis 1972

Dies würde nämlich das Vorhandensein eines elektrischen Widerstandes bedeuten, der im supraleitenden Zustand gerade nicht zu beobachten ist. Die Wechselwirkung zweier Elektronen über die Rumpfatome des Gitters

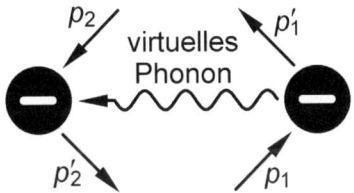

Abbildung 34.8: *Die Wechselwirkung zweier Elektronen durch den Austausch eines virtuellen Phonons*

wird experimentell durch den *Isotopeneffekt* [*isotope effect*] gestützt. Die Sprungtemperaturen T_c unterschiedlicher Supraleiter sind von der Masse der Rumpfatome abhängig; schwerere Isotope haben i.A. eine niedrigere Sprungtemperatur, was ein bemerkenswertes Phänomen ist, da sonst die elektronischen Eigenschaften ja nicht nicht von den Kernmassen abhängen.

Die bloße Existenz der Cooper-Paare erklärt natürlich noch lange nicht die außerordentlichen Eigenschaften eines Supraleiters. Dies gelingt erst, wenn man die Gesamtheit der Cooper-Paare betrachtet, die nicht unabhängig voneinander sind. Im Gegensatz zu Elektronen als Spin-$\frac{1}{2}$-Teilchen (*Fermionen*), die der **Fermi-Dirac**-Statistik[125,126] gehorchen, sind Cooper-Paare Teilchen mit ganzzahligem Spin (*Bosonen*) und gehorchen der **Bose-Einstein**-Statistik[127]. Das bedeutet, daß beliebig viele Bosonen ein und denselben quantenmechanischen Energiezustand besetzen können. Genau das geschieht im supraleitenden Zustand: Alle Cooper-Paare besetzen denselben Energiezustand, den sog. *BCS-Grundzustand*. Dieser liegt um einen bestimmten Energiebetrag tiefer als der unterste von freien Elektronen besetzte Zustand und ist durch eine *Energielücke* von ihm getrennt (Abb. 34.9).

Eine *reelle Wechselwirkung* der zu Cooper-Paaren gebundenen Elektronen mit dem Gitter kann nur stattfinden, wenn ihnen ein Energiebetrag zugeführt wird, der die Bindung von *allen* Paaren aufbricht. Anders ausgedrückt: Elektrischer Widerstand ist erst zu erwarten, wenn die Gesamtheit

[125]Fermi, Enrico: *29.9.1901 Rom, †Chicago 28.11.1954, Physik-Nobelpreis 1938

[126]Dirac, Paul Adrien Maurice: *Bristol 8.8.1902, †Tallahassee (Florida) 21.10.1984, Physik-Nobelpreis 1933

[127]Bose, Satyendra Nath: ind. Physiker, *1.1.1894, †Kalkutta 4.2.1974

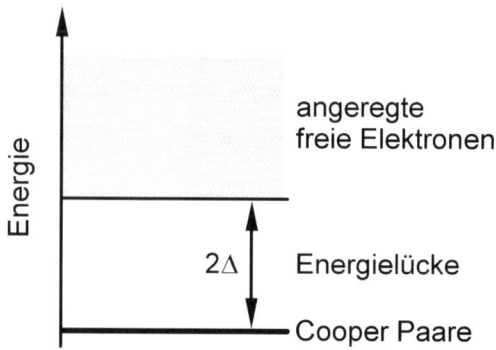

Abbildung 34.9: *Der BCS-Grundzustand und die Energielücke*

der Cooper-Paare einen bestimmten, kritischen Energiebetrag aufweist und sie damit die Energielücke hin zu den freien Elektronen überwinden können. Diese Energiezufuhr kann durch Temperaturerhöhung (*kritische Temperatur*) oder durch Anlegen eines äußeren Magnetfeldes (*kritisches Magnetfeld*), aber auch durch ein entsprechend hohes elektrisches Feld am Supraleiter (*kritische Stromstärke*) erreicht werden. Mit diesem Konzept erklärt sich sich der ideale Diamagnetismus ebenfalls relativ zwanglos: Legt man an einen Supraleiter ein äußeres Magnetfeld H, dessen Betrag unter dem kritischen Wert liegt, so ist es für ihn energetisch günstig ein gleich großes, dem äußeren Feld entgegengesetzt gerichtetes Gegenfeld M aufzubauen. Die Ursache für das Gegenfeld M sind Ströme im Inneren des Supraleiters, die wegen der fehlenden reellen Wechselwirkung der Cooper-Paare mit dem Gitter als Dauerströme fließen und somit das Feld M aufrechterhalten.

34.4 Hoch-Temperatur Supraleiter (HTSL)

Im Jahre 1986 fanden **Bednorz**[128] und **Müller**[129] Supraleitung bei etwa 30 K in einer oxidischen Verbindung der Zusammensetzung $La_{2-x}Ba_xCuO_4$. Die Entdeckung einer derart hohen Sprungtemperatur war der Beginn eines neuen Forschungsgebietes: Die Hochtemperatur Supraleitung (HTSL). Bis zu ihrer Entdeckung war das höchste T_c das von der Verbindung Nb_3Ge mit $T_c = 23$ K. Nach einer anfänglich euphorischen und unüberschaubaren Entwicklung auf diesem neuen Gebiet konzentriert man sich heute systematisch

---

[128]Bednorz, Georg: *Neuenkirchen (Westf.) 16.5.1950, Physik-Nobelpreis 1987
[129]Müller, Karl Alexander: schweiz. Physiker, *Basel 20.4.1927, Physik-Nobelpreis 1987

auf folgende experimentelle und theoretische Fragestellungen:

- Herstellung von klar definierten Materialsystemen als notwendige Voraussetzung zur systematischen Erforschung der HTSL,

- Suche nach Materialien mit immer höheren Sprungtemperaturen (eventuell um 300 K) und Bemühungen um deren technische Anwendung,

- Klärung des Mechanismus der Bildung von Cooper-Paaren bei diesen hohen Temperaturen.

Der größte Fortschritt hinsichtlich dieser drei Fragestellungen ist auf dem Gebiet der Herstellung neuer SL-Materialien erzielt worden. Mögliche Anwendungen können nach Überwindung der sehr großen technischen Schwierigkeiten (z.B. geringe Strombelastbarkeit) sein: Supraleitende Schalt- und Speicherelemente, supraleitende Magnete zum Bau von Motoren, um Größenordnungen empfindlichere meßtechnische Geräte (z.B. sog. SQUIDS zur Messung von Gehirnströmen), Antennen und nicht zuletzt supraleitende Kabel zur verlustlosen Energieübertragung.

Die meistuntersuchte Hoch-T_c Substanz ist $YBa_2Cu_3O_7$ mit einem T_c von 90 K. Eine keramische Verbindung aus Hg, Ba, Ca, und CuO war im Jahre 1994 der Rekordhalter in bezug auf die Sprungtemperatur: Sie lag bei 135 K, eine Temperatur, die völlig unproblematisch mit flüssigem Stickstoff (77 K) erreicht werden kann.

Die quantitative Deutung der Supraleitung bei hohen Temperaturen ($T > 30$ K) ist noch nicht abgeschlossen. Obwohl das Konzept der Cooper-Paare auch hier anwendbar ist, bestehen begründete Zweifel darüber, ob diese Paarbildung von Elektronen tatsächlich über das Gitter als koppelndes Medium geschieht. So ist T_c nur sehr wenig von der Masse der Atomrümpfe abhängig. Das Versagen der Theorie ist eventuell auf eine unzulängliche Beschreibung der Elektron-Phonon Kopplung zurückzuführen. Ebenfalls ist es möglich, daß ein ganz anderer Kopplungsmechanismus vorliegt, etwa über Wechselwirkungen der Elektronenspins.

A   Naturkonstanten

Größe	Symbol	Wert	Einheit
Gravitationskonstante	G	$6{,}673{\cdot}10^{-11}$	$\mathrm{N\,m^2/kg^2}$
Standardschwerebeschleunigung	g	$9{,}807$	$\mathrm{m/s^2}$
Vakuumlichtgeschwindigkeit	c	$2{,}998{\cdot}10^{8}$	$\mathrm{m/s}$
Dielektrizitätskonstante, $1/(\mu_0 \cdot c^2)$	ε_0	$8{,}854{\cdot}10^{-12}$	$\mathrm{As/(Vm)}$
Permeabilitätskonstante	μ_0	$4\pi \times 10^{-7}$	$\mathrm{Vs/(Am)}$
		$12{,}57{\cdot}10^{-7}$	$\mathrm{Vs/(Am)}$
Elementarladung	e	$1{,}602{\cdot}10^{-19}$	C
Avogadrozahl	N_A	$6{,}022{\cdot}10^{23}$	$\mathrm{mol^{-1}}$
Molare Gaskonstante	R	$8{,}315$	$\mathrm{J/(mol{\cdot}K)}$
Boltzmannkonstante, R/N_A	k_B	$1{,}381{\cdot}10^{-23}$	$\mathrm{J/K}$
		$8{,}617{\cdot}10^{-5}$	$\mathrm{eV/K}$
Stefan-Boltzmann-Konstante	σ	$5{,}671{\cdot}10^{-8}$	$\mathrm{W/(m^2{\cdot}K^4)}$
Wiensche Verschiebungskonst. $(\lambda_{max}T)$	b	$2{,}898{\cdot}10^{-3}$	$\mathrm{m{\cdot}K}$
Plancksches Wirkungsquantum	h	$6{,}626{\cdot}10^{-34}$	$\mathrm{J{\cdot}s}$
		$4{,}136{\cdot}10^{-15}$	$\mathrm{eV{\cdot}s}$
	$\hbar = h/2\pi$	$1{,}055{\cdot}10^{-34}$	$\mathrm{J{\cdot}s}$
		$6{,}582{\cdot}10^{-16}$	$\mathrm{eV{\cdot}s}$
Rydbergkonstante	R_∞	$13{,}61$	eV
Bohrscher Radius	a_0	$0{,}529{\cdot}10^{-10}$	m
atomare Masseneinheit (AME)	U	$1{,}661{\cdot}10^{-27}$	kg
in eV, $U \cdot c^2$		$931{,}5$	MeV
Masse des Elektrons	m_e	$9{,}109{\cdot}10^{-31}$	kg
in AME		$5{,}486{\cdot}10^{-4}$	U
in eV, $m_e \cdot c^2$		$0{,}511$	MeV
Masse des Protons	m_p	$1{,}673{\cdot}10^{-27}$	kg
in AME		$1{,}007$	U
in eV, $m_p \cdot c^2$		$938{,}3$	MeV
Masse des Neutrons	m_n	$1{,}675{\cdot}10^{-27}$	kg
in AME		$1{,}009$	U
in eV, $m_n \cdot c^2$		$939{,}6$	MeV

$1\ \mathrm{eV} = 1{,}602{\cdot}10^{-19}\ \mathrm{J}$

B   Abgeleitete SI Einheiten

Größe	*Name*	*Symbol*	*Äquivalent*
Frequenz	Hertz	Hz	s^{-1}
Kraft	Newton	N	$kg \cdot m/s^2$
Druck	Pascal	Pa	N/m^2
Energie	Joule	J	$N \cdot m,\ kg \cdot m^2/s^2$
Leistung	Watt	W	J/s
Elektr. Ladung	Coulomb	C	$A \cdot s$
Elektr. Widerstand	Ohm	Ω	V/A
Elektr. Leitfähigkeit	Siemens	S	$A/V,\ \Omega^{-1}$
Induktivität	Henry	H	$V \cdot s/A$
Kapazität	Farad	F	$C/V,\ A \cdot s/V$
Magn. Induktion	Tesla	T	$N/(A \cdot m),\ kg/(A \cdot s^2)$
(Radio-) Aktivität	Becquerel	Bq	s^{-1}
Energiedosis	Gray	Gy	J/kg
Äquivalentdosis	Sievert	Sv	J/kg

C   SI Vorsilben für Größenordnungen

Faktor	*Vorsilbe*	*Symbol*	*Faktor*	*Vorsilbe*	*Symbol*
10^1	Deka	da	10^{-1}	Dezi	d
10^2	Hekto	h	10^{-2}	Zenti	c
10^3	Kilo	k	10^{-3}	Milli	m
10^6	Mega	M	10^{-6}	Mikro	μ
10^9	Giga	G	10^{-9}	Nano	n
10^{12}	Tera	T	10^{-12}	Piko	p
10^{15}	Peta	P	10^{-15}	Femto	f
10^{18}	Exa	E	10^{-18}	Atto	a

D   Periodensystem der Elemente

Gruppe

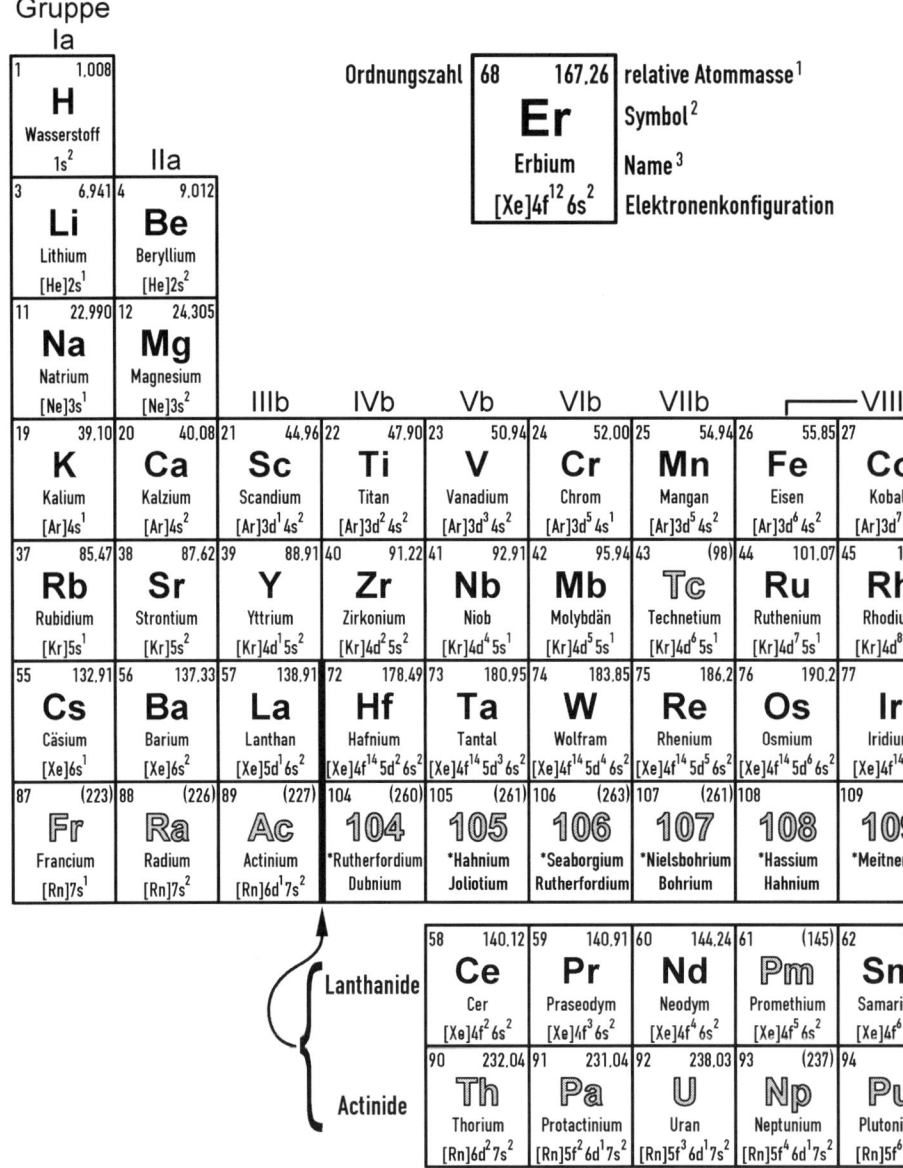

Legend box:

Ordnungszahl | 68   167,26 | relative Atommasse[1]
Er — Symbol[2]
Erbium — Name[3]
$[Xe]4f^{12}6s^2$ — Elektronenkonfiguration

Ia		IIa	IIIb	IVb	Vb	VIb	VIIb	VIII
1 1,008 **H** Wasserstoff $1s^1$								
3 6,941 **Li** Lithium $[He]2s^1$	4 9,012 **Be** Beryllium $[He]2s^2$							
11 22,990 **Na** Natrium $[Ne]3s^1$	12 24,305 **Mg** Magnesium $[Ne]3s^2$							
19 39,10 **K** Kalium $[Ar]4s^1$	20 40,08 **Ca** Kalzium $[Ar]4s^2$	21 44,96 **Sc** Scandium $[Ar]3d^1 4s^2$	22 47,90 **Ti** Titan $[Ar]3d^2 4s^2$	23 50,94 **V** Vanadium $[Ar]3d^3 4s^2$	24 52,00 **Cr** Chrom $[Ar]3d^5 4s^1$	25 54,94 **Mn** Mangan $[Ar]3d^5 4s^2$	26 55,85 **Fe** Eisen $[Ar]3d^6 4s^2$	27 **Co** Kobal $[Ar]3d^7$
37 85,47 **Rb** Rubidium $[Kr]5s^1$	38 87,62 **Sr** Strontium $[Kr]5s^2$	39 88,91 **Y** Yttrium $[Kr]4d^1 5s^2$	40 91,22 **Zr** Zirkonium $[Kr]4d^2 5s^2$	41 92,91 **Nb** Niob $[Kr]4d^4 5s^1$	42 95,94 **Mb** Molybdän $[Kr]4d^5 5s^1$	43 (98) **Tc** Technetium $[Kr]4d^6 5s^1$	44 101,07 **Ru** Ruthenium $[Kr]4d^7 5s^1$	45 **Rh** Rhodiu $[Kr]4d^8$
55 132,91 **Cs** Cäsium $[Xe]6s^1$	56 137,33 **Ba** Barium $[Xe]6s^2$	57 138,91 **La** Lanthan $[Xe]5d^1 6s^2$	72 178,49 **Hf** Hafnium $[Xe]4f^{14}5d^2 6s^2$	73 180,95 **Ta** Tantal $[Xe]4f^{14}5d^3 6s^2$	74 183,85 **W** Wolfram $[Xe]4f^{14}5d^4 6s^2$	75 186,2 **Re** Rhenium $[Xe]4f^{14}5d^5 6s^2$	76 190,2 **Os** Osmium $[Xe]4f^{14}5d^6 6s^2$	77 **Ir** Iridiu $[Xe]4f^{14}$
87 (223) **Fr** Francium $[Rn]7s^1$	88 (226) **Ra** Radium $[Rn]7s^2$	89 (227) **Ac** Actinium $[Rn]6d^1 7s^2$	104 (260) **104** *Rutherfordium Dubnium	105 (261) **105** *Hahnium Joliotium	106 (263) **106** *Seaborgium Rutherfordium	107 (261) **107** *Nielsbohrium Bohrium	108 **108** *Hassium Hahnium	109 **109** *Meitner

Lanthanide

58 140,12 **Ce** Cer $[Xe]4f^2 6s^2$	59 140,91 **Pr** Praseodym $[Xe]4f^3 6s^2$	60 144,24 **Nd** Neodym $[Xe]4f^4 6s^2$	61 (145) **Pm** Promethium $[Xe]4f^5 6s^2$	62 **Sm** Samari $[Xe]4f^6$

Actinide

90 232,04 **Th** Thorium $[Rn]6d^2 7s^2$	91 231,04 **Pa** Protactinium $[Rn]5f^2 6d^1 7s^2$	92 238,03 **U** Uran $[Rn]5f^3 6d^1 7s^2$	93 (237) **Np** Neptunium $[Rn]5f^4 6d^1 7s^2$	94 **Pu** Plutoni $[Rn]5f^6$

eingeklammerte Wert bezeichnet
radioaktiven Elementen die
...senzahl des langlebigsten bzw.
...untersuchten Isotops.

...es Symbol: Alle Isotope
... radioaktiv.

* gekennzeichnete Namen
... noch nicht endgültig festgelegt.

	VIIIa
	2 4,00 **He** Helium $1s^2$

IIIa	IVa	Va	VIa	VIIa
5 10,81 **B** Bor $[He]2s^2p^1$	6 12,01 **C** Kohlenstoff $[He]2s^2p^2$	7 14,01 **N** Stickstoff $[He]2s^2p^3$	8 16,00 **O** Sauerstoff $[He]2s^2p^4$	9 19,00 **F** Fluor $[He]2s^2p^5$
13 26,98 **Al** Aluminium $[Ne]3s^2p^1$	14 28,09 **Si** Silizium $[Ne]3s^2p^2$	15 30,97 **P** Phosphor $[Ne]3s^2p^3$	16 32,06 **S** Schwefel $[Ne]3s^2p^4$	17 35,45 **Cl** Chlor $[Ne]3s^2p^5$

(Ne) 10   20,18 Neon $[He]2s^2p^6$ — (Ar) 18   39,95 Argon $[Ne]3s^2p^6$

Ib	IIb	IIIa	IVa	Va	VIa	VIIa	VIIIa
58,70 **Ni** Nickel $3d^8 4s^2$	29 63,55 **Cu** Kupfer $[Ar]3d^{10}4s^1$	30 65,38 **Zn** Zink $[Ar]3d^{10}4s^2$	31 69,72 **Ga** Gallium $[Ar]3d^{10}4s^2p^1$	32 72,59 **Ge** Germanium $[Ar]3d^{10}4s^2p^2$	33 74,92 **As** Arsen $[Ar]3d^{10}4s^2p^3$	34 78,96 **Se** Selen $[Ar]3d^{10}4s^2p^4$	35 79,90 **Br** Brom $[Ar]3d^{10}4s^2p^5$
							36 83,80 **Kr** Krypton $[Ar]3d^{10}4s^2p^6$
106,4 **Pd** Palladium $...]4d^{10}$	47 107,87 **Ag** Silber $[Kr]4d^{10}5s^1$	48 112,41 **Cd** Cadmium $[Kr]4d^{10}5s^2$	49 114,84 **In** Indium $[Kr]4d^{10}5s^2p^1$	50 118,71 **Sn** Zinn $[Kr]4d^{10}5s^2p^2$	51 121,75 **Sb** Antimon $[Kr]4d^{10}5s^2p^3$	52 127,60 **Te** Tellur $[Kr]4d^{10}5s^2p^4$	53 126,90 **I** Iod $[Kr]4d^{10}5s^2p^5$
							54 131,30 **Xe** Xenon $[Kr]4d^{10}5s^2p^6$
195,1 **Pt** Platin $...^{14}5d^9 6s^1$	79 196,97 **Au** Gold $[Xe]4f^{14}5d^{10}6s^1$	80 200,59 **Hg** Quecksilber $[Xe]4f^{14}5d^{10}6s^2$	81 204,37 **Tl** Thallium $[Xe]4f^{14}5d^{10}6s^2p^1$	82 207,2 **Pb** Blei $[Xe]4f^{14}5d^{10}6s^2p^2$	83 208,98 **Bi** Wismut $[Xe]4f^{14}5d^{10}6s^2p^3$	84 (209) **Po** Polonium $[Xe]4f^{14}5d^{10}6s^2p^4$	85 (210) **At** Astat $[Xe]4f^{14}5d^{10}6s^2p^5$
							86 (222) **Rn** Radon $[Xe]4f^{14}5d^{10}6s^2p^6$
(271) **110** ...ent 110	111 (272) **111** Element 111						

Lanthanoide:

151,96 **Eu** ...ropium $]4f^7 6s^2$	64 157,25 **Gd** Gadolinium $[Xe]4f^7 5d^1 6s^2$	65 158,93 **Tb** Terbium $[Xe]4f^9 6s^2$	66 162,50 **Dy** Dysprosium $[Xe]4f^{10}6s^2$	67 164,93 **Ho** Holmium $[Xe]4f^{11}6s^2$	68 167,26 **Er** Erbium $[Xe]4f^{12}6s^2$	69 168,93 **Tm** Thulium $[Xe]4f^{13}6s^2$	70 173,04 **Yb** Ytterbium $[Xe]4f^{14}6s^2$	71 174,97 **Lu** Lutetium $[Xe]4f^{14}5d^1 6s^2$
(243) **Am** ...ericium $]5f^7 7s^2$	96 (247) **Cm** Curium $[Rn]5f^7 6d^1 7s^2$	97 (247) **Bk** Berkelium $[Rn]5f^9 7s^2$	98 (251) **Cf** Californium $[Rn]5f^{10}7s^2$	99 (254) **Es** Einsteinium $[Rn]5f^{11}7s^2$	100 (257) **Fm** Fermium $[Rn]5f^{12}7s^2$	101 (256) **Md** Mendelevium $[Rn]5f^{13}7s^2$	102 (254) **No** Nobelium $[Rn]5f^{14}7s^2$	103 (257) **Lr** Lawrencium $[Rn]5f^{14}6d^1 7s^2$

Index

α-Strahlung 284, 298
α-Teilchen 218, 260, 284, 292
β-Strahlung 286, 298
β-Teilchen 293
γ-Strahlung 288, 293, 298

Aberration
  chromatische- 140
  sphärische- 140
absolute Permeabilität 132
Absorberstab 308
Absorption 219, 326
Absorptionskoeffizient 137, 336
Abstandsquadrat 83
Additionstheorem der
  Geschwindigkeiten 76
adiabatische Zustandsänderung
  162, 163
Äquipotentialflächen 92
Äquivalentdosis 296
Äquivalenz von Masse und
  Energie 79, 94, 253, 273
Aktivität 291, 294
Akzeptor 328
Altersbestimmung 312
amorphes Silizium 321, 336
Ampèresches
  Durchflutungsgesetz 114, 126
Amplitude 39, 252
Anfangsbedingungen 13, 43, 46,
  48
angeregter Zustand 220
Antineutrino 288
Antireflexionsbeschichtung 138
aperiodischer Grenzfall 47
Arbeit 17, 30, 89, 159, 177
Arbeitsintegral 20, 90
Asymmetrie-Energie 276

Atom
  -bombe 306
  -kern 266
  -modell 217
Aufenthaltswahrscheinlichkeit
  259, 261
aufladen 81, 82
Auflösungsvermögen eines
  Gitters 156
Auslenkungsrichtung 59
Austrittsarbeit 239
Axiom
  1. Newtonsches- 9
  2. Newtonsches- 9, 34, 50
  3. Newtonsches- 11, 82, 83
Azimutalwinkel 4

Bändermodell 326
Bahndrehimpuls 262
  -quantenzahl 262
bahnmagnetische Quantenzahl
  262
barometrische Höhenformel 170
Baryon 317
Basis 337
$BaTiO_3$ 101
BCS-Theorie 352
Beschleunigung 6
  Gravitations- 12
Besetzungsinversion 246
Bethe-von-Weizsäcker-Formel
  276
Beugung 150
  -am Doppelspalt 255
  -am Gitter 154
  -am Spalt 152
  Fraunhofer- 151

Bewegungsgleichung 12, 34, 36, 38, 45, 52, 60
Bezugssystem 70
Bild
  reelles- 143
  virtuelles- 143
Bindungsenergie 269, 273, 275
Bindungstypen 318
Biot-Savart-Gesetz 110
Bohr
  Atommodell 227, 252
  Postulate 228
  Radius 261
Boltzmann-Konstante 225
Boltzmanngesetz 171
Boson 316, 353
Boyle-Mariotte-Gesetz 161, 168
Braggsche Gleichung 324
Brechung 136
Brechungsgesetz 136
Brechungsindex 133
Bremsstrahlung 232, 241
Brutvorgang 307

^{14}C 312
Carnotprozeß 182
Carnotsche Proportionen 184
Cavendishexperiment 14
charakteristische Strahlung 241
Comptoneffekt 254, 294
Cooper-Paar 352
Coulomb
  -energie 276, 319
  -kraft 83, 89, 121, 228, 282, 285
  -potential 271, 324
Curie
  -Gesetz 344
  -Temperatur 346

Dämpfung 52
Dauermagnet 346
de Broglie
  -Welle 286
  -Wellenlänge 254, 256
Deuterium 311
Diamagnet 108
Diamagnetismus 106, 343, 349
Diamantstruktur 320
dielektrische Suszeptibilität 98
Dielektrizitätskonstante 84, 97, 101, 132
  relative- 96
Diffusionsnebelkammer 300
Diode 334
Dipol 98
  elektrischer- 96
  magnetischer- 104, 107
Dipolmoment 107
  elektrisches- 96
  magnetisches- 104
Dispersion 64, 224
Donator 328
Doppelspalt 255
Dotierung 328
Drehimpuls 29, 228
Drehmoment 27, 107
Drehsinn 8
Drehung 27
Druck 158, 160
  Dampf- 207
dunkle Materie 14
Durchlaßrichtung 333

ebene Welle 58
Eigenleitung 328
Eigenzustand 324
Einsteinsche Postulate 70
elektrische
  -Feldstärke 85

-Kraft 85, 118
elektrischer
    -Fluß 87
elektrisches
    -Feld 85, 95, 113
    -Wirbelfeld 125
elektromagnetische
    -Wechselwirkung 314
    -Welle 131
Elektrometer 81
Elektronenaffinität 319
Elektronenstrahlmikrosonde 244
Element [111] 268
Elementarladung 83, 103, 220
    klassischer Radius der- 94
Elementarstromelement 112
Elementarteilchen 313
Emission 219, 326
    induzierte- 245
    spontane- 245
    stimulierte- 245
Emitter 337
Energie 17, 23
    -band 325
    -dosis 295
    -lücke 325, 336, 353
    -niveau 220, 258
    -quantum 226
    -termschema 220
    elektrische- 101
    innere- 161, 166, 167
    kinetische- 24
    potentielle- 23, 90, 102
    Rotations- 30
    Ruhe- 79
    Wärme- 177
Enthalpie 211
entladen 82
Entropie 186

Erhaltungsgröße 186
Erhaltungssatz 31, 85, 186, 211,
    287
Expansionsnebelkammer 299
Extinktionskoeffizient 138

Faradaysche Experimente 123
Feder 21, 33
Feld 26
    elektrisches- 85, 95, 113
    magnetisches- 105, 107, 109,
    113
Feldeffekt-Transistor 339
Feldlinien 85, 92, 104
Feldstärke
    -elektrische 85
    magnetische- 105, 341
Fermion 316, 353
Fernrohr 148
    Galileiisches- 148
    Keplersches- 148
Ferromagnet 108
Ferromagnetismus 106, 345
Feynmansche
    Wärmekraftmaschine 176
Fokus 143
Fourier
    -analyse 55
    -reihe 55
Franck-Hertz-Versuch 233
Fraunhoferbeugung 151
Freiheitsgrad 166
Frequenz 39
    Schwebungs- 54

Galileitransformation 70
Gasentladung 236
Gasentladungszähler 301
Gasverflüssigung 212

Gaußscher Satz 88, 94, 97, 100, 109, 114, 125
Gay-Lussac-Gesetz 168
Gay-Lussacscher Überströmungsversuch 189
Geiger-Müller-Zählrohr 301
Generator 128
Geschwindigkeit 5
   Gruppen- 64
   Phasen- 57, 64, 127, 132
   Winkel- 7, 27
Gewichtskraft 35
Gitter 154
Gleichgewichtsposition 47
Gleichgewichtszustand 33
Gleichverteilungssatz 166
Gleichzeitigkeit 72
Gravitation 314
Gravitationsbeschleunigung 12
Gravitationsfeld 44
Gravitationsgesetz 14
Grundzustand 220
Gruppengeschwindigkeit 64

0. Hauptsatz der Thermodynamik 165, 188
1. Hauptsatz der Thermodynamik 176, 188, 192, 211
2. Hauptsatz der Thermodynamik 178, 188, 191
3. Hauptsatz der Thermodynamik 188
Hadron 316
Halbleiter 320, 328
Halbleiterdiode 334
Halbwertszeit 268, 290
Hall
   -effekt 120
   -sonde 122

   -spannung 121
harmonische Welle 56
Hauptquantenzahl 262
Heisenbergsche Unschärferelation 257, 315
Helium 273
   -kern 218
Hertzscher Dipol 131
Hochtemperatur Supraleitung 354
Hookesches Gesetz 21, 33
Huygensches Prinzip 151
Hystereseverhalten 106, 345

ideales Gas 161, 168
imaginäre Zahl 40
Impuls 9
   Dreh- 29
Induktion 122, 348
   magnetische- 106, 340
Induktionsfluß 114
Induktionsgesetz 122
Induktivität 37, 124
induzierte Emission 245
Influenz 95
Integral
   Arbeits- 20, 90, 193
   Linien- 23, 90
Interferenz 63, 250, 323
   -versuch 68
Interferometrie 249
Ionenbindung 319
Ionendosis 295
Ionisationskammer 301
Ionisierungsenergie 229, 319
Isobar 278
Isolator 95, 97, 319, 328
Isoton 268
Isotop 267, 306
Isotopeneffekt 353

Joule-Thomson-Versuch 210

Kapazität 37, 100, 101
Kern
-dichte 270
-energie 283
-fusion 283, 310
-kräfte 270
-kraftwerk 306
-ladungszahl 242
-reaktion 279
-spaltung 281
-spaltungsbombe 306
-umwandlung 279
Kettenreaktion 305
Kohärenz 63, 245
Kollektor 337
komplexe Zahl 41
Kondensator 37, 98, 102
Kugel- 101
Platten- 98
Zylinder- 101
konservative
-Kraft 23, 89
-Kraftfelder 26
Kontrastmittel 244
Koordinaten
-system 2, 67
kartesische- 2
Kugel- 3
Polar- 2
Zylinder- 3
Kosmologie 14
kovalente Bindung 320
Kraft 9
Coulomb- 83, 89, 121
elektrische- 85, 118
Gewichts- 35
konservative- 23, 89
Lorentz- 119

magnetische- 112, 118
Reibungs- 44
Schwer- 16, 85
Zentripetal- 30, 119
Kreis
-bewegung 7
-frequenz 39
Kreuzprodukt 8, 112
Kriechfall 47
Kristall
-gitter 245, 255
-struktur 322
-strukturanalyse 244, 323
-zähler 302
kritische
-Masse 306
-Temperatur 205
kritischer
-Druck 207
-Punkt 207
kritisches Volumen 207
Kugelkondensator 101
Kugelwelle 58

Ladung 82, 88
Ladungsträger 330
Ladungsträgerkonzentration 122
Ladungsverschiebung 96
Ladungsverteilung 93
Längenkontraktion 75
Laser 245
Anwendung 249
Laueverfahren 323
Leistung 25, 178
elektrische- 118
Leiter 95
Leiterschleife 122
Leitfähigkeit 117, 320, 327, 347
Leitungsband 326
Lenzsche Regel 124

Lepton 316
Lichtgeschwindigkeit 62, 69, 70,
  74, 76, 79, 127, 132
Lindeverfahren 212
Linienintegral 23, 90
Linse 140
  Sammel- 140
  sphärische- 140
  Zerstreuungs- 141
Linsenformel 143
Linsengleichung 145
Listingsche Strahlenkonstruktion
  145
Loch 329
Löcherleitung 330
Longitudinalwelle 59
Lorentzkraft 119, 233
Lorentztransformation 72
Lungenszintigramm 311
Lupe 147

magische Zahl 269
Magnet 103
Magnetfeld 114
magnetische
  -Feldstärke 105
  -Induktion 106
  -Kraft 112, 118
  -Suszeptibilität 105
  Feldstärke 341
  Induktion 340
  Suszeptibilität 341
magnetischer
  -Fluß 114, 123
  -Monopol 104
magnetisches
  -Feld 105, 107, 109, 113
Magnetisierung 105, 341
Magnetismus
  Dia- 106, 343, 349

Ferro- 106, 345
  Para- 106, 344
Majoritätsladungsträger 330
Masse
  Ruhe- 78, 79
Masse-Energie-Äquivalenz 79, 94,
  253, 273
Massendefekt 273, 282
Massenträgheitsmoment 28
Massenzahl 266
Maxwellgleichungen
  differentielle Form 126
  integrale Form 124
Maxwellsche
  Geschwindigkeitsverteilung 174
Medizin 243
Meißner-Ochsenfeld-Effekt 350
Meson 317
Metall 320
Michelson-Interferometer 250
Michelson-Morley-Experiment 68
Mikroskop 147
Millikanversuch 83, 102
Minoritätsladungsträger 330
Moderator 307
Monochromator 223
Moseleysches Gesetz 242
Myon 317
Myonen-Experiment 79

1. Newtonsches Axiom 9
2. Newtonsches Axiom 9, 34, 50
3. Newtonsches Axiom 11, 82, 83
n-Halbleiter 329
Nacheilwinkel 51
Näherung 37
Natriumdampf 219
Nebelkammer 299
Nebenquantenzahl 262
Neutrino 288, 317

Neutron 266, 294, 298, 305
Neutronenabsorber 298
nicht-konservative Felder 125
Nichtleiter 95
Nordpol 104

Oberflächenenergie 276
Objektiv 147
Öltröpfchen 102
Ohmsches Gesetz 117
Okular 147
Ordnungszahl 266
Ortsvektor 4

p-Halbleiter 330
p-n Übergang 330
Paarbildungseffekt 294
Paarungsenergie 277
Paramagnetismus 106, 344
    Pauli- 345
Pauli-Prinzip 264
Pendel 35
Periodensystem 228, 266, 358
Permeabilität
    absolute- 132
    relative- 106, 341
Phasendiagramm 208
Phasengeschwindigkeit 57, 64,
    127, 132
Phasenübergang 207
Phasenwinkel 39
Phonon 352
Photoeffekt 236, 253, 294
Photoelektronen 236
Photon 221, 239
Pion 317
Planck
    Postulat 226
    Wirkungsquantum 227, 238,
    257

Plasma 310
Plattenkondensator 98
Plutonium 306
Polarisation 59, 97
Polarwinkel 4
Potential 90
    -differenz 91, 99
Potentialtopf 258, 285
Poynting-Vektor 133
Prisma 139
Probeladung 85
Proportionalitätskonstante 10
Proportionalzählrohr 301
Proton 266
Punktladung 85, 93

Quantelung 221
Quantenzahl 259
    bahnmagnetische- 262
    Haupt- 262
    Neben- 262
    Spin- 261, 264
Quarks 317

Radioaktivität 284
Radiotoxizität 297
Raumladungszone 332, 337
Raumwinkel 88
Reaktor 307
reales Gas 205
rechte-Hand-Regel 7, 119
Reflexionsgesetz 133
Regelstab 308
Reibung, Stokessche- 44
Reibungskraft 44
Rekombination 331
relative
    -Dielektrizitätskonstante 96
    -Permeabilität 106
relative Permeabilität 341

Relativitätstheorie 10, 66, 113
Remanenz 346
Resonanz 49, 52
Resonatorbedingung 64
Röntgen
   -röhre 232, 240
   -strahlen 240
   -strukturanalyse 323
Rotationsenergie 30
Ruheenergie 79
Ruhemasse 78, 79
Rutherfordscher Streuversuch
   218
Rydbergkonstante 229, 242

Sättigungsgebiet 207
Schalen 229
Schalenmodell 220, 269
Schallgeschwindigkeit 62
Schmelzen 208
Schrödinger-Gleichung 257, 260
schwache Wechselwirkung 314
schwarzer Strahler 224, 227
Schwebungsfrequenz 54
Schwellenenergie 280
Schwerkraft 16, 85
Schwerpunkt 27
Schwingkreis 37
Schwingung
   erzwungene- 49
   gedämpfte- 44
   überlagerte- 54
   ungedämpfte harmonische-
   33
Seefahrt 104
Sehwinkel 146
Selbstinduktion 124
Silizium 321, 336
Skalarprodukt 17, 87, 89, 114
Solarzelle 335

Spaltstoff 306, 307
Spannung 91, 98, 102
Spektrallampe 236
Spektrum 222
Sperrichtung 333
Spin 342
   -Quantenzahl 261, 264
spontane Emission 245
Spule 37, 115
Standardmodell 316
starke Wechselwirkung 271, 314
Stefan-Boltzmann-Konstante 227
stehende Welle 63
Stickstoffmolekül 41
stimulierte Emission 245
Stokessche Reibung 44
Strahlenschäden 304
Strom 109
   -dichte 109, 114, 121
   -stärke 109, 112
Strukturanalyse 244
Sublimieren 208
Südpol 104
Superpositionsprinzip 11
Supraleitung 347, 349, 354
Suszeptibilität
   dielektrische- 98
   magnetische- 105, 341
Synchrotronstrahlung 232

Teilchenbahnen 119
Teilchenbeschleuniger 120
Temperatur 158, 165, 209
   -skala 185
   Inversions- 212
   kritische- 205
Testladung 85
Totalreflexion 136
Trägheitsgesetz 9
Transformation 67

Galilei- 70
Lorentz- 72
Umkehr- 73
Transformator 129
Transistor 337
Transversalwelle 59, 133
Tripelpunkt 209
Tröpfchenmodell 270, 282
Tunneleffekt 260, 286

Umkehrtransformation 73
Unschärferelation,
    Heisenbergsche 257, 315
Uran 306

Vakuum 59
Valenzband 326
Van-der-Waals-Gleichung 205
Vektorprodukt 8, 17
Verschiebungsdichte 96, 126
Volumen 158
Volumenenergie 276

Wärmekapazität 194, 197
    molare- 194
    spezifische- 194
Wärmekraftmaschine 177, 179,
    180
Wärmemenge 158, 194
Wasserstoffatom 228, 266
Wechselwirkung
    elektromagnetische- 314
    Gravitations- 314
    schwache- 314
    starke- 271, 314
Weißsche Bezirke 346
Welle
    ebene- 58
    elektromagnetische- 131, 222
    harmonische- 56

Kugel- 58
Longitudinal- 59
stehende- 63
Transversal- 59, 133
Wellen
    -front 134
    -funktion 258, 261
    -gleichung 60, 62, 127
    -gruppe 64
    -länge 57, 252
    -paket 64
    -vektor 57
Widerstand 117, 327, 347
    spezifischer- 117
Wiensches Verschiebungsgesetz
    227
Winkel
    -geschwindigkeit 7, 27
    Azimutal- 4
    Nacheil- 51
    Phasen- 39
    Polar- 4
    Raum- 88
Wirbelfeld 127
Wirkungsgrad 177, 183, 185, 336
Wirkungsquantum, Plancksches
    227, 238, 257
Wirkungsquerschnitt 280

Yukawa-Potential 271

Zahl
    imaginäre- 40
    komplexe- 41
Zeit 72
    -dilatation 74
Zentripetalkraft 30, 119, 228
Zerfallsgesetz 290
Zerfallskonstante 289
Zerfallswahrscheinlichkeit 289

Zustandsänderung
    adiabatische- 162, 163, 181,
        192, 198, 199
    isentrope- 192, 198
    isobare- 192
    isochore- 192
    isotherme- 180, 192
Zustandsgleichung
    -idealer Gase 168
    -realer Gase 205
Zustandsgröße 158, 192, 194, 211
Zwillingsparadox 74, 80
Zylinderkondensator 101